新编高等院校经济管理类规划教材·专业课系列

信息管理学教程

李朝明　主　编

谭观音　副主编

清华大学出版社

北　京

内 容 简 介

"信息管理学"是一门综合了信息科学、管理学、行为学、经济学、计算机科学和通信技术等科学与技术的新兴边缘性学科。本书从该课程所具有的多学科、多领域交叉渗透，以及系统性、理论性、实践性和前沿性等特点出发，系统而全面地论述了信息管理的基本概念和学科发展。全书分为理论篇和应用篇两篇：理论篇从描绘信息时代特征入手，系统地论述了信息管理理论的发展背景、基础理论、方法和技术；应用篇则着重探讨信息管理的理论、方法和技术在各具体领域的实际应用，包括在企业联盟、协同商务、供应链管理、客户关系管理、企业知识管理等新领域的最新应用和实例介绍。

本书在理论与应用并重的同时，引用了大量国内外在信息管理研究方面的成果，并将信息管理的新技术、新方法与新应用融入教材内容之中。

本书适合信息管理与信息系统、电子商务和经济管理类专业的师生作为教材和教学参考书使用，也可供信息管理的研究者和实践人员参考。

图书在版编目（CIP）数据

信息管理学教程/李朝明 主编. —北京：清华大学出版社，2011.2

(新编高等院校经济管理类规划教材·专业课系列)

ISBN 978-7-302-24592-6

Ⅰ.信…　Ⅱ.李…　Ⅲ. 信息管理—高等学校—教材　Ⅳ. G203

中国版本图书馆 CIP 数据核字（2011）第 005116 号

责任编辑：王燊娉　郭　旭

封面设计：朱　迪

版式设计：孔祥丰

责任校对：成凤进

责任印制：李红英

出版发行：清华大学出版社　　**地　　址**：北京清华大学学研大厦 A 座

http://www.tup.com.cn　　**邮　　编**：100084

社　总　机：010-62770175　　**邮　　购**：010-62786544

投稿与读者服务：010-62776969，c-service@tup.tsinghua.edu.cn

质　量　反　馈：010-62772015，zhiliang@tup.tsinghua.edu.cn

印 刷 者：清华大学印刷厂

装 订 者：三河市新茂装订有限公司

经　　销：全国新华书店

开　　本：185×260　**印　张**：22.5　**字　数**：492 千字

版　　次：2011 年 2 月第 1 版　　**印　　次**：2011 年 2 月第1 次印刷

印　　数：1～3000

定　　价：36.00 元

产品编号：034039-01

序

继电子计算机发明和互联网兴起之后，到了21世纪初，又出现了物联网，这可谓是第三次信息革命。信息交流已不限于人与人之间，而被扩大到人与物、物与物之间。今年一月国务院常务会议决定，加快推进互联网、电信网、广电网的三网融合，从发展趋势看，它必然会延伸到与物联网的融合。

在即将出台的我国国民经济和社会发展的“十二五”规划纲要中，提出为转变经济发展方式和调整经济结构，特别是提高民生福利，一定要加快信息网络产业这一战略性新兴产业的发展步伐。在现代网络经济和网络社会中，信息内容居于王者的地位。对信息的处理和管理，就成为事业成败的关键。在信息的海洋中要找到合用的信息，搜索就成为关键；在民主化进程中，要诉诸社会，信息传播就成为关键，如此等等。

李朝明教授长期从事信息管理的教学研究工作，由他主编和谭观音副主编的《信息管理学教程》，是他们辛勤耕耘的结果。他们把信息管理的原理与方法应用于企业联盟、协同商务、供应链管理、客户关系管理等方面，扩大了信息管理在整个企业管理中的作用，这是值得关注的。

信息管理的理论与实践是不断发展的，永无止境。摆在我们面前的这本教科书反映了现阶段信息管理教学研究的若干新成果、新案例，这对扩大读者的视野、更新读者的观念，是有裨益的。我与广大读者一样，愿从该书吸取思想营养。当然，还希望作者精益求精，在今后的教学研究中进一步发展信息管理学。

是为序。

乌家培
2010年10月12日
于华园

前　言

信息技术的日新月异，特别是因特网和通信技术的迅猛发展和广泛应用，使得21世纪人类社会迈入了信息化、知识化、网络化和全球化的新时代。个人和组织处于日益复杂和急速变化的外部动态环境之下，为了提高动态适应能力、提升竞争优势，就必须努力提高信息意识和信息能力，掌握信息管理的理论、方法和技术，提高对信息资源的开发和利用的能力和水平。

“信息管理学”是信息管理与信息系统本科专业的核心课程，也是许多高等院校工商管理、管理科学与工程、电子商务等专业重要的学科基础课程。信息管理学现有的十几种教材各有其特色和针对性，有的以“信息管理技术”为导向，侧重于信息收集、组织、加工和利用等内容的研究，而有的则以“管理”为导向，将管理学的基本原理与信息、信息资源和信息活动的特征结合起来，从信息管理的战略规划、计划、组织、领导、控制和信息管理的创新与变革等方面来构造信息管理学的基本理论体系。这两种导向的教材均对信息管理学的发展作出了重要贡献。但由于信息网络技术的飞速发展和知识经济时代的到来，在经济全球化的背景下，信息管理理论向企业联盟、协同商务、供应链管理、客户关系管理、企业知识管理等研究领域广泛渗透、融合和发展，也迫使信息管理学教材从理论和实践两个方面重新搭建其框架结构，更新其内容。编者基于上述背景和要求，在广泛吸收国内外专家研究成果的基础上，新编了《信息管理学教程》这本书。

本书从信息管理学所具有的多学科、多领域交叉渗透，以及系统性、理论性、实践性和前沿性等特点出发，系统而全面地论述了信息管理的基本概念和学科发展。全书由12章组成，分为理论篇和应用篇两部分。理论篇从描绘信息时代特征入手，系统地论述了信息管理理论的发展背景、基础理论、方法和技术；应用篇则着重探讨了信息管理的理论、方法和技术在各具体领域的实际应用，包括在企业联盟、协同商务、供应链管理、客户关系管理、企业知识管理等新领域的最新应用和实例介绍等。本书在理论和应用并重的同时，注重将信息管理的新技术、新方法和新应用融入教材内容之中，并且推荐了大量的参考资料和在线资源供读者更深入地探讨和学习。

本书适合信息管理与信息系统、电子商务和经济管理类各专业的师生作为教材和教学参考书使用，也可供信息管理的研究者和实践人员参考。

本书由李朝明教授任主编，谭观音副教授任副主编。各章的编写分工如下：第1、5、6章由李朝明编写，第4、10章由谭观音编写，第2、3、7、8、9、11、12章由李朝明和杜宝苍、黄利萍、刘静卜、朱雅帅、方玲、裴江涛、周香梅合作编写，左泽平、黄钧铭参与了第4、10章资料的收集整理，全书由李朝明总编纂和定稿。

本书的编写得到了我国著名信息经济学家乌家培教授的关心、支持和鼓励，非常感谢他亲自为本书写了序。

本书的出版得到了华侨大学教材建设基金的资助，在此特别表示感谢！在编写过程中，我们还参阅并引用了大量国内外专家学者的有关著作、论文等资料，在此一并向这些作者致以崇高的敬意和由衷的谢意！

由于编者水平和时间所限，书中难免存在疏漏和不妥之处，恳请专家学者和广大读者不吝赐教，予以批评指正，以便今后再版时进行修改、补充和完善。

编者

2010年10月9日

目　录

第1篇　理 论 篇

第2篇　应用篇

第1篇

理 论 篇

第 1 章

信息管理理论综述

人类社会已进入信息化、网络化和经济全球化的新时代，信息与物质和能源共同构成了现代社会的三大支柱资源。只有准确地理解信息的基本概念和信息管理理论的内涵与特征，才能全面、正确地把握信息资源开发和利用的规律，更好地为组织的信息化建设服务。

本章在介绍信息的基本概念和信息时代的基本特征的基础上，引入信息管理这一管理科学的新主题，分析了信息管理理论产生与发展的背景、信息管理的内涵和主要特征，以及信息管理的理论流派及体系框架。

1.1 信息的基本概念

印度哲学家辩喜曾经说过：“世界上最伟大的东西是最简单的东西，它和你自己的存在一样简单。”我们生活在信息时代，无时无刻不在与信息打交道。信息对我们来说并不陌生，它是很简单、很直接的。例如，人们利用手机就可随时随地与其他人沟通和了解最新的信息。在当今社会，信息是一个迷人的概念，其传递速度可达光速，传播范围可及星际空间。它同时也是一个在社会上广泛传播的概念，具有十分神奇的魅力。例如，神州 7 号的航天飞船可在遥远的太空随时与地面控制中心传递和交流信息；春节联欢晚会的节目信息，可在同一时刻传遍大江南北，进入千家万户，甚至可以到达大西洋彼岸。那么，究竟什么是信息，它是如何产生的，它有什么特点，它的本质运动规律是什么，它有哪些功能和作用，人们应当怎样正确地去理解和把握它的本质，以使它更好地为人类社会和经济发展服务？这些是我们学习和理解信息基本概念时必须弄清楚的问题。

1.1.1 信息的起源和定义

“信息”一词在我国最早出现在唐代诗人李中的《碧云集·暮春怀故人》的美妙诗句“梦断美人沉信息，目穿长路倚楼台”里，其含义是音讯或消息。而在国外，“信息”即 information，来源于拉丁文“informatio”，意谓陈述、解释或理解等。“信息”一词在国外究竟何时出现，目前尚难以查考。

关于信息的概念，国内外学者从不同角度给出了近百种定义，对信息概念的解释也众说纷纭，至今尚未形成一个统一认可的定义。

在日常用语中，信息的字面含义可以理解为消息、情报、新闻和知识等，如：

信息，就是在观察或研究过程中获得的数据、新闻和知识。(《韦氏字典》)信息，就是谈论的事情、新闻和知识。(《牛津字典》)

信息是所观察事物的知识。(《辞苑》)

信息是指对消息接收者来说预先不知道的报道。(《辞海》)

……

关于对信息概念的认识，可以从以下 4 个方面来理解。

1. 信息是用来消除未来的某种不确定性的东西

这是信息论的创始人香农(C.E.Shannon)在 1948 年发表的《通信数学理论》一文中提出的观点。他认为，从通信角度看，信息是通信的内容。通信的目的就是要减少或消除接收端(信宿)对于发出端(信源)可能会发出哪些消息的不确定性。所谓不确定性，就是指人们对客观事物的不了解或不清楚程度。人们通过某种方式或手段，获取了新的情况或知识，就可从对客观事物的不清楚变为较清楚或完全清楚，不确定性也就减少或消除了。这种使人们减少或消除不确定性的东西就是信息。

2. 信息是与外界相互交换的内容

控制论的创始人维纳(Norbert Wiener)于 1950 年发表的论文《人有人的用处——控制论与社会》中指出：“信息这个名称的内容就是我们对外界进行调节并使我们的调节为外界所了解而与外界交换来的东西。”人生活在社会上必然要与外界发生联系，人类本身和人类社会实际上就是一个控制系统。人们需要通过语言、文字、图像等方式来相互交流和沟通，以调节人类社会的各种活动。即使动物界也不例外，动物也要和外界发生联系和作用。奥地利学者克·符利曾做过一个专门的实验，证明了蜜蜂通过舞蹈动作及次数来互相传递信息，以达到调节群体活动和协同采集食物的目的。这种相互交换、相互作用的东西就是信息。

3. 信息是事物变化或差异的表现

我国学者于光远认为，信息的特点就在于它的差异性。两个信息之间总是存有差异的，而信息的意义就在于这种差异。如果没有差异，就无法成为信息。艾什比从联系和变异的角度将信息称为“变异度”，这是可以理解的。如果广播电台每天报道的新闻都是相同的内容，人们就不能从报道中获得任何信息。只有每天报道的新闻内容都有变化或差异，才能为人们提供信息。

4. 信息是系统的组织程度和有序程度

香农认为，信息是组织的程度，能使物质系统有序性增强，减少破坏、混乱和噪音。维纳也把信息看作系统的组织程度。一个系统的组织程度愈高，它所提供的信息量就愈大。例如，对于遗传信息，脱氧核糖核酸(DNA)是生物遗传的物质基础，它存储的信息量非常大，可以使一个物种的个体之间都存在着差别。DNA 是遗传信息的物质载体，载有生物体的遗传信息，指挥生物体形成不同的遗传形状。这种使系统组织程度和有序程度不同的东西就是信息。

以上几种观点从不同侧面提出了对信息概念的理解，都有其一定的道理。从本质上讲，信息是事物存在方式和运动状态的属性，是客观存在的事物现象。它必须通过主体的主观认知才能被反映和揭示。因此，它是一种比运动、时间、空间等概念更高级的哲学范畴，是一个复杂的、多层次的概念。

我们较赞同下列观点，按照狭义的理解，信息是用来消除不确定性的东西。而按照广义的理解，信息又可从两种层次来认识。从本体论层次上看，信息泛指一切物质的和精神的事物运动的状态和运动的方式；而从认识论层次上看，信息则是关于事物运动状态和运动方式的反映。正因为如此，它才可以消除人们认识上相应的不确定性。

本书综合上述定义将信息定义为：信息是主体所感知的按照一定方式排列起来的能够反映事物运动状态及变化方式的内容。这一定义实际上包含了上述 4 种类型的观点，因此是对信息内涵的一个较为全面的界定。

在理解信息概念时，还需要注意将信息和知识、情报、消息等相近的概念加以区分和联系。知识是人类社会实践经验的总结，是人的主观世界对客观世界的概括和反映，是已知的、系统化的信息。有些信息还未被认知，未被系统化，仍旧是信息，未转变为知识。可见，知识都是信息，而信息不全是知识。情报是指那些对用户有用的，经过传递到达用户的知识，是知识的一部分。那些对用户没有用的或虽有用但尚未传递给用户的知识就不是情报。消息是指包含某种内容的音讯，是信息的反映形式之一。信息是消息的实质内容，但信息不同于消息，消息只是信息的外壳，而信息则是消息的内核。

1.1.2 信息的特征

1. 信息存在的依附性、普遍性与客观性

信息是物质的属性，物质是信息的源泉，如果世界没有物质的存在，信息就会失去其存在的根基。而自从有了人类，社会中就不可避免地充斥着人与自然、人与人、人与社会交往过程中所产生的物质交换关系。在交换过程中，信息依附于物质，随着物质的产生而产生，随着物质的消亡而毁灭。因此物质是信息存在的载体。

信息不仅存在于自然界，也存在于人类社会；不仅存在于物质世界，也存在于精神世界；不仅存在于有机界，也存在于无机界。它可以是自然规律的反映，也可以是人类社会活动的表现；可以是物质的特征和物质运动状态的反映，也可以是人类大脑思维的结果；可以是有机界进行交往的手段，也可以是无机界向外传递消息的信号。总之，信息是普遍存在的，存在于世界的每个角落，作用于人类认识世界的每个阶段。

信息的物质依附性、普遍存在性决定了信息的客观存在性。即信息是不以人的意志为转移的，它是客观的，可以被人们认识、获取、加工、存储、交换和利用，也可以存在于人类的未知领域。随着科学技术和人类思维能力的拓展，未被认知的信息也可以被转换为已知信息，从而为人类社会和经济发展服务。

2. 信息产生的主观性、加工性与可开发性

信息虽然普遍存在却不是凭空产生的，它的产生不仅依靠物质载体，而且必须通过人类的主观意识。物质本身不是信息，而只有在人类思维基础上能够被人类所感知的内容才成为信息。在信息产生过程中，人类的主观意识是非常重要的，它是信息产生的必要条件。

而且当信息被人类感知以后所形成的一次信息大多不能被人类所直接应用，又由于信息表现形式的多样化以及信息的客观存在性，使得人类要利用信息并充分发挥其价值，就必须根据需要对一次信息进行加工处理。这里的加工可以是简单的数学运算，也可以是信息的重组或变换形式，还可以利用计算机功能进行信息的排序与生成，等等。

信息同时也具有可开发性。可开发性是指信息在被加工之后，还可以将信息从不同侧面、不同时期、不同领域有针对性地进行拓展和外延。例如某领域的信息可以经过附加限制条件应用于其他领域。开发的原则是以事实为基础，以价值增值为准绳，以合理开发为准则。

3. 信息运动的储存性、传递性与共享性

信息在运动过程中，由于时间和空间利用的因素，必须对其进行存储，以备后用。由于信息的物质依附性，它可以以物质的方式存储，也可以以大脑记忆的方式存储。随着信息技术的发展，信息的存储方式更加多样化，可以以文本形式存储，也可以以影像和声音等形式存储于电脑的磁盘或光盘上。

信息要发挥其真正作用和价值，就必须在恰当的时候传递给需要的人们。随着信息技术和网路通信技术的快速发展，人们能够在异时异地传递信息，且信息传递量越来越大，传递空间也越来越广。未来信息技术的继续发展，一定能够使信息的传递更加快捷、高效、准确、及时，能够给信息的应用开辟新的天地。

信息的共享性是指信息可以在不同的时空和主体间同时拥有且不被消耗。当人们进行物质交换时，付出的是一个物质，而得到的是另一个物质，物质不会因为交换而增加，然而信息则不同。英国文学家萧伯纳曾做过这样一个形象的比喻："倘若你有一个苹果，我也有一个苹果，我们彼此交换，我们两个人仍然各只有一个苹果；但倘若你有一种思想，我也有一种思想，我们彼此交流这些思想，我们两个人就各有两种思想。"萧伯纳在这里所说的思想可以理解为信息。由于信息具有共享性，极大地缩短了人类认识世界和改造世界的时间，也节省了人力、物力和财力。人们追求信息的目的就在于可以把它作为一种共享性资源来加以开发和利用。

4. 信息利用的价值性、时效性与整体性

信息是经过加工并对人类生产经营活动产生影响的数据，是由人类劳动创造的，是一种资源，因而是有价值的，同时信息也具有使用价值。价值和使用价值是相互联系的，在一定条件限制下没有使用价值的信息是没有价值的。

信息的价值性决定了信息的时效性，即信息在利用过程中有时间和空间的制约。在某一时刻有用的信息，在另一时刻就可能没有意义；在某一领域可以利用的信息，在另一领域则可能无法发挥作用。

随着技术的不断发展，外界环境的不断变化，人类面对的问题日益复杂化。要想有效地解决问题，就必须以系统和全局的眼光加以审视。单个信息在解决复杂问题时显得无能为力，必须将相关信息进行补充并开发形成整体信息，才能满足解决复杂问题的需要。

1.1.3 信息的常见分类

根据人们不同的研究角度，可按以下标准对信息进行分类。

1. 按信息产生领域划分

按信息产生领域可将信息划分为自然信息与社会信息。自然信息是指那些来自于自然界，能够反映自然现象及其发展变化和运动规律的信息。有些自然信息可以被人类所认识并应用于改造客观世界，而有些自然信息，人类则依然无法完全了解，如神秘的四维空间、外星人的传说等。而社会信息则是指那些来自于人类社会活动，反映人与人之间、人与社会之间交流以及社会发展变化规律的信息。社会信息范围非常广泛，包括经济、科技、文化、军事、政务和管理等方面的信息。社会信息是人类活动的主要资源，也是社会大系统的构成要素和演化动力，是信息管理的主要对象。

2. 按信息存在方式划分

按信息存在方式可将信息划分为实物型信息、文献型信息、数据型信息、声像型信息和多媒体信息等。实物型信息是指在信息存储过程或传递过程中以实物形态进行存储或传递的信息。例如，在家具招标活动中，一般要以样品实物作为产品验收标准，参照样品实物所反映的材质、加工精度、喷漆工艺、外观形状等信息来进行验收。文献型信息是以文字形式为主，包括各种研究报告、论文、书籍、资料，以及对它们进行简单加工的文献信息。这类信息一般可通过归纳得到，反映的多为当时社会主流并能够影响社会发展的信息。数据型信息主要以数据形式出现，表现为各种表格数据、统计资料和调研数据等，其特点是通过数据描述来反映现实情况。声像型信息则是指以声音或图像形式进行存储并传递的信息，其特点是形象、直观，易于理解，有助于信宿接收与消化。多媒体信息是将文字、数据、图像和声音等形式集为一体，图文并茂地向信宿传递消息。它随着技术的不断发展，越来越成为大众获取信息的主要形式。

3. 按信息加工程度划分

按信息加工程度可将信息划分为原始信息、简单加工信息和深加工信息。原始信息是指未经加工的客观事实的原始记录，具有数量多、来源分散、内容零散、形式无规则等特点。对原始信息进行加工处理即成为加工信息。加工信息按加工层次可分为简单加工信息和深加工信息。简单加工信息是指对原始信息进行简单的数据计算与文字整合，使信息呈现出有序、规则的特征，如论文期刊、简报和杂志等。简单加工信息易于存储、检索、传递和应用，且具有较高的使用价值。深加工信息则是指从系统的整体或全局出发，对原始信息或简单加工信息进行组织、压缩、分析与研究，生成具有更高价值的信息。此类信息是人们经过深入研究并进行合理创新的结果，包括决策信息、综述和研究报告等。

4. 按信息使用价值划分

按信息使用价值可将信息划分为有价值信息和无价值信息。有价值信息是指那些在特定时期能够为个人或组织带来价值的信息，也是人们积极争取、迫切希望得到的信息。而无价值信息则是指那些在某个特定时期或特定领域，不能够为组织带来价值，但却仍存在于组织内外的信息。对于那些过时的或与组织无关的垃圾信息，应及时加以清理，以提高组织的信息存储和利用效率。

1.1.4 信息的功能

1. 信息的中介功能

所谓中介即为在不同事物之间或同一事物内部对立两端之间起联系作用的事物。信息在人类认识和改造客观世界过程中起着中介的作用。人类的认识过程实质上是认识主体通过对信息的获取、加工、感知等手段，了解或掌握客观世界运动变化的过程。认识主体通过认识过程，对事物发出的各种信息进行观察和综合分析，了解事物的本质属性，形成了人类的意识。人类有了意识就会对物质起反作用，进而主动地发现、了解信息以更加深刻地认识外界事物。信息的中介功能不仅可以使人类认识客观世界，同时也可以帮助人类改造客观世界。人类可以通过对信息的掌握，将信息应用到对人类有价值的活动当中，为人类社会发展服务。

2. 信息的信号功能

信息的信号功能是指信息具有向信息接收者发出信号并引发其行为变化的功能。发送者可以通过各种媒介向外或向内发布某种信息，对接收者的行为施加影响。比如某企业为了扩大产品销售量而在各大媒体报刊上发布广告，对消费者的消费心理和消费行为施加影响。又如某企业为了争夺市场而故意向外界发送一条与企业产品有关的假意开辟新市场的错误信息，而那些尾随的竞争者见到这个新市场有利可图，便纷纷转移市场。而该企业则在竞争者转移市场的过程中不断扩张市场界限，最终赢得该市场的领导地位。

3. 信息的价值功能

所谓价值是指凝聚在商品中的无差别人类劳动，其价值量的大小决定于生产这一商品所需的社会必要劳动时间。具有价值和使用价值的商品才能够经过交换体现其价值。信息作为人类劳动产物，同样具有交换的使用价值，能够为人类所利用并能体现其价值，因此它被人们视为一种重要的资源。信息的价值功能要求企业在生产经营过程中，要充分重视其内外部信息资源的开发和利用，创造出巨大的社会经济效益。

4. 信息的确定功能

信息的确定功能即为信息能够消除系统的不确定性，将动荡的环境由不稳定性变为具有稳定性能够被人类所感知的环境。系统是由若干个相互联系与相互作用的元素所构成的具有一定结构和功能的整体，它具有不稳定性和动态性等特点。企业作为社会系统中的一个子系统，正是通过信息的联系和作用才形成了整体的有序性，企业各级管理人员可利用各种信息渠道搜集信息，并对信息进行有序处理，通过对信息的整体把握来消除企业系统的不确定性，充分发挥系统的整体功能，为企业的战略目标服务。

1.2 信息时代的基本特征

人类社会历史的长河可以按照不同时期的特点划分为不同的历史阶段。在经历漫长的采集狩猎和放牧为生的时代之后，以科技发展水平为尺度，可以把人类产业发展的历史划分为农业时代和工业时代两大阶段。如今，人类社会已进入信息时代。研究信息时代的基本特征，是我们立足今天，把握未来，推动历史发展的需要。循着科学技术发展和社会进步的足迹，可以找到信息时代的主要标志。

1.2.1 人类产业发展的3个时代

1. 农业时代

18世纪60年代以前，人类经历了原始社会、奴隶社会和封建社会的多次变革。但是，由于在这一漫长的历史时期，科学技术和生产力水平十分落后，国家的发展、人民生活的主要来源，一直依赖于农业生产，故均称之为农业时代。其基本特征是科学技术水平低，国民经济以农业为主，而工业则处于手工作坊为主的萌芽时期。生产工具以手工工具为主，其动力主要是人力和畜力。人们的时间观念淡薄，注重经验，靠经验种田。

2. 工业时代

18世纪以后，随着以牛顿力学为首的自然科学的蓬勃发展，推动了社会生产力的进步。以英国人瓦特发明蒸汽机为标志，人类社会进入了工业时代。以后人类又相继发明了内燃机、发电机、电动机等动力机械，社会的工农业生产由机械化向电气化发展，国民经济的主要来源由主要依赖于农业，转为主要依靠工业。工业时代的基本特征可以概括为：工农业生产以机械化、电气化、社会化的大生产为主，形成资本密集企业。资本家占有大量剩余价值，金钱成为财富和权力的象征。人们的时间观念增强了，从注重经验转为注重实际、注重当前。

3. 信息时代

19世纪中叶以后，法拉弟(M. Faraday)的电磁感应定律和麦克斯韦(J. C. Maxwell)、赫兹(H. Hertz)的电磁场理论，成为科学家、发明家创造划时代科技成果的理论基础。电报、电话、电子计算机、广播、电视等一系列新技术的发明和推广，使人类社会进入了工业时代的高级阶段——电气化时代。这一时代工业产值迅猛增加，成为国民经济的主导产业，并开始向技术密集型转化。20世纪以来，以现代科学技术群的出现为背景，以信息科学技术的广泛应用为特点，出现了新理论、新技术与传统科学技术交相辉映的大好形势。人类在探索微观世界奥妙和揭示宏观宇宙规律，乃至生命本质等方面取得的新进展，大大拓宽了改造客观世界的舞台。各种新材料、新能源的发现，计算机技术、微电子技术、激光技术，遥感遥测技术、卫星技术、航空航天技术、广播电视技术、数字化网络技术等先进技术，以前所未有的威力推动着经济和社会的高度向前发展，现代新科学新技术汇成了一股强大的时代潮流(第3次浪潮)，将人类社会推进了信息时代。

1.2.2 信息时代的特征

在信息时代，只有了解时代特征规律，顺应时代潮流的组织才能得到生存和发展。与农业、工业时代不同，信息时代是以信息的创造、分配和利用为主导的经济社会，它具有以下显著特征。

1. 信息的创造出现加速态势，世界知识总量呈爆炸式增长

20世纪中期以来，在经济实力增强、技术手段先进的推动下，人类认识和改造自然的能力，以前所未有的速度快速增长。美国科学家D. 普赖斯的研究指出，世界科技文献以指数 ($F(t)=ae^{bt}(a>0,b>0)$)规律，按逻辑曲线($F(t)=K/(1+ae^{bt})(b>0)$)形式增长(式中t为时间，以年为单位；a为条件常数，即统计的初始时刻的文献量；e为自然对数的底，b为时间常数，即持续增长率)。英国著名科学哲学家詹姆斯·马丁指出，19世纪世界知识总量每50年增长1倍，20世纪中期是每10年增长1倍，70年代为每5年增长1倍，而目前则是每3年增长1倍，有的学科甚至是每隔1.5年增长1倍。知识的这种快速增长的方式被形象地称为知识爆炸，知识信息的爆炸式创生是信息时代的突出特征，也是信息时代到来的重要前提。

2. 信息成为社会经济发展的战略性资源

无论是国家的政治、经济管理，还是企业的生产经营管理，乃至家庭、个人的生活、消费，都离不开信息。当前，随着 Internet 的快速发展，通过现代化的通信设施，把个人、单位、国家乃至全世界连连起来，大大加快了信息的传递和使用效率，极大地推动了社会经济效益的提高和社会财富的增长。各行各业通过信息系统建设，极大地提高了工作效率和经济效益。例如，据统计，在建筑施工管理过程中利用信息系统，及时了解施工进度及有关信息，适时进行控制管理，合理调拨原材料，可使劳动生产率提高 15%；而在金融管理中，采用金融信息系统，可大大加快资金的周转，在办理国际转账业务中，即使全年只缩短一天的周转时间，就等于增加几百亿美元的流动资金。以上数字表明，信息作为信息社会中的战略资源，已成为国家生产力增长和经济增长的关键因素和社会动态发展变化的源泉。在信息社会中，起决定性作用的已不再是资本，而是信息了。

3. 信息产业的出现及就业人数的剧增，改变了国民经济的整体结构

具体表现在以下 5 个方面。

(1) 信息产业异军突起，迅速取代传统工业的位置，成为国民经济的主导产业。根据美国对 201 种行业、440 种职业的统计表明，20 世纪 80 年代后，美国信息业的产值高达国民经济总产值的 85%。

(2) 传统工业向信息工业转移。一方面表现为传统制造业工人的失业和信息业就业人数的剧增；另一方面表现为传统工业信息化程度的提高，大量采用信息技术和白领工人。政府则致力于提供信息技术发展的资金，用以建立研究中心或在大学里培养高水平的信息科技人才。

(3) 产业的分布由集中转向分散，中小型企业和公司发展迅速。据统计，20 世纪 80 年代以来，美国的中小型公司以每年万家的速度增长。以计算机、信息通信、遗传工程、海洋开发、环境保护等为基础形成的新型产业群，以及保健卫生、旅游服务、咨询培训等以知识为基础的服务型行业均得到了蓬勃发展。

(4) 全球经济一体化。现代信息科学技术是人类共同的财富。通过 Internet 等信息技术建立的信息高速公路，把整个世界联成一个整体，为所有国家提供参与信息分配和利用的机会，以及参与世界经济互动发展与竞争、合作的机会。任何一个国家再也不可能闭关自守，无论是发达国家还是发展中国家都面对着国家经济向世界经济的转轨问题，即如何适应全球经济一体化问题。

(5) 在商业及国际贸易中，数字货币、电子货币的出现及推广，不仅从根本上改变了传统的结算方式，而且将大大推动经济发展的速度。

4. 产品由技术密集型转向智力密集型

信息社会是建立在高新技术的基础之上的。高新技术一般是由微电子技术、计算机技术、电信技术同具体的专业知识相结合的产物。如现代生物工程技术，就是

高新技术竞争中的一个非常重要的制高点。然而，其技术的发展必须借助先进的信息技术手段。信息社会的产品正在由技术密集型转向智力密集型，据发达国家统计，智力密集型企业所创造的价值，在20世纪50—60年代只占国民经济总产值的15%～35%，而80年代以后则提高到60%～85%。其价值的增长已由过去的主要靠资金投入，转为主要靠知识投入。人们的价值观念也由工业时期的“劳动价值论”转变为信息时代的“知识价值论”，人们注重的是投入智力的多少与创造价值的关系。

5. 社会经济、科教、办公乃至家庭生活方式的改变

计算机、通信和控制技术的发展与广泛应用，武装了国民经济各个部门，影响并扩展到社会、生产、工作和生活的各个方面。20世纪80年代以来，由生产的自动控制到管理的信息系统化；由经营的信息化到社会服务的信息化；由电子授课到远程教育；由办公的信息化到家庭的信息化。无论是普及的速度还是信息化程度，都以惊人的速度在提高，从而极大地影响了社会经济、科教、办公乃至家庭生活方式，成为信息化社会的重要特征。

6. 信息及信息技术成为现代科学技术研究的主要对象之一

信息及信息技术成为现代科学技术研究的主要对象之一，这是信息时代反映在科学技术方面的突出特征。20世纪40年代之前，几千年的自然科学研究的主要对象一直是客观世界的物质和能量的特性等。40年代中期以来，香农的《通信的数学理论》和维纳的《控制论》相继问世，标志着人类开辟了以信息为研究对象的广阔研究领域。从此，人们对信息的利用从原始的不自觉的经验状态，走向理论指导下的自觉的科学状态。信息科学技术的成果成为改变世界面貌、主宰世界进程的巨大力量。人们确立了物质、能量、信息三位一体的资源理论，取代了传统的二元论，确立了以信息技术为核心的新的科学技术发展观。

7. 时间观念再次发生质的转变

信息社会的经济、技术发展速度超过以往任何时期，事物瞬息万变。要想跟上时代，光凭经验和当前的努力已远远不够，必须立足当前，放眼未来。因此，未来学、预测学等横断学科应运而生。人们不再是处在“过去后”，而是处于“将来前”。为了拥有未来，必须深刻理解时间的价值。时间不仅是金钱，而且是效率和机遇，赢得时间就可能拥有成倍的收益。此外，信息社会经济结构的改变，必然引起上层建筑、家庭功能以及人们心理状态的相应变化，这些都是需要认真研究的理论与现实问题。

1.3 信息管理理论的产生和发展

信息管理理论的形成始于 20 世纪 70 年代后期在美国出现的信息资源管理(Information Resources Management，IRM)。所谓信息资源是指信息活动中各种要素的总称，包括信息、信息技术以及相应的设备、资金和人等。“信息资源管理”一词最早出现于美国的政府部门，随后迅速扩展到工商企业、科研机构和高等学校，并逐渐成为一门新的学科和管理理论。

1.3.1 信息资源管理的兴起

信息资源管理的形成与发展需具备 3 个条件：一是对信息资源认识的观念，信息资源早就存在，但只有当它累积到一定量的时候才能引起人们对它的重视，这就是信息资源管理形成的观念条件；二是技术条件，信息系统与网络技术的发展推动了信息资源量的积聚，促成了信息资源管理活动的集成发展；三是实践条件，政府部门的文书管理领域和工商行业的企业管理领域为信息资源管理的需求提供了实践场所。

早在 20 世纪中期，美国就已初步具备了这 3 个条件。可以认为，美国信息资源管理的萌芽和发育，最早生长在其政府部门的文书记录管理(Paperwork and Records Management)领域。当时由于文书数量和文书管理成本的激增，美国政府运用行政和立法双管齐下的办法加以整治，其结果却意外地促成了信息资源管理的产生。在此发展过程中，信息技术起到了积极的促进作用，促使文书管理逐渐演变，产生了信息资源管理的思想和理论。

企业管理是信息资源管理的又一重要生成领域。具体地分析，可以把信息资源管理在管理领域生成的背景因素主要归纳为以下 4 个方面：① 经济全球化的影响。信息网络技术和新型交通工具的快速发展，使经济全球化的趋势越来越明显，许多企业由地方性公司扩展为遍布全球的跨国公司，企业在地理空间上的扩散要求不断加强和改善对信息资源的管理。② 全球市场竞争态势的形成。为了适应全球市场的竞争，要求现代企业采用多样化和差异化的经营管理模式，这就更加迫切地需要借助计算机网络环境下的信息资源管理。③ 组织机构扁平化发展趋势的要求。在信息网络技术的支持下，企业可缩减管理层次，实现操作层与决策层之间的直接沟通，鼓励员工参与决策制定过程。这种扁平化管理结构的运行也是由信息资源管理所支持的。④ 信息技术的推动作用。管理方法和理论的演进是与信息技术紧密联系的，信息技术的应用使大量管理工作实现了自动化处理并因此改变了工人的工作场所和工作方式，更多的工人变成了白领工人，他们与管理者的工作内容开始趋同——都是以信息资源的开发与管理为主要内容，这样，传统的管理也就演变为信息资源管理。

1.3.2 信息管理理论的发展概况

信息管理理论的发展经历了由初级到高级的发展过程，形成了一些不同的理论学说，主要理论成果概括如下。

1. 国外的信息管理理论

(1) 胡塞因(Hussain)的信息资源管理理论

美国新墨西哥州立大学的 D.Hussain 和 K.M.Hussain 的信息资源管理理论，准确地说是一种“计算机资源管理理论”，其核心是信息系统的开发、管理和计算机在工商企业领域的应用问题，因此又称为“管理中的信息系统理论”，可将其归属于信息系统学派。但该理论存在以下明显缺陷：①未对信息资源和信息资源管理等概念作任何解释，简单地以计算机资源取代信息资源；②信息资源管理理论从产生伊始就以战略层次的管理为主要内容，但却停留在信息系统管理的层次上，按霍顿等人的时期划分，这只是信息管理初级阶段的理论。

(2) 霍顿(Horton)的信息资源管理理论

美国著名的信息资源管理学家霍顿于 1985 年出版的《信息资源管理》一书，是世界上第一部真正意义上的信息资源管理专著，它是一种面向应用的信息资源管理理论。该理论以如何提高生产率这一命题为出发点，认为信息时代的生产率概念必须植入信息资源和财产概念以重新定义和测度生产率。所谓信息资源管理可以看作是一种基于信息生命周期的人类管理活动，是对信息资源实施规划、指导、预算、决算、审计和评估的过程。从信息资源管理产生的背景看，它是由不同的信息技术和学科整合发展的产物，具体包括管理信息系统、记录管理、自动化数据处理、电子通信网络等技术与学科。

Horton 还强调每一个企业都必须将信息资源作为一种战略财产进行管理，必须与企业的战略规划相联系，在企业的每个层面上识别信息资源将为企业带来的利益和机会，并借以构筑新的竞争优势。

Horton 的信息资源管理理论是美国乃至世界范围内最有影响的信息资源管理理论之一，它极大地促进了信息资源管理理论的传播、应用和发展。

(3) 史密斯(Smith)的信息资源管理理论

Smith 是美国加利福尼亚州的学者，与 Hussain 的《信息资源管理》相比，他的《信息资源管理》取得了长足的进步，不再局限于计算机资源管理，而是将信息技术和信息系统建设等有机地融合于管理理论与实践的框架之中。

Smith 的信息资源管理理论的主要特点在于注重将管理理论与计算机信息系统理论相结合，较好地处理了信息系统理论和管理理论的关系与融合问题，是基于信息与信息资源概念并按信息资源管理的逻辑结构展开的一种一体化的信息资源管理理论。

但它同样未能摆脱管理信息系统的约束。相比而言，Smith 的理论体系比 Horton 的更具完整性。可以说，它们是美国信息资源管理理论领域的两朵奇葩。

(4) 马丁(Martin)的信息管理理论

英国学者 Martin 的信息管理理论主要涉及信息管理的内涵、意义、要素、原则、认知、制约因素、实施和过程等，是一种最接近信息资源管理的理论。他认为，信息管理是使有价值的资源隶属于标准的管理和控制过程以实现其价值的活动。他强调了信息管理必须超越程式化的信息收集、储存和传播工作，使信息利用为组织机构的目标服务。他阐述了信息管理与管理信息系统的区别，认为后者是为特定的管理层次提供特定类型信息的方法，而前者则是为整个组织机构的所有层次包括战略层次、战术层次、操作层次等服务的。

(5) 施特勒特曼(K.A.Stroetmann)的信息管理理论

德国的信息管理学家 Stroetmann 是信息管理学派的代表性人物之一，他认为信息管理是对信息资源与相关信息过程进行规划、组织和控制的理论。信息资源包括信息内容、信息系统和信息基础结构 3 部分，信息过程则包括信息产品的生产过程和信息服务的提供过程等。

Stroetmann 的信息管理理论引入了“价值链”的概念，将信息管理简单地概括为沿着价值链的信息资源管理。他把信息管理理解为一种战略管理，并进一步抽象出了适用于信息服务领域的战略信息管理分析框架，这是由信息资源—信息转换过程—战略信息管理(即规划、组织和控制)所组成的三维结构。

2. 我国的信息管理理论

(1) 卢泰宏的三维结构理论

卢泰宏将信息管理的基本问题归纳为 5 个问题域：存、理、传、找、用，提出要解决这 5 方面的问题，需要研究“人—信息—技术—社会”相互作用的各个方面。他认为信息资源管理是运用管理科学的一般原理和方法，从经济、技术、人文(法律、政策、伦理)等多种角度，对信息资源进行科学的规划、组织、协调和控制，既是信息管理的综合，也是对各种资源以及管理手段和方式的集约化管理；信息资源管理最集中地体现在信息技术、信息经济、信息文化这3种基本信息管理模式的集约化上，即“三维结构论”。这3种模式分别是：对应于信息技术的技术管理模式，其研究内容是新的信息系统、新的信息媒介和新的利用方式；对应于信息经济的经济管理模式，其研究方向是信息商品、信息市场、信息产业和信息经济；对应于信息文化的人文管理模式，其研究方向是信息政策和信息法律等。

卢泰宏是国内较早接触国外信息资源管理理论的学者，并以此为基础形成了自己独特的理论框架。

(2) 胡昌平的信息管理科学理论

胡昌平在1995年出版了《信息管理科学导论》一书，他构建的信息管理科学体系是我国信息资源管理研究的代表性成果，标志着我国情报学研究已走出了科技情报的固有模式而面向社会信息这个更为广阔的天地。其特点主要体现在以下3个方面：一是以“用户和服务”为中心来组织相关学科知识；二是以社会信息流的有序运动为纲来衔接各个知识模块；三是用它的主导思想来统一科技信息与经济信息，形成一体化的信息管理新机制；四是突出了对科技信息管理理论的推演与扩展。信息管理科学主要研究社会信息现象与规律、信息组织与管理、信息服务与用户、信息政策与法律等4个方面。

(3) 孟广均的集成综合论

孟广均认为，信息资源管理是管理思想的重要组成部分，是管理思想史上的新的里程碑。“信息资源管理”与“信息管理”的逻辑起点不同。信息资源管理以“信息资源”为逻辑起点，信息管理则以“社会信息”为逻辑起点。信息资源管理是为了确保信息资源的有效利用，以现代信息技术为手段，对信息资源实施计划、预算、组织、指挥、控制、协调的一种人类管理活动，应从学科的集成、综合以及信息科学的大学科角度出发，阐述信息资源管理的理论、技术和方法，理解和把握信息资源管理的生成和发展条件。

(4) 霍国庆的信息资源管理层次论和战略信息管理理论

霍国庆主要倡导“信息的管理”与“信息资源的管理”目标趋同论和信息资源管理的3个层次理论。他认为，信息资源是经过人类开发与组织的信息集合，信息资源管理的主体是一种人类管理活动，管理哲学是这种活动的升华，同时又是这种活动的指南，系统方法是这种活动的规则和实施程序，管理过程是这种活动在某一社会组织内部的具体实施。信息资源管理是一个完整的体系，它是由环节管理(微观管理)、系统管理(中观管理)和产业管理(宏观管理)三者组成的，其中环节管理是内核，系统管理是主体，产业管理是保障。他初步构建出信息资源管理学的体系结构。

1.4 信息管理的基本概念

1.4.1 信息管理的定义

信息管理是指人类为有效地开发和利用信息资源，以现代信息技术为手段，对信息资源进行计划、组织、领导和控制的社会活动。简单地说，信息管理就是人对信息资源和信息活动的管理。

信息资源包括信息生产者、信息和信息技术3个要素，其中人是控制信息资源、协调信息活动的主体要素。3个要素成为一个有机整体——信息资源，是构成信息系统的基本要素，也是信息管理的研究对象之一。信息活动是指人类社会围绕信息资源的形成、传递和利用而开展的管理活动与服务活动。

通过信息的产生、记录、收集、传递、存储、处理等活动，可形成可以利用的信息资源，而通过信息资源的传递、检索、分析、选择、吸收、评价、利用等活动，可实现信息资源的价值，达到信息管理的目的。通常信息活动包括3个基本层次，即个人的、组织的和社会的信息活动。

一般认为，信息管理的形成经历了公益性的文献管理阶段(1900—1950年)、技术性的数据管理阶段(1950—1980年)和集成性的资源管理阶段(1980年以来)等3个主要阶段。由于历史的原因，目前关于什么是信息管理存在两种看法：狭义的信息管理观点认为，信息管理是文献管理、数据管理或信息技术管理；广义的信息管理观点则认为，信息管理是对与信息的生产、流通、分配、使用全过程有关的所有信息要素，包括信息、人员、设备、组织、环境等的合理组织与控制，又称为信息资源管理。在国际上，尤其是在美国，信息管理常指信息资源管理。信息资源管理的出现，说明了信息管理已从单纯的对文献、数据、信息技术的管理，走向了重视信息活动中的人文因素、经济因素和技术因素的综合性、集成性管理阶段。

1.4.2 信息管理的内涵

信息管理作为一门专业，其内涵主要是指对信息资源和信息活动的管理。这是因为，信息管理意味着要对所有信息进行全面管理，以便达到让人们都能平等、方便地获取、拥有和利用信息的根本目的。为此，必然要采用资源管理的观点，把信息及其要素作为一种资源，通过合理地配置信息资源，有效地满足社会的信息需求。这同时也说明了信息管理已从信息的公共中心设施(如图书馆、文献馆、档案馆等)进入各类型的组织机构(政府机关和企业等)；从重视社会效益转向既重视社会效益又重视经济效益；从操作控制层次上升到决策规划层次。信息的全面管理已成为一种集成化的多维立体管理模式，它除了要对信息本身进行管理外，还包括以下3个方面的管理：① 信息的技术管理。即指对各种现代化的信息传播、存储、处理技术及其设备等进行合理地组配，以构建完整、高效、安全、可靠的信息系统网络，实现资源共享。② 信息的经济管理。信息资源既然是经济资源，就必然要求运用经济管理的方式来对其进行管理，以提高信息活动的经济效益。③ 信息的人文管理。信息技术的推广与应用已产生了许多通过技术经济手段无法解决的难题，因此必须寻求非技术经济手段，如对信息心理、信息伦理和信息文化等制定信息政策，颁布信息法规等方面的研究。

以上分析说明，信息管理具有综合性，而它所追求的目标代表了信息领域的共同追求。同时，它又是管理领域和信息领域交叉研究发展的产物，所以它具有跨学科的性质。信息管理属于基础性质或综合性质的管理，因为信息不仅是一种渗透于各种活动中的最基本资源，同时也是现代社会中的战略资源。一切具体的管理活动过程都离不开信息，都始终贯穿着信息管理这条主线。现代管理科学认为，管理就是决策，而决策则离不开信息，信息只有经过管理才能用于决策。正是由于这一原因，才使得信息成为各种类型管理活动的共同基础和战略制高点。

信息管理专业具有其独特的内涵，说明它不同于传统的文献管理专业、文书管理专业和科技情报专业，这些专业主要面向公益性部门培养专门的文献管理人才。同时它也不同于计算机软件和管理信息系统等专业，这些专业侧重于专门的信息技术教育，主要培养操作和控制层次的信息处理人才。而信息管理专业则是立足于资源管理的战略高度，面向新兴的信息产业，为宏观、微观和市场部门培养高级决策、规划层次的信息管理人才。综合性和交叉性使信息管理专业的范围拓展得很广。一般认为，其方向可从纵向和横向两个方面进行划分。纵向就是从信息管理内涵本身的组成要素角度来划分，可将信息管理区分为信息的技术管理、经济管理和人文管理3部分。横向则是根据信息管理的应用领域(外延)或信息资源本身的类型来划分，大致可分为科技信息管理、经济信息管理、金融信息管理、商务信息管理、政务信息管理、市场信息管理、企业信息管理和信息产业管理等方向。

信息管理的外延范围很广，人们从不同范围、不同角度和不同层次去认识，对其本质内涵往往会得出不同的看法。如，基于不同的信息载体，不同的管理领域和管理层次，其信息内容、管理手段与方式也不一样，它在社会发展中将演变出不同的管理阶段。并且，信息管理是基于不同信息载体、信息内容的具体信息活动，需要实施不同性质、不同手段方式和不同层次的管理。因此，不论信息管理的外延范围如何，实质上都可以将其视为是对信息活动的各环节所有信息要素实施决策、计划、组织、协调与控制，以有效地满足社会适用信息需要的过程。

也就是说，信息管理的实质是对信息生产、信息资源建设与配置、信息整序开发、传递服务、吸收利用的活动全过程中各种信息要素(包括信息、人员、资金、技术设备、机构和环境等)的决策、计划、组织、协调与控制，从而有效地满足社会适用信息需要的过程。

个体、群体、民族、国家(以下统称为用户)之所以要开展信息活动，是为了满足其生存发展对信息的需要。用户对信息的需要又总是特定的、具体的、有一定时间空间条件的(这种时空条件表现为信息需要的产生、表达和寻求的局限性)，称为社会适用信息需要。这种社会适用信息需要，是人类信息活动产生发展的原动力。而有效地满足社会适用信息的需要，则是不同层次、不同性质的信息管理的目标。人类之所以要对不同信息载体、不同信息内容的信息活动以不同手段方式进行管理，根本原因在于要满足用户的适用信息需要。人类生存发展对适用信息的需要又是随着时间、空间和条件的改变而不断发展变化与增长的。正是这种需要的发展变化和增长，不断地推动着信息的生产。然而，不管信息生产量如何庞大、信息增长速度如何提升，用户需要的适用信息总是稀缺的。这种信息需要的不断发展变化和增长，与适用信息稀缺的矛盾关系正是信息活动和信息管理产生的内部机制。

很显然，对于不同的用户，他们对稀缺适用信息的需求的层次是不同的，所需信息的种类也是不同的。这种不同层次和种类的信息需要，推动着不同层次和种类信息的生产、信息资源建设与配置、信息整序开发、传递服务、吸收利用活动全过程各种信息要素的组织、协调与控制，推动着信息管理活动的发展。在当今信息时代，信息管理面临以下主要问题：①信息贫富不均衡(发达国家拥有和垄断着大量有价值的重要前沿信息，而发展中国家则处于信息贫困状态)；②信息数量与质量不均衡(即信息爆炸与适用信息稀缺)；③信息社会化与商品化同在，信息共享与信息占有并存，信息交流与信息交易俱有，信息交流与共享面临交流各方的利益博弈和利益协调问题。因此，如何加强对信息活动全过程所有要素的管理，合理地配置富有价值的稀缺的适用信息资源，以最大限度地满足社会不断发展变化和增长的信息需要，已成为日益重要的研究课题。正是在这个意义上，才使得信息热转变为信息管理热。

1.4.3 信息管理的 3 个层次

信息管理一般可分为以下 3 个不同层次。

1. 微观层次的信息管理

微观的信息管理更加贴近普通人对信息管理的理解，它所研究和处理的是具体的信息产品的形成与制作过程，主要面向具体的信息产品而展开。

2. 中观层次的信息管理

中观层次的信息管理面向的是处于社会中的具体的信息系统。在这里，信息系统有两个层面的理解：① 从信息技术角度出发，开发编制出用于处理具体问题的计算机系统软件，它涉及系统的分析、编制、维护与管理等问题；② 从社会组织系统的角度出发，信息系统是一个完整的组织内部的信息处理与交流的环境与平台。如何规划与运营好组织内部的信息资源，是中观层次的信息管理所关注的问题。

3. 宏观层次的信息管理

宏观层次的信息管理是从整个社会系统角度来研究的，它主要是指对一个国家和地区的信息产业的管理。信息产品进入社会，进入信息市场，就要加强对信息市场的监管，加强对信息服务的管理，就要在政策、法规和条例等方面进行规范。信息产业所涉及的面比较宽、领域比较广、行业比较多，如何通过对它们的有效管理，提高行业的信息化水平，进而提高整个社会的信息化水平，这些都是宏观信息管理所要研究的问题。

1.5　信息管理的主要特征及原则

1.5.1　信息管理的主要特征

在当今信息时代和经济全球化的背景下，信息管理可以看成是现代管理在新的时代融合发展的一种产物，因此它既体现了管理类型的特征，又体现了时代的特征。

1. 信息管理的管理类型特征

从管理的方向看，信息管理是管理的一种，具有管理的一般性特征。例如，管理的基本职能是计划、组织、领导和控制；管理的对象是组织活动；管理的目的是为了实现组织的目标等，这些在信息管理中同样具备。但是，信息管理作为一个专门的管理类型，又具备自己独有的特征。

(1) 信息管理的对象不是人、财、物，而是信息资源和信息活动。它要对反映人、财、物的属性、特征和状况的信息和信息资源，以及为了开发和形成信息资源而开展的信息活动进行规划、组织和管理。

(2) 信息管理贯穿于整个管理过程之中。管理活动的各个方面的现实状况，都要通过信息来描述和反映，管理活动过程本身是一种控制过程，管理控制过程也需要信息的反馈，通过信息分析来衡量管理过程的绩效，并利用信息来实施管理控制，因此，信息管理始终贯穿于管理的全过程。

2. 信息管理的时代特征

在当今信息时代和经济全球化发展的背景下，信息管理的特征主要表现在以下几个方面。

(1) 信息管理的对象迅速增加

信息技术的快速发展和经济全球化趋势的日益明显，使信息管理的对象迅速增加，主要表现在以下几个方面。

① 信息技术的发展使信息量呈指数级增长，从而使信息管理对象迅速增加。一个技术人员即使不停地阅读技术文献资料，他的极限能力也只能阅读本领域技术资料的 5%。况且每年新增加的技术信息呈指数级增长。因此，技术人员所能阅读的资料占本领域技术资料的比重呈下降趋势。信息管理对象的增加大大地增加了信息管理手段的难度和复杂度。

② 经济全球化的发展使信息管理的对象迅速增加。在传统经济活动中，企业只需面对本地区的市场，而经济全球化则使企业必须面向全球市场，世界上任何地区的动荡和变革都可能直接影响企业的生产和经营。企业家要想在全球化市场中获得成功，就需要掌握比传统经济中多几十倍甚至几百倍的信息。信息管理对象的剧增，要求企业必须不断地优化信息管理的手段。

③ 随着专业化分工的不断细化，信息管理出现了协同化的趋势。原来一个家庭、一个企业可以独立完成的工作，现在必须多个企业和部门的协同才能完成。利用网络开展协同管理和协同商务已成为信息管理的一种新的形式。就企业而言，协同包括了企业之间、企业内部门之间、部门内员工之间多个层面的协同合作，从产品的设计到产品的销售和服务都需要通过协同工作来完成。协同过程的实质是信息与知识的交流与共享过程，因此，协同管理可以视为信息管理的一种新形式，亦即信息管理出现了协同化的新趋势。

④ 信息管理所涉及的知识与技术领域不断扩大。从所需的知识领域来看，现代信息管理工作不仅需要经济理论、管理科学、社会科学和心理科学，而且还需要计算机技术、通信技术、网络技术和多媒体技术等信息管理与信息开发技术。信息管理与信息开发人员不仅要熟悉有关信息技术手段，还要同时掌握上述各项技术之间的相互衔接、协调与组织工作。现代信息技术要求管理部门、市场营销部门、信息系统技术部门能够相互合作，从整体目标出发，进行全面规划和统筹安排，只有这样才能达到预期目标。

(2) 信息管理的技术不断进步

在信息管理对象剧增的同时，信息技术以超乎人们想象的速度快速发展，为我们存储和管理海量信息创造了条件。自 1946 年第一台计算机问世以来，计算机的运算速度一直以每 18 个月增长一倍的速度快速增长，摩尔定律的预言至今还没有失效。在更强大的计算能力不断被超越的同时，计算机技术逐步向大众普及。而因特网的出现则为人们提供了发布和使用信息的新方法和技术手段，使信息管理能力得到了巨大改善和提升。原来人们需要逐页查找的资料，现在通过计算机网络瞬间即可完成。并且各种管理软件产品的开发和应用，为信息管理提供了许多新的技术方法和手段，这一切反过来又促进了信息管理技术水平的提高，促进了信息管理技术的不断进步。

(3) 信息开发运用的方法更加科学

过去，人们在传统管理中主要是依靠经验来处理各种信息，所需要的只是简单的算术运算和统计。而在信息时代，人们则将各种现代数学方法大量运用于信息化管理。比如，企业根据其市场信息，利用回归技术计算其产品的需求函数，研究其产品的市场需求；再如，企业利用线性规划和多目标规划等现代管理方法，合理制定其生产计划方案，实现生产资源的优化配置，寻求利润的最大化；此外，利用微分方程，可建立商品订货量模型，实现有效的库存管理和控制；利用数学函数模型可设计和优化有关运算方案；利用会计信息可计算各种杠杆比率，分析、判断企业的经营状况等。所有这些科学方法的运用均涉及大量复杂计算，均离不开计算机技术的运用。上述科学方法的应用，使信息的流动性和共享性以及知识的外溢性成为实现信息共享与数据挖掘的重要手段。信息价值将更多地依赖于对数据的深度挖掘，而不能仅仅停留在表层语义上对信息的简单使用。

(4) 知识产权资源成为企业最具价值的信息资源

对企业而言，其内部管理、营销、生产、财务、政策、法规等信息资源尽管必不可少，然而在以自主创新为重要特征的现代市场经济环境下，要培植或增强竞争能力，就必须使其信息能力在与知识产权相关的信息资源上形成战略性布局。广义的知识产权资源不仅包括专利信息资源，还包括非授权专利信息、失效专利信息和技术标准等。专利信息公开制度使专利申请中包含了大量关于企业的研发活动、技术工艺及专利保护的具体内容等方面的综合信息，企业可以跟踪与经营有关的技术发展成果，对他人的技术进行学习或寻求获得许可。欧洲专利局的一项研究结果表明，日本和美国企业比欧洲企业更注重专利技术信息资源的综合利用，日本企业比英国企业更重视在R&D战略和实施中对专利信息资源的有效管理。

(5) 重视信息资源的建设而不只是信息技术的导入

当前因特网的普及、信息技术的成熟及其应用成本的下降，已为中小企业信息资源建设提供了良好的技术条件。但从目前的情况看，很多企业却仍缺乏建设和利用有效支持其核心业务的信息资源的能力。许多有价值的信息资源并没有得到很好的整合使之成为竞争优势的来源，很多有价值的数据并没有得到充分挖掘，使之成为核心业务的支撑。为了改变这一现状，需要正确地认识信息资源管理与信息技术应用之间的关系，不要把技术层面信息技术的导入和 IT 应用理解为信息管理的核心，而要牢固树立信息资源建设在企业信息化中的核心地位，充分挖掘和发挥信息资源在企业核心竞争力中的重要价值。

(6) 信息量剧增，信息处理的方法日趋复杂，信息管理涉及的领域不断扩大

随着经济全球化，世界各国和地区之间的政治、经济、文化交往日益频繁，组织与组织之间的联系更加广泛，组织内部各部门之间的联系更加密切，导致了企业信息量的猛增，对信息处理和传播速度提出了更高要求。而且，随着管理工作要求的提高，信息处理的方法日趋复杂。早期的信息加工多为一种经验性加工或简单的计算，而现在的加工处理方法不仅需要一般的数学方法，还需要大量运用复杂的数理统计和运筹学等现代管理方法。此外，信息管理所涉及的领域也在不断扩大。从知识范畴上看，信息管理涉及管理学、社会科学、行为科学、经济学、心理学、计算机科学等；而从技术上看，信息管理则涉及计算机技术、通信技术、办公自动化技术、测试技术和缩微技术等。因此，未来信息管理涉及的领域将随着信息技术在各行各业的广泛渗透和深入应用而不断地得到新的拓展。

1.5.2 信息管理的原则

所谓原则是指经过长期检验所整理出来的合理化现象，是人们观察问题、处理问题的准绳。信息管理原则是指人们在信息管理活动中为了有效性必须遵循的一套管理思想或行为准则。

1. 系统原则

信息管理的系统原则是指以系统的观点和方法，从整体上、全局上、时空上认识管理客体，以求获得满意结果的管理思想。其内容包括整体性、历时性和满意化 3 个原则。

(1) 整体性

整体性原则是指把管理客体作为一个有机整体来认识，按整体规律去处理问题。

(2) 历时性

历时性原则要求注重信息管理客体的产生、发展过程及其未来趋势，将客体视为变化着的系统，从形成过程的规律和发展趋势来认识客体。即从时间的方向上来认识系统的整体性特征。

(3) 满意化

满意化原则要求对管理客体进行优化处理，从整体观念出发，调整整体与局部的关系，拟定若干可供选择的调整方案，然后根据本系统的需要(目的)和可能(条件)，选择满意度最高的方案。

2. 整序原则

所谓整序是指对所获得的信息按“关键字”进行排序。信息管理遵循整序原则的原因是：① 信息量大，如不排序，查找信息速度慢且困难；② 未排序的信息只能反映单条信息内容，不能定量地反映信息的整体在某一方面的特征。

整序之后，信息按类(某一特征)归并，易显示该特征下信息总体的内涵和外延，也便于发现信息中的冗余和缺漏，方便检索和利用。

对于文献检索，整序原则包括分类整序、主题整序、著者整序、号码整序、时间整序、地区整序、部门整序等方法。

(1) 分类整序

分类整序是指以信息内容的学科类别为信息标识，以学科层次结构体系为顺序的整序方法。

(2) 主题整序

主题整序是指以能够代表信息单元主题的词语(主题词)为标识、再按词语的字顺为序的整序方法。

(3) 其他整序

具体包括以下几种整序方法：① 著者整序，指按作者姓名字顺为序的整序方法；② 号码整序，指按信息单元的固有序号为序的整序方法；③ 时间整序，指按信息单元发表的时间或数据、事实发生的时间为序的整序方法；④ 地区整序，指按行政区划名称字顺为序的整序方法；⑤ 部门整序，指按部门名称字顺为序的整序方法。

3. 激活原则

信息管理的激活原则是指对所获信息进行分析和转换，使信息活化，以便为管理者服务。信息只有在被激活之后才能成为资源并产生效用。例如，信息咨询企业就是专门为用户作“激活”信息服务的。管理者应学会激活信息，激活能力是其信息管理能力的核心。

(1) 综合激活

综合激活是指以综合的方法，对已拥有的信息进行扩展、转换而获得新信息的激活方法。

(2) 推导激活

推导激活是指根据已知的定理、定律或事物之间的某些联系，从已知的信息进行逻辑推理或合理推导而获取新信息的方法。

(3) 联想激活

联想激活是指从已知的信息联想到另一些信息，而这些信息本身可能是激活主体所需要的新信息，或者可以将它们综合成新信息，或者可以从它们当中受到启发而产生新的信息。

联想和推导不同，它并未经过逻辑推理或合理推导，而是通过由此及彼的联想，有时甚至是非逻辑的思维过程，仅仅是因联想而得到启示。

4. 共享原则

共享原则是指在信息管理活动中为获得信息潜在价值，力求最大限度地利用信息的管理思想。由于共享性是信息的基本特征，不仅组织需要信息共享，社会也需要信息共享，否则信息就不能发挥其潜在的价值。

(1) 贡献原则

贡献原则又称集约原则，是指信息管理者要善于最大限度地将组织及其成员所拥有的信息都贡献出来，供组织及其全体成员使用。贡献原则是实现信息共享的前提。

(2) 防范原则

防范原则又称安全原则，是指为防止企业的竞争对手、敌对国家等共享我们企业和国家的信息，要求信息管理者在信息管理活动中必须提高安全防范意识。

5. 搜索原则

搜索原则是指信息管理者在管理过程中千方百计地寻求有用信息的管理思想。信息管理者应具有强烈的搜索意识、明确的搜索范围和有效的搜索方法。其中，搜索意识是最重要的信息管理意识之一。

(1) 有意搜索

有意搜索是指管理者在做任何事情之前，都要去查找有关这一事情的现实和历史情况的信息管理观念，做到“凡事先查，有意搜索”。

(2) 随意获取

随意获取是指信息管理者在事先毫无思想准备的情况下，对于发生在身边的、稍纵即逝的信息流，发现其中与自己相关的信息，并及时地将其抓住、激活和利用的信息管理观念。

(3) 求助搜索

求助搜索是指信息管理者为了搜索信息而自身又缺乏能力时，寻求社会帮助的观念。其特点是将信息管理者的自我搜索扩展到求他搜索。

1.6 信息管理的理论流派与体系框架

本节从信息管理的理论流派和体系框架两个方面简要介绍信息管理理论研究的现状。

1.6.1 信息管理学的理论派别

关于信息管理学的理论研究可以概括为以下 5 个派别。

1. 信息学研究流派

信息学研究流派是现代信息管理学的开创者，它继承和发展了文献管理的思想。如霍顿的《信息资源管理》就是一部以信息资源为逻辑起点的信息资源管理文献。他认为信息资源管理就是对信息资源进行规划、指导、预算、决算、审计和评估的过程。在克里斯和高、怀特、伍德、莱维坦等学者的共同努力下，信息资源研究发展迅速。如国内的霍国庆在企业信息资源的集成管理、战略管理研究方面成果突出，秦铁辉从企业文献、网络、实物和人际等信息资源的特点、获取途径与利用方法等角度进行的研究也取得很大进展。该流派主要研究企业各种类型信息资源的采集、分类、组织、检索与传递，并逐步建立了其独立的理论体系。其研究的深度与广度较高，引领着信息资源管理学科发展的脉搏。

2. 管理信息系统研究流派

管理信息系统研究流派以计算机技术特别是管理信息系统技术为代表。早在 20 世纪 30 年代，柏纳德就已提出了信息资源管理系统的思想，而计算机应用于管理则是管理信息系统的最早形态。美国新墨西哥州立大学的 D.胡塞因和 K.M.胡塞因的理论的核心就是信息系统的开发、管理和计算机在工商企业领域的应用问题，被称为“管理中的信息系统理论”。管理信息系统流派主要研究如何采用信息技术促进信息管理。该流派的缺点是局限于技术角度，造成了人文、社会视角的盲点，其基础理论问题还有待深化。

3. 商业管理研究流派

商业管理研究流派源于经管界，他们将信息视为最重要的生产力要素，认为应从经济效益方面对信息资源进行管理。1983 年，美国经济学家保罗•罗默曾提出，应把信息看作与劳动力和资金一样重要的生产要素。罗伯特、巴罗和英国经济学家莫里斯也认为，信息和知识与一般的有形资产不同，应特别重视其作用。德国信息管理学家施特勒特曼认为，在信息管理中应引入价值链概念，并沿着价值链进行企业的信息资源管理。国内杜栋等人编著的《企业信息资源管理》则是管理类专业从侧重于“管理信息系统”向重视“信息资源价值”转变的代表作。商业管理研究流派的研究重点是如何合理地配置资源，评估企业信息资源建设方案的经济成本、效益与风险，确定信息商品价格。他们主要强调了企业信息资源建设对社会经济发展的重要影响。

4. 政策研究流派

政策研究流派源于行政管理和法律领域。该流派致力于规范企业行为，保护知识产权，维护信息安全。如美国研究、制定的相关信息法律包括《信息科学技术法》(1981 年)、《美国技术领先法》(1992 年)、《信息技术管理改革法》(1996 年)等。我国的信息法律研究起步较晚，近年来也加紧了相关规章制度方面的研究，其中包括企业信息资源管理标准与流程、企业信息资源管理人员的激励与约束制度、信息监督与防伪的制度等内容。我国已实施或正在编制的企业信息管理规章制度主要有《企业信息管理员管理规定》《企业信息安全管理规定》《企业信息资源编码标准》等。我国企业信息资源管理政策研究表现出一定的零乱性和滞后性，研究的理论性、原则性较强，但可操作性相对不足，因而尚难以为企业决策提供参考依据。

5. 信息生态学研究流派

信息生态学研究流派是近年出现的新流派，他们以人的需求为中心来管理企业的信息环境。1997 年托马斯·H. 达文波特将生态理念引入信息管理。在此之后，纳尔蒂(1999)也在《Information Ecology：Using Technology with Heart》一书中提出了一些具有建设性意义的观点。国内学者也研究了这一新动态，如蒋录全认为，组成企业信息生态学模型的 6 个重要因素是策略、政治、文化行为、职员、过程及结构，保持信息生态平衡的方法是对信息管理的 6 个因素进行综合考虑，其企业信息生态学模型如图 1-1 所示。随后于晓镭探讨了企业信息生态圈与 3ESP 模式。李佳洋等人分析了目前企业信息环境中存在的问题，提出了建立企业信息生态系统，贯彻“以人为本”的信息管理思想理念，从而达到信息环境生态平衡的观点。信息生态学利用生态学及生态平衡的原理，考察信息管理中人与信息技术、环境之间的交互性，开创了一种新的研究视角。

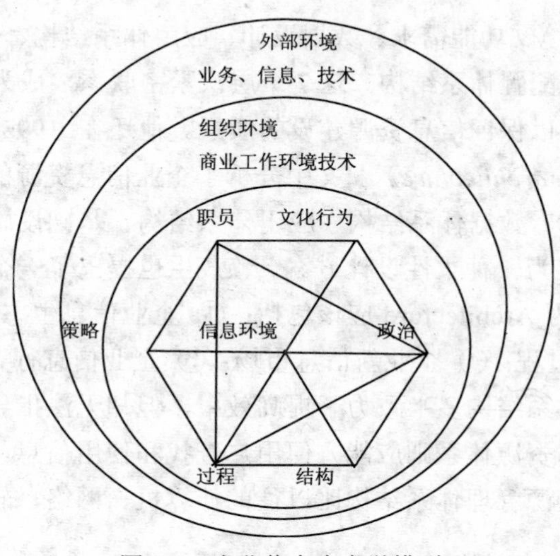

图 1-1 企业信息生态学模型

1.6.2 信息管理的体系框架

信息管理体系框架可以理解为是一套对组织信息资源与活动的宏观规划和配置思路，许多学者在体系框架研究中提出了自己的观点。

1. 金字塔形体系框架

金字塔形的体系结构是一种从广泛的信息资源中层层提炼、逐级深入的结构。霍国庆将企业信息管理体系框架分为逐级深入的 3 个层次，即业务层、战术层和战略层的信息管理。李怀祖也将其分为运行管理、战术管理和战略管理，并指出运行管理要靠信息基础设施建设实现，战术管理要靠开发业务系统和应用系统实现，战略管理要靠应用战略系统实现。

2. 要素框架

组织信息管理框架是由不同的要素组合而成的综合体。如彭雁虹提出的企业信息资源管理模型，包括业务体系、数据集成体系、应用信息体系、信息战略体系以及基础设施体系等 5 个维度的要素。其中基础设施体系是它的保障，数据集成体系是它的基本部件，业务体系是它的主要对象，应用信息系统体系是它发挥效益的关键要素，信息战略体系则是它的指导框架。

3. 基于信息构建的框架

信息构建的思想也被用于设计企业信息资源管理的体系框架。Ryan(1988)首次提出了企业信息体(Enterprise Information Architecture，EIA)一词，他认为 EIA 应由

7层模型组成，即环境、功能需求、数据设计、应用体系结构、交叉应用体系结构、技术体系结构和系统配置体系结构。这7个层次紧密联系，成为一个整体框架，严格控制着每个层次，以保证信息资源建设的质量。他还在1993年在《*Building an enterprise information architecture*》一文中分析了企业信息资源的7个方面要素，即企业环境、业务目标、数据体系结构、应用体系结构、基础设施、系统软件、系统硬件等，将EIA描述为一种柔性设计方案。赖茂生也提出了一个企业信息资源的体系结构(IRA)，他认为Architecture应该包括：① 企业信息生态环境；② 企业信息战略；③ 企业信息过程；④ 企业新信息市场；⑤ 企业信息行为与文化。他指出现行的企业信息资源体系结构多半致力于提高效率，但却无法指导信息用户的信息行为，而一个好的信息资源体系则应能方便用户查找和使用信息。由此可见，基于信息构建的企业信息资源管理体系结构比以往的计算机、网络、软件体系结构的意义更加广泛而深远。

思考题

1. 什么是信息？它有哪些特征？
2. 信息与知识、情报、消息有何异同？
3. 信息有哪些主要功能？
4. 信息时代有哪些主要特征？
5. 什么是信息资源？它有哪些要素？
6. 什么是信息管理？它有哪些主要特征？
7. 信息管理应遵循哪些原则？
8. 如何正确理解信息管理的内涵与外延？
9. 信息管理学有哪几个学派？各有什么特点？
10. 如何理解信息管理的体系框架？

第 2 章

信息管理的理论基础

信息管理学是一门综合了管理科学、信息科学、行为科学、经济科学、计算机科学和通信技术等学科的新兴边缘性交叉学科，其形成与成熟在很大程度上依赖于上述各种相关理论学科的发展与完善。同时，信息管理学的迅速发展，也在一定程度上推动了各种相关理论向前发展。

本章首先介绍信息管理的管理科学和信息科学两种最主要的理论基础，并阐述信息论与信息科学的区别与联系，然后对信息管理活动的主要技术手段——信息技术的基本概念、特征、类别以及功能等进行分析，以便读者能够很好地理解并开展信息管理活动。接着，从企业资源理论的角度将信息作为一种重要的资源进行阐述，旨在强调其在现代经济管理生活中的重要作用。

2.1 信息管理的管理科学理论基础

简单地讲,信息管理是一种以信息资源和信息活动为主要研究对象的管理学科。尽管信息管理有其自身的一套逐渐成熟的管理理论与方法，但其形成、发展、成熟与完善绝不可能完全脱离管理理论、技术和方法的支撑，因此，管理科学理论是信息管理的重要基础理论之一。

2.1.1 管理和管理科学

1. 管理、管理学、管理科学的定义

所谓管理是指管理主体通过采取各种手段与方法，对组织内外资源进行有效协调并合理运用，以有效地实现组织目标的一系列活动。其实质是管理主体与管理对

象之间的一种交互活动，是管理主体通过一定的管理活动作用于管理对象并伴随着信息双向反馈的过程。

管理与管理学是两个紧密联系的概念。管理是一种有组织的实践活动，而管理学则是指以长期管理实践为基础，以现代科学方法与技术为工具，综合运用各种社会科学和自然科学的理论方法，为适应现代社会化大生产的需要而产生的系统研究管理活动的基本规律、原则和方法论的一门理论学科体系。其目的是在现有条件基础上，合理地组织和配置各种资源，提高组织与社会的生产力水平。

从目前的研究成果来看，大多数学者认为管理科学包含广义和狭义两方面的含义。广义的管理科学是指所有有关管理的科学；而狭义的管理科学则是指现代管理理论一个重要的学派即管理科学学派。这个理论学派的的主要指导思想是以决策为目的，利用系统的观点，使用先进的数理方法及管理手段，使生产力得到最为合理的组织，以获得最佳经济效益。

管理学可以说是在管理思想和管理实践中形成并不断发展起来的，而管理科学不仅包含了狭义的管理学，同时也包含了研究管理活动的各种方法和手段等。因此，管理、管理学和管理科学三者之间的关系如图 2-1 所示。

图 2-1　管理、管理学与管理科学三者关系

2. 管理理论的发展演变

管理理论是以管理经验的系统总结为基础，按照严密的逻辑结构而组织起来的概念、思想和结论。从其形成到发展至今已有 100 多年的历史，而在其长期的发展演变中，主要经历了古典管理理论、行为科学管理理论、现代管理理论和管理理论新发展等 4 个阶段。

(1) 古典管理理论

古典管理理论是 19 世纪末至 20 世纪初在美国、法国和德国等国形成的有一定科学依据的管理理论。其代表性成果主要有：泰勒的科学管理理论，主要研究工厂内部的生产管理，解决工人的“磨洋工”问题，即以提高工厂的劳动生产率为目标；法约尔的一般管理理论，该理论以一个整体的大企业为研究对象，概括出一般管理的原理、要素和原则，适用于企业、军政机关和宗教组织等；韦伯的行政组织理论，其核心观点是组织活动要通过职务或职位而不是通过个人或世袭地位来管理。

(2) 行为科学理论

行为科学理论产生于20世纪30年代，其代表性成果主要有：梅奥的人际关系学说，通过对美国芝加哥郊外的西方电器公司霍桑工厂进行的相关试验，研究了员工在生产中的人际关系；马斯洛的需求层次理论，它将人的需求划分为5个层次，即生理需求、安全需求、社会需求、尊重需求和自我实现需求，认为等级低的需求较易得到满足，当较低的需求得到满足之后，才会产生较高的需求；赫兹伯格的双因素理论，他通过对美国匹斯堡地区200名工程师和会计人员进行调查访问，把影响人的积极性因素分为两大类，即激励因素和保健因素。

(3) 现代管理理论

第二次世界大战以后，现代科学技术迅猛发展，生产社会化和劳动分工复杂程度日益提高，企业规模扩大，边界趋于模糊，企业管理工作也越来越复杂且困难。因此，人们开始从更广泛的角度对管理进行多方面的研究，形成了不同的管理学派。孔茨(H.Koontz)将其称为管理理论丛林。这一阶段的主要代表学派有：经验管理学派、人群关系学派、组织行为学派、社会协作系统学派、社会技术系统学派、决策理论学派、系统管理学派、管理科学学派、权变理论学派、经理角色学派和管理过程学派等。

(4) 管理理论的新发展

20世纪70年代以来，特别是进入21世纪以来，组织之间的竞争日趋激烈，内外环境动态复杂变化，如何应对和适应充满危机与急剧动荡的环境，谋求组织长期生存和持续发展并获得持续竞争优势等问题的提出，使管理研究进入了以战略研究为主的组织战略规划层次，其中产生了多种理论和学说，包括波特(Porter)的竞争战略理论、哈默(Hamer Armand)的企业流程再造理论、彼得·圣吉(Peter M. Senge)的学习型组织理论，此外，较前沿的理论还有虚拟组织理论、协同商务理论、核心竞争力理论、动态能力理论、知识管理理论和创新理论等。

3. 管理科学的研究方法

管理科学最基本的研究方法主要有3种，即思辨式、归纳式和实证式。

(1) 思辨式的研究方法。它主要是依赖于个人的主观想象和思维能力对具体问题进行抽象推理、分析与判断，从而弄清问题属性的一种研究方法。其优点是：一方面可以在短时间内对问题进行理解与把握；另一方面能够降低组织的研究成本。其缺点是：研究结果的可靠性和真实性较差，主要依赖于研究主体的能力。但由于不同的研究主体能力上的差异，对同一问题的研究往往具有不同的结果。因此，我们在管理活动中为取得研究结果的可靠性与正确性应尽量避免采用这一研究方法。

(2) 归纳式的研究方法。它主要依赖于个人对以往的研究文献和二手资料的收集和归纳，在对他人研究成果进行再次分析、归纳和总结的基础上，加入个人观点而形成研究结果。其优点是较思辨式方法相对可靠和真实，缺点是研究结果的可靠性与真实性受到资料收集有效性的限制。同时，在研究过程中易掺杂个人的主观倾向，因而其所形成的结论可靠性依然较差，难以令人信服。

(3) 实证式的研究方法。它是一种先对某一研究问题提出假设，再用事实或数据对提出的创新性理论观点加以确认证实的研究方法。可分为证实研究和证伪研究两种：证实研究即通过事实或数据证实自己观点的正确性；而证伪研究则是通过事实或数据证实他人的研究结论或自己研究中的某些假设是错误的。其优点是研究结论的可靠性和真实性较强，易让人信服；缺点是在管理实践中事实或数据较难收集、收集时间长、研究成本高等。但实证式的研究方法是一种较为科学的研究方法，在管理过程中如果条件允许则应尽量采用这种研究方法。

目前，我国无论在学术研究还是在管理实践中，大多采用思辨式和归纳式两种研究方法，而国际上通行的则是实证方法。

2.1.2 管理学的一般基础

1. 管理者的概念和分类

管理者是指通过协调他人的活动并与他人一起工作以实现组织目标的人们。根据这一定义，管理者既包括指挥领导他人的人，又包括执行工作职能并对组织负有责任的人。按不同标准可将其划分为不同的类型。

① 按管理者在组织中所处地位可将其划分为高层管理者、中层管理者和基层管理者。

高层管理者是指在组织中位于最高层，对整个组织负责，并根据收集到的信息制定组织发展目标、战略和面对复杂问题时进行决策，并对组织中的一切资源具有所有权或控制权的管理人员，如组织的董事长和CEO等。中层管理者是指在组织中位于中间层次，并根据高层管理者制定的计划与决策，结合所在部门的实际情况，制定具体的执行计划和方案的管理人员，如部门主管、分区负责人、车间主任等。基层管理者是指位于组织层级的最下层，接受上级命令并认真完成各项任务的管理人员，又称现场管理人员或一线管理人员，如车间小组长、领班等。

② 按管理者的职责任务可将其划分为决策者、业务执行者和参谋人员。

决策者是指在组织各层级中拥有决策表决权的管理者，通常指各管理层级的“一把手”。其主要职责是负责组织或各层级内的全面管理任务，可以直接调动和约束下级，分配各种资源等。

业务执行者是指负责某一方面的专职管理人员，通常称为业务管理人员。其主要职责是落实决策者制定的计划，以自己的专业知识为组织作贡献。他们拥有除决策权以外的大部分权力，如控制权、领导权等。

参谋人员是指为决策者和业务执行者提供建议的智囊人员，如管理顾问、财务顾问、调研人员等。其职责是负责收集、整理和提供各种相关信息，为决策者和业务执行者提供合理化建议。

2. 管理对象

管理活动实际上是管理主体施加于管理对象的一系列活动。管理主体即为管理者，而管理对象则包括人力资源、物力资源、财力资源及信息资源等 4 种主要资源。

(1) 人力资源

人力资源的含义有广义和狭义之分。广义上是指只要有工作能力或将会有工作能力的人的总和；狭义上则指能够推动组织进步和经济发展的具有智力和体力劳动能力的人的总和，包括数量和质量两个方面。然而在组织经营管理过程中，人力资源专指组织内部和即将加入组织的所有人的总和。

(2) 物力资源

物力资源是指人们进行社会实践活动的物质基础。组织的物力资源是指在组织中从事各种经营活动所需并拥有的资产总和。它主要指组织的有形资产，如土地、厂房、机器设备和原材料等。

(3) 财力资源

财力资源是社会各种经济资源的价值体现，其最直接的体现就是货币。但从广义上讲，它还包括企业所拥有的能够保值增值的土地、人力资本和智力资本等，以及带有风险性的股票、债券等。因此，财力资源可以理解为社会中的所有财富。而组织中的财力资源即指组织所拥有和将要拥有的所有财富。

(4) 信息资源

信息资源是企业在生产及管理过程中所涉及的一切文件、资料、图表和数据等信息的总称。它涉及企业生产和经营活动过程中所产生、获取、处理、存储、传输和使用的一切信息。信息资源与企业的人力、物力、财力和自然资源一样同为企业的重要资源，且已经成为能够支撑企业未来发展的重要战略资源。同时，它又不同于其他资源(如材料、能源资源等)，是可再生的、无限的、可共享的资源，是人类活动的最高级财富。

3. 管理的基本职能

管理的职能是指管理者为了实现有效管理的目的，通过科学的管理方法和手段在具体活动中所达到的基本功能或作用。在杨善林主编的《企业管理学》中，将管理职能分为计划、组织、领导与控制等 4 种。

(1) 计划职能

“计划”一词在汉语中具有名词和动词两种词性。名词的计划是指用文字和图式等形式描述的未来一定时期内组织的行动目标、内容以及过程等的文件性规范，它既是组织成员执行具体工作的指导性文件，也是组织、领导和控制的基础。而动词的计划则是指管理者在一定时期内设立组织目标，并选择和确定完成这些目标的具体方案和详细步骤，附有相应的资源配置方案的过程。很多学者习惯用“计划工作”来表示动词意义的计划。其工作包括环境分析、调查研究、市场预测、制定目标、选择实施方案以及资源配置方案、监督执行和检查修正等过程。计划的作用在于：明确组织目标，使权责一致；降低资源有限性限制和环境不确定性；作为管理职能平衡组织活动时空差距；协调组织运行，保持组织平稳发展等。而决策是计划的一部分，计划是包括决策在内的范围广泛的事前安排。

(2) 组织职能

组织的概念可分为实体和过程两方面。实体的组织是指为达到一定目标而结合在一起工作的具有正式或非正式关系的一群人，按照一定的目的、任务和职责加以编制。包括既定目标、行动主体(一群人)和系统化的结构形式等 3 个要素。而过程的组织则是指为实现组织目标而对组织资源进行有效配置的过程。具体而言，组织工作是指根据一个组织的目标，将实现组织目标所需进行的各项活动和工作加以分类和归并，设计出合理的组织结构，配备相应人员，分工授权并进行协调的过程。其主要工作内容包括：设计组织模式及结构；界定部门和成员的职责与权限；明确组织层次以及管理幅度；协调组织各部分活动等。

(3) 领导职能

领导这个词也有名词和动词两种词性。名词的领导是指具有较高的职权、魅力和影响力，能够吸引、带领和管理组织成员的人，即领导者的简称。而动词的领导则是指带领和指导群众实现确定的共同目标的各种活动的过程，即领导是一种为达到目标而引导、指挥和鼓励下属共同努力的持续性过程和方式。学者们对领导者的领导方式进行了大量研究，大体上包括专权式领导、民主式领导和放任式领导 3 种。关于领导方式还包括连续统一体理论、管理方格理论和权变理论等 3 种理论。领导的主要任务就是通过各种努力，争取下属的信任和支持、带领下属完成组织的各种目标。

(4) 控制职能

控制是指为保证组织目标的实现，监视各项活动以保证它们按计划进行，并根据动态环境进行的检查和纠偏过程。控制的主要目的是为了减少环境的不确定性，降低组织活动的复杂性。其类型按控制点可分为事前控制、事中控制和事后控制；按控制性质可分为预防性控制和纠正性控制；按控制信息的性质可分为反馈控制和前馈控制；按控制方式可分为集中控制、分层控制和分散控制等。执行控制的前提条件是拥有专门的控制机构，制订科学可行的计划，建立畅通无阻的信息渠道。其控制过程包括：研究工作计划，确定控制标准；通过各种手段衡量实际工作绩效；将衡量结果与标准对比，找出偏差；采取相关并可行的管理行动纠正偏差或修改标准，最后在纠偏过程中再次控制，直到符合标准为止。

2.2　信息管理的信息科学理论基础

信息科学是指以信息为主要研究对象，以信息的运动规律和应用方法为主要研究内容，以计算机等技术为主要研究工具，以扩展人类的信息功能为主要目标的一门新兴的综合性学科。它是由信息论、控制论、计算机科学、仿生学、系统工程与人工智能等学科互相渗透、互相结合而形成的。其最主要的理论基础是信息论、系统论和控制论，俗称“老三论”。

2.2.1　信息科学理论基础——老三论

1. 信息论

信息科学最重要的理论基础是信息论。信息论是一门研究信息传输与信息处理一般规律的学科，起源于通信理论。它是以美国数学家、贝尔电话研究所的香农于 1948 年完成的“通信的数学理论”的诞生为标志的，该理论奠定了信息论的基础。信息论的基本思想和方法完全撇开了物质、能量等各种具体的客观形态，把任何通信和控制系统都视为一个信息传输和加工的处理系统，把系统有目的的运动抽象为信息变换过程，通过系统内部的信息交流使系统维持正常的有目的的运动。

信息是消除不确定性的东西，而通信则是通过某种媒体进行的信息传递。香农对通信系统进行了深入研究并提出了一般通信系统模型，如图 2-2 所示。

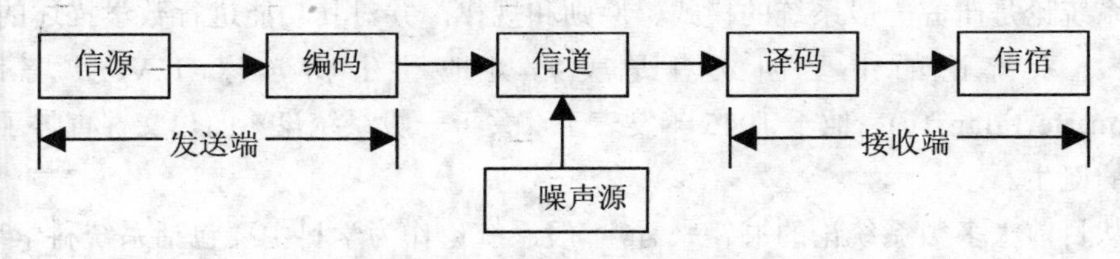

图 2-2　通信系统的一般模型

信息的来源被称为信源，其传播渠道被称为信道，其接收方被称为信宿。其中信源即信息的发送源，它可能是人，也可能是自然界或客观事物。消息从信源发出之后，经编码转换为信号。它们可能是声信号，也可能是电信号或光信号。其中信源与编码被称为发送端。信道是信号的传输通道和传输载体，它既可能是有线信道，也可能是无线信道；既可能是自由空间，也可能是电离层。但无论哪种通信渠道，都会受到噪声的影响而制约着信宿的接收能力，我们将这些产生噪声的来源称为噪声源。信号通过信道传入信宿之前要经过译码转译为消息，而消息则为信宿所接收。信宿和信源类似，可能是人，也可能是物。同时，译码与信宿又被统称为接收端。

在信息传播前信宿并不了解信源将要发出哪些信息，这就是信宿对信源的不确定性。信息的传播必然会受到各种内外界因素不同程度的干扰，信宿收到的信息必然存在失真现象，亦即必然有偏差，这就是信宿收到信息的不确定性或称后验不确定性。根据香农对信息的定义，先验不确定性与后验不确定性之差便是信宿接收到的信息量。同时，香农又给出了测量信息量的方法即“信息熵”的概念。而且又以条件概率为基础，给出了在各种条件下信息量、信息容量、信息传递和交换、噪声与滤波等的表示与计算方法。自此信息论的理论框架、研究方法和内容等逐渐丰富，并作为一门学科独立发展起来了。

香农提出的这一通信系统模型不仅适用于通信系统，而且也适用于非通信系统。其模型虽然有些单向、机械、硬性、理想化等缺点，但却具有较广泛的社会意义，为我们指出了信息论的一般参考模型，并奠定了信息论产生的基础，对以后的科学研究与实践具有重要的指导意义。而实际社会中不断流通的信息则是双向的，且具有反馈协同作用。因此，后来很多学者对其模型进行了改进，增加了反馈功能，形成了较合理的信息通信模型。

总之，信息论是一门利用数学方法定量地研究信息的传输、变换和处理的科学。它的形成为以后人们更加深刻地认识世界和记录世界提供了方法和工具，同时，也将信息作为一种资源的概念引入管理领域，为我们更加深入地认识管理问题并作出正确决策起到了重要的作用。

2. 系统论

系统论是研究一般系统的模式、原则和规律，并对其功能进行数学描述的一门科学。系统论的主要创立者是美籍奥地利生物学家 L.V. 贝塔朗菲(L.Von.Bertalanffy)，他于 1945 年发表了《关于一般系统论》的论文，宣告了这门学科的诞生。

从目前大多数系统论的书籍来看，一般系统论作为学科主要包括系统科学理论、系统哲学和系统技术 3 个主要组成部分。系统科学理论是原理部分，主要阐述系统以及系统科学的理论结构及框架等；系统哲学是系统的哲学基础和哲学意义的综合阐述；而系统技术则是对人们认识系统有较大帮助的实际技术和有效方法等。

所谓系统是指在同一环境中的两个或两个以上相互制约又相互联系的要素有机

结合起来以实现特定功能的综合体。我们把系统各要素相互联系、相互作用的内在组织形式或内部秩序叫做系统结构；把系统与环境相互作用和相互联系的外在活动形式或外部秩序叫做系统功能。显然，系统结构是要素的秩序，系统功能是过程的秩序。一个系统具有3个基本组成部分即系统输入、系统加工和系统输出。而广义的系统则还包括系统反馈和系统控制两部分。对系统的认识与把握，须遵循以下基本观点或原则。

(1) 系统观点，即有机整体性原则。即认为一切有机体都是一个开放的系统，但通过要素与要素之间的联系总会构成一个具有特定功能和特定结构的有机整体。要求人们在认识和利用系统时从全局出发，整体考虑，坚持联系的观点，不能一叶障目。

(2) 动态观点，即自组织性原则。即认为一切生命现象本身都处于积极的活动状态之中，且随着外界环境的变化而不断变化，随着时间而不断演化。要求人们在认识和利用系统时应以动态的发展的眼光看待事物，而不能简单地截取事物发展的某一环节，忽视事物的整个发展过程。

(3) 组织等级观点，即有序原则。即认为事物内部在特定时期内存在不同的组织等级和层次，各等级层次按照各自的组织能力不同而有序地排列，各有其自身目的性和调节性。该原则告诉我们，对事物的认识要从不同层次出发，或从整体到局部，或从局部到整体，无论哪种策略都可以达到认识事物的目的。

上述3个原则是相互联系的。有机整体性是系统功能大于部分功能的前提；动态自组织性是事物不断存在和演化的基础，为我们认识系统提供了客观基础；而有序原则是人们认识系统的方法。只有在充分认识到系统整体性功能的前提下，我们才有可能根据事物的存在方式和演化过程，了解系统的逻辑内涵，并在有序原则的指导下，按照一定的方法更加正确合理地认识系统。

3. 控制论

控制论是研究各种系统的控制规律、理论和方法的科学。主要创立者是美国数学家、电信工程师维纳。在20世纪20年代，维纳等人对生物和机器全过程的控制规律进行了深入研究，并于1943年出版了《控制论》一书。该书用统一的观点讨论了人、动物、机器的通信和控制活动，标志着控制论学科的诞生。

控制是指施控主体通过某种方式影响受控客体的能动作用。达到控制作用必须包含 3 个要素，即施控主体(作用者)、受控主体(被作用者)和控制媒介(作用的传递者)。相对于某种环境而言，具有控制的功能被称为控制系统。而维纳的控制论则是着眼于从控制系统与特定环境的关系角度来考虑系统的控制功能的理论。在这一理论中，他引入了信息和反馈这两个基本概念，认为一切有生命系统(如动物、人)和无生命系统(如机器)之间存在着统一性，都既是信息系统，又是反馈系统，可进行自我控制和调节，在这些系统中信息的作用是头等重要的。因此，控制论和信息论是密切相关的，控制论建立在信息论的基础上。信息论主要着眼于对信息的认识，控制论则着眼于对信息的利用。

控制论的基本观点是：一切控制系统都是信息系统和反馈系统。即一切控制系统都具有信息交换过程和相互反馈过程。利用这些特性就可以达到对系统的认识、分析和控制的目的。控制论的核心是反馈原理。经典的控制论强调负反馈，即消除控制系统与目标状态之间的差距，使系统处于稳定工作状态，而现代控制论则强调正反馈，即使系统的输出值增大，使系统趋于不稳定，以促进系统的变化。如社会的经济体制改革所需要的就是正反馈，即通过改变体制来适应生产力的发展。

控制论采用的主要方法有信息方法、黑箱系统辨识法和功能模拟法。信息方法着重从信息方面来研究系统的功能，通过对信息的研究来揭示事物运动的规律，并予以实际运用。“黑箱”是指那些不能打开，又不能从外部直接观察其内部状态的暗箱系统(如人脑)。对这样的系统，可以运用“黑箱系统辨识法”来建立模型，并通过观察该模型中因输入变化而引起的输出反应，来考察和判断其功能。功能模拟法，则侧重于描述系统的功能和模拟它对外界影响的反应方式，而不要求分析系统的内部机制和个别要素，不追求模型的结构与原型完全相同。以上研究方法，可为许多过去难以定量研究的问题开拓新的研究途径，具有十分重要的意义。

2.2.2 信息科学的理论体系

信息科学是信息管理最直接、最重要的理论基础，只有深刻认识其内涵，把握其特征，熟悉其研究内容和方法，才能全面理解和掌握其理论体系，为学习研究信息管理学的基本原理和方法，打下扎实的理论基础。

1. 信息科学的内涵与特征

“信息科学”一词早在20世纪50年代就出现了，但学术界是在20世纪70年代才正式提出这一概念的。信息科学的概念被界定为以信息为研究对象，以信息的本质特征和信息运动规律为研究内容，以信息方法和技术为手段，以扩展人类智能为主要研究目标而建立的一门科学。它具有以下几个方面的特征。

(1) 信息科学以信息为研究对象。所研究的信息不是指任何个别信息领域里的特定信息，而是指反映一切和信息有关的领域里的信息现象，关心一切和信息有关的领域里的信息问题。

(2) 信息科学以信息的本质和运动规律为研究内容。即研究信息的本源是什么以及信息是如何获取、传输、表达、存储、识别、编码和处理的运动过程。

(3) 信息科学以信息方法和技术为手段。即在研究过程中采用科学的研究方法，并通过信息技术的支撑将研究成果顺利地表达出来，以便人们识别、利用等。同时，信息科学的发展又反作用于信息技术，利用信息发明创造出更多实用的，且容易被使用者理解和掌握的信息技术。

(4) 信息科学以扩展人类智能为主要目标。信息科学产生和发展的前提就是为了扩展人类认识世界和改造世界的能力，它通过有效地获取、传输、表达、存储、识别、编码和处理信息来增强人类的智能，以辅助人类更加有效地认识和改造世界。

2. 信息科学的研究对象和研究内容

一门科学理论的形成与发展必须有自己独特的研究对象和研究内容，否则，研究主体就没有办法展开系统的研究，其研究也就缺乏了一定的方向。

(1) 研究对象

信息科学的研究对象是信息，这是它区别于其他科学的最根本的特点之一。它所研究的信息不仅包含个别领域的特定信息，而且还包含一切与信息有关的所有信息现象。

信息是主体所感知的按照一定方式排列起来的能够反映事物运动状态及变化方式的内容。根据这一定义可将信息分为两类，即本体论的信息和认识论的信息。本体论的信息是指事物的运动状态和变化方式，而认识论的信息则是指能够被主体所感知的事物的运动状态和变化方式。从主体的角度上说，认识信息的目的一方面是为了了解事物的运动状态并最终利用信息改造该事物；另一方面是为了总结经验，积累知识以改造其他类似事物。因此，还可将信息视为应用类信息。即通过主体的创造性思维形成的对事物本源的改造或应用的信息。它可以分为本源类应用信息和他源类应用信息两类。本源类应用信息是认知主体通过感知本体论信息所形成的对事物本源的改造或应用等的信息；而他源类应用信息则是认知主体通过感知本体论信息与本源类信息所形成的以便用于改造或应用于其他事物本源的信息。

根据以上分析，可以给出一个信息科学研究对象的抽象模型，如图 2-3 所示。该模型显示了认知主体与事物本源之间通过信息相互作用的一种抽象系统。事物本源的运动状态和变化方式通过本体论信息表达出来，通过主体感知系统形成认识论信息，再通过主体的创造性思维形成应用类信息即本源类应用信息和他源类应用信息。这样就完成了认知主体与事物本源之间通过信息这个研究对象所形成的抽象系统。该系统可用来指导信息科学的研究主体的研究方式以及对信息的认识和思维过程，以便研究主体更

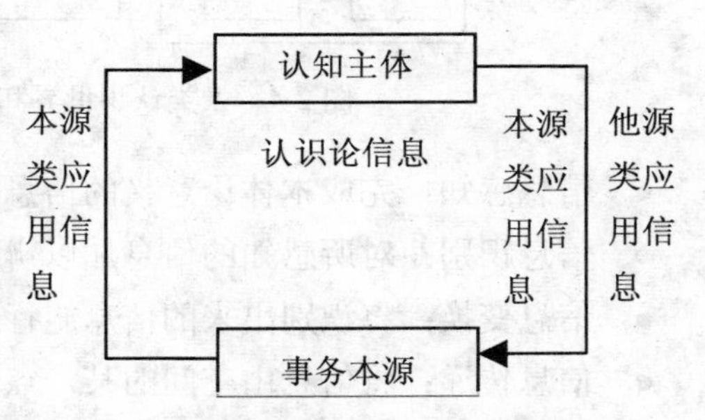

图 2-3　信息科学研究对象的抽象模型

好地利用信息来改造事物本源，达到改造世界的目的。

(2) 研究内容

信息科学的研究内容是在各个信息领域(比如自然、生物、社会等)中信息的个性特性和运动变化的特殊规律，以及贯穿一切领域的信息共性和共同规律。在认识的不同领域和不同层次上，它都要回答信息是什么、信息有什么基本性质、信息运动的规律是什么以及信息运动的动力学原理是什么等问题。

我国著名学者钟义信综合了各家观点，将信息科学的研究内容总结如下。

① 探讨信息的基本概念和本质。

② 研究信息的数值度量方法。

③ 阐明信息提取、识别、变换、传递、存储、检索、处理和再生过程的一般规律。

④ 揭示利用信息来描述系统和优化系统的方法与原理。

⑤ 寻求通过加工信息来生成智能的机制和途径。

而具体的研究过程可通过钟义信等人提出的人类认识世界和改造世界的典型模型加以描述，如图 2-4 所示。

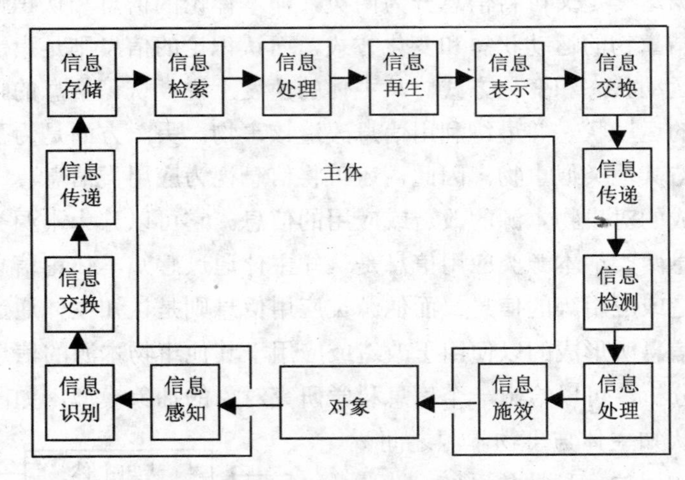

图 2-4 人类认识世界和改造世界的典型模型

- 信息感知：完成本体论意义的信息向认识论意义的信息的转变。
- 信息识别：对所感知的信息加以辨识和分类。
- 信息变换：将识别出来的信息施行适当的变换，以利于下一步的传递。
- 信息传递：将信息由空间的某一点转移到另一点，以供使用。
- 信息存储：收到信息后要以适当的方式存储起来，以备使用时检索。
- 信息检索：需要使用信息的时候，就要把存储的有关信息准确迅速地取出来。

- 信息处理：在大多数情况下，信息都不能直接使用，而应先对它们进行某些适当的处理，包括进行分析比较和运算等。
- 信息再生：经过信息处理，就可能获得关于对象运动的规律性认识(即获得更为本质的信息)，在这个基础上，主体形成自己对对象的策略，换句话说，就是再生出应用类的信息。
- 信息表示：主体再生出应用类的信息之后，要将它用适当的方式表示出来。
- 信息变换：对以某种方式表示的应用类的信息进行变换，以利于后面的传递。
- 信息传递：把经过变换的应用类信息从空间的某个位置(主体所在处)转移到另一位置(对象所在处)。
- 信息检测：经过传递的信息可能受到噪声等因素的干扰，信息检测的目的和任务就是要把第二类认识论意义的信息从干扰的背景中分离出来。
- 信息处理：为了便于第二类应用类的信息发挥效用，还需要对它进行适当的加工。
- 信息施效：应用类的信息表现了主体的意志，应当怎样对事物对象的运动状态和方式进行调整，这种调整(即控制)的作用就称为施效。

3. 信息科学的学科体系

钟义信认为，作为学科体系的信息科学是由信息哲学、信息科学基础理论和信息科学技术 3 个体系构成的，主要内容包括：① 信息科学概论；② 信息科学的基本概念；③ 信息的描述；④ 信息的测度；⑤ 信息传递原理：通信论；⑥ 信息再生原理：决策论；⑦ 信息调节原理：控制论；⑧ 信息组织原理：系统论；⑨ 信息认知原理：智能论；⑩ 信息科学方法论及信息科学应用提要。

我们认为，信息科学本身是一个学科群，是主要由信息哲学、信息理论科学、信息技术科学和信息应用科学 4 个层次构成的完整体系，如图 2-5 所示。

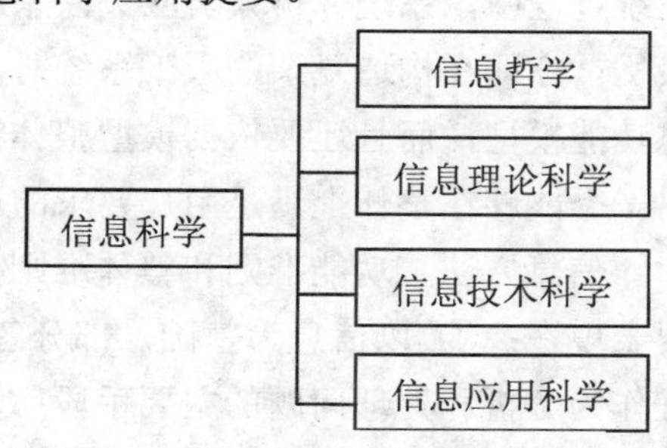

图 2-5 信息科学学科体系

其中，信息哲学是从哲学角度探讨信息科学；而信息理论科学回答的是“为什么”的问题；信息应用科学回答的是“怎么办”的问题；而信息技术科学则是人们开发利用信息资源的主要手段，是人类社会迈向信息时代的技术基础，4 者共同构成了一个完整的信息科学学科体系。

4. 信息科学的研究方法

信息科学的研究对象和研究内容不同于传统学科，具有自己独特的一面。因而其研究方法论也有别于传统科学，形成了自己完整的方法论体系。其方法不仅作为信息科学的核心方法起作用，而且作为现代科学技术和社会经济活动各个领域中研究复杂事物的有效手段，对于提高决策科学化和管理现代化的水平具有重要的现实意义。

钟义信曾将信息科学方法论体系归纳为一个方法和两个准则：一个方法即信息分析和综合方法(简称为信息方法)；两个准则即行为功能相似准则(简称为功能准则)和整体性能优化准则(简称为整体准则)。其中，信息方法是整个信息科学方法论体系的灵魂，而功能准则和整体准则则是保证信息方法能够得到正确实施的原则，它们一起构成了完整的信息科学方法论体系。

信息方法包含两个基本方面，即信息分析方法和信息综合方法。信息分析方法主要着眼于认识事物和分析问题，是指人们在认识复杂事物的过程中，应用各种信息网络技术将复杂事物的工作机制与运作流程分解为若干细小环节，抓住事物内部结构和外部联系的运动状态和方式，逐步认识事物和分析问题的方法。而信息综合方法则主要用于解决实践问题，是指人们为了达到既定的工作目标，通过搜寻并综合各种信息来模拟、设计、综合或构造一个复杂的人工系统时所应用的方法集成。

在两个准则中，功能准则是指在利用信息方法来分析或实现复杂信息系统的过程中，系统分析人员应从大局出发，着眼于系统的功能设置，在分析信息过程、建立信息模型的基础上归纳出系统的主要功能，使所综合的信息模型系统与原型系统在主要功能上达到相似，而不必过多地关注系统内在的具体结构。电脑对人脑思维过程的模拟就是典型例子。而整体准则则是指在利用信息方法分析或实现复杂信息系统过程中，系统分析人员应关注系统整体的功能优化，而不是只关注局部功能的最优。亦即在构造复杂的人工系统时，不仅要在功能准则的指导下构造出系统的信息功能模型，而且还要依据模型整体性能优化准则来优化和调整其模型，从而构造出一个能够在整体上满足用户要求的系统模型。

信息方法、功能准则和整体准则构成了信息科学方法论的完整体系。其特点主要表现在：① 以信息为基础，部分忽略了研究对象的具体形态；② 以信息交换过程作为分析和处理问题的主要手段；③ 以认识和改造客观对象为最终目标。信息科学方法论因其独特的优势成了信息资源管理的研究者和工作者的一个很好的分析工具，对用户需求的分析、信息系统模型的构建、信息网络的设计等都具有重要的理论指导和现实意义。

2.3 信息技术

2.3.1 信息技术的概念和分类

1. 信息技术的概念

信息技术是人们开发利用信息资源的主要手段，它奠定了人类社会迈向信息时代的技术基础。其概念由于目的、范围和层次的不同而具有不同的表述。

从宏观角度讲，信息技术是指拓展人类信息器官功能的各种方法、技术和功能的总和。如超远距离望远镜以其独特的技术拓展了人类的视野，将人类的视线带入了太空。该定义强调了信息技术与人类的关系。

从中观角度讲，信息技术是指在数据和信息的创建、存储、处理和表达中以及知识的创造中使用的物品和技能。其典型代表如最初的语言文字、印刷术到近代的电报、电话、广播、电视等。该定义从一般角度上强调了信息技术的功能与过程。

从微观角度讲，现代的信息技术是指以计算机和计算机网络为代表的，对文、图、声、像等各种信息进行获取、识别、处理、存储、检索、显示和利用的技术群体。该定义强调了信息技术的现代化和高科技含量。

以上表述从不同角度和侧重点对信息技术的概念进行了描述，但尚未能全面地表达出信息技术的含义。因此，我们综合上述3种表述，对信息技术做如下定义：信息技术是指以拓展人类信息器官功能为目的，在计算机和通信技术支持下，为获取、识别、传递、存储、加工、检索、显示和传输文字、数值、图像、视频和音频等多媒体信息而提供设备和信息服务的技术群体。从该定义中可以发现，信息技术主要包括两个方面：一方面是物化形态的技术，如计算机网络、多媒体、影印设备等；另一方面是智能形态的技术，即应用物化技术对各种信息进行获取、识别、加工、处理、存储、检索、显示和利用的方法。

2. 信息技术的分类

信息技术按照不同的标准可以分为不同的种类。

(1) 按具体形态可分为物化形态技术与智能形态技术

物化形态技术是指各种经过研制开发出来的信息实体设备，它按使用的信息设备还可分为电话、电报、广播、电视、复印、缩微、卫星、计算机及网络等技术。

而智能形态技术则是指有关信息处理过程中所需的各种知识、方法和技能的集合，如数据统计分析和文字处理等技术。

(2) 按功能层次可分为主体层次、应用层次和基础层次的技术

主体层次技术是指直接扩展人类信息能力的技术，如显微镜、望远镜、X光机、雷达、激光、红外线、超声波、气象卫星、行星探测器、温度计及湿度计等。主体层次技术是信息技术的核心部分。应用层次技术是指主体层次技术在经济各产业结构领域应用时所产生的各种具体的实用信息技术，如应用在农业、工业、教育、卫生、军事等领域中的信息技术。基础层次技术是指与信息技术相关的各类技术，包括对新材料以及新能源的研发，以及通过机械、电子、激光及生物等技术而进行研制的基础性技术集合。

(3) 按信息系统功能的角度可分为信息输入输出、信息描述、信息存储与检索技术、信息处理技术和信息传播等技术

信息输入输出技术是指为了研究信息的本质内涵和应用目的而将信息输入系统或输出系统的相关技术，如键盘、扫描仪、显示器、打印机等。信息描述技术是指将指定的信息描述成研究主体所需要的形式的相关技术，如文字排版、图标制作、视频与音频制作等技术。信息存储与检索技术是指为了以后应用方便以及统计查询的需要而对信息进行存储和检索的相关技术，如存储硬盘、移动硬盘、查询、替换等技术。信息处理技术是指对信息进行加工、整合、过滤等而进行的相关处理技术，如数据库、统计软件等技术。信息传播技术是指将需要或应用的信息在适合的时候传递给适合的研究主体的技术，如网络、电话、传真等技术。

(4) 按照信息管理工作流程的各环节可分为信息获取、信息传递、信息存储、信息加工和信息显示等技术

信息获取技术是指为达到某种特定目的而进行的信息取得的相关技术，包括信息的搜索、接收、感知、过滤等，如显微镜、望远镜、气象卫星、温度计、钟表、Internet搜索器和浏览器中的技术等。信息传递技术是指超越时空实现信息共享的技术。其传递方向可分为单向传递、双向传递和网络传递等，而其传递渠道又可分为单渠道和多渠道。信息存储技术主要是为了解决时间上的差距而将信息暂时保存的技术；信息加工技术是为了检索和读取的方便而对信息进行描述、分类、排序、筛选的技术；而信息显示技术则是指按照某种特定要求将所需信息表达成人类便于理解的方式的技术。

2.3.2　信息技术的特点和功能

1. 信息技术的特点

通过对信息技术的概念和类别的介绍，可以将信息技术的特点总结如下。

(1) 延伸拓展性。人类发明、创造信息技术的目的是为了延伸其自身的信息感觉器官，借助于信息技术不仅可以增强人类认识已知世界和未知世界的能力，而且可以将人类的认识空间逐渐从有形延伸至无形，从有机延伸至无机。

(2) 快速高效性。信息技术尤其是计算机技术、通信技术和网络技术的发展，使人类快速高效地完成特定的复杂任务成为可能。每秒运算千万次的计算机已经进入普通家庭，个人在短时间内就可以完成某项复杂工程，大大提高了个人的劳动生产率。

(3) 数字智能化。数字化就是将信息采用二进制编码的方法加以处理和传输，而智能化则是人类进入 21 世纪，信息技术的发展方向之一。其应用不仅体现在各专业领域，如医疗诊断专家系统及推理证明、军事导弹自动追踪系统等，而且还表现在我们的日常生活中，尤其是自动机器人。目前人们不断地在尝试用机器人来代替自然人从事具有危险性的工作或者充当生活助理等。

(4) 多元网络化。信息搜寻及获取是信息管理工作过程的一个重要环节，信息网络的开发与建设降低了信息搜寻的难度，提高了搜寻的速度，同时也提高了信息获取的有效性。信息网络分为电信网、广电网和计算机网，三网有各自的形成过程，其服务对象、发展模式和功能等有所交叉，互为补充。且信息网络随着时代和技术的变迁而不断向多元化方向发展，充分发挥其在现代信息社会中的重要作用。

2. 信息技术的功能

随着人类研发创造能力的不断进步，信息技术的功能不断地向更深、更广的方向发展。从宏观的角度讲，信息技术具有辅助、引导、协同、开发等功能。辅助功能即信息技术能提高人们的信息搜寻、获取、存储、加工、传输和应用能力；引导功能即信息技术的提高可以引领国家产业结构的调整，引导信息产业的发展方向，推动全球性的现代技术革命；协同功能即人们可以通过信息网络技术协同工作，实现协同效应；开发功能即通过信息技术的应用可以充分开发客观世界的信息资源，为经济建设服务。

而在企业内部，信息技术主要表现为过程模型化功能和数据模型化功能。过程模型化功能也可称为第一功能，即信息技术可以重塑企业流程和更新传统的机械技术体系，使企业机体本身自动地收集、处理和传输信息，达到企业信息管理过程的模型化。而数据模型化功能也可称为第二功能，即信息技术可以扮演输入、存储、处理和输出信息资源的功能，将企业的各种信息数据模型化。这是一种人—机交互作用，通常由作为主体的人收集信息并输入计算机，由计算机执行存储、处理和输出过程，最后再由人来决定信息的使用和价值。

2.3.3 信息技术的体系结构

要准确地把握信息技术的体系，首先要对信息技术层次进行划分。按功能层次可将信息技术分为基础层次技术、主体层次技术和应用层次技术，如图 2-6 所示。

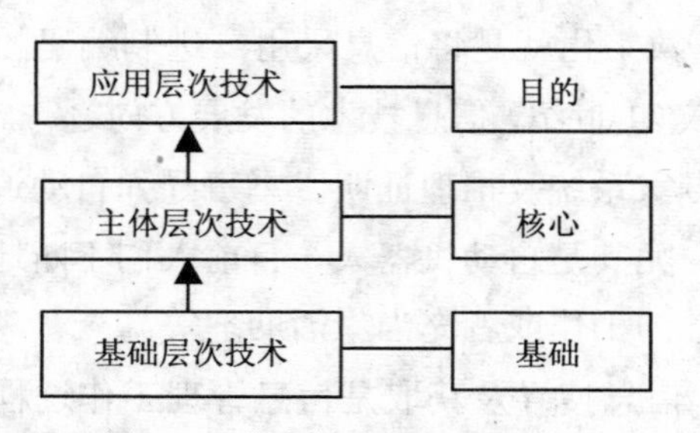

图 2-6 信息技术的层次结构

基础层次技术主要包括各种新材料和新能源的制造以及电子、激光、生物等技术，它是整个信息技术层次与体系结构的基础。

主体层次技术主要指信息的识别与获取、加工与处理、传递与共享、安全控制等方面的技术，包括信息的获取、处理、传输和控制等技术，它在信息技术层次与体系结构中居核心地位。

应用层次技术则是主体层次技术在社会生活的各个领域实际应用时发明创造的技术，其主要特征是社会实践性以及满足客户需求。它是人类开发信息技术的根本目的，在整个层次与体系结构中居于最高层次，占有重要地位。

弄清了信息技术的层次结构，可以此为基础构建信息技术的体系结构。查先进等人在其所编著的《信息经济学》中构建的体系结构(如图 2-7 所示)不仅体现了信息技术的层次结构，还给出了各个层次所包含的具体技术，较完整地包含了整个信息技术体系，对我们正确认识信息技术的层次以及合理应用信息技术具有一定的指导意义。

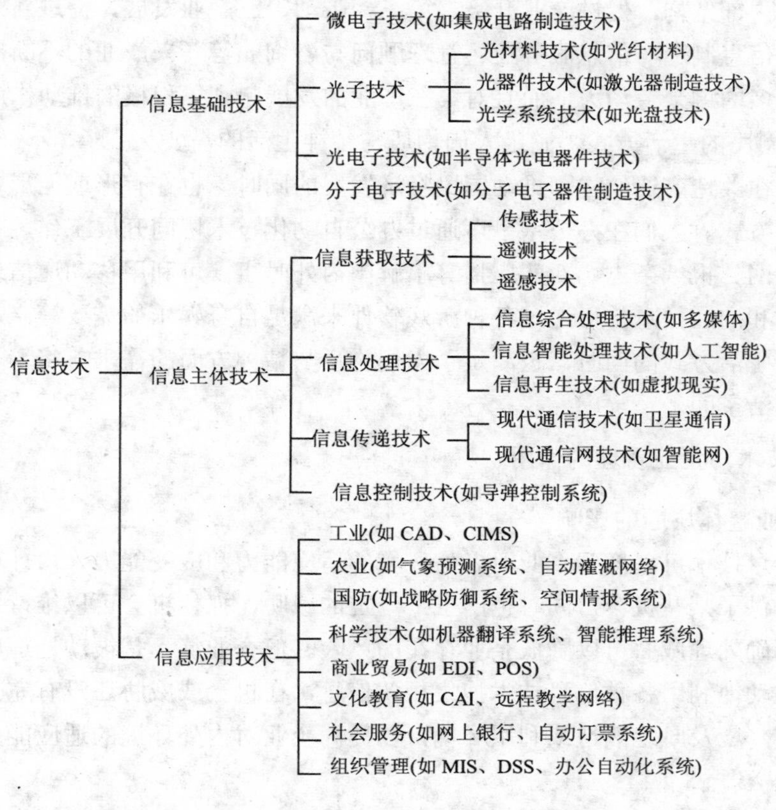

图 2-7　信息技术的体系结构

2.3.4　信息技术的作用

信息技术的出现及广泛应用，给经济生活以及企业管理带来了重大转变。在此主要从经济生活、企业管理两方面来探讨信息技术的重要作用。

1. 信息技术对经济生活的作用

(1) 是国民经济发展中的重要战略资源

信息技术是人类利用信息，在不断认识世界与改造世界过程中产生并得到广泛应用的。而信息技术的广泛应用反过来又增强了信息在国民经济发展中的重要地位，使信息逐渐成为经济发展的重要战略资源。

(2) 优化产业结构，促进新兴产业的出现

国家经济发展的好坏，很大程度上取决于该国的产业结构是否合理以及新兴产业在产业结构中的比例。而信息技术与相关产业的结合，使我国的产业结构有了重大转变。第一，改造传统产业，使农业化国家向工业化、信息化国家方向发展。第

二，优化产业内部结构，促进产业升级。第三，带动第三产业发展，促进新兴产业的出现。电子信息制造与信息服务业、管理顾问与咨询业等新兴产业的不断出现，不仅吸纳了更多的剩余劳动力，而且对第三产业的发展起到了积极的推动作用。

(3) 改变国民的生活方式，满足人们物质与精神生活的需要

信息技术在改造产业结构，推动国民经济发展的同时，也在有形或无形中改变着人类的生活方式。人们在办公室里可通过办公自动化技术协同开展工作，在家里则可通过互联网、报纸杂志、新闻广播等了解国内外时事；可利用移动通信进行远程通话并传递和沟通信息；可通过各种游戏软件来满足自身娱乐的需要等。信息技术在改变人们生活方式的同时，也满足了人们物质与精神方面的需求，将人类带入了信息化的生活空间。

2. 信息技术对企业管理的作用

(1) 对企业整体层面的影响

第一，信息技术可以增强企业对内外环境的适应能力和应变能力。内外环境的变化给企业提供了某些机会，同时也产生了一定的威胁，抓住机会可以维持并扩大企业规模，正确处理威胁可以降低企业存在的风险。但企业绝不是被动地适应环境变化，而是主动地利用各种信息技术搜集相关信息，在机会或威胁还没有完全显露端倪的情况下，应及时地改造或利用环境，以提高企业对内外环境的适应能力和应变能力。

第二，信息技术可以改进企业的输入与输出方式。企业是社会大系统中的一个子系统，作为系统需要进行一定的输入以便发挥综合效能，产生最大效益。而信息技术的应用可以通过各种方式来增强企业的信息输入与输出能力。计算机与网络通信技术的应用可以扩大企业信息输入的种类、范围、方式，也可以以各种输出方式满足特定用户需要的各种信息。

第三，信息技术可以缩减企业管理层次。管理者的管理能力影响着层次的划分，传统上企业的管理层次分为高层、中层和基层，而信息技术的广泛应用，使得管理者可在一定的时间和空间内管理更多员工，扩大了管理幅度，使企业管理的组织层次向扁平化方向发展，企业的管理层次逐渐分为高层和基层，缩减了中间层次。

第四，信息技术可以帮助企业进行产品与服务创新。企业创新是企业得以生存和发展的必要途径与手段，目前的创新主要集中在产品与服务两个方面。而信息技术还可以在技术改造、广告宣传、产品设计等方面帮助企业寻求产品与服务创新的突破口，进而实现创新目标。

第五，信息技术的应用可以促进企业创建新型的企业文化。它改变了企业员工的工作方式、沟通模式以及企业的业务流程等。现代企业如果继续按照原有的文化来管理和影响员工，它将会失去其应有的作用和效力。因此，企业必须根据目前的

新形势，审时度势，创建新型的企业文化，以更有效地引导和激励员工的工作。

(2) 对企业功能单元层面的影响

第一，信息技术可以改进传统业务技术，提高业务效率。例如，以现代计算机技术为手段的财务软件的出现，不仅可以实现无纸化操作，还可以节省大量人力和时间，提高财务处理的科学性与准确度。再如，将信息技术应用于企业决策、人力资源管理、生产运作管理、营销管理和物流管理等方面，可以大大提高相关业务的效率。

第二，信息技术可以促进企业业务流程重组。信息技术以及各种管理信息系统的引进与应用，其前提是要对企业目前的业务流程进行重新组织安排，否则信息技术以及各种管理信息系统的效能将难以发挥，甚至还可能会产生相反的作用。

第三，信息技术可以将不同功能进行集成，通过应用信息技术将资源进行整合与重新分配，可显著节约人力、物力和财力资源，压缩企业成本，提高企业利润。

第四，信息技术还可以增强企业功能组合的灵活性，促进各功能单元的协同工作。企业各功能单元的紧密配合对企业工作效率与利益实现具有重要的作用。而通过信息技术将各功能单元的信息实现共享，增强其相互配合的灵活性，可以大大降低企业内部的交易成本与转换成本，充分发挥各功能单元的功能，并以此提高企业整体的工作效率。

(3) 对企业员工层面的影响

第一，信息技术可以改变员工的工作方式和性质。信息技术尤其是互联网、计算机的出现，使员工的工作发生了很大的变化：手工方式变成无纸化操作；体力操作方式变为电子监控或自动计数的操作方式；原本靠群体才能完成的工作变为单人或少数几个人就可以轻松地完成；面对面的沟通变为远距离沟通等。这些方式和性质的改变，都要归功于信息技术的应用。

第二，信息技术加快了员工的工作流动与变迁。随着网络应用的普及，员工可通过网络获得更大范围的工作选择机会，有了更多的流动机会。另一方面，信息技术还为员工寻找工作提供了更方便、快捷的方式，他们可以以较低的成本找到更好的工作。而对于企业来讲，也可以利用网络降低招聘员工的成本，扩大对应聘员工的择优选择机会。

第三，信息技术可以改变员工的工作观念和知识结构。信息技术在加快员工工作流动与变迁的同时，对企业员工思想观念的转变与知识结构的扩充也提出了更大的挑战。企业员工尤其是国有企业员工原有的思想观念不能适应现代企业管理与信息技术发展的需要，必须加以摒弃并转变为适应企业发展需要的观念。同时，也要不断扩充自己的知识结构，以应对由于信息技术的快速变化带来的挑战。

然而，信息技术在给国民经济生活以及企业管理带来积极影响的同时，也带来了一些负面影响，主要体现在以下几个方面。

(1) 信息泛滥。信息技术的发展导致信息爆炸，信息量的增加大大超出了人们的接受能力，这有可能带来各种各样的社会问题。

(2) 信息污染。随着信息流动量的增大，信息污染也成为人们关注的问题。例如，一些错误信息、冗余信息、污秽信息、计算机病毒等侵占了信息存储资源，影响了信息处理和传输的速度，污染了信息环境，尤其是计算机病毒，给信息利用造成严重障碍。

(3) 信息犯罪。近年来利用计算机和信息网络进行高科技信息犯罪的现象逐渐增多。例如，利用计算机网络进行经济诈骗、贩卖色情信息、散布谣言、盗取个人隐私、窃取企业与政府机密等。

(4) 信息渗透。信息的渗透性表现为信息强势国家利用信息技术对其他国家的政治、经济、文化、社会生活等各个层面产生深刻影响或变化，这使得世界各民族文化的独特性和差异性受到了挑战。

总之，信息技术的广泛应用对我们的生产生活以及企业管理产生了深刻的影响，但是我们也应看到其负面效应，这样才能全面地认识和利用信息技术，使其更好地为人类社会发展服务。

2.4 信息资源与信息化

信息资源与物质资源和能量资源一起构成现代社会经济发展最重要的三大支柱，这已成为理论界与企业界的共识。如果企业不能通过信息化建设有效地收集、加工、保存和利用信息资源，就根本无法快速准确地认识环境的机会与威胁，也就无法在动态复杂变化的市场竞争中取得竞争优势。因此，有必要加深对信息资源和企业信息化相关概念的认识和理解。

2.4.1 信息资源

1. 信息资源的概念

虽然信息资源的思想已在社会上得到了广泛的认同，但是由于研究者的研究角度的不同，使得到目前为止对信息资源的概念仍然模糊不清。较有代表性的信息资源定义如下。

霍顿认为，信息资源有两层意思：当资源为单数时，信息资源指某种内容的来源；当资源为复数时，信息资源指支持工具，包括供给、设备、环境、人员、资金等。

达菲和阿萨德认为，信息资源是指组织或其中某个部门内的信息流和数据流，以及开发、操作和维护这些信息流和数据流有关的人员、硬件、软件和步骤。

我国著名信息经济学家乌家培教授认为，对信息资源可以有两种理解：狭义的理解是指信息内容本身，而广义的理解则是指除信息内容之外，还包括与其紧密相连的信息设备、信息人员、信息系统和信息网络等。

从以上诸多定义可以看出，信息资源这个概念可以有两种不同的理解，即狭义的信息资源概念和广义的信息资源概念。杜栋在其所著的《信息管理学教程》中对信息资源概念总结如下：狭义的信息资源概念是指信息本身或信息内容，即经过加工处理的，对决策者有用的数据。人们开发利用信息资源的目的，就是为了充分发挥信息的效用，实现信息的价值。而广义的信息资源概念则是指信息活动中各要素的总称(包括信息、技术、设备、资金和人等要素)，各要素相互联系、相互作用，共同构成了具有统一功能的有机整体。

2. 信息资源的分类

信息资源按照不同的标准可以划分为不同的种类。

(1) 按信息加工程度可分为零次信息资源、一次信息资源、二次信息资源以及三次信息资源

零次信息资源是指直接用来观察客观事物运动的人、事、物等。它们是信息系统中信息产品形成的原始资料，是整个信息资源开发的基础。一次信息资源是指记录有原始全文信息的文献载体，包括会议笔记或记录、项目计划书、原始报纸、会议论文、技术报告、专利说明书、标准文件、统计报表、财务报表、人事档案、公司年度计划等。二次信息资源是指在原始信息的基础上加工整理而成的信息产品，如各种文摘、索引、目录、因特网上的搜索引擎等，它们是对一次信息资源进行查找和搜寻的导航工具。三次信息资源是指通过对一、二次信息进行高度浓缩、提炼加工而成的信息，包括年度总结、综述、数据手册、名录、统计年鉴辞典、百科全书等。

(2) 按记载信息的载体可分为记录型信息资源、实物型信息资源、智力型信息资源

记录型信息资源是指由各种记录载体记载和存储的信息。这些载体包括传统介质和各种现代介质，根据记录的介质不同又可划分为：印刷型、缩微型、机读型和视听型等。实物型信息资源是指由事物本身来存储和表现的知识、信息，如各种样品和样机。它们本身所代表的就是一种技术信息，许多技术信息是通过事物本身来传递和保存的。智力型信息资源是指存储在人脑中的信息、知识和经验的信息资源。虽然人脑可以存储一定量的信息资源，但是由于记忆能力以及存储量的限制，使得

人脑在智力型信息资源中发挥的作用有限，因此，这类信息资源还有待人类进一步开发和研究。

(3) 按信息资源的存在状态可分为潜在的信息资源和现实的信息资源

潜在的信息资源是指个人在学习、认知和实践过程中储存在大脑中的信息资源。其特点是只能供个人使用，随着时间和记忆的模糊而逐渐忘却。现实的信息资源是指潜在信息资源经个人表述之后能够为他人所利用的信息资源，其最主要的特征是具有社会性。显然，现实信息资源是我们当前研究、开发和利用的重点。

3. 信息资源的特征

随着网络技术的发展和进步，信息资源对人类社会的影响达到前所未有的水平。信息之所以在国民经济中发挥如此巨大的作用，是因为它拥有其他任何资源都无法比拟的优势和特征。

(1) 信息资源的依附性、无限性

信息从产生的那一刻起就依附于物质载体而存在，它与物质、能量有着形影不离、无法割裂的关系。同时，随着客观世界的变化，将不断产生各种各样的信息，其汇集的信息资源是取之不尽、用之不竭的。

(2) 信息资源的主观性、目的性

信息资源虽然普遍存在却并非凭空产生。物质本身不是信息，人类通过大脑思维或智能系统对物质进行感知，能够被人类所感知的内容才能成为信息。人类的主观意识是信息产生的必要条件。同时，信息资源的产生并不是随意的，而是具有一定的目的性的，即为满足人类社会发展和实践需要而产生的。

(3) 信息资源的共享性与可传递性

物质资源和能源资源在利用过程中表现为占用和消耗。在资源数量一定的情况下，一部分人利用多了，另一部分人就只得少用。但信息资源却可被多个不同的利用主体所占用和使用，而本身不会被消耗，且效用要比单个利用主体的效用大得多，这就是信息资源的共享性。由于信息资源具有一定的依附性，所以其传递需要借助于各类载体。飞速发展的互联网，为信息资源的传播提供了可以无限延伸的载体，涌现出海量的网络信息资源。正是在这种快速传播过程中，信息资源的价值才得以充分实现。

(4) 信息资源的价值性与动态性

信息作为一种资源，必然有其价值和使用价值。同时，信息资源也是有寿命的，随着时间与空间的转移，同一信息在此时此地可以开发利用产生价值，而在彼时彼地不仅不能产生价值，而且可能会造成其他资源的不必要浪费。因此，信息的价值具有动态可变性。

4. 信息资源的开发问题和对策

在信息资源开发的实践过程中，不可避免地存在一些问题，需要在分析问题的基础上，提出一些可供企业参考的应对策略。

(1) 企业信息资源开发存在的主要问题

① 企业尤其是高层的认识水平低

目前，人们对信息资源开发的观念有所转变，但许多管理者仍然依靠个人的主观感受和经验进行管理和实践，缺乏理性的信息认知，不重视信息资源的开发与管理。

② 企业信息技术应用范围窄且效率低下

很多企业对信息技术的投入方式是购买几台计算机或几套管理信息系统，投入领域也只限于企业内少数部门，但由于部门之间信息传递的兼容性差以及员工的技术水平不足，许多员工不愿意应用信息技术，依然通过原始的手工操作，这便使得其信息技术的应用范围窄且效率极其低下，增加了企业成本。

③ 企业缺乏必要的信息人才

人才是信息资源开发的关键，也是信息资源利用的主体。然而目前我国很多企业不重视信息人才的培养和使用。当企业需要进行信息资源开发时，多数以外包形式将企业的信息基础建设承包给第三人。由于忽视内部信息人才的培养，使得很多企业的实际投资成本过高而效用却达不到预期目的。

④ 企业信息资源利用程度低

发达国家经济转型的历史和现实显示：知识经济发展速度与经济信息化程度和信息资源利用程度成正比。但目前我国企业信息资源利用程度仍然偏低，主要表现为企业员工信息技术掌握程度低，信息共享难度大。

(2) 企业信息资源开发的应对策略

① 转变观念，提高企业员工的信息资源开发素养

企业要有效地开发利用信息资源，必须从观念上进行重新定位，确立信息资源管理的理念和目标，这样才能选择正确的方式来实现预定的目标。同时，观念的转变不仅仅是企业高层的任务，更重要的是要将这种观点深入到每个员工的心中，培养员工的信息素养，以在整个企业中推行信息资源开发的理念。

② 加大信息技术基础建设投入力度

企业信息技术基础建设水平直接关系到获取、加工、处理和利用信息的效率。企业信息技术基础建设不仅包括硬件设施的建设，还包括对各种软件开发工具、管理信息系统的研究和应用等方面的建设。只有在正确的指导思想下对信息技术基础建设进行大力投入，才能在深度和广度上提高信息资源开发与利用效率，为企业获取更多有价值的信息资源。

③ 重视信息资源的时效性和更新性

信息资源的时效性表现在信息反映、获取、处理和利用上的时间跨度。时效性越强，信息资源可开发的程度就越高。企业在信息处理的过程中，往往注重信息反映与获取的时间，而忽视信息处理、更新和利用的时间。现代信息技术为我们提供了快速、精确的信息处理手段，但如果不注意信息资源的时效性和及时更新性，信息资源将会失去它应有的价值。

④ 有效培养和利用信息人才

企业信息资源开发和发展的关键在于人才。如果缺乏合适的信息人才，即使购置了先进的设备也很难发挥其应有的功效。企业要生存与发展，构建并保持其持续竞争优势，从本质上讲就必须充分重视信息人才的培养和使用，重视人力资源的开发和管理。

2.4.2 信息化

1. 信息化的内涵

信息化(Informatization)概念是20世纪60年代末由日本最先提出的，并将企业和国家信息化作为日本以后20多年的重要国家政策内容。它是日本学术界和产业界基于对经济发展阶段和日本社会问题的两个基本判断而提出的。一是对即将来临的信息社会(Information-based Society)这一抽象概念的理解，即认为，发达国家经济已开始由以实物生产为核心的工业社会向以知识的获取和出售为主要内容的信息社会转变，这一转变将对劳动者的生存状态产生深刻影响；二是20世纪70年代初的石油危机使日本认识到作为资源缺乏国家发展重工业经济面临的危险性，所以发展知识密集型产业结构是日本经济的重要选择。因此，该概念适应了这一时期日本产业结构转型的需要。之后信息化的概念被译成英文传到西方国家，而西方社会普遍使用“信息社会”和“信息化”的概念则是20世纪70年代后期才开始的。

关于信息化的定义，在我国学术界和政府内部也作过较长时间的研讨。有人认为，信息化就是计算机、通信和网络技术的现代化；也有人认为，信息化就是从物质生产占主导地位的社会向信息产业占主导地位的社会转变的发展过程；还有人认为，信息化就是从工业社会向信息社会演进的过程。

1997年召开的首届全国信息化工作会议，将信息化定义为：“信息化是指培育、发展以智能化工具为代表的新的生产力并使之造福于社会的历史过程。”

信息化必须有信息技术和设施的支持，但是，国民经济和社会信息化不仅仅表现为信息技术的发展和信息基础设施的建设，从更深层次看，信息化使人类的生产方式和生活方式发生了重大变革，这才是信息化的本质。信息化使各社会主体共同分享技术进步和信息资源，为提高劳动生产率和生活质量提供了一个前所未有的生存空间。信息化的本质可以由信息化的特征来反映。其主要特征包括：高渗透性，即几乎所有的社会领域都可以应用信息技术；网络化，既包括技术方面的网络互联，也强调基于这种物质载体之上的网络化社会、政治、经济和生活形态的网络化互动关系；创新化，即通过对信息资源的整合，在群体智慧的激烈碰撞下产生新的可以为企业带来利润的创新性产品或方式等；高效低耗性，即信息化是一个高效率、低损耗的代称。

2. 信息化建设的过程

企业信息化建设是一个循序渐进、动态和持续的发展过程。乌家培教授认为，信息化所带来的好处是相对于一个时期的，企业通过信息化谋取的竞争优势，竞争对手会千方百计模仿、学习和创新，重新使该企业陷于竞争劣势。因此，优秀的现代企业在赢得竞争优势后为保持竞争优势，还必须继续推进信息化，并使其发挥更大的成效，来不断提高自己的竞争力。这就意味着信息化并不是一劳永逸的，而是一个长期建设和不断深化的过程。

陈智高等人在其所编著的《管理信息系统》一书中认为，企业信息化的过程可以从其工作或任务的内容来识别，包括规划、组织、实施、管理、控制和评估等 6 个方面。这 6 个方面的工作是阶段递进和循环的过程，如图 2-8 所示。

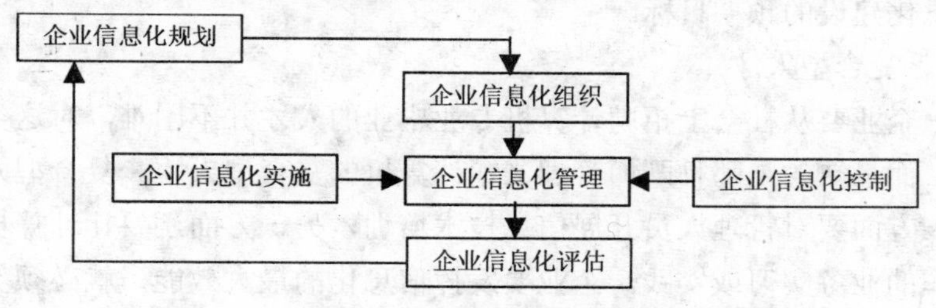

图 2-8 企业信息化建设过程

企业信息化规划的主要任务，是明确信息化建设的目标、方针和策略，以及信息化的内容、步骤和资源安排，为企业信息化建设确立方向，制定总体实施方案；企业信息化的组织是按规划的阶段要求，以项目形式开展立项工作，以机构或项目形式构建人员队伍，为信息化的具体开展做好前期的基础性的工作；企业信息化的实施是规划的分步落实，要按项目要求逐一实现预定的信息化内容，并使其发挥作用；企业信息化的管理和控制的任务则是围绕具体的实施工作，对信息化的进度、质量和经费等项目要素进行跟踪，与预定计划作比较分析，对发生的问题及时予以解决，无法达到原定要求的项目或降级或取消或修改方案。同时还要协调有关部门，保证企业信息化建设工作的顺利进行。企业信息化的评估则是对每一项建设任务落实效果的评定工作，为下一步工作的改进提供经验和教训。

3. 我国企业信息化建设存在的问题与对策

(1) 我国企业信息化建设存在的主要问题

① 企业信息化的认知程度较低

目前在企业界主要存在3种状况：第一，部分企业管理者的信息管理意识淡薄，不重视信息化的建设。这些管理者认为信息化投入大、成本高、见效慢，企业没有必要进行大规模的投入。第二，部分企业管理者虽然认识到信息化的重要性，但是他们更习惯于传统的工作方式，对信息技术带来的管理方式的变化不适应。第三，部分企业管理者完全反对企业信息化建设，从根本上就不想在企业中推行信息化。这些不正确的思想理念严重阻碍了企业信息化的建设和发展。其中企业高层尤其是领导者或决策者的态度以及观念水平是企业信息化建设的关键所在。

② 缺乏总体规划

企业信息化建设是一个循序渐进、动态演化的过程，需要一个很长的建设周期。因此，在建设初期就要形成一个总体规划，用以指导建设的全过程。然而，企业在实际操作过程中，对前期的工作往往缺乏系统的详细咨询论证环节。大多数是决策者一拍板，未经可行性分析就盲目实施，导致系统管理混乱，建设质量难以保证，同时也为以后信息化升级埋下了隐患。因此，要充分发挥信息化给企业带来的积极作用，在建设过程中一定要经过审慎论证，在统一的总体规划指导下进行，这样才能实现信息化建设的预期目标。

③ 缺乏复合型人才

目前，企业要从社会上招聘计算机专业毕业的人才并不困难，对这类人才企业并不急需，而最缺的是那种既懂管理又懂计算机的复合型人才。复合型人才要立足于培养，一方面要对管理人员开展信息技术培训，另一方面还要让计算机人员多参与管理工作的业务实习或实践。企业要发挥信息化的最大效能，就必须努力培养造就一大批复合型人才。

④ 信息技术应用层次低

有时企业因为某一方面的应用需要而购买一套功能无所不包的信息系统，但由于自身的使用水平跟不上信息技术的发展，使得系统的功能未得到充分利用和发挥。这种情况往往并非出于盲目购买，而是因为可供挑选的余地不大，或出于前瞻性考虑。问题在于那些未被使用的功能都处于快速贬值状态或即将成为沉淀成本。

⑤ 业务流程重组落后

企业信息化过程同时也是企业业务流程重组的过程，二者同时进行并相互作用。我国大多数企业投入较多资金进行信息化建设，注重设备上的投资和技术上的更新，却忽视管理模式和方式上的转变与业务流程的重组问题。因而未能取得投资回报，甚至出现负效益，这是企业信息化建设失败的主要原因之一。

(2) 我国企业信息化建设的几点对策

① 强化企业信息化观念

企业信息化建设，转变观念是前提。第一，要改变企业旧的管理观念，强化信息化的观念。信息化时代要求企业管理迈上一个新的台阶，企业领导者需要更新管理理念，确立信息化管理的思想。第二，要充分理解信息化的内涵。领导者只有自己全面了解和掌握信息化的重要性以及建设过程等，企业才有可能在正确思想和原则的指导下开展信息化建设。

② 加大信息化的投入和人才建设力度

资金不足、缺乏专业技术与复合型人才是企业信息化建设的两大瓶颈。可通过利润的合理分配、集资、贷款、筹资等多种方式获取信息化建设所需资金。对于符合国家产业政策支持的项目还可以申请项目资金的支持。在人才建设方面，既要进行大量人才的招募(尤其是复合型人才)，还要通过内部培养，如“传帮带”、企业大学、内部培训等多种方式来促进信息化人才的成长。

③ 重视总体规划和前期咨询

企业要想在信息化建设方面取得成果，就必须重视总体规划和前期咨询，做到从大处规划、从小处实施、重点突破。对购入系统软件万不可大意，一定要做好咨询工作，量力而行，使之能够充分有效地利用。在选择信息化软件的提供商和集成商时，要注重考察其计算机技术水平，更要考察其服务信誉和能力等方面。

④ 有计划、分步骤、循序渐进地推进企业信息化建设

企业信息化建设是一项投资很大的长期工作，因此要有计划、分步骤、循序渐进地开展工作，而不能急于求成或生搬硬套，实行“拿来主义”等。要根据企业自身情况，制订详细的工作计划，按照程序有条不紊地进行。同时，信息化建设的规划还必须与企业的发展规划同步，以使企业生产实际需求和发展目标相适应，确立信息化建设的发展步骤。

⑤ 抓准时机，改造升级

企业信息化建设的长期性使得在早期建设过程中的技术装备或流程逐渐过时，需要进行改造升级。同时，信息的动态性也要求不断开发新的信息资源，淘汰过时资源。因此，企业在信息化建设过程中，要抓住时机对信息化进行改造升级。

思考题

1. 管理、管理学与管理科学的概念及三者的关系如何？
2. 管理科学的研究方法及其优缺点是什么？
3. 谈谈管理主体的概念以及管理对象的内容。

4. 信息管理科学基本理论包括什么？其基本内容是什么？
5. 信息科学的定义以及产生与存在的必然性是什么？
6. 简述信息科学的研究对象、研究内容和研究方法。
7. 简述信息技术的概念、分类、特点及功能。
8. 信息技术的影响作用是什么？
9. 简述信息资源的定义、分类及特征。
10. 试分析信息资源开发存在的问题及对策。
11. 简述信息化的定义、特征及过程。
12. 试分析企业信息化建设存在的问题与对策。

第 3 章

信息管理的基本原理

信息管理的基本原理是指为充分发挥信息管理的计划、组织、领导和控制等基本职能，人们在社会信息活动中所必须遵循的工作流程、基本方法与普遍规律等。一般认为，信息管理是指个体或组织获取信息和知识，并将其合理分类和有效利用的一套有组织的工作活动，是对人类社会信息活动的各种相关因素，包括人、信息、技术和机构等进行科学计划、组织、领导和控制，以实现信息资源的合理开发与有效利用的过程，它出现在信息生产、流通和利用的所有环节。从信息管理活动的过程来看，对信息源、信息流以及信息宿的基本规律的研究是信息管理活动研究的基础。本章将主要研究信息源与信息组织、信息流与信息管理、信息宿与信息使用，以及信息资源开发与利用等基本原理与相关问题。

3.1 信息源与信息组织

信息管理活动的基本原理如图 3-1 所示，其首要任务是采集所需的信息并对其进行合理地组织和使用。信息采集工作的好坏将直接影响到整个信息管理活动的效率。因此，信息管理活动要重视信息采集这个环节，而要做好这一环节的工作，就应对信息采集的源头——信息源有清晰的了解和认识。研究信息源的主要目的是为了提高信息采集的工作效率。

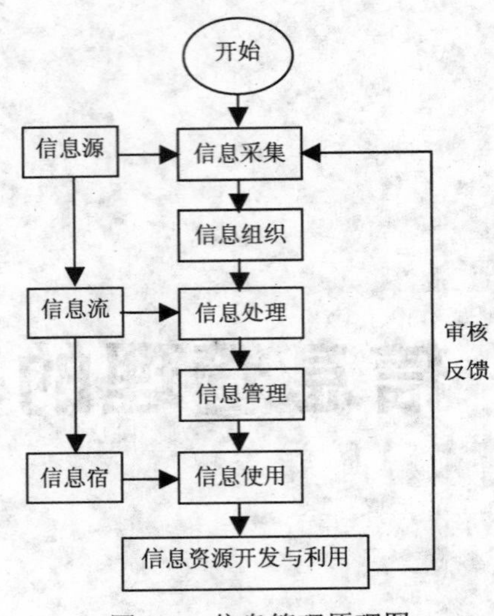

图 3-1 信息管理原理图

3.1.1 信息源及其分类

1. 信息源的概念

信息源是指获得信息的源泉(即信息的来源)，联合国教科文组织出版的《文献术语》中将它定义为个人或组织为满足其信息需要而获得信息的来源。它包括人们在科研、生产经营活动和其他一切活动中所产生的成果及各种原始记录，以及对这些成果和原始记录加工整理所得到的成品等。我们把信息从信息源发出，以物质和能量为媒介超越空间和时间而传送到接收者的过程称为信息传递。在信息传递过程中，信息传播者具有强烈的主体意识，能够有针对性地将信息传递给接收者，将信息源与接收者联系起来，进而有效地发挥信息的作用。信息接收者是信息的使用者和传播对象，可以是人或团体、组织和机构等。

2. 信息源的分类及特点

信息源按不同标准可以划分为多种不同的类型。

按照时间标准，可将信息源分为一次信息源和二次信息源。一次信息源是指在现场直接采得的原始信息；二次信息源则是指存储在各种文件和数据库中的加工信息。

按照信息的运动形式，可将信息源分为静态信息源和动态信息源。静态信息源是指具有相对稳定性的信息；动态信息源则是指反映生活和工作以及生产经营活动进程的信息。

而按照组织边界，则可将信息源分为内部信息源和外部信息源。内部信息源是指来自组织内部的信息；外部信息源则是指通过外部收集或购买的信息。

此外，信息源还可以分为科技信息源、经济信息源、文化信息源、政治信息源；离散型信息源、连续型信息源；初始信息源、加工信息源；先导信息源、实时信息源、滞后信息源；可保存性信息源、暂时性信息源；记录性信息源、实物性信息源、思维性信息源等。

3.1.2　信息组织

将所采集的信息进行有序化处理的过程称为信息组织。信息组织也称信息整序，是指利用一定的规则、方法和技术对信息的内外部特征进行揭示与描述，并按给定的参数和序列公式进行排列，使信息从无序集合转换为有序集合的过程，是融信息描述、信息揭示、信息分析和信息储存于一体的信息处理活动，是信息管理过程的核心内容之一。信息管理中涉及的信息量极大，如果不给予有序排列，使用起来将会非常困难，甚至会发生即使已经采集到的信息，因无法及时找到而贻误重大决策的现象。而且未经整序的信息只能反映单条信息的内容，不能显示信息整体的内容。信息整序是专业性很强的工作，作为负责此项工作的人员，熟练掌握整序的基本原则并能熟练运用，对信息的有效整序是非常重要的。

在实际工作中，信息组织贯穿于信息管理的全过程。从内容上来看，信息组织主要包括以下几个方面，如图 3-2 所示。

图 3-2　信息组织的内容

(1) 信息选择。是指从采集到的处于无序状态的信息流中甄别出有用的信息和剔除无用的信息，这是信息组织过程的第一步。

(2) 信息分析。是指按照一定的逻辑关系从语法、语义和运用上对选择过的信息内、外特征进行细化、挖掘、加工整理并归类的信息活动。

(3) 信息描述。也称为信息资源描述，是指根据信息组织和检索的需要，对信息资源的主题内容、形式特征、物质形态等进行分析、选择和记录的活动。

(4) 信息储存。是指将经过加工整序后的信息按照一定的格式和顺序存储在特定载体中的一种信息活动。

(5) 信息传播。是指将加工整理好的信息运用到一定的生产活动中去并产生相应价值的活动。

信息组织的目的是为了减少社会信息流的混乱程度、提高信息产品的质量和价值、建立信息产品与用户之间的联系，以节省社会信息活动的总成本，是信息资源不断增值的内在依据。进行信息源研究，做好信息采集工作及初步的有序化处理工作，是整个信息管理工作的基础。如果在信息管理的具体活动开展之前，对信息的存在状态和运动状况一无所知，那么，肯定会使信息管理陷入盲目之中。因而，我们应能充分利用现代技术，在一定科学原则的指导下进行信息组织，切实避免出现随意性、无计划性和盲目性等现象，从而使信息组织真正发挥其功能和作用。

3.1.3 信息组织的基本要求

在企业生产经营活动中，管理部门需要不断地发现和解决问题，并能作出相应的决策。信息是科学管理决策的基础和前提，它贯穿于整个管理决策过程的始终。因而从管理决策的角度来看，对信息组织的基本要求有以下 5 个方面。

(1) 信息特征有序化

这主要是指：一是要将内在或外在特征相同或者相关的信息集中在一起，把无关的信息区别开来；二是集中在一起的信息要系统化、条理清晰，要按一定的标识呈现某种秩序，并能表达某种意义；三是相关信息单元之间的关系要明确，并能产生某种关联性，或者能给人以某种新的启示。

(2) 信息流向明确化

现代管理科学的基本原理表明，信息作用力的大小取决于信息流动的方向。信息整序要做到信息流向明确化。首先，要认真研究用户的信息需求和信息行为，按照不同用户的信息活动特征来确定信息的传递方向；其次，要根据信息环境的发展变化，不断调整信息流动的方向，尽量形成信息合力。

(3) 信息流速适度化

不断加快的信息流速使人们感受到了巨大的信息压力，各种令人眼花缭乱的信息可能会降低决策的效率。同时，人们面对的决策问题在不断地发展变化，信息需要也在不断地更新。为此，必须采取适当的措施来控制信息流动的速度，把握信息传递时机，以提高信息的效用。

(4) 信息来源先进化

有效的信息要能反映最新的发现、观点、发展、技术和应用领域等。判断信息先进性的依据主要有信息发表的时间、信息源所在地区的资源条件和科技发展水平、信息带来的经济效果以及同类成果相比较等。

(5) 信息获取实惠化

信息的获取是要付出代价的。信息的及时性、准确性和适用性必然是建立在经济性的基础之上的。因此，在获取信息的时候，一定要考虑经济效益，分析信息价值和费用之间的关系，力求以最少的费用，获取最大价值的信息。

3.2　信息流与信息管理

信息总是在一定的时间与空间里交错地运动，这种时空交错运动就形成了信息流。信息在从产生到利用的过程中自始至终伴随着信息流的运动。因而，从某种意义上说，对信息的管理其实就是对信息流的管理。信息管理的任务，就是采用各种不同的方法与手段，使信息能够顺畅其流、尽显其能，从而最大程度地实现信息的效用。在实际工作中，必须加强对信息流的管理，才能有效地实现信息的使用价值。

3.2.1　信息流

通俗地说，信息流就是信息流量，它并不是简单地指很多信息量的集合，而是指这些信息在流动和交织中所凝结成的信息集合。具体来说，信息流是指在空间和时间上向同一方向运动的一组信息，它们有共同的信息源和信息接收者，即是由一个分支机构(信息源)向另一个分支机构(地址)传递的全部信息的集合。各个信息流构成了企业的信息网，称为企业的神经系统。

信息流通顺畅是指信息能够快速地或在规定的时间内传递到应该接收该信息的各个地方，其过程不存在任何阻塞。信息流通畅与否，将直接影响到企业生产经营活动能否正常运行。

3.2.2　信息处理

从广义上讲，一切为了更好地利用信息而对信息所实施的处理工作，都可称之为信息处理。信息处理过程要经过几个环节，如收集、加工、传递、存储、检索、使用和反馈等。这些环节的顺序并不是一成不变的，所有这些环节也不一定包括在一个处理过程之中。不过最简单的处理过程也必须具有收集、加工、传递和使用这4个环节。而且，最基本的处理项目也必须包括加工和传递。信息加工是信息处理的基本内容。信息加工往往不是一次完成的，在许多情况下，是根据不同的需要来逐步分层进行的。信息传输是实现信息从发方到收方的流动过程。具体地说，信息传输实现了系统内部各个组成部分之间的信息共享以及系统与外界的信息交换。

在信息时代，随着信息量的急剧增加，处理与传递信息的速度加快，处理信息的方法越来越复杂，信息处理所涉及的知识与技术领域也迅速扩大。

3.2.3 信息管理

信息管理是人类为了收集、处理和利用信息而进行的社会活动，是信息流经由信息处理后的高级管理阶段。

信息管理的内容主要包括以下 6 个方面。

(1) 信息资源的开发、调配与组织管理。这是最基本的信息管理工作，其内容包括：非文献信息和文献信息资源的开发，科技、经济、政治、军事、文化等专门领域信息资源的社会调配，各类信息资源的布局，信息资源的组织和利用等。

(2) 信息传递与交流的组织。基本内容包括信息的传递与社会秩序的建立和维持，各种信息传递与交流业务的开展，以及社会各有关部门信息传递与交流关系的确立等。

(3) 信息的研究、咨询与决策。这是一种高层次的信息管理，其目的是为管理工作提供决策方案，主要包括决策管理及信息识别、组织、分析、整理和加工，通过有针对性的研究，得出未知的结论，待确认其可靠性后应用于管理实践。

(4) 信息技术的管理。信息技术的管理分为硬技术管理和软技术管理两个方面。硬技术管理主要是围绕计算机、通信和其他信息设施及产品的研制技术来进行的，软技术管理主要是围绕各种信息技术设施及产品的使用来进行的。

(5) 信息系统的管理。信息系统是由信息工作人员、技术、设施、信息及其载体、用户以及系统环境等基本要素组成的。信息系统的管理除了要对这些基本要素进行管理外，还要对系统的组织和运行进行管理和控制。

(6) 信息服务与用户的管理。由于各种信息管理业务的开展均要以用户信息需求为依据，所以信息服务与用户管理的内容应包括服务、用户和整个信息管理业务工作的过程。信息服务与用户管理的内容是综合性的，管理方法是系统的。

信息管理的目的是使信息工作科学化、合理化。只有科学合理地开展信息管理工作，才能真正发挥信息的应有作用，才能更好地为企业经营管理服务。加强信息管理意义重大，它有助于提高信息工作的质量、信息工作的效率、信息的有效利用以及整个企业经营管理水平的提高。

3.2.4 信息管理的发展阶段

信息管理的对象是不断运动着的社会现象，人类社会在不断进步，社会系统中的信息流动也在不断加速，只有揭示社会信息运动的本质特征，把握人类信息交流的基本规律，才能有效地实施信息管理。

从发达国家信息管理的发展过程来看，就企业而言，信息管理可以分为以下 3

个阶段。

第一阶段：手工文件管理阶段。亦即计算机应用于业务管理之前的阶段。文件管理主要是秘书层次的工作，各部门的中层领导和高层领导并不介入文件管理，除非出现重大失误。这一阶段基本上是手工管理。

第二阶段：技术支持管理阶段。从开始将计算机应用于企业业务管理到管理信息系统的兴起。在该阶段，信息管理主要是针对企业的生产经营活动提供信息技术支持。

第三阶段：信息资源管理阶段。企业的信息管理经过手工文件管理和技术支持管理这两个阶段之后，获取了不少经验，培养了大量人才，积累了信息资源，掌握了信息技术，便开始进入信息资源管理阶段。这一阶段，信息管理由支持业务部门的作用直接跃升为与人、财、物等资产管理同样重要的地位。目前西方发达国家也只有一部分大企业进入了信息管理的第三阶段，而不少中小企业尚处于由信息技术支持向信息资源管理过渡的阶段。

3.3 信息宿与信息使用

信息宿是指信息接收者或信息接收端。信息接收者的信息需求行为称为信息行为。前面两节谈论了信息源与信息组织、信息流与信息管理的有关问题，本节将进一步讨论信息宿与信息使用的问题，即进入信息源——信息流——信息宿和信息组织——信息管理——信息使用的完整流程。

3.3.1 从信息宿谈信息使用

1. 信息行为

一般来说，信息行为是指所有与信息源、信息交流、信息接收有关的人类活动行为。因此，对信息行为的广义解释是，人们的生活行为几乎都可以看做是信息行为。日本是最早研究信息行为的国家，目前较具代表性的观点有以下3种。

(1) 冈部庆三的观点

冈部庆三从生活角度对信息行为的定义是："信息行为是利用各种越来越多样化的媒介，传送或接收各种各样信息的行为，还包括信息的处理、加工和存储的行为。"这一观点是在把信息行为与人类生活行为等同看待，并把伴随着媒介多样化的发展而产生的各种行为设定为信息行为。

(2) 三上俊治的信息行为基本模式

三上俊治认为信息行为是“个人在社会系统中，利用媒介或直接地收集、传送、存储信息以及处理信息的行为”。并且，他还提出了信息行为的基本模式，如图3-3所示。

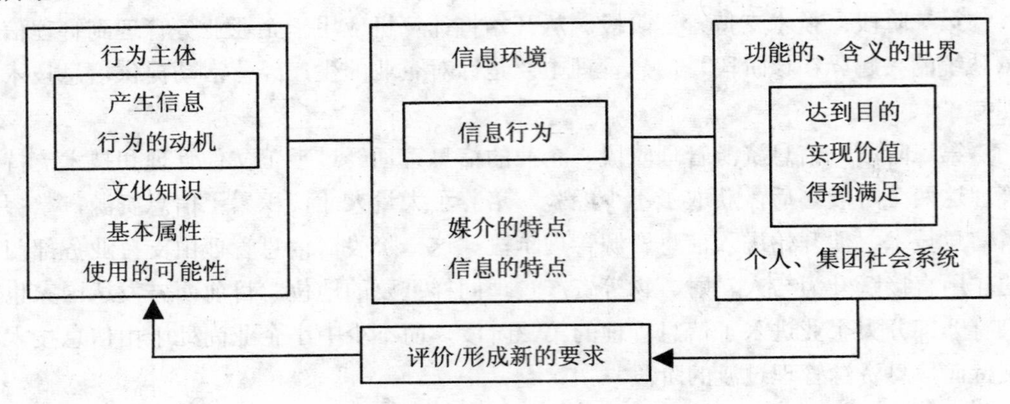

图3-3 信息行为基本模式

(3) 传播行为与信息行为

中野利用传播学理论中关于传播行为的概念来解释信息行为，认为信息行为是符号体系的相互作用，因此，用符号行为来表现信息行为最合适。这里的符号行为是指语言、画像、声音等符号体系的相互作用和符号的使用行为等。中野的观点对传统的传播理论进行了改造，把广义的媒介接触行为都定义为信息行为。也就是说，在信息环境这个“场”中展开的活动都是信息行为。

以上几种关于信息行为的定义，涉及人类生活、社会系统和信息环境等方面。总体来讲，信息行为是指信息的获取、生产、接收、存储和加工等行为，是人们为满足其信息需要而开展的各种活动。凡事皆需要信息，凡人皆有信息需要。所谓信息需要是指人们在从事各项实践活动的过程中，为解决所遇到的各种问题而产生的对信息的不足感和求助感。

2. 用户信息行为的影响因素

用户在获取信息的行为中，不可避免地会遇到一些障碍，这些障碍将会阻碍用户接收信息的价值和效果，因此，有必要对用户信息行为中的影响因素进行研究。影响因素主要包括以下几个方面。

(1) 信息需求和信息动机。按照布伦达·德尔文(Brenda Dervin)的意义建构理论：信息行为产生于某一个人不能理解的情景或背景。当他意识到某种空白存在的时候，就会寻求各种方式来填补。因此，人们在生活、工作、学习中遇到问题时感到缺乏信息时，就会产生信息需要，而信息需要则是用户产生信息行为的前提条件。信息需要一旦达到较强的程度被用户意识到就会转化为信息动机，信息动机是信息行为产生的根本动力。

(2) 信息意识。用户有了信息需求和信息动机之后，如果具有很强的信息意识，就有可能产生信息行为。信息意识是信息及信息环境作用于用户的结果，它包括用户对信息及信息环境的认识和态度。

(3) 认知能力。认知能力也称认识能力，是指学习、研究、理解、概括和分析的能力。从信息加工的角度来看，即接受、加工、储存和应用信息的能力。一般来说，信息用户的认知能力是由智力和信息能力两部分构成的。智力主要包括观察力、注意力、记忆力、想象力和思维能力等，它是信息用户能否实施自己信息行为的最为基础的能力。信息能力则包括语言文字能力、计算机应用能力、信息检索与处理能力等。认知能力能够帮助用户明确信息行为的目标，确定信息行为方式，并排除信息行为过程中的干扰和障碍，其强弱大小对于信息动机向信息行为的转化有加速或抑制作用。

3.3.2　信息使用

在人类社会发展初期，人们的活动范围比较有限，社会信息量不大，信息需求也不太明显。随着人类社会的发展，迎来了全球化经济和知识时代，社会现象日趋动态复杂，人们遇到的问题也就越来越多，在进行各项活动之前就更加需要了解情况，掌握一定知识，以便作出最佳决策。对于各种信息，人们要学会各择所需，最大化地使用信息的价值，从用户角度来看，信息使用可分为以下几种形式。

1. 个人信息使用

尽管从总体上看人类的信息需要是十分广泛而复杂的，具有信息需要的人们也是形形色色的，但影响信息需要产生和发展的外部因素主要是人们所处的特定社会环境和社会活动领域。身处不同社会活动领域的人们承担的任务不同，关心的问题不同，其信息需求也就大不相同。

在当前各个社会活动领域中，信息活动最活跃的、信息需要最鲜明的典型用户群体是科学研究人员、工程技术人员、管理决策人员和市场营销人员这 4 大类型。

(1) 科学研究人员系指从事基础科学和应用科学研究的科学工作者，他们的任务是认识和揭示自然界、人类社会和思维领域的规律性。

(2) 工程技术人员系指在各种各样的技术开发和生产活动中从事发明、设计、实验等工作的工程师，他们的任务是根据社会需要进行技术创新。

(3) 管理决策人员系指在各级各类组织机构中负责战略规划与计划、组织、指挥、协调、控制等工作的领导和上层管理者，他们在各自的岗位上以独特的方式从事复杂的决策活动。

(4) 市场营销人员系指在市场经济活动中从事市场拓展、产品销售、客户支持等工作的业务经营人员，随着市场经济的发展，该类人员在社会经济活动中的地位和作用日益凸显。

因此，我们要根据用户所属类型来分析不同用户的信息需求特点，从而有针对性地满足他们的信息需求。

2. 组织信息使用

组织中不同层次的管理由于工作职能不同而具有不同的信息要求。组织信息主要包括高层管理、中层管理和基层管理等使用的信息。

高层管理的主要任务是进行战略决策，其所需综合信息涉及的范围是非常广的。这些信息常常是非格式化的，不像某些固定的例行信息。

中层管理的任务是根据高层管理所作出的战略决策进行战术决策。其工作特点是既有大量的例行的比较规范化的任务，又有需要灵活处理的不够规范的决策问题。在管理工作中，它处于承上启下的关键地位。

基层管理也称为操作管理。这一层管理工作一般来说并不与系统之外的各种实体打交道，而是与本系统的具体生产过程或业务流程紧密地联系在一起。这些信息的规范化程度高、数量大，而且是反映当前情况的。

另外，从横向上分，组织内部的信息使用又可分为生产部门、营销部门、财务部门、人力资源管理部门等的使用。不同的部门有着不同的信息需求。总之，只有对具体业务有良好的了解和把握，才能更好地满足业务部门对信息的需求。

3. 企业信息使用

科学技术的发展和互联网的快速普及，消除了人们在空间和时间上的距离，企业之间的界限不再像以前那么明显，跨区域、跨组织企业之间的合作已成为当今企业谋取持续竞争优势的一种重要手段。供应链网络、虚拟企业、知识联盟、战略联盟、合作组织等以合作共赢为基础的新型企业组织正成为当今动态复杂环境下的亮丽风景。

企业若想取得长足的发展，就必须获得其他相关企业的信息，并对获得的信息进行分析、处理、加工、储存和使用，进而融入到自身的企业文化惯例中用以指导自身的生产运营过程。从纵向来看，企业要获得和使用与之相关的供应商、制造商、零售商等的信息，并与他们进行信息共享和反馈，谋求协同长期发展。从横向来看，企业要获得其他竞争企业、客户、科研机构等的信息，进而通过分析、提炼和加工，以充分利用他们的信息来提升自身竞争力，从而获得持续竞争优势。

因此，针对不同的企业信息，企业要有目的地进行甄别，筛选出有用的信息，而避免或剔除那些对企业自身决策可能造成不良影响的无用或者干扰的信息。

3.4　信息资源开发与利用

信息资源作为国民经济和社会发展所必需的一种重要战略资源，它不仅可以完全替代或部分替代物质资源和能量资源，解决这些资源日益短缺的严峻社会问题，而且具有一系列物质资源和能量资源所无法替代的经济功能。在信息和知识交织的时代，信息资源正在取代物质资源和能源资源，成为社会经济发展的支柱性资源和企业发展的重要战略性资源，如何有效地开发信息资源并加以合理利用，已成为当今社会和企业进步的关键因素。正是由于信息资源的作用如此突出，人们才会十分关注信息资源的管理和开发利用。

3.4.1　信息资源开发与利用的概念

信息资源的开发是指不断地发掘信息及其他相关要素的经济功能，将它们转化为现实的信息资源，并努力开拓其在国民经济和社会发展中的用途。信息资源的利用是指信息资源利用部门根据信息资源开发部门所开发的信息资源情况，制定出科学、合理的信息资源分配与使用方案，使现实的信息资源在应用中发挥作用并产生经济效益的过程。总之，开发和利用信息资源，根本目的就是要发挥这些资源的经济功能，为推动国民经济和社会发展服务。信息资源的开发是为了更有效地利用信息资源，亦即开发是利用的前提，而利用则是开发的最终目的。

总体而言，信息资源的开发和利用，是指对已掌握的信息做深度的加工、改造和重组，使之能产生新的信息，或者说通过加工能进一步发现信息的社会功能，开拓其在经济社会发展中更加广阔的用途，使信息的潜在力量能充分发挥，价值得到实现。信息的开发利用可分为显性和隐性开发利用。信息的显性开发利用是指对信息的来源即信息源和信息渠道的挖掘，它以获得更多信息为目的，以信息技术手段为工具，通常表现为开发；而隐性开发利用，则着眼于对已掌握的信息的深度加工或重组，不断地发现信息的社会功能，开拓信息在经济、政治、社会发展过程中的广阔用途，从而更好地掌握和利用信息的潜力为社会服务。

3.4.2　信息资源开发利用管理

信息资源开发利用管理是信息资源管理的一个重要方面，也是影响信息资源开发利用水平的一个重要因素。它所要解决的问题主要有：

(1) 决策问题。在信息资源的开发利用过程中，会遇到许多需要进行决策的问题，例如，如何科学、合理地设计信息资源开发的内容，如何进行深层次的信息资源开发等。

(2) 具体操作问题。在信息资源开发利用的具体操作过程中，管理者会遇到很多决策中没有预料的新状况、新问题，这就要求管理者要有敏锐的判断力和丰富的具体操作经验作基础。随着具体问题的解决，信息资源开发利用的管理者可以将出现的问题以及解决这些问题的方法，一起反馈到下一轮的决策过程中去。

由此可见，在信息资源的开发利用中，管理者应当同时具备决策和具体操作两方面的素质。只有管理者的素质高，信息资源的开发利用才能持续、快速和健康地进行。

3.4.3 企业信息资源开发与利用对策

1. 树立正确的信息资源开发利用意识

开发利用信息资源，首先要树立正确的信息意识，这是关键问题。树立正确的信息意识将激发人们主动、积极地按照信息运动的规律来思考、决策和行动。信息意识的主要表现形式是信息思维。具有信息思维的人善于发现和利用信息。

要树立正确的信息意识，首先要克服下列障碍。

(1) 克服知识和观念方面的障碍。由于人们掌握的信息理论知识不同，对同样的信息的反应就会不同。一个具有较高文化素质，同时又具有一定专业知识和高度责任感的人，一旦接受某个信息，就会很快地作出正确的决策。要想具有这样的能力，就必须不断地学习，提高专业水平和观察能力。

(2) 克服思维习惯和思维能力上的障碍。在信息资源开发利用活动中要进行创造性思维，要善于捕捉事物之间的联系，将思路由一点扩展到其他各个方面，形成思维扩散网络。

(3) 克服心理障碍。人们在信息资源开发利用的实践中是创造者。其创造价值的关键就在于发现和接受各种新事物，对反映新事物的信息进行恰当的评估和分析研究，选择信息的最佳利用方式和最佳使用范围等。作为信息创造者，最需要的是自信心，要敢于求新、创新、立新，才能发现有用的信息。

2. 企业信息资源开发

(1) 企业信息源

企业要有效开发利用信息资源，首先应加强对信息源及其分布规律的研究。如果按照信息的加工程度来划分，则企业信息主要来自初始信息源与再生信息源。

① 初始信息源

初始信息源是指可以直接产生信息的信息源，它可以是人、事或物。在与客户、供应商、销售商及企业内部员工的接触过程中就可以产生这样的信息。实际上，企业处理各种业务的过程就是与相关人员接触并接收各种信息的过程。

② 再生信息源

再生信息源是指人们对原始信息加工后记录在某种载体上的再生信息。可以按照是否提供公共服务将其分为公共信息源和部门信息源。公共信息源主要是指大家都可以使用的信息源，如公共图书馆；部门信息源主要是指一些机构内部的信息部门，为了自己的工作需要而建立的内部信息源，如财务部门的财务资料等。

(2) 企业对信息的组织与处理

企业对所采集的信息还要进行信息组织才能使用。信息组织的目的是将无序信息变为有序信息。企业只有围绕用户信息需求，在掌握现有信息资源分布情况的基础上，从时间、空间和数量上对信息资源进行合理地配置，做好信息采集工作及初步的有序化处理工作，才能最大程度地开发利用信息资源。企业对信息的处理一般都要经过收集、加工、传递、存储、检索、使用和反馈等环节，如图 3-4 所示。

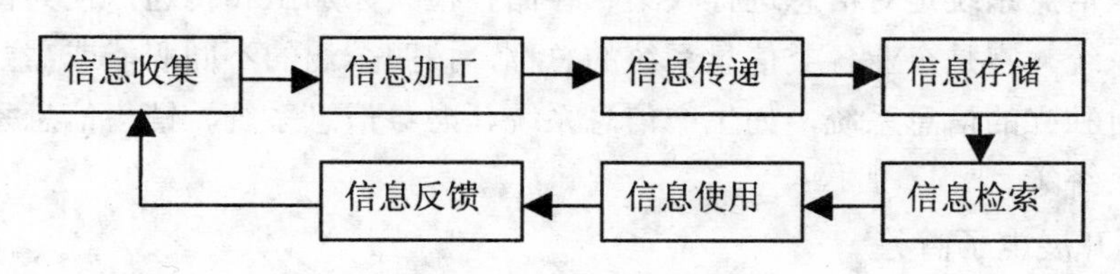

图 3-4　信息处理环节

下面对几个关键环节进行分析。

① 信息收集。信息收集的目的在于获取能够满足企业需求的信息，以促进企业的发展。它需要坚持及时、准确、全面、重点等基本原则。按照信息收集的层次可划分为原始信息收集和二次信息收集。企业的原始信息收集是指对来源于客观世界的信息的直接收集，主要通过实地调查来收集。二次信息收集是指对加工处理之后的信息进行收集，主要是通过查阅各种文件以及数据库中存储的信息等形式来进行的。信息收集的方法有很多，如实地考察法、统计资料法、通过网络检索查找信息的方法等。企业要根据自身的实际需要来选择合适的信息收集方式。

② 信息加工。信息加工是指对收集来的信息进行去伪存真、去粗取精、由表及里、由此及彼的加工处理过程，是把收集来的原始信息进行处理之后形成二次信息的过程。一般来说，企业需要对收集到的信息进行筛选和判别、分类和排序，以及分析和研究等。

③ 信息传递。在当今信息时代，信息传递更多的是采用网络及电子通信的方式进行的。因此，企业要开发自己的信息系统，以保证信息准确、顺畅和可靠地传递。

④ 信息的使用。信息的使用包括技术方面和如何实现信息价值转换等问题。技术方面主要解决的是如何高速、高质地把信息提供给使用者，这就要求企业具有运用现代信息技术处理信息的能力。信息的价值转换要求企业把信息应用到业务操作、管理控制和战略决策上来以实现信息的经济价值。

3. 企业信息资源利用

(1) 建立企业内部网络

企业须构建内部网络才能充分有效地利用其信息资源。企业内部网络是企业中一个高效、灵敏、低成本的信息管理平台，它主要有两项任务：一是将企业信息化的核心系统(如财务系统)的相关信息加工后提供给企业的管理层；二是作为所有非核心信息系统的公用信息平台。它不仅是企业内部统一的信息整体，而且还可利用公用基础设施与企业的合作伙伴、客户和在外的员工进行联系，拓展形成企业的外联网络。

(2) 建立企业信息系统

企业信息系统是对信息进行收集、存储、检索、加工和传递，使其得到利用的人—机系统，它是企业各类信息系统的总称，按照企业的不同职能或需要可以建立各类相对独立的信息系统，如生产信息系统、财务信息系统、销售信息系统、办公自动化系统等。

(3) 开展电子商务

电子商务是基于信息化网络的现代化商业手段，它将IT技术策略与企业商务策略整合起来，形成企业全新的组织构架、商业模式和业务流程等。它是传统企业商务电子化的过程，能够有效地解决企业的市场信息问题，可以帮助企业向外发布信息、展示产品、提升品牌形象。企业也可以通过浏览网络资源得到丰富的信息，及时了解市场动向，这将有利于企业改变产品策略，提高市场竞争力。企业还可以通过非实时的电子邮件、新闻组和实时的讨论组来获得所需的各种信息。

(4) 引入ERP、CRM、SCM、KM等集成系统

企业资源规划ERP(Enterprise Resourse Planning)是建立在信息技术基础上，以系统化的管理思想为企业决策层及员工提供决策运行手段的管理平台。实施ERP的主要目的是规范流程，提高管理效率。

客户关系管理CRM(Customer Relationship Management)是现代管理思想与信息技术相结合的产物，通过最佳商业实践与信息技术的融合，围绕“客户中心”来设计和管理企业的战略、流程、组织和技术系统，其目的是提高客户的满意度和忠诚度，进而实现企业收入的增长与效率的提高。

供应链管理 SCM(Supply Chain Management)是指人们在认识和掌握供应链各环节的内在规律和相互联系的基础上，利用管理中的计划、组织、指挥、协调、控制和激励等职能，对产品生产和流通过程中各个环节所涉及的物流、信息流、资金流、价值流以及业务流进行的合理调控，以期达到最佳组合，发挥最大的效率，以最小的成本为客户提供最大的附加值。

知识管理 KM(Knowledge Management)是在网络新经济时代下新兴的管理思潮与方法。由于其理念结合了国际互联网络建构入口网站、资料库以及应用电脑软件系统等，因而成为企业累积知识财富，创造更多竞争力的新世纪利器。知识管理系统是指在组织中建构一个智力与技术兼备的知识系统，让组织中的资讯与知识，通过获得、创造、分享、整合、记录、存取和更新等过程，不断创新并反馈到知识系统内，使个人与组织的知识得以永不间断地累积。从系统的角度进行思考，这些知识将成为组织的智慧资本，有助于企业作出正确的决策，以快速、及时地响应市场的变化。

思考题

1. 简述信息组织的基本要求。
2. 谈谈企业物流和信息流之间的关系。
3. 论述信息处理和信息管理的关系。
4. 论述信息管理发展的一般规律。
5. 谈谈你对信息行为的理解。
6. 从纵向和横向两方面论述用户的信息使用。
7. 当前我国信息资源与开发的热点问题是什么？
8. 论述信息资源开发和信息资源利用的关系。
9. 谈谈你对信息资源开发和利用的理解与想法。

第 4 章

信息管理的基本方法

信息管理(又称信息资源管理)，是指对人们收集、输入、加工和输出等信息活动的全过程的管理。它有两个方面的含义：一是信息管理工作是常规工作的系统化，即用系统工程的方法来管理组织信息工作；二是利用计算机和现代通信技术手段建立人机结合的管理信息系统，以实现对信息资源的集中统一管理。因此，信息管理方法的科学化与系统化尤为重要。本章主要介绍信息管理中的逻辑顺序方法、物理过程方法、企业系统规划方法、战略目标转化法和战略数据规划方法等基本方法。

4.1 逻辑顺序方法

逻辑顺序方法是信息管理最基本的方法。它将信息视为一种资源加以管理，并试图揭示出业务管理过程中需要考虑的处理问题的逻辑顺序。对企业而言，信息管理的主要任务是将企业内外的信息资源调查清楚，分门别类地加以分析研究，找出那些对企业的生存和发展有战略意义的信息资源加以充实和提高。因此，逻辑顺序方法将信息资源管理划分为信息调查、信息分类、信息登记、信息分析和研究等 4 个基本步骤。

4.1.1 信息调查

1. 信息调查的任务和要求

信息调查是信息管理工作的基础环节，是信息整理和分析的前提。开展深入的调查，摸清信息资源的情况，是做好信息管理工作的基础。作为一种调查活动，信息调查的任务是为解决经济、社会方面的有关现实问题和理论问题，运用科学的方法，有目的、有计划，系统而客观地搜集、记录、整理经济、社会现象的有关数据。其基本要求是准确和及时。

(1) 准确性。是指提供的信息应符合实际情况，保证信息真实可靠。调查必须尊重客观实际，不允许虚构、伪造、篡改，否则，调查的结果将缺乏说服力。

(2) 及时性。一是指搜集信息完成的时间符合该项调查所规定的要求；二是指调查结果是否能够及时加以使用。

信息调查中准确和及时是相互结合的，要做到准中求快，快中求准，这样才能达到信息调查的基本要求。

2. 信息调查的种类

根据不同的调查目的和调查对象的特点，选择合适的调查方法，是信息调查的重要问题。只有调查手段适当，调查方法科学，调查的信息才能准确、及时、全面。每种信息调查方法都有其独特的功能和局限性，要根据调查工作的具体情况加以选用。

(1) 信息报表和专门调查

信息调查结果按其组织形式，可分为信息报表和专门调查。信息报表是指为了定期取得系统、全面的基本信息而采用的一种搜集信息的方式。信息调查结果绝大部分是以定期报表的形式提供的。专门调查是指为了了解某种专门情况或某个专门问题而专门组织的调查。常见的有普查、重点调查、抽样调查和典型调查等方式。

(2) 全面调查和非全面调查

信息调查按被研究总体的范围可分为全面调查和非全面调查。在全面调查情况下，被研究总体的范围都要被调查到。非全面调查则是指对被研究总体的一部分进行调查，如企业对部分产品质量进行抽查等。

(3) 经常性调查和一次性调查

信息调查按照调查登记的时间是否连续，可分为经常性调查和一次性调查。经常性调查是针对时期现象进行的，例如，企业只有对销售情况、利润状态、原材料、燃料、动力的消耗等情况进行经常的连续登记，才能随时提供准确的数据。一次性调查则是针对时点现象进行的，例如，国家人口总数、企业固定资产数、库存量等数据，都可以间隔一定时间进行调查。

4.1.2 信息分类

根据研究的目的和研究总体的特点，按照某种标志将研究总体区分为若干个性质不同的组成部分，称为信息分类。对总体而言，是将总体划分为性质不同的若干组；对个体而言，则是将性质相同的单位组合在一起。信息分类是信息管理工作的一种重要方法，是对信息管理研究总体的一种定性认识，反映了信息总体在分组标志下的差异结构及其分布状态和分布特征。

信息分类是信息资源管理的一项最基本的工作。收集得到的信息形式可能是多种多样的，专门人员对信息实质内容的把握要清晰，分类不宜过多、过细，要便于分析和综合。

目前还没有公认的信息分类原则，主要根据本单位的情况来考虑信息分类问题。当然，按信息内容和服务功能分类比较好，这样便于从使用者的角度进行研究，同他们的信息需要进行对比。

4.1.3 信息登记

信息调查所取得的信息经过科学分类之后就要登记或汇总各个分组数值和总计数值，亦即需要计算出各组的和总体的单位总数或标志总量，并提供相关的文字材料和档案。

信息登记(汇总)是一件具体而又烦琐的工作，调研人员应亲自将调查收集到的企业内外的信息资源进行归纳和整理，登记在信息资源表上，然后，按信息资源分类将登记表编出目录，并按部门编出索引，以便迅速查找。具体的步骤如下。

(1) 编制程序。按照研究对象的特点和信息管理的要求进行科学规划和系统设计，用计算机高级语言编写出汇总程序。

(2) 编码。根据程序要求和信息管理的相应原则对相应的信息进行科学编码，编码质量的好坏将对信息管理的质量和效率产生较大影响。

(3) 数据的录入。将编码后的数据和实际的数字输入到计算机中。

(4) 制表打印。将汇总内容打印成册。

一套信息资源登记表、一份信息资源目录和一份按部门的索引，这些只是初步调查的结果，还可能存在遗漏或不够准确的地方，特别是对一些特殊用途，还缺少准确的分析研究，还只停留在一般了解的阶段，有待于进一步深化。

4.1.4 信息分析

信息分析和研究是开展信息管理工作，取得成果的最后阶段。该阶段的任务是对已经加工整理好的信息，按照建立的分析指标体系加以分析研究，揭示所研究事物的量化比例关系和发展趋势，阐明事物发展的过程规律和运动特征。对于信息分析工作，不能仅局限于对过去的社会经济情况进行分析和评价，还应该对其未来发展变化情况进行预测和分析。对于企业而言，信息资源的挖掘也是十分有益的，因为通过对信息资源的分析和挖掘可以找出对企业的现状和发展有意义的信息资源，从而达到优化企业经营资源、增强企业竞争能力的目的。

1. 信息分析的方法

进行信息分析所采用的方法，简称信息分析的方法。与其他研究方法一样，信息分析的方法也无外乎定性分析研究方法、定量分析研究方法以及定性与定量相结合的研究方法3类。

(1) 定性分析研究方法

定性分析研究方法是指获得关于研究对象的质的规定性方法，包括定性的比较、分类、类比、分析和综合、归纳和演绎等方法。主要是分析与综合、相关与对比、归纳与演绎等各种逻辑学方法。定性分析研究方法适用于那些不需要或者是无法应用定量分析方法进行研究的问题。

信息分析工作中常用的逻辑学方法主要有综合法、对比法、相关法和因果法等。

① 综合法。对与某一研究对象相关的各种来源、各种内容的信息，按特定的目的进行归纳和汇集而形成的完整的、系统的信息集合的方法。

② 对比法。根据两种以上同类事物各自相关的信息来辨别它们的异同或优劣的方法。

③ 相关法。利用事物之间内在的或者现象上的联系，从一种或几种已知事物的有关信息判断未知事物的方法。

④ 因果法。根据事物之间固有的因果关系，利用已占有的情报，由原因推导出结果或由结果探究其原因的方法。

(2) 定量分析研究方法

定量分析研究方法是指获得关于研究对象的量的特征的方法。由于质是量度的体现，当我们掌握了事物的各种数量关系时，就能通过量的规律来认识事物的本质与规律。定量分析方法在信息分析中的应用，所得结论较定性分析方法更为直观、精确，有较高的可信度，尤其是在信息分析建模方面的广泛应用，取得了显著成效。

在信息分析中，定量分析方法的过程可以分为3步：第一，用精确的数量值代替模糊的印象；第二，依据数学公式导出精确的数量结论；第三，将结论的数学形式解释为直观性质。定量分析研究方法较常用的有文献分析法、插值法、回归法、预测分析法和系统分析法等。

① 文献分析法：它是基于文献量的变化与科学技术的发展之间存在着一定的内在联系，从而利用文献量的变化建立表征这一内在联系的方程式，据以了解科学技术的历史、现状和发展趋势。

② 插值法：它是一种研究由已知数据构成的特定函数的变化规律，在其变化过程的内涵上或变化过程的外延上，取某函数近似值代替无法求得的实际数据的方法。

③ 回归法：它是一种以概率论为基础，通过处理已知数据来探寻这些数据的变

化规律，并以此建立相应的回归方程，再根据该方程来预测未来发展的一种数理统计方法。

④ 系统分析法：它是一种从系统观点出发，着重研究总体与局部、总体与外部环境之间的关系，从而综合、精确地对研究对象进行研究的方法。

(3) 定性与定量相结合的研究方法

传统的定性研究方法或定量研究方法虽各有自己的优势，但缺点更为明显。随着经济和科学技术的发展，信息分析的主要领域由科学技术领域转移到经济领域。此时，信息服务的主要对象是企事业单位和政府，管理决策成为信息分析的主流方向。在市场经济中，市场需求决定了信息分析必须借助于先进的方法和手段。定性分析与定量研究的有机结合，既可以综合二者的优点，又可以克服两种方法的不足。一方面，定性研究把握信息研究的重心和方向，侧重于物理模型的建立和数据意义；另一方面，定量研究为信息分析结果提供数量依据，侧重于数学模型的建立和求解。通过定性研究与定量研究方法的结合，可使信息分析方法更加符合实际需求，得出的结论也将更加准确和可靠。信息分析的理论与实践表明，二者的有机结合将是信息分析方法的必然走向。

2. 信息分析的步骤

信息分析是一个复杂的过程，其本身并没有统一的规律可循。但从信息分析解决问题的步骤或具体操作过程来看，一般可按以下 6 个步骤进行：① 浏览、阅读已搜集和整理的原始资料；② 创造最初的假设；③ 再搜集、整理和评价信息；④ 确定前提；⑤ 验证假设差形成推论；⑥ 形成最终的结论。

4.2 物理过程方法

物理过程方法是指基于信息生命周期的相关理论和原则而提出的一种有关信息管理的方法。如同其他事物一样，信息有其发生、发展、成熟和死亡的过程。信息生命周期是信息运动的自然规律。从信息的产生到最终被使用发挥其价值，一般可以分为信息的收集、传输、加工、存储和维护等多个阶段。信息管理就是基于这种信息生命周期的一种管理活动。在这种管理活动中，需要识别使用者的信息需求，对数据进行收集、加工、存储，对信息的传递加以计划，并将这些信息及时、准确、适用和经济地提供给组织的各级主管人员以及其他相关人员。

在生命周期的每一阶段都有其具体工作，需要进行相应的管理。这里将信息生命周期的管理概括为以下 4 个方面。

4.2.1 信息需求与服务

这一阶段，不仅要明确信息的用途、范围和要求，还要为用户提供信息，支持他们利用信息进行管理决策。

用户的信息需求是发展变化的，并且受到时空的限制。这说明，用户的信息需求状态是一种“运动状态”，用户不同的信息需求状态决定了用户的不同类型。科亨(Kochen)曾经将用户的信息需求状态划分为如图 4-1 所示的 3 个层次。

进一步的研究表明，在一定社会条件下，具有一定知识结构和素质的人在从事某一职业活动中有着一定的信息需求结构。这是一种完全由客观条件决定的，不以用户主观认识为转移的需求状态。但是，在实际工作中用户对客观信息需求并不一定会全面、准确地认识，由于主观因素和意识的作用，他们所认识到的可能仅仅是其中的一部分，或者全然没有认识到，甚至有可能对客观信息需求产生错误的认识。但无论是何种认识，都可以概括为信息需求的不同主观认识状态，其认识的信息需求都可以用一定方式加以表达，这便是信息需求的表达状态。显然，这一状态与用户的实际体验和表示有关。

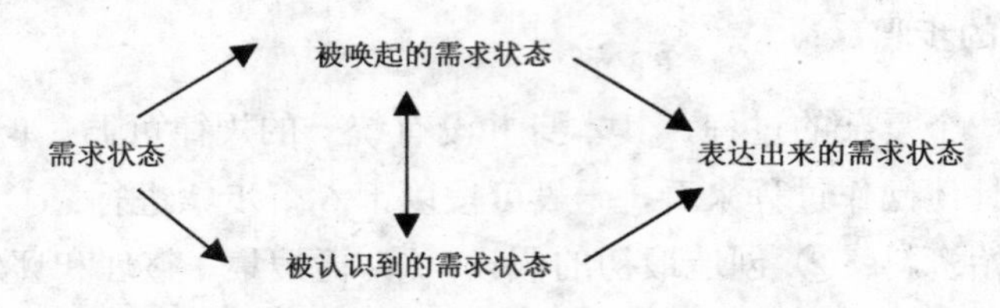

图 4-1 用户信息需求状态

由于用户的信息需求具有主观性和认识性，因而存在着 3 个基本层次：用户信息需求的客观状态——认识状态——表达状态。

(1) 客观信息需求与主观信息需求完全吻合，即用户的客观信息需求被主体充分意识，可准确无遗漏地认识其信息需求状态。

(2) 主观信息需求包括客观信息需求的一部分，即用户虽然准确地意识到部分信息需求，但未能对客观信息需求产生全面认识。

(3) 主观信息需求与客观信息需求存在差异，即用户意识到的信息不尽是客观上真正需求的信息，其中有一部分是由错觉导致的主观需求。

(4) 客观信息需求的主体部分未被用户认识，即用户未对客观信息需求产生实质性反应，其信息需求以潜在的形式出现。

以上第一、二种情况是正常的，其中第一种是理想化的；第三种情况是用户力求从主观上克服的；第四种情况必须由外界刺激，使信息需求由潜在形式转为正式形式。

用户信息需求机理研究表明，用户的心理状态、认识状态和素质是影响用户信息需求的主观因素。除主观因素之外，信息需求的认识和表达状态还受各种客观因素影响，这些客观因素可以概括为社会因素作用于用户信息认知的各个方面，主要包括用户的社会职业与地位、所处的社会环境、各种关系、接受信息的条件以及社会状况等。概括各种因素，不难发现用户的信息需求具有如下特点：

(1) 信息需求归根到底是一种客观需求，由用户(主体)、社会和自然因素所决定，但需求的主体(即用户)存在对客观信息需求的主观认识、体验和表达问题。

(2) 信息需求是在用户主体的生活、职业工作和社会化活动基础上产生的，具有与这些方面相联系的特征。

(3) 信息需求是一种与用户的思想行为存在内在联系的需求，其需求的满足必然使用户展开思维活动并由此产生。

(4) 信息需求虽然具有一定的复杂性和随机性，然而却具有有序的层次结构。

从全面掌握用户信息需求的状态和规律的角度看，这4个特点应该是我们展开用户信息需求调查与分析的出发点，以此可以进行综合性研究，以便在掌握用户状况的基础上开展信息工作。

与其他社会化服务相比，信息服务是一项更具社会性的服务。无论是工农业生产、科研开发、商业流通，还是文化艺术、军事、社会管理与服务等活动，都离不开信息的发布、传递、搜集、处理与利用，都需要有相应的“信息服务”为其提供信息保障。从信息的功能与作用上看，信息的客观存在状态、形式以及信息与社会组织和成员的关联作用，决定了其基本的信息服务。

信息服务是以信息为服务的内容，其服务对象是对服务具有客观需求的社会主体(包括社会组织和社会成员)，我们把这些主体称为用户。鉴于信息服务的普遍性和社会性，开展信息服务应从社会组织和社会成员的客观信息需求出发，以满足其全方位信息需求作为组织信息服务的基本出发点。这说明，信息服务用户与信息用户具有同一性，即一切信息用户都应成为信息服务的用户。

在图书馆和情报部门开展的文献信息服务中，用户通常指科研、技术、生产、管理、文化等各种活动中一切需求与利用信息的个人或团体。前者称为个体用户，后者称为团体用户。在信息传播与交流服务中，用户系指具有信息传播与交流需求和条件的社会组织及成员。在其他专门化的信息服务中，“用户”还具有新的含义。

考察社会信息的产生、传播、吸收和使用过程，任何社会组织和社会成员，既是信息的创造者和传播者，又是信息的接收者和利用者，其客观信息需求为他们的社会需求所引发，表现为信息接收、交流、发布、传送、吸收、利用和创造的综合需求。社会中的人员只要有和社会他人的交往需求，就必然成为信息用户。这是因为社会组织或成员在获取和利用信息的同时，必然伴随着新的信息产生和传播，表现为信息与用户的交互作用机制。因此，可以说凡是具有一定社会需求和社会信息交互作用条件的社会成员(包括团体和个人)皆属于信息用户的范畴。

从信息所处状态分析中可以明确，信息是具有时间和空间结构的。这种时空结构可以在布鲁克斯所构造的“认知空间”中作出理论表示，以此讨论信息3种状态的转变。如果某一信息与某个用户在“认识空间”是关联的，则在传递条件具备的情况下这一信息便会与该用户发生作用，从记录、传递状态转变为用户接受状态，且通过“用户吸收”产生新的信息。如果将信息作用看做一种“运动”，则可以发现，“运动”是信息的基本属性之一，人类的信息活动与信息服务是以信息用户为中心的“信息运动”过程。任何信息都是由于“用户利用”而产生的，而用户“创造”的信息则将在社会中以新的渠道传递和被利用，并由此产生信息的社会效益和作用。

通过对信息服务本质的分析，不难发现它是从社会现实出发，以充分发挥信息的社会作用、沟通用户的信息联系和有效组织用户信息活动为目标，以“信息运动”各环节为内容的一种社会服务。从综合角度看，信息服务具有以下一些主要特性。

(1) 社会性。信息服务的社会性不仅体现在信息的社会产生、传递与利用方面，而且还体现在信息服务的社会价值与效益上，它决定了信息服务的社会规范。

(2) 知识性。信息服务是一种知识密集型服务，不仅要求服务人员具有综合知识素质，而且还要求用户具有相应的知识储备。只有在用户知识与信息相匹配时才能有效地利用信息服务。

(3) 关联性。信息、信息用户与信息服务者之间存在必然的关联关系，三者之间的内在联系是组织信息服务的基本依据，这种依据客观地决定了信息服务的组织形式、用户管理与工作模式。

(4) 时效性。信息服务具有鲜明的时间效应，关于某一件事的信息只有在及时使用的情况下才能获得理想的使用价值，过时的信息将产生负面效应，因而在服务中存在信息的“生命期”问题。

(5) 指向性。任何信息服务都指向一定的用户和用户信息活动，由此决定服务中的信息可定向传播、组织、获取和利用，即信息服务的定向组织模式。

(6) 伴随性。社会信息的产生、传递与利用伴随用户的主体活动而发生，这种伴随性决定了必须按用户主体活动的内容、目标和任务组织信息服务，辅助用户主体活动的进行。

(7) 公用性。除单一性的面向某一用户的专门服务外，面向大众的公共信息服务可以为多个用户同时使用，这一特征与物质供给的唯用模式具有本质区别。

(8) 控制性。信息服务的开展关系到社会的运行、管理和服务对象的利益，因而是一种置于社会控制之下的社会化服务，服务业务的开展受国家政策的直接导向和法律的严格约束。

从信息用户和社会信息源与信息流的综合利用角度看，社会化信息服务包括以下内容：信息资源开发服务、信息传递与交流服务、信息加工与发布服务、信息提供与利用服务、用户信息活动组织与信息保障服务等。

根据信息服务的不同内容和形式，存在着一定的社会信息服务体系和规范，并随着社会的发展和信息技术的进步而变化。信息服务的发展提出了信息服务管理中的研究问题，促进了“管理研究”的实际应用。

4.2.2 信息收集与加工

信息收集是指在课题规定的范围内从事所需信息的获取活动，它根据特定目的和要求将分散蕴涵在不同时间、空间的有关信息采掘和积聚起来的过程。信息收集是信息资源得以充分开发和有效利用的基础，也是信息产品开发的起点。没有信息收集，信息产品开发就成了无米之炊；没有及时准确、先进可靠的信息收集工作，信息产品开发的质量也得不到必要的保证。由此可见，信息收集这一环节工作的好坏，对整个信息管理活动的成败将产生决定性影响。

1. 信息收集

(1) 信息收集原则

信息技术的发展，使新信息层出不穷，社会信息数量猛增，庞杂的信息形成了“信息海洋”，但随之也出现了很多信息老化、污染与分散等问题。而且信息用户的需求是特定的，所以在信息收集工作中必须坚持以下原则。

① 全面系统性。所谓“全面系统”，既包括空间范围上的横向扩展，又包括时间序列上的纵向延伸。所以信息的收集要做到全面系统，就是指空间上的完整性和时间上的连续性。从横向角度看，要把与某一问题有关的散布在各个领域的信息收集齐全，才能对该问题形成完整、全面的认识；从纵向角度看，要对同一事物在不同时期和不同阶段的发展变化情况进行跟踪收集，才能反映事物的真实全貌。

信息分析活动大量占用原始信息，需要收集的信息十分广泛，应针对所选课题的特点，全面收集各种相关信息。只有拥有足够的信息，才能进行全面的信息分析。这里的“全面”有3层含义：第一，所收集的信息不仅要有强相关的，而且还要有一般性相关的，如果这些信息还不能充分解决问题，某些弱相关的信息也可以考虑收集；第二，在收集过程中，不能为了迎合他人的观点或自己的主观愿望而仅仅收集正相关的信息，一些负相关的信息只要有可能被证明是真实可靠的，也应该积极收集，并在后续工作中加强跟踪分析与研究；第三，所收集的信息不仅要有国内的，还要有国外的，不仅要有本地区、本部门和本单位的，还要有相关地区、相关部门和相关单位的。

② 针对适用性。由于信息数量庞大、内容繁杂，任何个人或组织都不可能全部收集。对于某一特定的信息收集课题，信息分析人员的信息需求总是特定的。所以要根据实际需要有目的、有重点、有选择地收集利用价值大、相关性强的信息，做到有的放矢。收集信息应针对课题研究需要，有针对性地加以精选，有所取舍。而那些缺乏针对性的信息应被视作“信息垃圾”，是不应收集的，否则会扰乱信息人员的视线，浪费人力、物力、财力和时间，甚至伪化信息分析结果。

③ 真实可靠性。信息分析的最终目的是正确地决策，而真实可靠的信息则是正确决策的重要途径。在信息收集过程中，必须坚持严肃认真的工作作风、科学严谨的收集方法，保证信息源的真实可靠，认真收集真实信息，并进行严格分析、判断、鉴别、去伪存真、去粗取精，否定错误信息，杜绝传播虚假信息。切忌夹杂信息收集人员的主观意志和个人感情因素，不要把主观当客观，把个别当普遍，把局部当整体。

此外，要尽量缩短信息交流渠道，减少收集过程中受到的干扰。对一些模糊信息要进一步考察分析，一时无法确定则置之不用，以免虚假信息影响到信息分析的正确性。

④ 及时新颖性。因为信息具有很强的时效性，所以应以最少的时间和最快的速度及时搜求、收集、获取信息，才能使信息的效用最大限度地发挥。同时，要求所收集的信息内容具有新颖性，尽量获得课题领域内的最新研究成果，包括新理论、新动态和新技术成就等。

⑤ 计划预见性。信息收集是一项规模巨大的长期工作，它既要立足于现实需要，满足当前需求，又要有一定的超前性。考虑到未来的发展，这便要求信息收集要有计划，即事先制订一个比较周密而详尽的计划，而且还要求信息收集人员随时掌握社会发展动态，对未来的工作有一定的前瞻和预见。

在信息收集过程中，一方面要注意广辟信息来源，灵活、有计划、有重点地收集对未来社会发展具有指导意义的预测性信息；另一方面又要持之以恒，日积月累，把信息收集作为一项长期的、连续的工作，切忌随意调整收集方法，盲目变动收集任务。当然，应当在科学的预见性基础上做到灵活性与计划性的统一。

(2) 信息收集方法

对于大量信息的收集，不仅要依靠科学的收集流程及收集原则，还要采用科学的收集方法，针对不同的信息源采用相适应的方法。

信息收集的方法因信息源类型的不同而有所不同，针对文献信息、口头和实物信息以及网络信息 3 种不同的信息源，可将信息收集方法大致分以下 3 类。

① 文献信息收集方法

文献信息源的信息都是经过人工编辑加工并用文字符号或代码记录在一定载体上的，通常有以下几种收集方法。

- 信息检索法。信息检索法是获取文献信息的最主要方法，主要有以下 3 种方式： 系统检索法，是根据文献的内容特征(如学科、主题)或外部标识(如著者、题名)，通过检索工具全面系统地获得文献的一种方法，有手工检索和计算机检索等形式。追溯检索法，是指以已知文献所应用的参考文献为线索进行追溯查找，逐步获取文献的一种方法，另一种形式是通过引文索引进行检索，获取文献。在追溯查找中，应特别注意综述性文章，因为这类文章对某一问题进行了一定的归纳整理，所参考的文献资料也比较全面，通过对综述性文献的了解可省去查找阅读大量原始文献。浏览检索法，是指对各种相关文献广泛浏览以获取所需文献的方法，这种方法是对系统检索法和追溯检索法的重要补充。
- 预定采购法。对于某些重要的科学期刊、科学报告、标准资料等，通常采用向信息服务部门有偿获取的方法。对于期刊种类繁多、内容庞杂，信息收集人员在预定采购时要注意核心期刊的确定，以期事半功倍地获取所需文献。
- 交换索要法。信息收集者可用本单位和收集到的信息资料，同有关组织或个人进行文献交换，或采用向信息拥有者索取的方式。采用交换的方式无需中间环节，可使信息收集快速而直接。而对于尚未公开发表或虽已发表但嫌简略的信息资料，则适合于采取直接索要的方式。但要注意避免与预定采购重复，以免造成浪费。

② 口头和实物信息收集方法

口头和实物信息大多尚未经过系统化处理，未用文字符号或代码记录下来，所以难以收集，但却有较高的价值。口头和实物信息获取一般要通过社会调查来获得。社会调查通常有以下几种方式。

- 观察法。是指信息收集者在现场直接利用感官和仪器对客观事物进行仔细考察，从而获得第一手信息的方法，它是信息收集人员必须掌握的最基本的方法之一。
- 问卷调查法。是指信息收集者就某些问题向有关人员(被调查者)发放调查问卷，从回收的问卷直接获取调查对象的有关信息的方法，它是社会调查的主要方法。

问卷调查是一项有目的、有计划、有组织的信息收集活动，一般包括问卷设计、选取样本、实施调查等 3 个步骤。

通过问卷调查收集信息方便易行，且涉及面广，费用低。但问卷调查也存在着误差控制和回收率的问题，而且在信息竞争日益激烈的今天，往往被非公开的内部信息源所拒绝，必要时可结合访问交谈法一起进行。

- 访问交谈法。是指通过交谈访问受访者以获取所需信息的方法。该方法是通过收集人员与受访者直接接触来实施的，可达到双向沟通、澄清问题的效果，便于提高信息收集的针对性与可靠性。

根据访谈方式，访问交谈可分为直接面谈和间接访谈。直接面谈是访问交谈的传统方式，即信息收集人员与受访者直接面对面的交谈。这种方式灵活性好，信息交流和反馈直接迅速，可捕捉到由动作、表情等肢体语言传递的信息。缺点是费用高，受时空的约束和影响较大。

- 参观考察法。是指信息收集人员深入现场考察和参加学术会议等直接获取第一手信息的方法，如实地参观、观察，参加各种会议，出国考察等。

信息收集人员在现场，可直接利用感官和仪器捕捉到一些难以明确表达或难以传递的信息。参加大量的学术会议和专业会议，可以获取大量相关信息，会议主要类型有：研讨会、技术鉴定会、订货会、展览会、交易会、产品展销会、信息发布会等，这些会议的信息量大且集中，是信息收集的有利时机。

- 专家评估法。是指以专家为索取信息的对象，依靠专家的知识和经验，由专家通过调查研究对问题作出判断、评估和预测的一种专项调查形式。通常是以召开专家座谈会方式进行座谈讨论、分析研究、征询意见等，以取得专项调查资料，并在此基础上找出问题症结所在，提出解决问题的方法。

在数据缺乏、新技术评估和非技术因素起主要作用的 3 种典型情况下，专家评估法是有效且唯一可选的调查方法。

③ 网络信息收集方法

- 直接访问网页。即所谓上网冲浪，通过对网页的浏览，发现对自己有用的信息。网民一般有自己经常使用的网站，熟悉网站的内容体系，可以快速获得自己所需的信息。
- 网络数据库。网络数据库是跨越电脑在网络上创建、运行的数据库，它将数据放在远程服务器上，用户可通过 Internet 直接访问，也可通过 Web 服务器或中间商访问，是一种重要的网络资源。网络数据库具有以下特点：收录范围量大、类型多；实现异地远程检索；易于使用；数据更新快；大都不间断地提供服务，用户可随时利用。
- 搜索引擎。搜索引擎是一种引导用户查找网络信息的工具，它一般包括数据收集机制、数据组织机制和用户利用机制 3 部分。数据收集机制用人工或自动方式，按一定的规律对网上资源站点进行搜索，并将搜索得到的页面信息存入搜索引擎的临时数据库；数据组织机制对页面信息进行整理以形成规范的页面索引，并建立相应的索引数据库；用户利用机制帮助用户以一定的方式利用搜索引擎的索引数据库，获得用户需要的网络信息资源。常用的搜索引擎如表4-1所示。

表4-1　常用的搜索引擎列表

搜索引擎名称	URL
百度	http://www.baidu.com.cn
Google	http://www.google.hk
搜狐	http://www.sohu.com.cn
Lycos	http://www.lycos.com
Excite	http://search.excite.com
Alta Vista	http://www.altavista.com

2．信息加工

一般来说，收集到的信息是来自四面八方的，犹如含金的沙子，其中无用的沙子是大量的，要选的金子是少量的，所以接下来要做的就是沙里淘金式的加工筛选过程。对收集到的繁杂无序的原始信息，经筛选、分类、归纳、排序，成为便于研究的形式并储存起来，这一过程就是对信息的加工。加工就是有序化的过程，目的在于减少信息的混乱程度，使之从无序变为有序，形成更高级的信息产品，以便于信息分析人员有效地利用。信息加工有以下几种方法。

(1) 分类与筛选

分类是指根据课题需要，将收集到的信息按一定标准归类，并剔除部分错误信息或无用信息的活动。不同类型的研究课题有不同的分类方法。基础科学课程可分为基本概念、研究对象、发展情况、研究方法和实验手段、研究结果、存在问题、应用前景、与相关学科的关系等；技术科学课题可分为产品和工艺设计背景、研制目的和要求、发展概况、产品结构性能、设计原理、技术路线、用途和经济效果评价、与国民经济发展的关系等；方针政策课题可分为政策制定的要求和依据、政策内容与范围、社会影响及效果、存在问题、对策措施等。

在分类的基础上便可以进行筛选，即根据课题研究需要，从收集到的信息中把符合既定标准的一部分挑选出来，将错误或无用信息剔除的过程。这是对初选信息的鉴别和优化，对信息资源的进一步过滤和深层次控制。其主要任务是“去粗取精、去伪存真”，使信息具有针对性和时效性。优化选择的主要方法有以下几种。

① 比较法：通过比较，判定信息的真伪，鉴别信息的优劣。

② 分析法：通过信息内容的分析判断其正确与否、质量高低和价值大小等。

③ 核查法：通过对有关信息所属领域所涉及的问题进行审核来优化信息质量。

④ 引用摘录法：按被引用次数来判断信息质量的高低。

⑤ 专家评估法：请有关专家判定某一信息的质量。

(2) 阅读和摘录

在对原始信息进行分类和筛选之后，阅读便成为信息整理的又一重要环节。阅读把接受信息和处理信息集中在同一过程，一般可分为浏览、略读、精读和摘录等。

① 浏览。是指无须逐字逐句地阅读，只是从整体上看个大概，对一些有价值或感兴趣的内容作个标记而已。

② 略读。是指简单了解文章的全貌，不求甚解地阅读，对一些重要章节和段落做到心中有数，以便于精读。

③ 精读。是指在略读的基础上有重点和理解性地阅读，力求深入，要求逐章逐段地仔细阅读，边读边思考，必要时还应字斟句酌，反复琢磨，以准确把握文章的精华部分，掌握文章的主旨。

④ 摘录。是指将文章有关信息摘写下来的工作。对于文章中的重点难点，可做上各式各样的记号，或在文章空白处写下自己的批注。对于文章中的重要观点、事实和数据可记录下来，尽量具体但又不要繁杂，不要断章取义，不要改动原文，并应注明原文，以便备查和引证。

(3) 序化处理

经过前两个步骤处理后的信息还需要进一步地序化处理，把所有信息排列成一个有序的整体，才能为信息分析人员获取信息提供方便。经常用到的信息排序方法有以下几种。

① 分类组织法。是指依照类别特征组织排列信息概念、信息记录和信息实体的方法。如将农业信息分为种植业信息、林业信息、畜牧业信息等。种植业信息又可分为粮食信息、棉花信息、油料信息、蔬菜信息等。也可将农业信息分为生产信息、技术信息、政策信息、供求信息等。还可将农业信息按区域分类，将其分为甘肃、宁夏等。各类下面又可以用时间年份进一步加以分类。

② 主题组织法。是指按照信息概念、信息记录和信息实体的主题特征来组织排列信息的方法。如主题目录、主题文档、书后主题索引等。

③ 字顺组织法。是指按照揭示信息概念、信息记录和信息实体有关特征所使用的语词符号的音序或形序来组织排列信息的方法。如各种字典、词典、名录、题名目录等大多采用字顺组织法。

④ 号码组织法。是指按照信息被赋予的号码次序或大小顺序排列的方法。某些

特殊类型的信息，如科技报告、标准文献、专利说明法等，在生产发布时都编有一定的号码。

⑤ 时空组织法。是指按照信息概念、信息记录和信息实体产生、存在的时间、空间特征或其所涉及的时间、空间特征来组织排列信息的方法。

⑥ 超文本组织法。超文本是一种非线性的信息组织方法。它的基本结构由节点和链组成。节点用于存储各种信息，链则用于表示各节点(即各知识单元)之间的关联。

(4) 改编与重组

信息改编与重组是指对原始信息进行汇编、摘录、分析和综合等内容浓缩加工，即根据用户需要将分散的信息汇集起来进行深层次加工处理，提取有关信息并适当改编和重新组合，形成各种集约化的优质信息产品。如对各地和各行业农民收入情况进行组合，形成全省农民收入信息。按加工深度不同，信息改编与重组的方法主要有汇编、摘录和综述 3 种。

① 汇编。是指选取原始信息中的篇章、事实或数据进行有机排列而形成的信息加工方法，如简报资料、文献选编、年鉴名录、数据手册、音像剪辑等，都是运用汇编法。

② 摘要。是指对原始信息内容进行浓缩加工，摘取其中的主要事实和数据而形成的二次信息资源的信息加工方法。

③ 综述。是指对某一课题在一定时期内的大量相关资料进行分析、归纳、综合而形成的具有高度浓缩性、简明性和研究性的信息资源。

4.2.3　信息存储与检索

1. 信息存储

信息存储是指将经过加工处理后的信息资源(包括文件、音像、数据、报表、档案等)按照一定的规范记录在相应的信息载体上，并将这些载体按一定特征和内容性质组织成系统化的检索体系。

按存储载体的形成来划分，可将信息存储分为以下几种类型。

① 人脑载体存储。在文字产生之前，人类只能依靠人脑的记忆功能来存储信息，所以说人脑是一种初始的载体存储形式。但人的记忆力毕竟有限，时间一长就会忘记。

② 语言载体存储。语言也是人类最早的信息资源存储形式之一，人们通过语言来达到传递信息、沟通思想的预期目的。

③ 文字载体存储。文字既是一种信息表现方式，又起着存储信息资源的作用。

记录文字信息的材料由最初的石头、甲骨文逐渐发展到后来的简牍、纸张等。

④ 书刊载体存储。书刊的出现要晚于文字，但它是一种更有效的信息资源存储方式，其特点是信息存储量大，且高度集中。

⑤ 电信载体存储。其存储形式包括电报、电话、电传等，它们的共同特点是传递速度较快。

⑥ 计算机载体存储。其特点是存储量大，传递速度快，联网后处理信息的范围广。

⑦ 新材料载体存储。随着科学技术的发展，人类发明了许多可以作为信息资源载体的新兴载体，包括电磁载体(如磁带、磁盘、磁泡等)、晶体载体(如硅片、集成电路等)、光性载体(如光盘等)、生物载体(如蛋白质、细菌等)。这些新兴材料载体的共同特点是容量大、效率高，可以更有效地用来存储各种信息资源。

2. 信息检索

(1) 信息检索的定义

1950 年莫尔斯(Calvin N. Mooers)首次提出信息检索(Information Retrieval)一词。其后，随着信息检索理论与实践的更新发展，人们对信息检索的认识也在不断深入。对于信息检索，主要存在时间性通信、信息处理和文献查找等3种角度的认识。

① 时间性通信角度的认识

莫尔斯在1950年发表的《把信息检索看成是时间性的通信》一文中不仅首次提出了信息检索这个概念，而且认为“检索是一种时间性的通信方式”。换言之，通过信息检索得到一些文献，从而使得著者与读者之间建立了一种通信。

按照这种通信角度的认识，莫尔斯强调了在通信双方中，信息发送者必须尽可能发生一切信息，是时间性通信的被动一方，而信息接收者则是主动活跃的一方，正是接收者才决定什么时候接收以及接收什么样的信息。因此，信息检索的问题就在于把一个可能的用户指引向所存储的信息。

② 信息处理角度的认识

从信息处理的角度看，信息检索的基本问题，是如何处理信息和信息的结构。这种认识偏重于信息管理，认为信息不仅局限于文献的范围，音像、声音、数据等也都反映信息，并把信息检索视为计算机科学与技术的一个分支。

③ 文献查找角度的认识

简言之，从这种角度来看，信息检索就是查找出含有用户所需信息的文献的过程。在信息检索领域，这是一种传统的主流观点，支持者众多。例如，英国著名学者维克利认为，“信息检索是从汇集的文献中选出特定时间所需信息的操作过程”；美国著名信息专家卡斯特认为，“信息检索是查找某一文献库的过程，以便找出某一主题的文献”。

对于这种认识，兰卡斯特的经典表述是“信息检索系统并不检索信息”。因为信息是无形的，必须依附于文献而存在。虽然信息检索的最终结果是满足用户的信息需求，但检索的直接对象是文献，当用户阅读文献并理解其内容时，用户的信息需求才被满足。

(2) 信息检索的类型

由于用户的信息需求多种多样，信息检索技术也在不断地发展变化，进而产生了多种类型的信息检索。

① 按检索对象区分

按照检索的查找对象，信息检索分为数据、事实及文献检索。

- 数据检索。即以数据库为检索对象，查找用户所需要的数值型数据。其检索对象包括各种调查数据、统计数据、特性数据等。例如，查找某一企业的年销售额、某一国家的人口数、物质的属性数据等。
- 事实检索。即以事实作为检索对象，查找用户所需要的描述性事实。其检索对象包括机构、企业或人物的基本情况等。例如，查找某一企业的名称、地址、业务经营范围，查找某一人物的生平等。
- 文献检索。即以文献作为检索对象，去查找含有用户所需信息内容的文献。其检索对象是包含特定信息的各种文献。例如，查找有关“信息组织”的文献、有关“现代企业制度的建立”的文献等。

② 按检索方式区分

按检索的操作方式，信息检索可分为手工信息检索和机器信息检索。

- 手工信息检索。即以手工操作的方式，利用检索工具书进行信息检索。手工信息检索是信息检索的传统方式，已经历了一个多世纪的发展历程。其优点是具有检索的准确性，缺点是检索速度慢、工作量大。
- 机器信息检索。即以机械、机电或电子化方式，利用检索系统进行信息检索。机器信息检索从20世纪40年代以后逐渐发展起来，电子计算机诞生之后，以强大的存储能力、不断提高的处理性能以及同步降低的价格，很快便成为机器信息检索的主流和代表。因此，机器信息检索主要就是指计算机信息检索。其优点是速度快、检索的全面性较高；相对手工信息检索而言，其缺点主要是需要借助相应的设备进行检索。

③ 按检索要求区分

按照用户对检索的要求，信息检索可分为强相关检索与弱相关检索。

- 强相关检索。强调检索的准确性，向用户提供高度对口信息的检索，也称为特性检索。这种检索注重查准率，只要检索得到的文献信息能够满足用户的需求即可，通常对于检索结果的数量多少不作要求。

- 弱相关检索。强调检索的全面性，向用户提供完整信息的检索，也称为族性检索。这种检索注重查全，要求检索出一段时间期限内有关特定主题的所有信息，为了尽量避免漏检相关信息，对于检索的准确性要求较低。

④ 按检索的信息形式区分

按照检索的信息形式，信息检索可分为文本检索和多媒体检索。

- 文本检索。是指查找含有特定信息的文本文献检索，其结果是以文本形式反映特定信息的文献。这是一种传统的信息检索类型，在信息检索中依然占据主要地位。
- 多媒体检索。是指查找含有特定信息的多媒体文献的检索，其结果是以多媒体形式反映特定信息的文献，如图像、声音、动画、影片等，是在网络环境下发展起来的全新检索类型。

4.2.4 信息传递与反馈

信息的作用在于为用户所接收和采用。如何使需要的信息在需要的时候送到需要的用户那里，是很值得研究的问题。

1. 信息传递

经过一系列的信息分析工作，形成了信息分析产品，其目的是被用户利用，实现价值。而要实现产品的利用，就必须以产品的有效传递为前提。信息传递就是信息分析产品从信息分析人员或信息分析机构走向用户的过程，就是产品从信息源经过通道到达信宿的过程。

受到信息分析课题来源的影响，信息分析产品主要有两种传递方式，即单向被动传递 (如图 4-2 所示)和单向主动传递(如图 4-3 所示)。

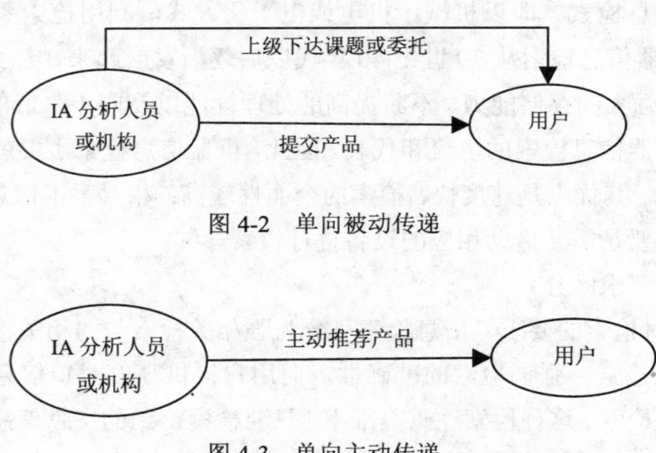

图 4-2 单向被动传递

图 4-3 单向主动传递

单向被动传递一般是指上级下达课题和委托课题产生的信息分析产品的传递方式，而单向主动传递一般则是指自选课题产生产品的传递方式。随着信息分析活动的普遍展开，以单向主动传递方式传递的产品将逐渐增多。

无论是哪种方式的产品传递，作为商品的信息分析产品，定价都是传递的一大障碍，特别是在单向主动传递中定价就越显得重要。从理论上讲，信息分析产品的价格是以价值为基础的。实际上，信息分析产品的定价受诸多因素影响，既有产品的成本、效用生命周期、开发难度等内部因素，也有信息市场的供求状况、支付方式、竞争形态、垄断程度以及用户的信息需求和购买能力等外部因素。信息分析产品所定价格的高低，不仅影响信息产品的有效传递和利用，而且也间接地影响了以后信息分析工作的开展。因此，信息分析产品定价时，必须以产品的效用为基础，可根据产品的类型和特征，采用一定的定价方法，如边际效用定价方法、效益分成定价方法、成本加成定价方法、协商定价方法等。

在信息分析产品传递过程中，除了产品定价会直接影响产品的传递之外，还有一些市场因素也会直接影响产品的传递。最常见的问题是供求双方存在的两难局面：一方面，需求方不了解产品的供应状况，以及产品的性能和特点，特别是信息分析产品的潜在性和滞后性，使需求方很难判断其交易是否“合算”；另一方面，供给方对于急剧变化的市场信息需求也很难把握，特别是自选课题制作的信息分析产品更会出现这样的两难局面。而掌握供求双方信息的中介方的出现，解决了这一问题，促进了信息分析产品的有效传递。

此外，作为管理方的政府有权利和义务通过组织、协调、控制与监督等管理职能，使信息分析产品的有效传递得以实现。其主要管理手段有如下方式。

(1) 经济杠杆。主要是运用各种经济措施如拨发研究经费、信贷、利税等，促进信息分析产品的形成，刺激信息用户的消费。

(2) 行政管理。通过一定的发展政策，促成中介机构的成立，并监督中介机构和供求双方的经营活动，促成和监督产品的合理定价。

(3) 法律手段。依据经济合同法、知识产权法等法律法规调节合同纠纷、保证交易双方的合法利益。

2．信息反馈

信息分析产品的利用是个复杂的过程。从微观上看，产品的利用不仅包括对产品的理解、消化和吸收，还包括产品利用与预测，以及在社会实践活动中实现其效用。从宏观上看，产品的利用就是通过产品信息为科学决策、R&D以及其他社会活动服务，发挥产品的科技效用、社会效用和经济效用。而产品的利用效果受多方面因素影响：一是用户本身已有的知识结构、经验、信息意识、消费心理以及对产品内容的理解、消化和吸收能力等；二是产品的内容是否真正支持被作用的科学决策，是否真正适用于被作用的社会问题；三是信息分析产品利用于社会实践活动的具体实施过程。可见，要充分发挥信息分析产品的效用，不仅用户必须具备与产品内容相适应的知识结构、良好的信息素质和信息理解、消化和吸收能力，而且产品必须利用其针对的科学决策或社会问题，并做好产品的具体实施。

信息分析产品的利用过程，不仅是发挥产品效用的过程，同时也是发现产品漏洞、缺陷的信息反馈过程。因为任何信息分析产品都不可能尽善尽美，都会存在这样或那样的缺点或不足。用户信息反馈就显得尤为重要。用户在产品利用过程中，可以向分析人员或信息分析机构，就产品的价格、质量和内容等方面提供建议和意见。这可为信息分析人员改进、完善该产品提供切入点，为修正、调整和改进以后的信息分析工作提供依据。

4.3　企业系统规划方法

企业系统规划法(Business Systems Planning，BSP)是20世纪70年代初IBM公司在开发内部系统时使用的一种方法。它主要是基于用信息支持企业运行的思想，采用先自上而下地识别系统目标、企业过程、数据分析，然后以数据为基础自下而上地设计系统，以支持目标，设计内容包括：信息结构→系统功能→系统目标。它们分别与数据分析、企业过程、企业目标相对应。IBM创立BSP方法之初，主要用于帮助客户更好地安排自己的信息资源，现在该方法已经广泛应用于帮助企业改善其信息和数据资源的使用，满足其近期和长期的信息需求，从而成为开发企业信息系统的有效方法之一。

BSP方法是通过全面调查，分析企业信息需求，确定信息结构的一种方法。只有对组织整体具有彻底的认识，才能明确企业或各部门的信息需要。

BSP方法的基本原则如下。

(1) 信息系统必须支持企业的战略目标。

(2) 信息系统的战略应当表达出企业各个管理层次的需求。

(3) 信息系统应该向整个企业提供一致信息。

(4) 信息系统应是先“自上而下”识别，再“自下而上”设计。

(5) 信息系统应经得起组织机构和管理体制变化。

4.3.1　BSP方法的工作步骤

使用BSP法进行系统规划是一项系统工程，其工作步骤如下。

1. 准备工作

准备工作包括接受任务和组织队伍，一般接受任务是由一个委员会承担。委员会应当由组织单位的主要领导牵头，并设立系统规划小组，专门负责此项工作。委员会成员思想上要明确“做什么”(What)、“为什么做”(Why)、“如何做”(How)，以及希望达到的目标是什么。要准备必要的条件：一个工作控制室、一个工作计划、一个调研计划、一个最终报告的纲领，还要有一些必要的经费。所有这些均落实后，即可按上述步骤正式开始工作。

2. 定义业务过程(或称定义管理功能)

业务过程是指企业管理中逻辑相关的一组决策和活动的集合。定义业务过程的目的是了解信息系统的工作环境，以及建立企业的过程——组织实体间的关系矩阵。业务过程的识别是一个非结构化的分析和综合过程，主要包括计划与控制、产品和服务、支持资源 3 个方面的识别过程。通过后两种资源的生命周期分析，可以给出它们相应的业务过程定义。

在业务过程的定义中要结合业务流程重组的思想，对低效或不适合计算机信息处理的过程进行优化处理。对于最后确定的过程应写出简单的过程说明，以描述它们的职能。还需说明的是，系统规划阶段只是在宏观上对现行系统最主要的过程进行定义，为信息系统的结构划分提供基本依据。

3. 定义数据类

数据类是指支持业务过程所必需的逻辑相关的数据，即业务过程产生和利用的数据，可将数据分解成计划型、统计型、文档型和业务型 4 类。数据的分类主要应按业务过程进行。识别数据类的目的在于了解企业目前的数据状况和数据要求，以及数据与企业实体、业务过程之间的联系，查明数据共享情况。

4. 定义信息系统总体结构

数据类和业务过程都被识别出来之后，就可定义信息系统的总体结构。其目的是刻画未来信息系统的框架和相应的数据类，主要工作是划分子系统。其思想就是尽量把信息产生的企业过程和使用的企业过程划分在一个子系统中，减少子系统之间的信息交换。具体可以通过使用功能/数据类(U/C)矩阵来实现。

5. 确定总体结构中的优先顺序

由于资源的限制，系统的开发总有先后次序，而不可能全面进行。一般来说，确定项目的优先顺序应考虑如下 4 类标准。

(1) 潜在效益。在近期内项目的实施是否可节省开发费用，长期内是否对投资回收有利，是否明显增强竞争优势。

(2) 对组织的影响。是否是组织的关键成功因素或待解决的主要问题。

(3) 成功的可能性。从技术、组织、实施时间、风险情况以及可利用资源等方面，考虑项目成功的可能性。

(4) 需求。用户的需求、项目的价值以及与其他项目间的关系。

6. 形成最终研究报告

BSP 工作最后提交的报告就是信息系统建设的具体方案，包括系统构架、子系统划分、系统的信息需求和数据结构、开发计划等。根据此方案就可以进行下一步的设计与实施。

4.3.2 BSP 法的分析工具——U/C 矩阵

在对实际系统的业务过程和数据类作了描述之后，就可在此基础上进行系统化分析，以便整体性地考虑新系统的功能子系统和数据资源的合理分布。进行这种分析的有力工具之一就是功能/数据矩阵，即 U/C 矩阵，其中 U 表示使用(Use)，C 表示产生(Create)。U/C 矩阵不但适用于系统规划阶段，在系统分析中也可以借用它来分析数据的合理性和完备性等问题。

1. U/C 矩阵及其建立

表 4-2 是 U/C 矩阵的一个例子。它将数据类作为列，功能(或过程)作为行，功能与数据类交叉点上的符号 C 表示这类数据由相应的功能产生，交叉点上的 U 表示这类功能使用相应的数据类，空着不填的表示功能与数据无关。建立时先逐个确定功能和数据类，然后填上功能/数据之间的关系。例如，在表 4-2 中，经营计划功能需要使用有关成本和财务的数据，则在这些数据下面的“经营计划”行上标记符号 U；若产生的是计划数据，则在“计划”下“经营计划”行上标记符号 C。

表 4-2 U/C 矩阵的建立

数据类 / 功能	客户	产品	订货	成本	工艺流程	材料表	零件规格	材料库存	职工	成品库存	销售区域	财务计划	机器负荷	计划	工作令	材料供应
经营计划				U								U		C		
财务计划				U					U			U		C		
资产规模												C				
产品预测	U	U									U			U		
产品设计	U	C				U	C									
产品工艺		U				C	C	U								
库存控制								C		C					U	U
调度		U											U		C	

(续表)

数据类 功能	客户	产品	订货	成本	工艺流程	材料表	零件规格	材料库存	职工	成品库存	销售区域	财务计划	机器负荷	计划	工作令	材料供应
生产能力计划					U								C			U
材料需求		U				U										C
操作顺序					C								U		U	U
销售管理	C	U	U													
市场分析	U	U	U								C					
订货服务	U	U	C													
发运		U	U							U						
财务会计	U	U							U							
成本会计			U	C												
人员计划									C							
绩效考核									U							

2. 正确性检验

建立U/C矩阵后要根据“数据守恒”原则进行正确性检验，这项检验可以使我们及时发现表中的功能或数据项的划分是否合理，以及符号U、C有无错填或漏填的现象发生。具体说来，U/C矩阵的正确性检验可以从如下3个方面进行。

(1) 完备性检验

完备性检验是指对具体的数据项(或类)必须有一个产生者(即 C)和至少一个使用者(即U)，功能则必须有产生或使用(U或C)发生。否则这个U/C矩阵的建立是不完备的。

如表4-2中的第8列(零件规格列)数据无使用者，故第6行第8列符号C改为U。

(2) 一致性检验

一致性检验是指对具体的数据项/类必有且仅有一个产生者(C)。如果有多个产生者的情况出现，则产生了不一致的现象，其结果将会给后续开发工作带来混乱。

这种不一致现象的产生可能有如下两个原因：

没有产生者——漏填C或者是功能、数据的划分不当；

多个产生者——错填C或者是功能、数据的划分不独立，如表4-2中的第8列(零件规格列)和第15列(计划列)。故第6行第8列和第2行第15列的C应改为U，等等。

(3) 无冗余性检验

无冗余性检验即表中不允许有空行空列。如果有空行空列发生，则可能是因为漏填了符号 C 或 U，或者功能和数据项的划分是冗余的、没有必要的。如表 4-2 中就没有冗余的功能和数据。

3. U/C 矩阵的调整

U/C 矩阵的调整过程就是对系统结构划分的优化过程。具体做法是：首先，将功能按功能组排列。功能组是指同类型的功能，如经营计划、财务计划和资产规模属于计划类型。然后，调换“数据类”的横向位置，使得矩阵中的符号 C 尽量朝对角线靠近，如表 4-2 所示(注意：这里只能尽量朝对角线靠近，但不可能全在对角线上)。

4. U/C 矩阵的应用

调整 U/C 矩阵的目的是为了对系统进行逻辑功能划分，通过子系统之间的联系(U)可以确定子系统之间的共享数据，考虑今后数据资源的合理分布。

(1) 系统逻辑功能的划分

系统逻辑功能的划分是在调整后的 U/C 矩阵中以符号 C 为标准划分子系统，如表 4-3 所示。划分时应注意：

① 沿对角线一个接一个地画，既不能重叠，又不能漏掉任何一个数据和功能。

② 方框的划分是任意的，但必须将所有的符号 C 都包含在方框之内。给方框取一个名字，每个方框就是一个子系统。值得一提的是，对同一个 U/C 矩阵调整出来的结果，方框(子系统)的划分并不是唯一的，如表 4-3 中实线和虚线所示。具体如何划分为好，要根据实际情况以及分析者个人经验来定。

表 4-3　划分子系统

功能＼数据类		计划	财务计划	产品	零件规格	材料表	材料库存	成品库存	工作令	机器负荷	材料供应	工艺流程	客户	销售区域	订货	成本	职工
经营计划	经营计划	C	U													U	
	财务计划	U	U													U	U
	资产规模		C														
技术准备	产品预测	U		U									U	U			
	产品设计			C	C	U							U				
	产品工艺			U	U	C	U										

(续表)

功能	数据类	计划	财务计划	产品	零件规格	材料表	材料库存	成品库存	工作令	机器负荷	材料供应	工艺流程	客户	销售区域	订货	成本	职工
生产制造	库存控制						C	C	U		U						
	调度			U					C	U							
	生产能力计划									C	U	U					
	材料需求			U		U					C						
	操作顺序								U	U	U	C					
销售	销售管理			U									C		U		
	市场分析			U									U	C	U		
	订货服务			U									U		C		
	发运			U				U							U		
财会	财务会计			U									U				U
	成本会计														U	C	
人事	人员计划																C
	绩效考核																U

(2) 确定子系统之间的联系

子系统划分之后，在方框(子系统)外还有若干个符号 U，这就是今后子系统之间的数据联系，即共享的数据资源。将这些联系用箭头表示，从产生数据的子系统指向使用数据的子系统，如表 4-4 所示。例如，“计划”数据类由“经营计划”子系统产生，“技术准备”子系统将用到此数据类。

为了表达清楚，可将矩阵中的具体符号 U 和 C 去掉，即可得出简化的子系统结构图，使得数据联系更加简明、直观。

BSP 方法是最易理解的信息系统规划技术之一，相对于其他方法的优势在于其强大的数据结构规划功能。它全面展示了组织状况、系统或数据应用情况及差距，可以帮助众多管理者和数据用户形成组织的一致性意见，并通过对信息需求的调查来帮助组织找出其在信息处理方面应该做些什么。

BSP 法的主要缺点在于，收集数据的成本较高，数据分析难度大，实施起来非常耗时、耗资。它被设计用来进行数据结构规划，而不是解决诸多信息系统组织以及规划管理和控制等问题。对 BSP 的批评包括，它不能够为新信息技术的有效使用确定时机，也不能将新技术与传统的数据处理系统进行有效集成。

表 4-4 子系统之间的数据联系

数据类 功能	计划	财务计划	产品	零件规格	材料表	材料库存	成品库存	工作令	机器负荷	材料供应	工艺流程	客户	销售区域	订货	成本	职工
经营计划	经营														U	
	计划														U	U
	子系统															
技术准备	U		产品工艺									U	U			
			子系统									U				
						U										
生产制造			U				生产制造									
							子系统									
			U		U											
销售			U										销售			
			U										子系统			
			U													
			U				U									
财会			U									U			1	U
														U		
人事																2

注： 1 为财会子系统，2 为人事子系统

4.4　战略目标转化法

战略目标转化法(SST)是由 William King 于 1978 年提出的，他把整个战略目标看成是一个“信息集合”，由使命、目标、战略和其他战略变量(如管理复杂度、改革习惯以及重要的环境约束)等组成。信息系统的战略规划过程实际上就是把组织的战略目标转变为信息系统战略目标的过程，如图 4-4 所示。

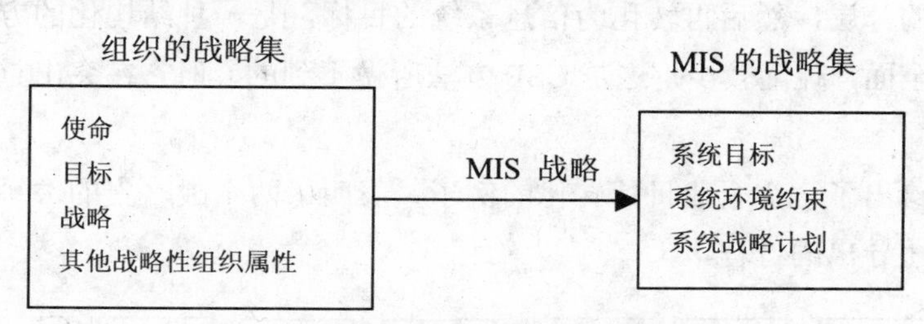

图 4-4　管理信息系统战略的制定过程

4.4.1　识别组织的战略集

组织的战略集应在该组织及长期计划的基础上进一步归纳形成。在很多情况下，组织的目标和战略没有书面的形式，或者它们的描述对信息系统的规划用处不大。为此，信息系统规划就需要一个明确的战略集元素的确定过程。该过程可按如下步骤进行。

1. 描述组织关联集团的结构

“关联集团”包括所有与该组织利益相关的人员，如客户、股东、雇员、管理者、供应商等。

2. 确定关联集团的要求

组织的使命、目标和战略要反映每个关联集团的要求，要对每个关联集团要求的特性作定性描述，还要对这些要求被满足程度的直接和间接度量给予说明。

3. 定义组织相对于每个关联集团的任务和战略

识别组织的战略后，应立即交给企业组织负责人审阅，收集反馈信息，经修改后进行下一步工作。

4.4.2　将组织的战略集转化成 MIS 战略集

MIS 战略集应包括系统目标、约束以及设计原则等。转化过程是先对组织战略集的每个元素识别相应的 MIS 战略约束，然后再提出整个 MIS 的结构，最后再选出一个方案提交给组织领导。

SST 方法从另一个角度识别管理目标，它反映了各种人的要求，而且给出了符合这种要求的分层，然后再转化为信息系统的目标，是一种结构化的方法。它能保证目标较为全面，疏漏较少，这是 CSF 方法所做不到的，但它在突出重点方面不如前者。

图 4-5 给出了一个企业目标转化的例子，表明了两个战略集的关系，指出了它们由关联集团导出的过程。

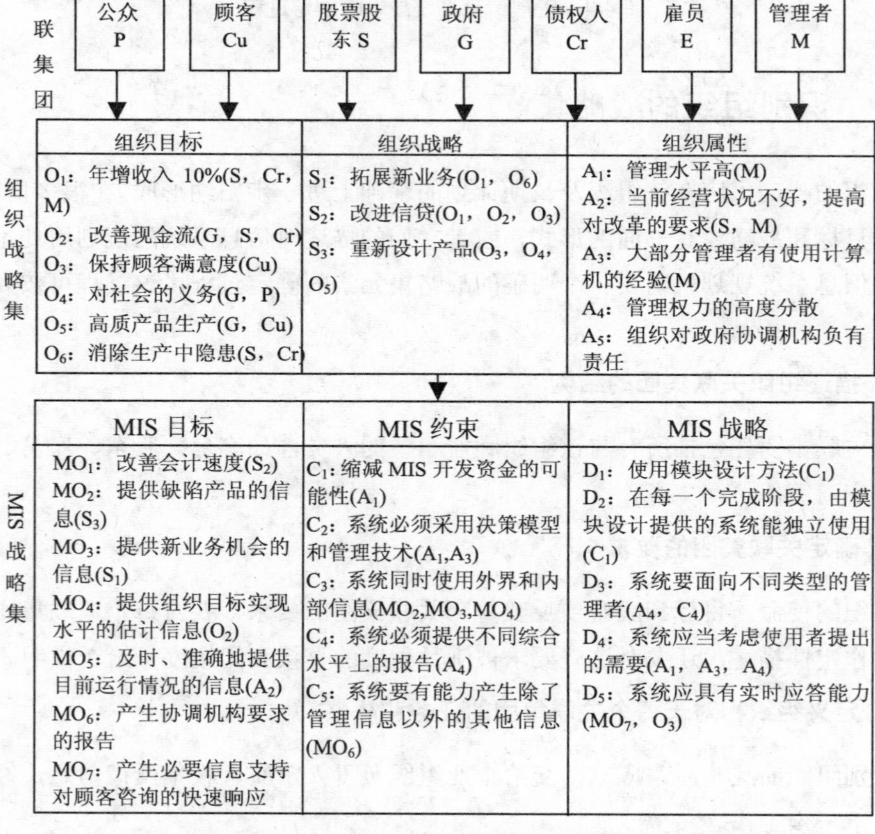

图 4-5　某企业运用 SST 方法制定信息管理战略的过程

例如 MIS 目标中的提供新业务机会的信息(MO_3)是由组织的拓展新业务(S_1)的战略导出的，这一战略又是组织目标中的年增收入 10%(O_1)和消除生产中隐患(O_6)所要求的，其中年增收入 10%(O_1)是关联集团中股票股东、债券人和管理者要求的反映，消除生产中隐患(O_6)是关联集团股票股东和债权人要求的反映。又如，MIS 设计战略中的使用模块设计方法(D_1)是由 MIS 约束中的缩减 MIS 开发资金的可能性(C_1)导出的。(C_1)与组织属性中的当前经营状况不好，其提高对改革的要求(A_2)有关，而这个组织属性又是关联集团股票股东和管理者的要求。需要指出的是，在使用 SST 方法确定 MIS 的战略和目标时，要把两个战略集之间的关系完全表达出来是非常困难的。

4.5　战略数据规划法

战略数据规划法是美国著名学者詹姆斯·马丁(James Martin)在其《战略数据规划方法学》著作中首先提出的。作为信息技术和管理领域的权威，多年来他不断把信息技术的最新成果创造性地引入到现代企业的经营管理当中。他认为，系统规划的基础性内容包括 3 个方面：① 企业的业务战略规划；② 企业信息技术战略规划；③ 企业数据战略规划。其中，战略数据规划是系统规划的一种重要的方法，其工作过程包括 3 个步骤，如图 4-6 所示：第一步，进行业务分析，建立企业模型；第二步，进行数据分析，建立主题数据库；第三步，划分业务子系统。

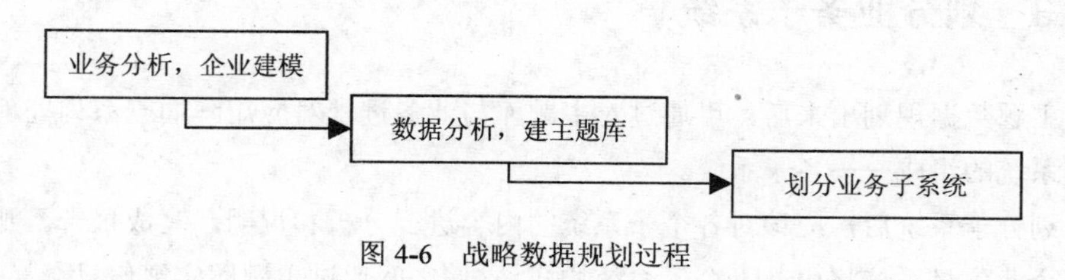

图 4-6　战略数据规划过程

4.5.1　进行业务分析，建立企业模型

由系统分析员向企业中各层管理人员、业务人员进行调查。具体调查内容包括系统边界、组织机构、人员分工、业务流程、信息载体、资源情况和薄弱环节等。

进行业务分析要按照企业的长远目标，分析企业的现行业务及业务之间的逻辑关系，将它们划分为若干个职能域，然后再弄清楚各职能域中所包含的全部过程，再将各业务过程细分为一些业务过程。具体要从组织机构图下手，最终建立企业模型。

4.5.2 进行数据分析，建立主题数据库

在业务分析基础上，可以弄清楚所有业务过程所涉及的数据实体及其属性。重点是分析实体及其相互之间的关系。按照各层管理人员与业务人员的经验及其他方法，将联系密切的实体划分在一起，形成实体组。在这些实体组中，内部实体之间联系较为密切，而与外部实体之间的联系则较少，它们是划分主题数据库的依据。

这里具体又可分两个阶段。

1. 信息过滤

从内外信息中，识别出对系统有用的信息。信息的来源非常广泛，有大量来自系统内部的各类信息，也有来自外部的涉及面广且品种繁多的信息，为此我们不可能收集全部信息，而必须对信息进行过滤，识别出有用的信息。

2. 主题库的定义

在将信息过滤、识别后，下一步就要从全局出发，根据管理需求将信息按照不同的主题进行“分类”，然后分别对每一个主题数据库加以定义。定义主题数据库的方法可以采用 E-R(实体及其相互关系)方法和数据载体方法。

4.5.3 划分业务子系统

主题数据规划出来后，可通过对主题库与业务过程对应矩阵的一系列处理来规划新系统的组成——各子系统。

划分子系统后，应该对各个子系统的内容进行分析和说明，写成报告。那么，整个企业信息系统将由若干个子系统构成，它们之间通过主题库实现信息交换关系。

4.6 信息系统方法

4.6.1 信息系统的概念与环境

现代的信息系统多指基于计算机与通信技术等现代化手段且服务于管理领域的

信息系统，即管理信息系统，它以信息现象和信息过程为主导特征。从技术上定义，它是一组由收集、处理、存储和传播信息组成的相互关联的部件，用以在组织中支持决策和控制；同时它还可以帮助管理者和工作人员分析问题、解决复杂问题和创造新产品。

信息系统包含与之相关的人、场地、组织内部事物或环境方面的信息，如图4-7所示。通过信息系统，我们可以从中得到有意义的、有用的某种形式的信息。而数据在被组织或加工成为有用的信息形式之前，只是一种对组织或物理环境中所发生事件的原始事实的描述。可以说，信息系统输入的是数据，经过加工处理后再输出各种有用的信息。信息系统用以实现对决策、控制、操作、分析问题和创造新产品及其服务所需信息的收集和加工；它对信息的组织活动分别是输入、处理和输出。

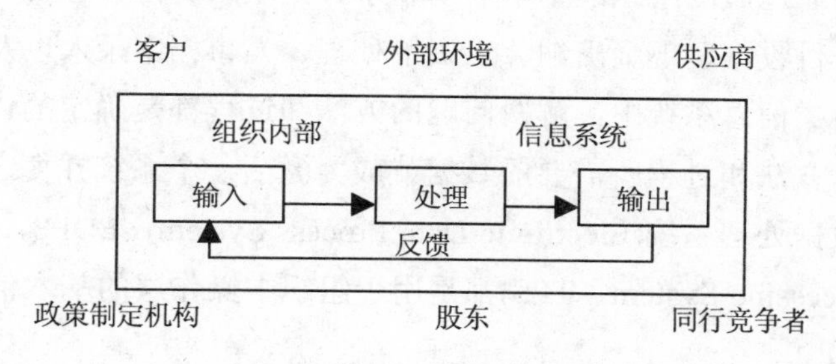

图4-7 信息系统的内外环境

输入是指将捕获或收集的来自企业内部或外部环境的原始数据输入计算机的过程；处理是指将原始输入的数据转换成更具有意义的形式的过程；而输出则是指将经过处理的信息传递给所需要用户的过程。

信息系统还需要反馈，它将输出信息返送给组织的有关人员，以便帮助他们评价或校正输入。应该说，任何时候、任何组织都有信息系统的存在，人类在很早就开始利用手工方法、工具及技术以获得必要的信息。信息系统也可以建立在手工基础上，手工信息系统就是利用纸、笔等手段实现信息传递和交流的。随着电子信息技术的快速发展，信息系统的内涵及应用范围有了更广阔的空间。现代的信息系统一般是以计算机为基础的信息系统，计算机信息系统是依靠计算机软硬件和相关技术处理信息和传播信息的。本书主要讨论以计算机为基础的信息系统。

尽管计算机信息系统利用计算机技术把原始数据加工成有意义的信息，但在计算机与信息系统之间仍有明显的区别。计算机只提供了用于存储、处理信息的设备和技术功能，而信息系统的许多工作，如输入数据或使用系统的输出结果等还要作为用户的人来完成，亦即计算机仅仅是信息系统的一个部分。用户和计算机共同构成了一个组合系统，提出问题以及对问题的具体解答都是通过计算机和用户之间的一系列交互活动来实现的。这恰恰体现了“信息系统是以计算机为基础的人—机系统”这一特点。

4.6.2 信息系统的类型

在一个组织中，人们的利益、专业和层次各不相同，因此存在为满足人们不同需要而设计的不同类型的信息系统。按组织层次来划分的信息系统有如下几种。

1. 操作层系统

操作层系统通过监测组织的基本活动和事务处理来支持管理者的工作。如销售订单的输入、开付收据、现金出纳、工资单处理、人事档案录入以及工厂的材料调拨等。在这样一类信息系统中，解决问题的方法和过程都是确定的，因此，收集、加工、整理这些方法和过程所需要的数据就成为激活一个系统并使之能够成功运行的关键。电子数据处理系统(Electronic Data Process System，EDPS)、事务处理系统(Transaction Processing System，TPS)都是用于组织中操作层的基本信息系统。

2. 管理层系统

管理层系统是为支持中层管理者进行日常工作的监视、控制、决策以及管理活动而设计的信息系统。这类系统并不负责日常操作中直接信息的收集，而只是定期提交特定的报告。这些报告反映了某一阶段或某一时期的工作情况以及与同期数据的比较情况。有些管理层系统也支持非常规的决策，它擅长处理那些信息需求不是很明确的半结构化决策问题。典型的管理层系统有管理信息系统(Management Information System，MIS)和决策支持系统(Decision Support System，DSS)等。

3. 战略层系统

战略层系统是帮助高层管理者应对组织内部和外部环境的战略问题，并支持制定组织的长远规划的信息系统。这类系统处理非结构化决策并建立一般化的计算和通信环境，而不是提供任何固定的应用或具体的能力。在解决实际问题时，管理者的经验知识、文化背景、价值观念以及它们在人脑中长期积累形成的概念对他们解决问题的方式至关重要。战略层系统包括主管支持系统(Executive Support System，

ESS)、专家系统(Expert System，ES)和智能决策支持系统(Intelligence Decision Support System，IDSS)等。

4.6.3 信息系统的价值增值

根据基本价值链模型理论，企业可以看作是由给其产品或服务带来价值增加的活动链。链上的企业活动可分为两类：一类是基本活动，另一类是支持活动，如图4-8所示。基本活动是指与企业产品/服务生产和分销直接相关联的活动，包括内部后勤、生产运营、外部后勤、销售和营销、服务；支持活动是指使基本活动得以实现的活动，主要包括企业基础设施建设、人力资源管理、技术开发以及采购等。

利用价值链模型可分析出企业中与竞争战略关联的活动，在此基础上，分析信息系统最有可能产生战略影响的应用领域，标识出在哪些特定的关键活动上应用信息技术可以最有效地改进企业的竞争地位，即可确定信息系统应用可能给企业经营提供最大程度支持的关键应用点。如可应用信息系统(技术)创造新产品和服务的活动，可增强市场渗透力的活动，可锁定客户和供应商的活动，可使企业有更低运营成本的活动等。基于价值链的信息系统价值增值如图4-9所示。图中给出了价值链中各个活动上可能的信息系统应用的例子。例如，一个企业可通过让供应商每天向工厂供应货物来降低仓库维护和库存成本，这时可在内部后勤上应用信息系统以实现与供应商的连接。而计算机辅助设计系统则可以给技术活动提供支持，帮助企业在降低成本的同时设计出更具有竞争力的高质量产品。这些系统对制造企业来说很可能具有战略影响。而办公自动化技术或电子化的日常安排与通信系统对咨询公司则更有战略价值。增值最大的价值活动可能因不同的组织而不同，如沃尔玛公司通过价值链的分析发现其可在内部后勤上获得竞争优势，从而使其不间断库存补充系统在此活动上的应用，帮助公司赢得了竞争。

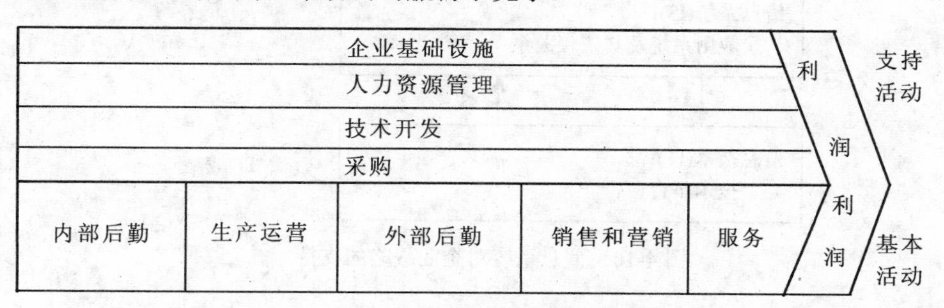

图4-8 企业价值链环节框架

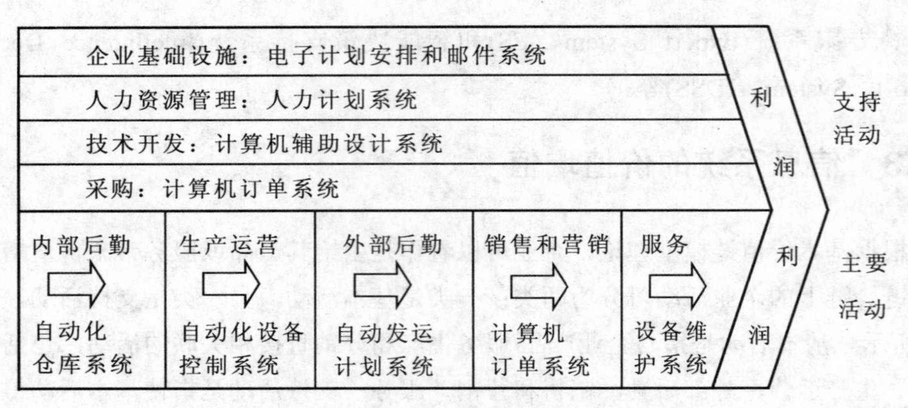

图 4-9 基于价值链的信息系统的价值增值

4.6.4 信息系统对企业战略的支持

现代信息系统是作为企业的战略资源而存在的，其对企业战略的支持如图 4-10 所示。企业战略关注于实现企业的使命、愿景和目标，而信息系统(IS)战略则关注于信息系统/信息技术(IS/IT)的应用，信息技术(IT)战略则关注于技术基础设施的建设。在一个企业中存在着各种不同的 IS/IT 应用，为了避免产生信息化应用孤岛，这些应用之间必须相互关联。图 4-10 中，箭头 1、2 表示匹配(Alignment)关系，即企业战略与 IS 战略、IS 战略与 IT 战略之间是 What 与 How 的关系；而箭头 3、4 则表示影响(Impact)关系，即现代信息技术对业务的潜在影响。

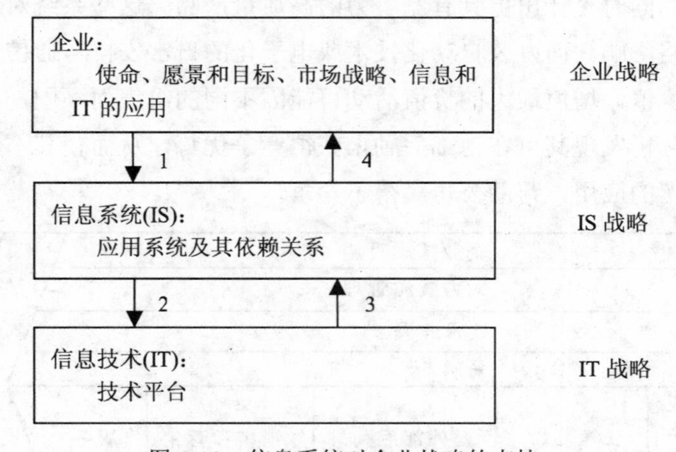

图 4-10 信息系统对企业战略的支持

企业战略的主要组成部分有使命、愿景和目标、市场战略，以及使用信息、信息系统和信息技术的一般方法。企业战略中有关信息和 IT 的部分也称为信息管理战略。IS 战略的主要组成部分有未来的 IS/IT 应用、人力资源能力、组织结构以及 IS/IT

功能的控制。其主要工作是规划未来 IS/IT 应用的优先级，规划信息系统的开发或获取(制造或购买)，考虑用户的需要及系统的安全策略，规划未来人力资源所需的知识技能，定义未来 IS/IT 组织的任务、角色、管理以及所需的外部资源等。IT 战略的主要组成部分有 IT 硬件、基础软件和网络的选择，以及这些组件如何交互成为一个技术平台，所需的安全级如何实现等。IT 平台包括硬件、系统软件、网络和通信、标准以及所选供应商的支持等。

广义的信息系统战略包括 IS 战略和 IT 战略，可简称 IS/IT 战略。IS/IT 战略必须服从于企业战略并为其提供服务，只有支持企业战略的信息系统战略才能给企业带来长远的利益；另一方面，IS/IT 战略通过影响企业的业务运营模式、行业竞争态势，为企业带来变革，发展成为企业的战略信息应用，从而影响企业的战略。因此，IS/IT 战略的框架如图 4-11 所示。

在当前的竞争环境中，企业战略和信息系统战略之间的调整是一个动态的过程，而不是一个单一的事件。战略一致性的分析有助于企业思考自身在企业战略与信息系统战略上的调整。另外，组织也可以通过反复使用上述这些不同的调整机制，来建立有效转型的动态能力，并积累其特有的竞争能力。

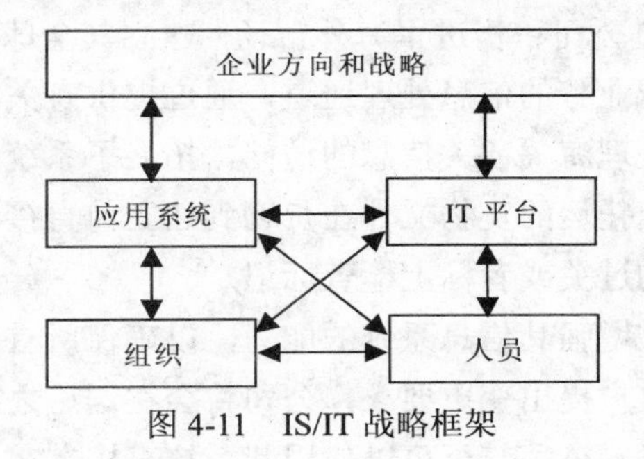

图 4-11　IS/IT 战略框架

【案例 4-1】　联合包裹服务公司用信息系统在全球竞争

联合包裹服务公司(United Parcel Service，UPS)是世界上最大的空中和地面包裹递送公司。1907 年初建时，只有一间很小的地下办公室。两个来自西雅图的少年 Jim Casey 和 Claude Ryan 只有两辆自行车和一部电话，当时他们曾承诺“最好的服务，最低的价格”。联合包裹公司成功地运用这个信条近 90 年之久。

今天联合包裹公司仍然兑现这个承诺，它每年向美国各地和 185 个以上的国家和地区递送的包裹和文件几乎达到 30 亿件，不仅胜过传统的包裹递送方式，而且可以和联邦特快专递的“不过夜”递送生意相抗衡。

公司成功的关键在于投资先进的信息系统，其在 1992—1996 年之间在信息技术上的投资达 1.8 亿美元，这使公司在全球市场上处于领导地位。技术帮助该公司在保持低价位和改进全部运作的同时，促进了对客户的服务。

由于使用了一种叫做发货信息获取装置(DIAD)的手持计算机信息系统，联合包裹公司的司机们可以自动地获得有关客户签名、运货汽车、包裹发送和时间表等信息。然后司机把 DIAD 接入卡车上的车用接口中，即一个连接在移动电话网上的信息传送装置。接着包裹跟踪信息被传送至该公司的计算机网络上，在公司位于新泽西州 Mahwah 的主计算机上进行存储和处理。在那里信息可以通达世界各地向客户提供包裹发送的证明，系统也可以为客户的查询提供打印信息等。

依靠“全程监督”即自动化包裹跟踪系统，联合包裹公司能够监控包裹的整个发送过程。从发送到接收路线的各个点上，有一个条形码装置扫描包裹标签上的货运信息，然后信息被输入中心计算机。客户服务代理人能够在与中心机相连的台式计算机上检查任何包裹的情况，并能够对客户的任何查询立刻做出反应。客户也可以使用公司提供的专门包裹跟踪软件，直接从其微型计算机上获得这种信息。

联合包裹服务公司的商品快递系统建立于 1991 年,为客户储存产品并在一夜之间把它们发到客户所要求的任何目的地。使用这种服务的客户能够在凌晨 1:00 以前把电子货运单传送给联合包裹公司，并且在当天上午 10:30，其货物的运送就能完成。

1988 年，联合包裹公司积极进军海外市场，建立其全球通信网络——联合包裹服务网。该网作为全球业务的信息处理通道，通过提供有关收费及送达确认、跟踪国际包裹递送和迅速处理海关通关信息的访问，拓展了系统的全球能力。公司使用自己的电信网络把每个托运的货物文件在货物到达之前直接输送给海关官员，再由海关官员让托运的货物过关或者标上检查标记。

联合包裹公司正在增强其信息系统的能力，以确保所有包裹都能在规定时间内到达其目的地。如果客户提出变更要求，公司将会在送达之前拦截包裹，并派人将其返回或更改送货路线。公司甚至可以使用其系统直接在客户之间传送电子书信。

(案例来源：仲秋雁，刘友德. 管理信息系统. 大连：大连理工大学出版社，2002)

练习题

1. 名词解释

逻辑顺序方法	物理过程方法
企业系统规划方法	战略数据规划方法
数据类	信息结构

2. 简述题

(1) 简述逻辑顺序方法的4个基本步骤。

(2) 物理过程方法包括哪几个方面？

(3) 什么是BSP法？简述BSP法的主要步骤。

(4) 试比较企业系统规划方法与战略数据规划方法的异同。

(5) 试述U/C矩阵的建立方法及其在系统规划中的作用。

第 5 章

信息管理的规划、计划和组织

随着人类社会进入信息时代，组织的运营管理和个人的日常工作与生活都会遇到大量的信息问题。如何更好地利用网络和信息技术来开发利用信息资源，使之更有效地为我们的工作和生活服务，使组织和个人能够在当前动态复杂的环境下，提高反应能力，适用环境的动态变化，获得持续竞争优势呢？这就涉及了信息管理的规划、计划和组织问题。信息战略规划是从组织使命、目标和战略出发，对组织信息技术应用和信息资源管理所面临的外部机遇与威胁和内部优势与劣势加以分析，制定信息战略的过程。信息管理的计划则是在信息管理战略规划的指导下，为组织及其下属机构确定信息管理的具体工作目标，拟定为达到目标的行动方案，并制订各种计划。而信息管理计划目标的实现，则需要对计划行动方案加以精心组织，即要充分挖掘和发挥好信息管理组织的重要作用，因此需要深入研究虚拟组织、团队组织、网络化组织、学习型组织等能够适应环境变化的具有很强生命力的信息管理组织的组织形态。

本章的内容主要包括 3 个方面：①信息战略规划的目的、作用、内容和方法；②信息资源计划、信息系统建设计划以及信息系统开发项目计划管理方法；③信息管理组织的职责、典型结构、人力资源开发与管理以及信息管理组织的学习与变革。

5.1 信息战略规划

信息战略规划是指组织为满足其经营需求、实现其战略目标，由组织高层领导、信息化技术专家、信息化用户代表根据组织总体战略的要求，对组织信息化的发展目标和方向所制定的总体谋划。组织信息战略规划就是对组织信息化建设的一个战略部署，其最终目标是推动组织战略目标的实现，并达到总体拥有、成本最低和效率最高的要求。它是以组织使命、目标和战略为依据，对组织信息技术应用和信息资源管理所面临的外部机遇与威胁和内部优势与劣势加以分析，制定信息战略的过程。其内容包括信息资源管理总体目标的确立、信息基础设施战略规划、信息系统战略规划和信息管理组织战略规划等。

5.1.1 信息战略规划的形成、概念及作用

1. 信息战略规划的形成

信息的产生、传递、加工和形成信息产品是要消耗成本(固定成本和可变成本)的，它的正确、及时使用能给使用者带来的价值是：第一个利用信息的人赚大钱，第二个利用信息的人赚中钱，第三个利用信息的人赚小钱，第四个利用信息的人亏本钱。这说明了信息资源和信息技术已成为影响组织经营管理全局的重要资源。

从发达国家企业的情况来看，信息技术已成为其核心技术，其信息资源和信息管理体制已上升至战略管理的高度,其信息流已成为第四种能流动的重要生产要素。由此可见，成功的组织和个人都离不开信息战略。

1986 年，马钱德和霍顿将信息管理发展过程划分为文本管理、公司自动化技术管理、信息资源管理、竞争者分析和竞争情报、信息战略规划等 5 个阶段，信息战略规划成为其中的最新阶段，该阶段又称为“知识管理阶段”，知识被认为是企业最重要的战略资源，知识管理的实施使企业变得更加“聪明”，其赢利能力大大增强。马钱德和霍顿的阶段划分，预测到信息资源管理必然发展到信息战略规划的趋向。该阶段信息战略成为组织发展战略不可缺少的部分，信息战略规划成为企业战略管理的必然选择，可将其视为战略管理与信息管理的交叉与融合，即信息战略规划成为信息管理与战略管理的重要内容。

2. 信息战略规划的概念

信息战略是指组织为适应竞争环境的动态复杂变化，通过利用现代信息技术，开发利用信息战略资源，并整合组织制度，以期获得未来竞争优势的长远运作机制和体系，是组织实施信息化建设和信息资源管理的指导纲领。它是组织总体战略的重要组成部分，也是组织实现总体战略的重要支撑。

信息战略规划则是指对组织信息资源和信息活动面临的外部机会和威胁与内部优势和弱点进行战略分析和战略决策，从而确定信息战略的过程。即从战略管理高度研究组织信息资源的发展和管理问题，并对组织的业务与管理活动中的信息生产要素(包括信息技术、信息资源和信息管理体制等)及其功能进行总体规划。其内容包括组织信息资源管理总体战略目标的确立、信息基础设施战略规划、信息系统战

略规划和信息管理组织战略规划等。

3. 信息战略规划的作用

迈克基(James V.McGee)和普若斯克(Laurence Prusak)在其1993年出版的《信息战略管理》一书中指出，信息技术的最初目的是实现“在正确的时间、正确的地点提供正确的信息”。根据这一观点可以认为，信息战略管理的目的是为企业高层经理提供思考信息管理和利用问题的方法，制定组织信息资源管理总体目标，全面系统地指导组织信息化进程，充分有效地利用信息资源。它是组织总体战略规划的一部分，并为组织总体战略目标服务。组织信息战略规划的作用主要表现在以下几个方面。

(1) 可使组织的高层管理人员在知识经济时代的信息管理过程中更善于把握重点和学习。迈克基和普若斯克认为，信息经济时代“决定成功的因素是你所知道的东西，而不是你所拥有的东西”，并指出，“组织竞争的基础是有效地获取、处理、理解和利用信息的能力”，而不是信息技术本身。因此，组织的信息资源、信息人才及其管理运行模式的规划工作是重点。只有把握重点工作，组织竞争优势才能更长久，并不易被复制。

(2) 可指导组织在建设信息资源系统过程中以较低的代价(资金、时间与整体精力的代价)实现较优的信息系统与信息集成。反例：20世纪80年代，我国投入MRP Ⅱ系统80亿元，而成功率却只有10%。其原因在于：系统组成部分来源于不同供应商，技术上不配套；与业务流程、工作方法和工作习惯不相符；无信息战略规划，使其系统建设出现无序状态。

(3) 可使组织处理好信息系统与信息资源如何与组织的业务过程、管理活动相配合的问题。要求信息系统和信息主管人员能为经营业务与管理提供及时、准确、高效的信息支持。

(4) 可提高IT投资的收益，降低IT投资风险。要求在规划过程中要充分分析IT投资风险，并给出风险规避策略。

5.1.2 信息战略规划的主要理论

信息战略规划理论是信息管理与战略规划理论交融的结果，它来源于组织的信息管理实践，又是组织战略规划工作的重要组成部分，要为实现组织战略规划提供信息服务。它产生于20世纪80年代，主要研究如何为组织战略规划工作提供强有力的信息技术、信息资源与信息管理的支持问题。

1. 基本信息战略问题理论

1981年，西诺特(William R.Synnott)和格鲁伯(William H.Gruber)探讨了信息战略问题，他们列举了68个方面的信息战略问题，如表5-1所示。这些问题涵盖了组织高层管理人员在经营管理、学习和生活中遇到的战略信息问题，既反映了组织的供应、生产、市场营销等业务过程和企业管理过程，也反映了信息获取、处理、分析、传递、利用与管理过程，既全面、准确，又富有预见性。

表5-1 西诺特和格鲁伯指出的信息战略问题

编号	战略	编号	战略	编号	战略
1	信息功能的战略管理	24	关键成功因素	46	程序包
2	战略信息管理规划	25	决策支持系统	47	数据库管理
3	角色识别	26	业务图解	48	用户圆桌会议
4	预知变化代言人	27	CEO的指示	49	安全
5	集成规划者	28	年度计划	50	计算机通信
6	整合者	29	信息资源管理	51	电话网络控制
7	CIO	30	绩效报告	52	诊断中心
8	分布式数据处理标准	31	信息管理绩效	53	办公信息系统战略
9	“特洛伊战马”战略		报告和评估系统	54	项目生命周期
10	业务信息规划	32	职员管理系统	55	项目选择
11	技术预测	33	心理测验师	56	项目评估
12	用户清单	34	人类激励研讨班	57	成本—效益分析
13	用户的信息管理渗透	35	教师(mentors)	58	标准手册
14	用户满意度调查	36	职业路径	59	“冰山”战略
15	积压任务压力	37	系统入门培训	60	项目控制系统
16	成功的开始	38	“鹰”(超人)战略	61	质量承诺
17	联合系统开发	39	守门人	62	项目实施
18	信息资源产品管理者	40	咨询者	63	后审(Post Audits)
19	知识管理	41	时间管理	64	分布式处理控制者
20	用户服务合同	42	生产率管理	65	模型管理战略
21	顾客服务中心	43	能力规划	66	公司政策
22	信息中心	44	计算机绩效评估	67	供应商政策
23	顾客取向的收费系统	45	程序员生产率	68	战略管理的协同效应

资料来源：霍国庆. 企业战略信息管理[M]. 北京：科学出版社，2001

他们的信息战略定位思想如下。

(1) 重视信息与信息工作为用户服务问题。提到 7 项明确的用户信息工作，认为未来信息工作的方向是如何做好用户服务。

(2) 重视业务工作绩效和信息工作绩效问题。将“信息管理绩效报告和评估系统”“绩效报告”“计算机绩效评估”“成本—效益分析”“人类激励研讨班”等纳入信息战略问题。

(3) 尽管未明确列出国际互联网，但列出了“计算机通信”“电话网络控制”等近似概念。

(4) 提出许多值得深入研究、前瞻性强的问题，如“‘冰山’战略”“‘鹰(超人)’战略”、“‘特洛伊战马’战略”“战略管理的协同效应”等。

2. 信息资源管理(IRM)理论

IRM 是 20 世纪 80 年代初在美国产生的一个新概念，20 世纪 90 年代初得到较好发展。主要表现在企业等组织决策层里设立了专门负责信息资源管理的岗位——首席信息官(CIO)。信息资源以其与决策紧密联系、极快的流动速度、载有潜在价值等为特点，成为日益重要的一种新的生产要素资源。

霍顿和马钱德是 IRM 研究领域的权威学者，他们提出的理论要点如下。

(1) 信息资源是企业的重要资源，应像管理人财物等资源那样管理信息资源，并纳入企业管理的预算。

(2) IRM 包括数据资源管理和信息处理管理。强调对数据的控制，关注管理人员如何获取和处理信息。

(3) IRM 是企业管理的新职能，各级管理人员有获取有序信息和快速简便处理信息的迫切需要。

(4) IRM 的目标是通过增强企业处理动态和静态条件下内外信息需求的能力，来提高管理的效益，它追求“3E”(Efficient，Effective，Economical)，即高效、实效、经济。

3. 战略信息系统

战略信息系统(Strategic Information System，SIS) 是为组织确立竞争优势而提供支持的战略管理层次的信息系统。它运用信息技术来支持并全方位地服务于组织战略规划。信息系统学者查里·魏斯曼认为，SIS 是指运用信息技术来支持或体现企业竞争战略和企业计划，使企业获得或维持竞争优势，或削弱对手的竞争优势；这种进攻与反攻形式表现在各种竞争力量的较量之中(如企业与供应商、销售渠道、顾客以及直接竞争对手之间为不同目的而展开的竞争)，而信息技术可以打破这种平衡，使本企业获得竞争优势。

5.1.3 信息战略规划的原则、主要内容及方法

1. 信息战略规划的原则

(1) 目标导向原则

即组织信息资源管理目标必须和组织战略目标相一致，服从和服务于组织的战略目标。

(2) 需求导向原则

即信息战略必须正确识别组织经营中的关键业务和关键流程，以及组织战略各阶段对这些关键业务和流程的信息化需求，有重点、有针对性、有计划地进行规划。

(3) 立足现实原则

即信息战略应与组织的具体发展阶段和实际管理水平相结合，立足现实，充分考虑组织当前的管理基础、技术基础和人力资源的信息素质基础等。

(4) 适度超前原则

适度超前可以保证信息系统在一定阶段内的先进性和可扩展性，减少系统维护的成本，增强系统的生命力。

(5) 高层领导参与原则

高层领导的信息需求是制定组织信息战略的根本需求，因此，必须强调让他们参与制定组织的信息战略。

2. 信息战略规划的主要内容及方法

信息战略规划的主要工作内容包括信息资源管理总体战略目标的确立、信息基础设施战略规划、信息系统战略规划和信息管理组织战略规划等4项。

(1) 信息资源管理总体战略目标的确立

信息资源管理总体战略目标要依据组织的使命、目标和战略来制定，为组织的信息资源建设与管理指明方向，为组织的信息基础设施建设、信息系统建设和信息管理组织建设的发展方向提供准则，它必须与组织的战略目标相一致，并积极发挥支持作用。可以采用以下方法：首先识别组织的战略集，包括组织使命、目标、战略等，然后用SWOT矩阵系统全面地分析组织信息资源建设与管理面临的外部机会和威胁、内部优势和弱点，制定信息战略集，最后将组织战略集与SWOT分析结果融合推导出信息资源管理总体目标，如图5-1所示。

① 构造组织战略集

组织的战略集由组织的使命、目标和战略组成。主要描述组织是什么、为什么存在、属于什么行业或部门、它对社会能作什么贡献，组织运作要达到什么目的，组织为实现目标而制定的总方针是什么等，这些都是对组织生存与持续发展具有

全局性、长期性的重大问题，需要提出有针对性的策略和谋略。

构造组织战略集，首先需要识别组织的使命、目标和战略，得出与之相关的关联组织，然后研究关联组织的信息需求，并定义组织相对于每个关联组织的任务和战略，最后再对战略集进行评审，这一步一般由高层负责组织有关行业和管理专家来完成。

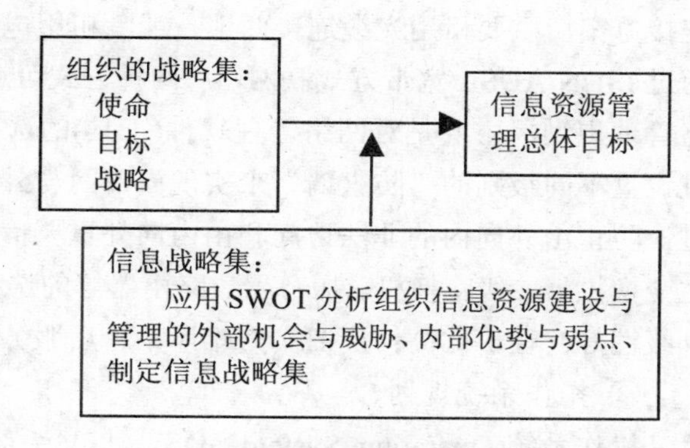

图 5-1　信息资源管理总体目标确立方法

② 信息资源建设与管理 SWOT 分析

首先要对组织信息资源建设与管理的外部机会和威胁进行调查。外部环境影响因素包括国家政策、法规、信息化战略，信息技术发展趋势，所在行业的信息化水平、经验和教训，竞争对手的信息战略等。需要分析这些因素提供的机会和可能造成的威胁。其次要分析内部优势和弱点。内部条件影响因素包括管理水平、管理思想和方法、领导的信息意识和信息价值观、人力资源的信息素质、信息技术应用现状和水平、内部信息管理组织的完善程度等 10 多个因素。最后要进行 SWOT 分析。分析上述外部机会和威胁、内部优势和弱点，制定出具有竞争性的信息战略集。

③ 信息资源管理总体目标确立

通过对组织的战略集过滤信息战略集，并加以融合，即可形成与组织战略集相一致的信息资源总体目标。

(2) 信息基础设施战略规划

信息基础设施战略规划主要是指对支撑组织信息技术应用的计算机网络系统、操作系统和数据管理技术进行规划。

① 计算机网络系统规划

计算机网络系统规划的内容包括：对网络需求进行分析，一般从应用系统需求、信息点需求及分布、网络流量等方面来考虑；制定建网目标和策略，主要考虑系统的可靠性、传输速度、资源共享范围、可扩充性、网络管理和安全、Internet 应用模式等；规划设计主干网，主要从网络拓扑结构、传输介质和 MAC(介质访问控制协议)3 个方面进行优化，构建具有标准规范和功能的网络体系结构；规划设计各建筑物内局域网或网段，主要包括拓扑结构设计和布线方案设计，确定局域网或网段连接主干网的方式，采用结构化综合布线(PDS) 设计局域网的物理走线方式和原则；规划设计远程接口，内部用户采用拨号入网或因特网接入方式，组织接入外网则采用专线方式接入因特网，如 DDN、X.25、ISDN、宽带等方式；规划设计异地网络连接方案，主要租用光缆连接两地，或者租用电信网 DDN、ATM 专线联网，或者通过 ISDN/ADSL/宽带方式联网，后两种方式可通过因特网连接建立 VPN 通道；网络管理规划，主要是对网络管理软件(工具)的选择和配制；网络安全规划，主要通过设置不同级别的“防火墙”来实现内部网与外部的隔离保护，只允许授权数据通过，防止由外向内的非法访问和由内向外重要信息的泄密；关键设备选型策略，如主交换机、二级交换机、服务器、路由器等的选型(选型的原则包括：可靠性高、可升级性好；性价比高；厂商实力雄厚，售后服务良好)。

② 操作系统规划

操作系统(Operating System，OS)是信息系统的软件支撑环境，OS 规划主要是根据对组织信息系统功能的需求，从目前流行的几种 OS，如 Windows、Unix、Linux 等，作出合理的选择，选择时要注意比较各种操作系统的优缺点，根据系统的功能需求和性能指标要求进行。

(3) 信息系统战略规划

信息系统建设是组织信息资源建设与管理的关键，信息系统战略规划应充分考虑组织信息资源管理总体目标、内部业务流程、业务和管理人员对信息的需求，还要容纳先进的业务流程和管理方法来提高组织信息系统的有效性。目前常用的规划方法有企业系统规划法(Business System Planning，BSP)与关键成功因素法(Critical Successful Factors，CSF)等。

(4) 信息管理组织战略规划

信息管理组织战略规划主要包括以下 3 个方面。

① 高层信息资源领导规划

高层信息资源领导规划的目的是建立一种机制来保障高层领导对信息资源的利用和管理支持。其内容包括设立 CIO、组建组织信息资源管理指导委员会或实施信息资源管理一把手原则等。

- CIO 规划

CIO 的职能包括参与高层管理决策，组织制定和实施信息战略，组织制定信息政策和信息基础标准，组织开发和管理信息系统，协调和监督各部门的信息工作，组织管理信息资源以及管理信息部门等。

- 信息资源管理指导委员会规划

信息资源管理指导委员会由组织负责人与若干代表组织内部各职能部门的高级管理者组成。其职能是明确组织信息资源系统发展方向，确定信息资源系统的规划与实施，确定信息管理组织结构，确定信息资源系统主要管理人员并明确其权力与责任，明确信息资源系统的职能岗位与工作标准，确定相关规章制度等。

- 信息资源管理一把手原则规划

如果组织规模不大，可由一把手兼任CIO。其优点是有利于组织信息资源的统一管理和利用，以及组织战略和信息战略的实施。缺点是会分散一把手的精力，但可通过加强信管部门建设来弥补。

② 信息管理部门规划

信息管理部门规划的目的是使组织的信息资源建设与管理的具体工作得到良好的组织保障。其主要内容是对信管部门的结构、规模和职能等的发展趋势进行规划，选择合适的管理体制，并制定相关考核标准。

③ 信息管理队伍规划

组织信息管理队伍的建设关乎组织信息管理工作的成败，要求根据实现组织信息资源管理总体目标的需求和信息管理部门规划的需要，对信息管理部门的规模及其专业结构、技术结构、知识结构、能力结构、学历结构和年龄结构等发展趋势进行综合规划。

5.1.4 信息战略规划与信息化其他方面规划的关系

在樊海云编著的《信息化规划与实践》一书中，整体信息化规划被分成几个主要组成部分，即信息战略、信息资源、信息系统和信息管理运营。这几个组成部分分别对应于不同的管理层次。

其中信息战略规划没有采用通用的战略目标集转化法(Strategy Set Transformatiom，SST)(使组织战略转换为 IT 战略的方法)，而是采用了战略地图(Strategy map)和平衡计分卡方法，使信息战略制定与企业各类业务战略采用相同的方法，更易于实施。战略地图方法配合关键成功因素方法可以更好地解决信息战略制定问题。

信息资源规划没有使用数据流程图(DFD)、E-R 图等逻辑数据库设计方法，而是采用价值链方法、思维导图法、U/C 矩阵方法，原因是企业高层的思维活动很难用低层的数学方法去描述(准确地说是逻辑数据库设计方法)，而使用更高层的思维导图法，使企业的业务、管理层、信息资源规划者更容易用统一的方法去理解、优化业务需求。

在信息系统规划中，主要形成各类信息系统的程序、子程序、模块、功能视图的整体设计，主要利用U/C矩阵等方法来规划。

在信息化运营管理中，重点将信息化管理工作中的各项业务按流程管理的方法，形成规范化的流程管理体系。

信息治理体系主要采用 BPR 及其 6 大体系的管理方法，实现 IT 与业务和谐，创造企业信息管理价值。

根据这一思路，可以得出如图 5-2 所示的信息化规划的 4 层模型以及如图 5-3 所示的信息战略规划与信息化规划的关系，从而反映出信息战略规划在信息化规划中的地位和作用。

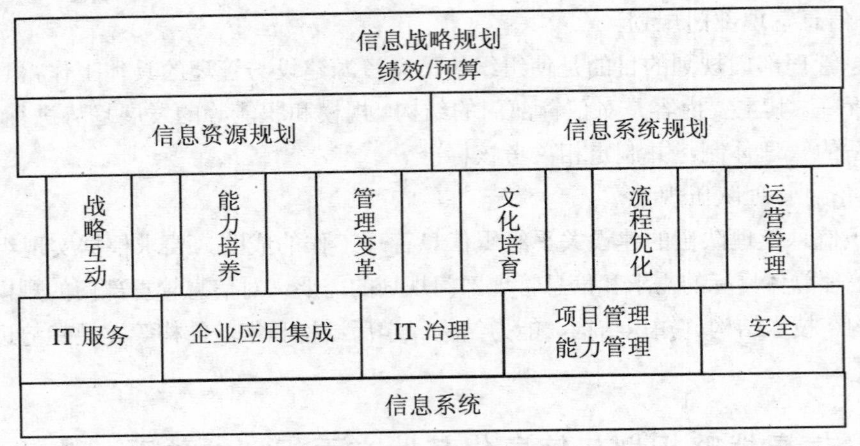

图 5-2 信息化规划 4 层模型

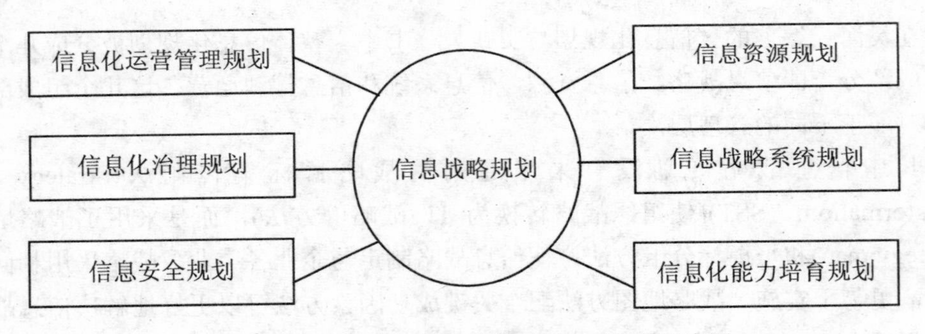

图 5-3 信息战略规划与信息化规划的关系示意图

5.2 信息管理计划

所谓计划是指为了实现组织决策目标而预先进行的一系列行动安排，包括任务和目标在时空上的进一步分解和实现方式的选择、工作进度规定、行动结果的检查和控制等。关于信息管理计划，目前学术界尚未给出一个统一规范的定义，本书认为，信息管理计划是指在信息战略规划的指导下，为实现组织信息战略目标而对组织信息资源的开发利用、组织信息系统建设及组织的信息管理活动而制定的一套科学、全面的计划，它是组织管理的计划职能融入信息管理的产物。本节将重点介绍信息管理工作中的几种典型计划，即信息资源计划、信息系统建设计划和信息系统开发项目的计划管理方法等内容。

5.2.1　信息资源计划

1. 信息资源计划的概念、目的及作用

信息资源计划(Information Resource Planning，IRP)是指对组织活动中所需要的信息，从采集、处理、传输到使用和维护的全面计划，是组织信息管理的主计划，是实现组织的每个部门内部、部门之间、部门与外部单位、组织与外部环境的信息流畅通，充分发挥信息资源作用的重要手段。

当前企业信息化面临的主要问题有：① 信息系统建设缺乏高层的统筹规划和统一的信息标准，形成“信息孤岛”，使得信息化投资效益不明显；② ERP、CRM、SCM等管理软件在企业的实施效果欠佳，出现许多管理咨询无效、系统实施失败的案例，困扰着企业信息化的健康发展。

解决上述问题的可行办法是加强信息资源计划工作，对业务流程进行梳理，搞清信息需求，建立企业信息标准和信息系统模型，并用以衡量现有的信息系统及各种应用是否符合要求，从而为系统的整合、改造、优化或重新开发提供行动依据。

信息资源计划的目的是在规范的信息化需求分析基础上，建立组织IRM的基础标准、信息系统功能模型、数据模型和体系结构模型，用以指导开发集成化和网络化的信息资源系统。

组织的信息资源计划具有以下重要作用：① 通过开展全面、正规的信息资源需求分析，可规范化地表达各个管理层次的信息需求，为有计划、有步骤地实施信息资源开发利用做好准备。② 通过系统数据建模，分析现有信息资源存在的问题，可建立组织规范化的数据结构和数据环境，解决“信息孤岛”问题。③ 通过系统建模，可优化管理业务流程、支持管理创新、提高管理工作的效率和质量。④ 建立网络化的组织信息资源库，为建立长期的计算机化辅助设计与管理提供基础。⑤ 还可在信息资源计划的实施过程中，培养壮大组织的信息资源建设与管理的人才队伍。

2. 信息资源计划的工作内容

组织信息资源计划要围绕组织信息资源管理的总体目标进行分解细化，其主要工作内容包括定义职能域、分析职能域业务、分析职能域数据、建立信息资源管理基础标准、建立信息系统功能模型、建立信息系统数据模型和建立信息系统体系结构模型以及制定一些保障信息资源管理与利用的专题计划(分计划)等。

(1) 定义职能域

信息资源计划要求职能域要以组织的业务过程为重点，覆盖所有职能部门，而不是当前组织机构部门的翻版。各职能域的具体划分和定义须经研究、评审，由主管领导确定，并具体列出与当前机构部门的覆盖关系。

(2) 分析各职能域业务

分析定义各职能域所包含的业务过程，各业务过程所包含的业务活动，形成组织的管理业务模型。

(3) 分析各职能域数据

绘制各职能域的一二级数据流程图，明晰职能之间、职能域内部以及职能域与组织外部环境的信息流，分析并规范用户视图(即单证、报表、屏幕表单等)，进行各职能域的数据存储和输入/输出数据流的量化分析。

(4) 建立组织信息资源管理基础标准

组织信息资源管理基础标准包括数据元素标准、信息分类编码标准、用户视图标准、概念数据库标准和逻辑数据库标准。

(5) 建立组织信息系统功能模型

基于需求分析和业务流程重组进行系统功能建模。系统功能模型由逻辑子系统、功能模块、程序模块组成，是系统功能结构的规范化的表述。

(6) 建立组织信息系统数据模型

系统数据模型由各子系统数据模型和全域数据模型组成，其核心部件是“基表”，是由数据元素按“第三范式”组织的数据结构，是系统集成和信息共享的基础。

(7) 建立组织信息系统体系结构模型

将功能模型和数据模型结合起来，建立系统的体系结构模型。可采用U/C矩阵划分子系统，确定开发顺序，提出共享数据库的建设方案。

(8) 编制信息资源计划的分计划

信息资源计划的分计划包括信息收集计划、信息加工计划、信息存储计划、信息利用计划和信息维护计划等专题计划。

3. 信息资源计划书的主要内容

(1) 目标

目标来源于信息战略规划制定的信息资源管理总体目标。

(2) 环境分析

环境分析包括对技术、管理和社会环境等的分析。

(3) 业务和技术分析

① 全域分析。包括全域的业务模型、用户视图一览表、数据流程图、功能模型、数据模型、信息系统体系结构模型、信息分类编码一览表、数据元素集和基表一览表等。

② 职能域(子系统)分析。包括各职能域的数据流程图、业务流模型、用户视图及组成、数据流、数据存储、功能模型、数据模型等。

(4) 资源需求

资源需求包括人、财、物和信息资源需求。

此外，信息资源计划书还包括组织与领导、跟踪与控制机制、预算、专题计划要点等。

4. 专题计划

信息资源管理的日常管理专题计划一般是按年度或月制订的，用以控制日常信息管理工作的信息资源计划。它包括日常管理过程中信息的收集、加工、存储、利用和维护等方面的计划。

(1) 信息收集计划。信息收集计划一般按年或季度制定，作为日常信息采集和搜集工作的行动纲领和评价标准。

(2) 信息加工计划。信息只有经过加工，才能发挥其使用价值。制定信息加工计划的目的是有效地发现和挖掘对组织有用的信息。

(3) 信息存储计划。信息存储是信息管理的前提。信息存储计划是关于信息组织、信息筛选、信息安全、信息备份恢复、历史信息转储与信息存储介质等进行规划和管理的计划。

(4) 信息利用计划。信息利用是信息管理的主要目的。信息利用计划是信息管理人员制订的，规定组织的所有管理人员按其权限享受组织收集和加工后的信息，完成其工作任务。通过信息利用计划，可以有效地防止信息的滥用和资源的浪费。

(5) 信息维护计划。是关于修改信息、清理信息垃圾等工作的计划。

5.2.2　信息系统建设计划

信息系统建设是指把信息资源计划中确定的信息资源管理基础标准、信息系统功能模型、数据模型和体系结构模型转化为可操作的系统，科学地对信息资源进行管理和利用，为实现组织的信息战略目标服务。在知识经济时代，信息系统是信息资源管理唯一可行的手段或工具。

1. 信息系统建设的内涵及过程

信息系统是指由人、硬件、软件和数据资源组成的，能及时和正确地收集、加工、存储、传递和提供信息的系统。它是一种人机紧密结合的系统，同时也是一种社会技术系统。

信息系统建设是一项庞大复杂的系统工程，必须遵循软件工程和项目管理的思想和方法，其开发过程包括系统规划、系统分析、系统设计、系统实施、系统维护和评价等5个阶段。信息系统建设的内涵和过程凸显了计划工作的重要性。信息系统开发过程各阶段的工作任务详见《管理信息系统》课程的教材。

2. 信息系统建设计划的内容

信息系统建设计划的内容包括信息系统建设的工作范围、对人财物和信息等资源的需求、系统建设的成本估算、工作进度安排和相关的专题计划等。

(1) 工作范围

信息系统建设的工作范围主要包括系统的功能、性能、接口和可靠性等 4 个方面。

系统的功能描述应尽可能具体化、细节化，以便作为开发成本和进度估算的依据。系统的性能则是指系统应达到的技术要求，如信息存取响应速度、数据处理精度要求、信息涉及的范围、数据量的估计、关键设备的技术指标、系统的先进性等。一般来说，进行成本和进度估算，需要将功能和性能综合考虑。

接口(Interface)一般分为硬件、软件和人3种。硬件指支撑系统运行的网络硬件环境，包括服务器、交换机、工作站、外围设备和连接线路等。软件一般包括支持信息系统运行与开发所必需的系统软件、开发工具和应用软件。人则指系统开发人员和系统使用人员。

系统可靠性是系统的质量指标，包括硬件和软件系统的质量。要求系统对信息的存储、加工和分析处理的误差不影响管理人员决策，同时系统应具备安全性高、故障率低和可恢复性强等质量性能指标要求。

(2) 资源需求

信息系统建设对资源的需求由低级到高级可以用金字塔来描述，如图5-4所示。底层是支持开发和运行软件系统的硬件环境(计算机网络)；中间层是开发和运行应用软件的支撑环境(系统软件和支持软件)；高层则是最重要的资源即人员。

无论哪种资源，都需要描述3个属性，即关于人、软件和设备的描述，如需要哪种水平的人、什么样的硬件与软件，以及开始时间与持续时间。

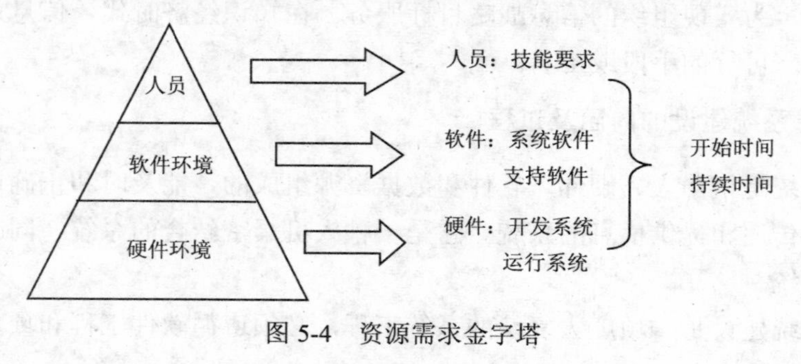

图5-4　资源需求金字塔

(3) 费用预算

信息系统建设计划的建设费用预算是以成本估算为基础的，建设成本主要包括网络环境建设、软件购置和应用软件开发的成本。

网络环境建设和软件购置的成本依据技术方案、市场行情以及工程施工费用计算标准进行估算。而软件开发成本的因素较多，涉及人、技术、环境、时间、市场和政治等因素，其主要估算依据是软件开发工作量。

(4) 进度安排

系统建设计划进度安排的关键在于对各环节所需时间的估计。其中网络系统施工、设备采购、软件采购等所需时间的估计较容易，且不构成系统建设的瓶颈。真正困难的是软件开发进度的安排。对软件开发的时间进行估计，最终又转化为对软件开发工作量的估算。

信息系统的生命周期可分为建设期和使用维护期。建设期约占总工作量的40%，使用维护期则占总工作量的60%。表5-2从统计学角度给出了信息系统建设期各阶段的工作量分配。

表5-2 信息系统建设各阶段的工作量分配

阶　段	工作量的百分比/%
系统分析	30
概要设计	7
详细设计	20
编码	18
单元测试、组装测试和确认测试	15
网络施工和调试	5
系统测试	3
系统安装	2

普雷斯曼(R.S.Rressman)提出了关于软件开发工作量分配的40-20-40原则，即前期(计划、分析、设计)占40%，编码占20%，后期工作(测试、调试)占40%。强调应重视前期和后期工作。

进度安排是信息系统建设计划工作中最困难的一项任务，计划人员要把可用资源与项目工作量协调好，要考虑各项任务之间的相互依赖关系，尽可能并行安排某些工作，预见可能出现的问题和项目的瓶颈，并提出处理意见，最后制定出计划进度表。此外，对于大型复杂系统，一般还应采用网络计划技术编著网络图，以确定系统建设的关键路径。

(5) 专题计划

信息系统建设过程中为保证某些细节工作能够顺利完成，并确保工作质量，常制订一些专项或专题计划，包括质量保证计划、配置管理计划、测试计划、培训计划、信息准备计划、系统切换计划等。

3. 信息系统软件开发时间和工作量估算方法

信息系统软件开发时间和工作量估算有两种策略：一是自顶向下策略，即由整个项目的总开发时间和总工作量估算分解到各阶段、步骤和工作单元；二是自底向上策略，即由各工作单元所需的时间和工作量相加，得到各步骤和阶段直至整个项目的总工作量和总时间。一般可采用以下3种方法加以估算。

(1) 专家估算法。即依靠专家对项目作出估计，其准确程度取决于专家对估算项目的了解和经验，适宜于自顶向下的策略。

(2) 类推估算法。对于自顶向下策略，将要估算项目的总体参数与类似项目进行直接比较而获得结果；对于自底向上策略，是将具有相似条件的工作单元进行比较而获得估算结果。

(3) 算式估算法。软件开发的人力投入 M 与软件项目的指令数 L 存在如下关系：

$$M=L/P \tag{5-1}$$

式中P为常数(指令数/人日)。由于 L 和 P 的值难以确定，该式又被修改为：

$$E=\mathrm{r}S^{\mathrm{c}} \tag{5-2}$$

该式被称为幂定律算法。其中 E 为到交付为止的总工作量(人月)；S 为源指令数(千条，不包括注释，但包括数据说明，公式或类似的语句)；r和c为校正因子，r在1~5、c在0.9~1.5之间取值。

读者如欲进一步了解信息系统软件开发工作量和时间估算模型、功能模块工作量的成本估算模型，以及开发进度估算办法和实例，请参阅参考文献[6]。

4. 信息系统建设计划任务书

信息系统建设计划任务书的格式如下。

---

1 引言

1.1 计划的目的

1.2 范围和目标

1.2.1 范围描述

1.2.2 主要功能

1.2.3 性能

1.2.4 管理和技术约束

3.2 进度表(甘特表)

3.3 预算表

4 资源

4.1 人员

4.2 硬件和软件

4.3 特别资源

5 人员组织

2 估算
2.1 使用的历史数据
2.2 使用的评估技术
2.3 工作量、成本、时间估算
3 日程
3.1 工作分解
5.1 组织结构
5.2 管理方法
6 跟踪和控制机制
6.1 质量保证和控制
6.2 变化管理和控制
7 专题计划要点

---

5. 信息系统开发专题计划

(1) 软件质量保证计划

在进行信息系统应用软件开发之前，一般应制定软件质量保证计划，常采用ANSI/IEEE STOL 730-1984、983-1986 标准，包括以下内容。

---

1 计划目的
2 参考文献
3 管理
3.1 组织
3.2 任务
3.3 责任
4 文档
4.1 目的
4.2 要求的软件工程文档
4.3 其他文档
5 标准和约定
5.1 目的
5.2 约定
6 评审
6.1 目的
6.2 评审
6.2.1 软件需求的评审
6.2.2 设计评审
6.2.3 软件验证和确认评审
6.2.4 功能评审
6.2.5 物理评审
6.2.6 内部过程评审
6.2.7 管理评审
7 测试
8 问题报告和改正活动
9 工具、技术和方法
10 媒体控制
11 供应者控制
12 记录、收集、维护和保密
13 培训
14 风险管理

---

(2) 软件配置管理计划

在信息系统开发中，软件配置管理(Software Configuration Management，SCM)是一种标识、组织和控制修改的技术。在软件开发过程中，变更是不可避免的，但它会加剧项目中软件开发者之间的混乱。SCM 活动的目标就是为了标识变更、控制变更、确保变更正确实现，并向其他有关人员报告变更，从而达到提高软件质量和生产效率，降低软件开发成本的根本目的。从某种意义上讲，信息系统项目的规模越大，SCM 计划就显得越重要。参照 ISO 9000 标准，SCM 计划的主要内容如下。

---

1 引言
  1.1 目的
  1.2 术语定义
  1.3 参考资料
2 软件配置环境
  2.1 软件配置环境
    2.1.1 服务器软件环境
    2.1.2 硬件环境
    2.1.3 配置管理客户端
  2.2 软件配置项
  2.3 配置管理员
3 进度表(甘特表)
  3.1 建立示例配置库
  3.2 配置标示管理
  3.3 配置标识管理
  3.4 配置的检查和评审
  3.5 配置库的备份
  3.6 配置管理计划的修订
  3.7 配置管理计划附属文档
4 阶段任务完成标志表

---

(3) 测试计划

测试计划是指整个信息系统应用软件的组装测试和确认测试。包括对每项测试活动的内容、进度安排、设计考虑、测试数据的整理方法及评价准则等。具体内容要求如下。

---

1 引言
  1.1 编写目的
  1.2 背景
  1.3 定义
  1.4 参考资料
2 计划
  2.1 软件说明
  2.2 测试内容
  2.3 测试 1(标识符)
    2.3.1 进度安排
    2.3.2 条件
    2.3.3 测试资料
    2.3.4 测试培训
  2.4 测试 2(标识符)
……
3 测试设计说明书
  3.1 测试 1(标识符)
    3.1.1 控制
    3.1.2 输入
    3.1.3 输出
    3.1.4 过程
  3.2 测试 2 (标识符)
  ……
4 评价准则
  4.1 范围
  4.2 数据整理
  4.3 评价尺度

---

(4) 其他计划

除了前述 3 个专题计划外，还有一些专题计划，如网络施工计划、培训计划、信息准备计划、系统切换计划和信息系统维护计划等。这些计划比较简单，限于本章篇幅，这里不再一一介绍。

5.3　信息管理组织

随着组织信息活动的不断深入，信息管理组织成为关乎组织信息化建设成败的关键因素。本节主要介绍信息管理组织的职责、结构设计、人力资源开发与管理以及信息管理组织的学习与变革等内容。

5.3.1　信息管理组织的职责

随着组织信息资源系统规模的日益增大，信息管理组织成为组织中的重要部门，即信息管理部门，不仅要承担组织的信息系统组建、运行保障和维护更新，还要向信息资源使用者提供信息、技术支持和培训等。其职责主要包括信息系统的研发与管理、信息系统的运行维护与管理、信息资源管理与服务，以及提高信息管理组织的有效性等 4 个方面。

1. 信息系统的研发与管理

信息系统研发与管理是信息管理组织的首要职能，主要包括以下基本职责：① 信息系统建设与发展的战略规划；② 信息系统分析；③ 信息系统设计；④ 信息系统实施；⑤ 信息系统的开发管理。

2. 信息系统的运行维护与管理

信息管理组织要负责对信息系统的安装、运行和维护与管理工作，这样才能保障信息系统的正常运行，即需要承担信息系统的设备、网络、软件和数据等方面的运行和管理等职责。

(1) 设备运行维护与管理

主要包括核心计算机(数据服务器、软件服务器)、终端计算机、网络设备、高级打印机和系统备份设备等的维护和管理。

(2) 网络运行维护与管理

主要包括通信线路、网络安全、用户及权限等的维护和管理。

(3) 软件运行维护与管理

主要包括系统软件和应用软件的维护，重点是应用软件的维护。它包括程序维护和数据结构维护，可分为纠错性维护(占 21%)、适应性维护(占 25%)、完善性维护(占 50%)和预防性维护(占 4%)等。

(4) 数据维护与管理

主要包括系统的数据整理、代码维护、数据的录入与输出、数据备份与恢复、过期或失效数据的删除等工作。

3. 信息资源管理与服务

信息管理组织要负责收集组织的内外部信息，构筑和维护组织的信息资源，负责向组织内各用户提供信息和信息技术应用的咨询服务与帮助，协调和督促组织成员规范采集与合理利用信息资源。此外，还要负责对信息系统的使用者进行硬件、软件和数据资源等方面的使用培训，以及负责对组织内各部门跨平台网络应用、计算机数据交换和集中分布式计算环境等方面提供必要的培训与技术支持。

4. 提高信息管理组织的有效性

提高信息管理组织的有效性是指通过学习促进信息管理组织的改进与变革，使信息管理组织能够高效率地履行其各项职责，以较低的成本满足组织利益相关者的要求，高效率地实现其目标，使信息管理组织成为适应环境变化的，具有积极组织文化的、组织内部及成员之间相互协调的、能够通过组织学习不断自我完善的、与时俱进的组织。

需要指出的是，信息管理组织的利益相关者在组织中追求不同利益，对信息管理有不同的要求，对信息管理组织也有不同的有效性评价标准。因此，信息系统的开发与管理需要关注股东、债权人、供应商、企业管理者与组织内信息用户、政府部门、客户等对系统需求的差别。

5.3.2 信息管理组织的结构设计

不同组织的信息资源规模、投资成本和安全性等因素有较大区别，使信息管理组织形式多样化。如大中型组织信息规模庞大，建有信息系统和信息技术与信息管理队伍，即具有系统性的信息管理组织；部分中小型组织则采用信息资源托管模式，将信息系统建在技术实力雄厚、装备优良、安全可靠的信息技术公司，其信管部门则主要承担与信息技术公司的协调管理、信息资源管理与服务工作。

1. 基本型信息管理组织

信息管理组织的基本结构如图 5-5 所示，它是按信管部门的基本职责进行划分的，适合于中小型组织或处于信息资源管理发展期的组织。中等规模的组织可按该结构设置其信息管理组织。规模小的组织，则可将图中的信息系统研发与管理部和信息系统管理与服务部这两个部门合并为信息系统建设与管理部，或将 3 个部门合并为信息管理部，甚至将信息管理部门设置挂靠在其他职能部门。

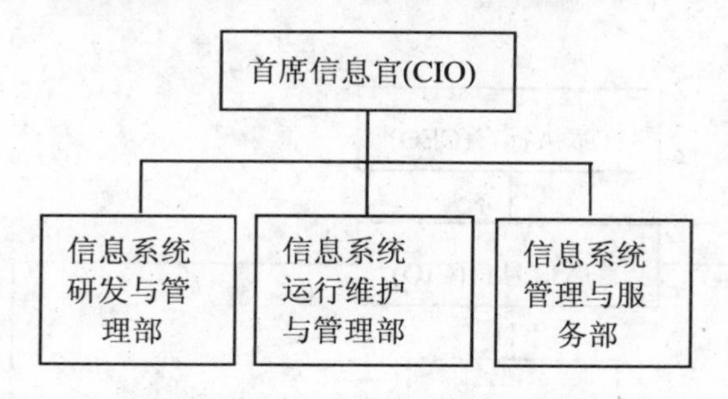

图 5-5 信息管理组织的基本结构

2. 矩阵型信息管理组织

信息管理组织内部结构的确定，必须考虑协调好 3 方面的关系：① 组织管理的灵活性、效率与向用户提供高质量服务之间的关系；② 系统维护与系统更新之间的关系；③ 信息管理组织的责任与权力的设定和将信息资源的规划与组织的总体发展方向相协调的关系。

图 5-6 的矩阵型结构较好地平衡了管理与用户两方面的需求，被一些组织采用。

它将信息管理部门与组织信息活动和其他部门融合在一起，利用信息管理活动的相互渗透，明确各部门的管理职责，强调各部门协调配合开展信息管理工作。其主要思想是：信息管理职责不仅是信管部门的职责，也是组织所有部门的职责之一。

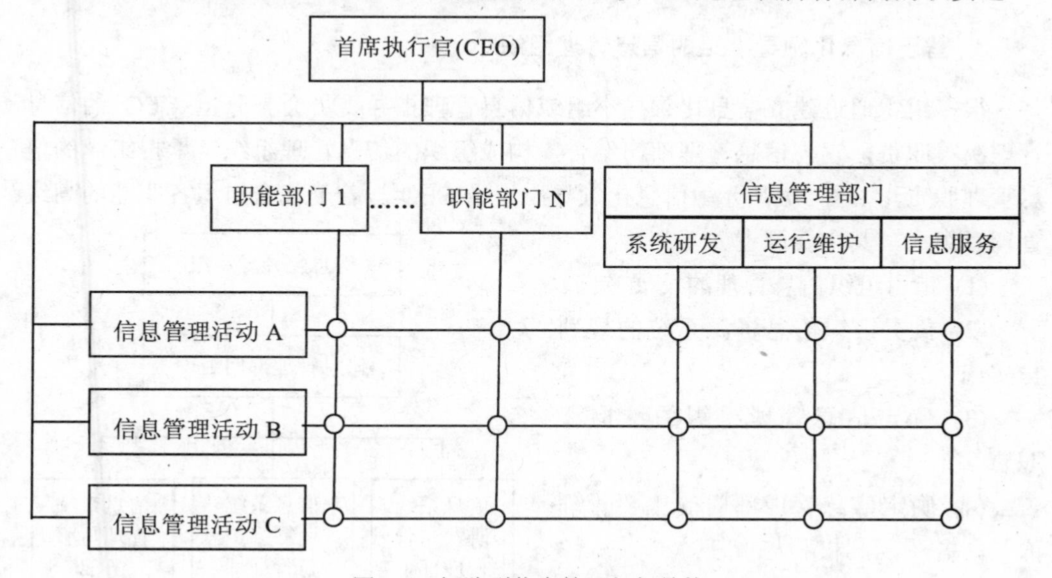

图 5-6 矩阵型信息管理组织结构

它体现了信管工作坚持一把手原则，适合于大中型规模的组织或组织信息资源管理成熟期。随着 CIO 机制的成熟，大型组织将信息管理组织结构变革为如图 5-7 所示的结构。

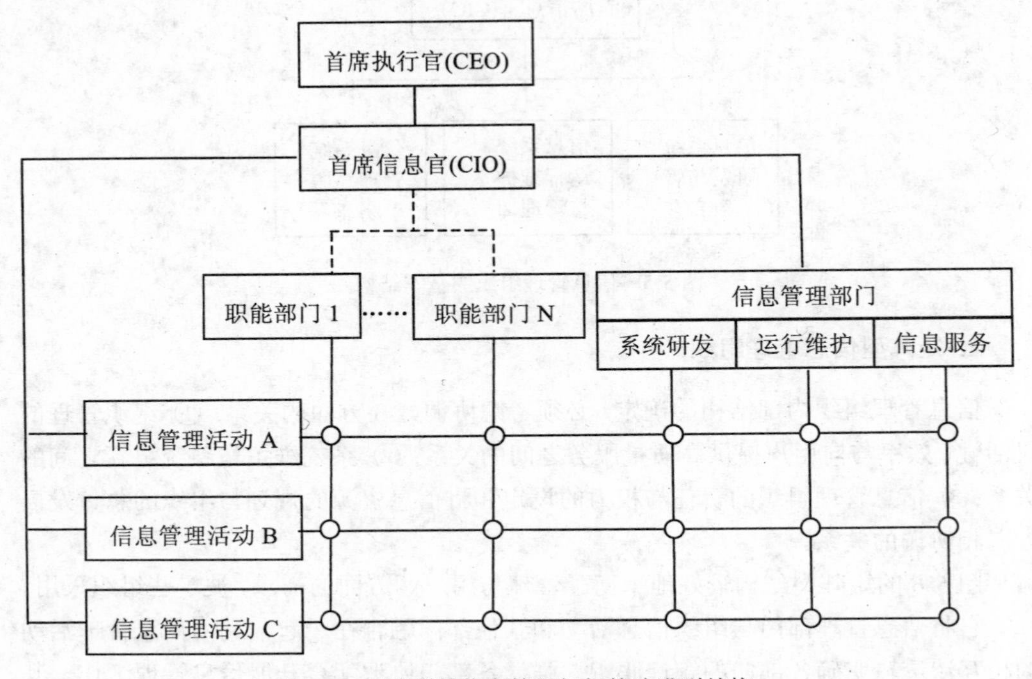

图 5-7 矩阵型的信息管理组织的改进型结构

3. 基于信息化领导小组的信息管理组织

很多组织通过建立信息化领导小组或信息管理指导委员会来分担 CEO 的信息管理决策职责，它与信息管理部门结合，构成组织的信息管理组织，承担组织的信息管理职责，如图 5-8 所示。信息化领导小组由 CEO 与若干代表组织各职能的高级管理者组成，其主要职责如下：

(1) 指引组织信息管理的发展方向。

(2) 负责组织信息资源系统的规划与实施。

(3) 确定信息管理组织的结构和职责。

(4) 确定信息管理部门的主要管理人员，并明确其权利与责任。

(5) 明确信息管理部门的职能岗位与工作标准，确定相关的规章制度。

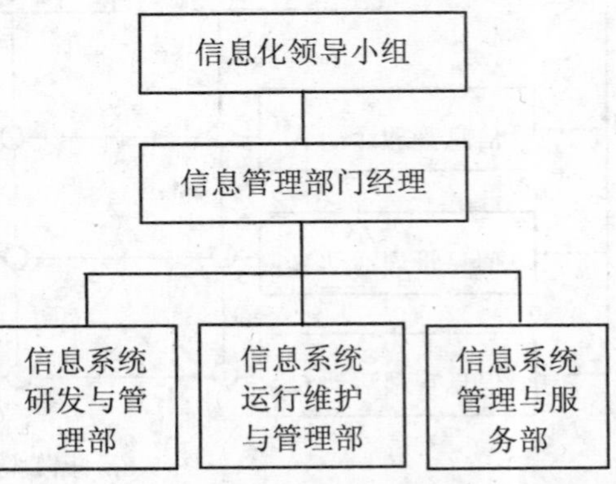

图 5-8 基于信息化领导小组的信息管理组织

4. 托管型信息管理组织

信息资源托管的好处在于不仅可以解决中小企业人才难留和成本高的问题，而且还可以解决中小企业信息资源建设投资大、安全性差、资源平均利用率低、全天候管理困难和维护成本高等问题。托管型信息管理组织的职责被简化为与托管公司协作、信息资源加工以及信息资源利用及其服务等，其结构如图 5-9 所示。

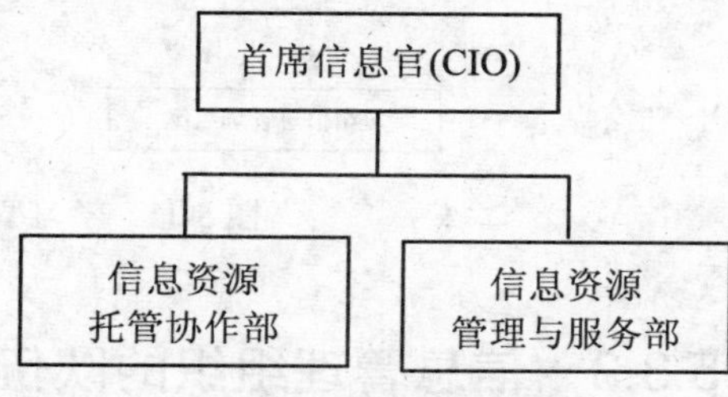

图 5-9 托管型信息管理组织的基本结构

5. 学习型信息管理组织

信息管理组织应是一个学习型组织，其结构应符合学习型组织的要求。这里学习的含义是指信息管理组织的成员对环境、竞争者和组织本身各种情况的分析、探索和交流过程。

信息管理领导者的首要任务就是将传统的“控制型”组织改造为“学习型”组织，不断地改变其信仰、价值观，充分地认识环境，学习新知识和技术。因此，学习型信息管理组织需遵守系统思考、目标统一、自愿熟练工作、有效团队学习和认知模型等原则。其组织结构如图 5-10 所示。

图中，组织的指导思想(最核心的要素)决定了组织的结构、行为和效益；组织的基础构件则是指根据学习型组织原则确定的各种组织形式，除了包括完成信息管理职能的部门外，还具有组织学习的微观实验室、组织成员的教育培训中心和组织效益评估与激励中心等部门；而与组织相关的理论、方法和工具则是指将组织的指导思想渗透到每个成员的重要手段，如先进的管理思想和方法、业务流程再造、信息系统、因特网、数据挖掘和知识发现等。只有真正掌握了组织学习的理论、方法和工具，才能根据环境的变化灵活地应用组织学习的理论方法和工具。

信息管理组织的内外环境

与组织相关的理论、方法和工具

组织的基础构件

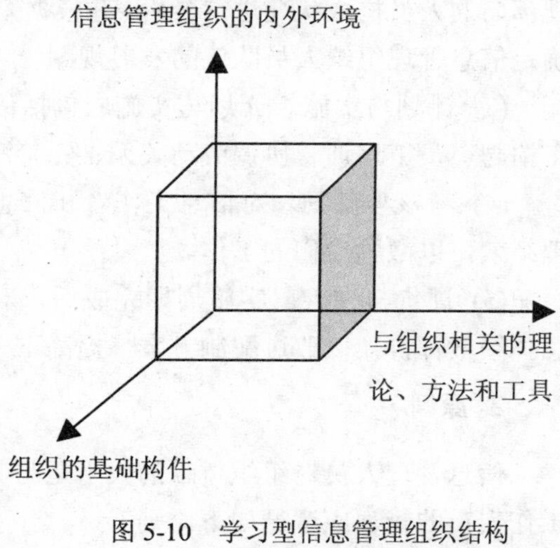

图 5-10 学习型信息管理组织结构

学习型信息管理组织的的学习过程如图 5-11 所示。环境的变化首先作用于信息管理组织对环境变化的洞察方面，它促使信息管理组织的价值观和行为规范随之发生变化，进而影响信息管理组织指导思想，实现其结构的调整和完善。

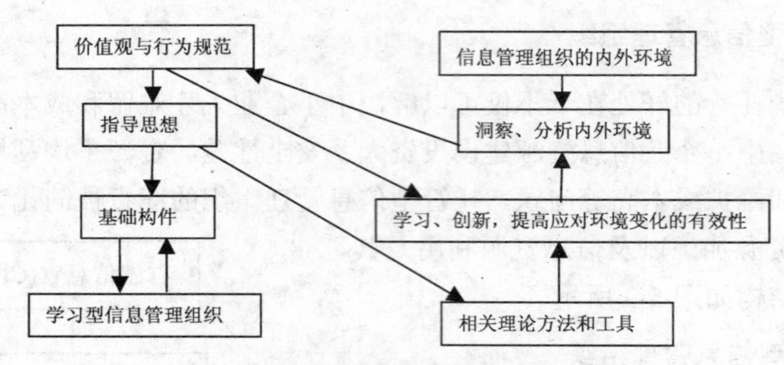

图 5-11　学习型信息管理组织的学习过程

5.3.3　信息管理组织的队伍建设与管理

信息管理组织的队伍建设与管理是组织信息系统成功的重要保障，因此，必须高度重视信息管理部门职位和职责的设置、激励与约束机制的建立、招聘与选用，以及培训等相关问题。

1. 基本工作程序

信息管理组织的队伍建设与管理必须遵循以下基本工作程序。

(1) 现状评估。包括对组织外部环境、内部条件和信息生产者的经验素质等进行实事求是的评估。

(2) 制定目标与规划。根据组织信息系统发展的战略目标要求，对组织信息管理部门的人员构成状况进行分析，并根据未来信息化工作计划需要，预测人员需求，确定信息管理组织人员队伍的发展规划。

(3) 计划与实施。计划与实施应包括信息管理人员的岗位设置、编制确定、员工招聘、员工培训、协调劳动关系、完善激励与约束机制的建立等。

(4) 考核与激励。对信息工作者和信息管理者进行考核，评估其工作绩效和管理绩效，以激励他们的工作。

(5) 评价与完善。实施周期完成后，对信息管理组织队伍的人员配制方案进行总体绩效评价，以改进配制方案，提高下一实施周期信息管理工作的有效性。

2. 原则

信息管理人员对组织贡献的大小是与其所具备的专业知识密切相关的，对信息工作人员的管理应遵循如下原则。

(1) 建设高效率的合作团队。高效率的合作团队是信息管理组织的最佳选择。实现高效率的途径主要有：① 对目标有清晰的认识和理解；② 建立团队成员之间的信任关系，愿意承担风险和共享信息；③ 建立有效的测评机制，用以评价成员工

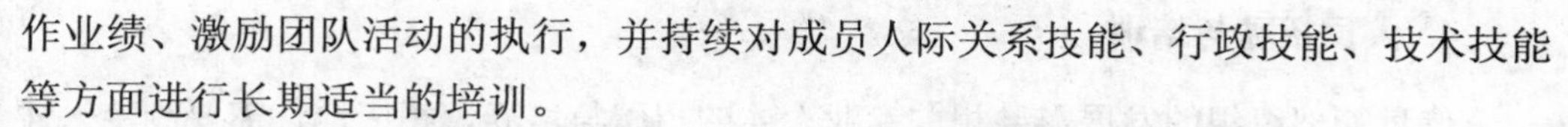

作业绩、激励团队活动的执行，并持续对成员人际关系技能、行政技能、技术技能等方面进行长期适当的培训。

(2) 重视人力资本，按知识进行分配。智力与知识决定信息产品的质量。知识能力是通过长期学习积累和巨额投资而形成的人力资本，成为为组织作出贡献的主要动力，理应成为决定分配的重要因素。

(3) 自我管理和完善，拓展活动的自由空间。信息管理人员的工作是一种富有创造性和挑战意义的工作，应授予员工更大的时间与空间支配权，激励员工努力工作，通过自我管理和完善，提高其工作的创造性与效率。

(4) 吸取传统组织管理的原则与经验，处理好新型组织中的控制与安全问题。有230多年历史的巴林银行曾因一位27岁的交易员在未授权的情况下进行期货交易，致使遭遇12亿美元的损失而破产。该例显示了信息技术给组织带来的潜在风险。在放权的同时，应吸取传统的组织管理原则与经验，加强对权力的监督与控制。

(5) 对信息管理部门内外的工作人员关于信息技术知识的要求要内外有别。利用信息管理部门人员的专业特长和技术优势，在服务支持过程中不断影响和提升信息管理部门外的信息生产者的信息获取和利用能力，使信息管理部门内外的信息生产者能够取长补短、相互支持、密切配合，充分发挥不同专业的作用。

3. 岗位设置

信息管理组织的工作岗位要根据组织的规模、行业特点和自身发展的要求来确定，通常可分为CIO、系统研发人员、信息服务与技术支持人员等，如图5-12所示。

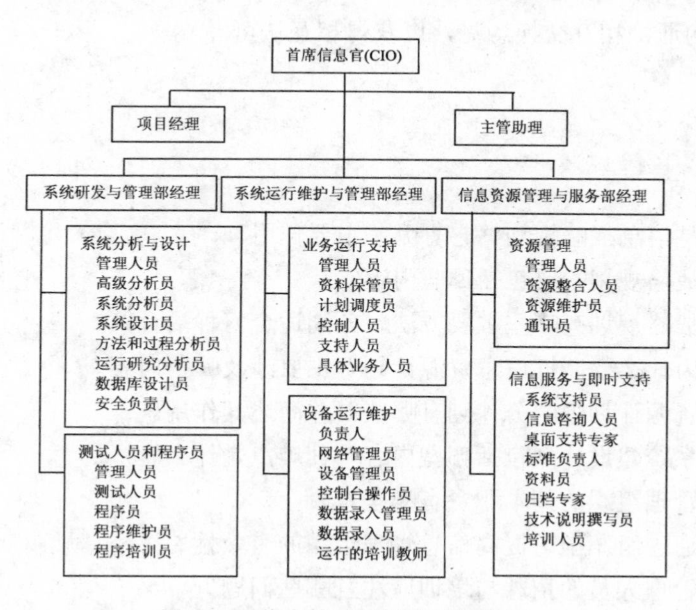

图5-12　信息管理组织的工作岗位

4. 人员招聘与培训

信息管理组织的发展需要相关专业人才的招聘与培养，相应地，需要制定人才培养的长远规划与实施计划。

人员招聘的主要渠道有：① 媒体广告；② 从大学应届毕业生中寻找；③ 人才招聘会；④ 委托招聘代理机构。招聘一般由组织信息主管负责，从应聘者中择优录用。

由于信息技术更新频率高速度快，因此，培训就成为信息管理组织的一项经常性任务。培训内容一般包括支持信息系统的硬件和软件的知识、技能和最新发展动态信息等，其目的是拓宽个人的职业发展，提高各类人员的工作积极性与劳动生产率，加强职员之间的合作度，提高职员对组织的忠诚度，降低员工的流失率，吸引更多的求职者。其形式包括岗位培训、技术业务培训、专题研讨班；社会教育培训机构的职员培训；供应方提供的培训服务；软硬件厂商培训机构向社会提供的培训服务等。而广义的培训还包含组织学习。

5. 绩效考核与激励

信息管理组织的绩效考核与激励一般需要采取相应的人事管理手段，如职能、职务等级的设置；对员工绩效、工作能力和工作积极性的评价；调动、晋升、调配、特别奖励、教育与培训等。要求个人绩效要与员工薪酬和职位晋升等挂钩。考核的内容一般包括能力和态度两个方面。能力的考核包括技术、知识和技能，以及判断力、理解力、表现力、折中力、指导和监督力、管理和统帅力等经验性能力。态度的考核则包括工作责任感、积极性、热情、协作态度和遵纪守法的表现情况等。考核时应加强沟通，相互交换意见，以获得相互认可。

思考题

1. 什么是信息战略规划？它有哪些主要作用？
2. 信息战略规划主要包括哪些内容？
3. 信息战略规划有哪些主要方法？分别适合何种场合？
4. 组织为什么要制订信息资源计划？主要涉及哪些内容？
5. 信息资源计划中的分计划有哪些？并简述其作用。
6. 信息系统建设计划包括哪些内容？其难点是什么？
7. 信息管理组织的基本职责有哪些？
8. 如何通过组织学习提高信息管理组织的有效性？
9. 信息管理人员的招聘与培训应注意哪些问题？
10. 试论述信息管理组织的队伍建设与管理的程序和原则。

第 6 章

信息管理的领导和控制

领导是管理学上的一个概念，是指组织的领导者在一定的环境下，为实现既定目标，对组织成员或部门群体进行引导、施加影响的行为过程。从信息管理学的角度来看，领导的过程也是一个信息行为过程，即将它视为对信息的采集、加工、传播和利用的过程。同时领导的过程也是一个控制过程，要依据组织成员或部门群体在工作过程中反馈的信息，对组织和部门行为加以引导、施加影响，使其能够沿着组织的既定目标方向前进。

本章首先分析了领导者的作用和要求，在此基础上探讨了领导者的信息行为，并结合信息管理的特点，介绍了信息管理的领导职责、地位，分析了首席信息官(Chief Information Officer，CIO)在组织中的地位和作用，并探讨了其职责和素质要求。然后对信息管理的控制问题，以及信息管理的控制制度与控制系统进行了专题介绍。

6.1 信息管理领导的作用及要求

企业的信息管理工作如何，关键在于企业各级领导是否具有强烈的信息意识，能否成为信息管理的带头人，亦即成为信息管理的领导。企业的信息管理是指企业领导在一定的时间、空间，运用信息加强与组织内外部及社会诸方面的沟通和联系，使组织在生产经营管理活动中提高预测和计划、组织和指挥、监督和控制、教育和激励、挖潜和创新的功能，进而高效率地实现组织的目标。

6.1.1　信息管理领导及其作用

1. 领导的含义

领导是指在一定的社会组织或群体内，为实现组织预定目标，运用其法定权力和自身影响力，影响被领导者的行为，并将其引导向组织目标的过程。

领导的定义包括以下4个方面的含义。

(1) 领导是领导职能研究的重要内容，是领导行为的发出者。

(2) 领导要与其下属或称之为被领导的对象发生联系，没有下属的领导谈不上领导。

(3) 领导与下属之间相互影响，但前者由于受组织赋予的权力及个人素质等因素影响，其影响力远大于后者，否则领导不能成功。

(4) 领导的目的是要实现组织目标。

领导的本质是一种影响力，而影响力的发挥离不开信息的沟通和交流。领导通过与组织成员的信息沟通与交流，对组织的经营管理活动施加影响，并使组织成员追随和服从，从而引领组织目标的实现。

2. 领导的作用

领导的作用主要表现在指挥、协调和控制、激励3个方面。

(1) 指挥作用。领导必须头脑清晰、胸怀全局、高瞻远望，站在人们的前面，帮助人们认清环境和形势，用自己的行动影响并带领人们为实现组织目标而努力，只有这样，才能真正发挥其领导作用。

(2) 协调和控制作用。组织在实现其目标的过程中，由于人的能力、性格、地位和作风不同以及部门环境的差异，因此人与人之间、部门与部门之间会发生各种矛盾和冲突，行动上出现偏离目标的情况是在所难免的。这就需要领导来协调各方面的关系和活动，使组织的行为得到有效控制，步调一致地朝着既定目标前进。

(3) 激励作用。组织中的成员，在学习、生活和工作中都会遇到各种困难，某些物质或精神需求得不到满足，工作热情就会受到影响。领导为了使组织成员都能最大限度地发挥其才能，就必须关心下层，激励和鼓舞他们发挥和加强其积极进取的动力。

3. 信息时代企业领导的角色——信息管理领导

在信息时代，企业或组织的成员，特别是管理人员，其所从事工作的性质大多与信息收集、加工和分析有关，从信息管理的角度分析，他们实质上就是信息工作者；企业的各级组织机构和部门，都要利用信息来开展管理业务活动，从某种意义上说，它们都可以看成是信息管理的组织；而企业或组织的领导对企业生产经营管理活动的指挥、协调、控制和激励作用的发挥也都离不开信息，因而可以认为，企业领导的角色正在向信息管理领导的角色转变。

企业信息工作的领导过程，是指影响并引导信息工作者与信息组织走向既定的信息管理目标，完成信息工作的特定任务的行为过程。信息工作的领导是信息管理工作和信息工作领导活动正常开展与顺利进行的最重要的因素与保证。

企业的信息管理是一个长期、复杂、投资大且涉及面广的工作。企业信息化的实施将会影响到企业管理工作的制度和方法的变革，还会涉及管理机构的调整。如果没有企业高层领导的参与和具体领导，协调好各部门的需求与步调，信息管理工作将很难顺利开展。因而，企业领导不仅要热心于企业的信息管理工作，同时还必须亲自参与和领导，即必须成为一个名副其实的企业信息管理领导。否则，企业的信息管理工作将会处处受阻，最终将无法实现。只有企业一把手亲自主持、参与信息管理和信息系统的实施，抓资金，促落实，动员企业全体员工共同参与，才能克服和战胜困难，取得信息管理工作的实效。因此，企业领导成为信息管理的领导是信息时代的发展趋势和必然选择。

4. 信息管理领导类型

(1) 按领导的组织形式分类

① 专制式领导。即极少数人说了算的领导。这在个体信息公司中时有所见，人们一般称其为家长式的领导。

② 民主式领导。民主式领导是相对于专制式领导而言的，它是同社会化大生产联系着的一种较高级的领导类型。

③ 专家式领导。随着社会的进一步发展，现代信息技术也得到了进一步发展，使外行领导无法适应发展的需要，专家式的领导逐渐占据了主要地位。

④ 专家集团式领导。随着社会生产力的高度发展，现代信息工作已成为一项巨大的、复杂的社会工程，其特点是因素多、层次性强、结构复杂，而且变化迅速。在这种情况下，仅靠某个人或某些人的智慧才能已难以适应，需要一批有战略眼光、科学头脑，懂得科学管理，而且领导艺术高超的管理专家、信息专家和技术骨干，来共同组织协调、运筹帷幄才能适应。这种集体管理式领导，通常称为专家集团式领导。

(2) 按领导工作的性质分类

① 政治领导。政治领导在信息管理工作中的任务是根据党和国家的路线、方针、政策和法律，认真指挥、监督、组织，并在信息工作中协调下层贯彻执行；同时要宣传、教育和组织群众，树立坚定正确的政治方向，加强精神文明建设，树立良好的社会道德风尚，积极开展适时、求实的思想政治工作；还要调整好信息工作

各方面人与人之间的关系，为信息工作创造一个和谐的社会环境。

② 业务领导。业务领导是以解决信息工作本身问题为主要对象的领导，其主要任务是根据社会需要与市场需求，积极组织人力、物力、财力，有效地利用时间和信息资源，采取最佳途径和最有力措施去满足其需要。

③ 行政领导。行政领导是指信息工作行政系统中的领导。他们是行政系统的领导者，负责领导和管理信息单位行政事务所进行的决策—指挥、组织—协调、监督—反馈、控制—运筹和奖惩－励治等方面的行为活动。行政领导贯穿于整个信息管理的各个层次、各个方面及其全部过程的始终。

④ 学术领导。学术领导是从政治领导、业务领导和行政领导中分离出来的而又与其密切相关的领导，其主要任务是在信息技术、信息资源的开发利用与研究中的决策信息工作或进行其某一方面的研究，组织、协调科研力量，控制科研进程等。随着现代信息技术的迅猛发展，学术领导的地位和作用日益提高和突出。

(3) 按领导的职权地位分类

① 直接领导和间接领导。直接领导是指信息工作的领导者通过指示、命令，亲自驾驭、指挥和实施的面对面的领导；间接领导是指通过设置某些科学合理的中间环节所实施的领导。

② 正式领导和非正式领导。正式领导是指社会组织、群体或团体的机构中有正式职位的领导；非正式领导则是指组织上虽未正式任命或赋予职位，但具有专长权和影响力，且善于将其化为引导力和凝聚力，从而完成一定的目标和任务的(事实上的)领导。

(4) 企业信息主管(CIO)

CIO 是现代企业中设立的一种信息领导职位，由他全面负责企业信息管理的领导工作。他不同于只负责信息系统开发与运行的单纯技术型的信息部门经理，而是既懂信息技术，又懂业务管理，且身居高级管理职位的复合型人物。从 20 世纪 80 年代开始，CIO 的地位和作用就逐渐被人们认识和接受。关于 CIO 的职责，将在 6.3.2 节详细介绍。

6.1.2 信息管理对企业领导的要求

企业领导在组织和领导企业信息工作时，一般要求做到以下几点。

1. 增强信息观念，成为获取、研究和运用信息的带头人

信息是企业领导决策的依据，又是企业领导指挥、协调和控制的媒介和手段。增强信息观念，是信息时代的需要，是深化企业改革的需要，是实现企业生产经营目标的需要，是企业服务于社会的需要，也是实现企业领导职能的需要。

信息观念是现代企业领导观念的重要组成部分。企业领导既要注意信息的导向管理(即信息目标设置)、过程管理(即信息目标的实施)，又要注意信息的驱动管理(即信息目标的评估)。利用目标所具有的诱发、导向和激励功能，把员工的心理行为状态推到新的高潮，使信息具有宣传作用、驱动作用和扩展作用，从而有效地规划、组织、指导和调控企业的各项活动，使全体员工统一观念、统一计划、统一行动和统一纪律。

(1) 企业领导应广泛、大量地获取信息。企业领导作为信息接受者，既要重视企业外部信息，也不能忽视企业内部信息。具体应注意以下 4 点：一是要了解当前企业的创新发展现状及其发展趋向；二是密切注意新的理论和科技成果；三是自己耳闻目睹、亲身感受、从信息发源体获得原始信息，或通过有关资料、商业情报网站以及其他中间环节获取有关信息，了解有关企业工作的热点、重点和难点；四是收集企业内部的各种信息，包括人财物、供产销等方面管理的信息。

(2) 企业领导应善于科学地筛选信息。由于信息来自不同渠道，提供信息对象的角度也各不相同，使得信息纷繁复杂，这就需要对信息加以筛选。筛选信息的原则有 3 条：一是要反映当今企业创新发展中带有全局性、方向性的信息；二是要抓有启发性、指导性的材料，从多个角度审视信息，要有新内容、新发展；三是信息要准确、真实。企业领导对信息资料必须善于思索、勤于分析，从而选择真实、准确、新颖而实用的有价值的信息。

(3) 企业领导应经常地研究信息。企业领导应当主动地研究外部社会经济环境动态变化的规律、特点和趋势等方面的信息。为了培养创新型员工，引导企业向“学习型”和“知识型”方向发展，在研究信息上重点把握 4 个关注：一是关注信息资源对于企业业务流程优化和创新发展的重要价值和作用；二是关注信息技术与企业现代化生产和管理服务的密切关系；三是关注在员工激励中信息动力的重要作用，开发信息资源管理系统平台，方便员工之间的信息交流；四是关注信息资源开发利用对企业经济效益的促进作用，使之为企业的经济效益服务。

(4) 企业领导应准确地运用信息。企业领导若能重视经济、科技及文化知识信息资源的价值，并能接受与运用新的信息，就能使员工开阔眼界、启迪智慧、丰富知识、发展能力、提高素质。为此，企业领导在运用信息时，要努力做到 3 个方面：一是建设好企业的图书馆、资料室和网络信息中心，提高其利用率，并扩大信息量；二是创造自己的特色，走自己的路子，要通过对国内外的经营管理理论和创新发展经验进行分析、对比、筛选，结合实际创造性地形成企业自己的特色；三是运用开放的、高层次的商业信息，为企业开展电子商务活动服务。

2. 增强信息意识，成为组织、建设企业信息管理网络的带头人

(1) 企业领导在领导信息管理网络建设时，应研究信息的“三性”。

① 信息的真实性：是指信息反映企业生产经营管理过程状态的真实程度。企业领导要获取的信息必须是对客观现实的真实反映。为了防止把谎言当成事实，把假情况当成真材料，企业领导必须深入基层，进行调研，重视第一手资料。同时，要克服信息收集、传递中的各种障碍，以最大限度地降低信息的失真性。

② 信息传递的准确性：在信息传递过程中，要防止信息失真。企业领导在收集和传递信息时，要充分利用两条信息渠道：一是正式渠道，即企业组织上下级部门之间的信息传递通路；二是非正式渠道，即单位群体自发形成的渠道。要善于把这两种渠道结合起来，将得到的信息及时向领导班子、广大员工传递，做到彼此沟通、信息分享，提高信息的使用率。

③ 信息的权威性：企业的管理信息除了情报和知识外，还有很大一部分内容是指令，因而具有权威性和强制性。企业领导必须坚持原则性与灵活性相结合，正确处理和应用反映职权的信息。

(2) 企业领导在组建信息管理网络时，应尽量掌握第一手信息。

企业领导依据企业实际情况，建立纵向、横向和扩散联系网络，可建立具有中层权限的信息网络中心。有条件的企业，可向国际和国内相关行业的网络系统申请联网，成为联盟企业用户，实现经济信息的高速传递和广泛交流。其内部信息网络，可以按企业级——处室级——科级等三级来构建。信息工作要以提高企业经营管理和创新发展为主攻方向，积极开展信息交流，更好地为提高企业经济效益、社会效益和领导决策服务。

企业领导在获取信息时，尤应重视直接获取法，即深入基层，直接从信息发源体亲自获取真实的原始信息，掌握第一手材料。比如亲临生产车间观察生产现场情况，到各部门调查了解情况，了解员工的学习、工作、生活动态及困难，以便直接了解情况，及时处理内部问题。然而，企业领导不可能事必躬亲，所以，间接获取信息也很重要。企业领导也可通过他人口头汇报或书面文字材料(或音像材料)以及其他中间环节获得有关信息。两种方法并用可以获得更多的可靠信息。

3. 增强实践观念，成为创造信息的带头人

企业领导不仅要在信息管理工作中起领导作用，而且更重要的是亲自处理信息，勤奋地捕捉、吸收、筛选、存储、研究、应用与创造信息，成为信息工作的实践者和创造信息的带头人。在信息工作实践中，尤其要做好以下3项工作。

(1) 完善信息储存网络。企业领导必须亲自储存职责范围内的信息及企业重大活动的历史记录。这些记录具有凭证作用和参考作用，是交流经验、开展企业科研的依据。此外，还应要求企业内各系统组织都要建立自己的信息档案和信息管理子系统，以完善企业的信息储存网络。

(2) 善于及时发布信息。企业领导作为信息发布者，在企业内要使全体员工了

解企业的战略意图和目标，激发大家的积极性。在企业外部要对上级主管部门和社会有关机构汇报企业情况，发布企业工作的新观点、新思路、新情况、新成绩，宣传企业，以便得到上级和社会的了解、支持和帮助，促进企业发展。

(3) 善于科学地创造信息。企业领导作为信息创造者，在信息管理中不仅仅是吸收、整理、存储和运用信息，更重要的是创造信息、推陈出新。这样，信息管理才是一个完整的管理过程。所以，企业领导在科学运用信息的同时，要亲自带头创造出具有本企业特色的信息，这是企业领导信息管理能力的重要体现。企业领导在创造信息方面，要能拿出一些新观点、新例证、新思路和新方法，在研究企业问题时，要能以哲理和历史的深度、宏观的高度、现实的广度，予以探讨，产生一些具有新意的战略思想和举措。

总之，企业领导在企业信息管理中，应当既是信息的接收者，又是信息的传播者；既是信息的发布者，又是信息的创造者。要创造条件充分使用计算机网络进行信息管理。企业领导要成为信息管理带头人，其关键是能用信息论观点来研究和指导企业的生产经营活动，其核心是把信息科学与企业管理决策工作相结合，促进企业的创新发展。

6.2 领导者的信息行为

信息行为是指人们为了满足其信息需要而开展的相关信息活动的过程。从信息需要的形成，到信息需要的满足，就是一个完整的信息行为过程。领导者的信息行为是指企业领导者为了满足其在企业战略规划的制定与实施，以及经营管理决策方面的信息需要而开展的相关信息活动的过程。企业领导在指挥、协调和控制企业生产经营活动的过程中，需要查询、采集、处理、创造、使用和传播大量信息，其信息行为是否有效，对整个企业生产经营活动的决策水平将产生重大影响。因此，必须运用行为科学理论，对领导者的信息行为进行深入分析和探讨。

6.2.1 行为科学理论概述

行为科学是一门将心理学、社会学、人类学和经济学等学科的知识综合起来，研究人的行为或人类集合体行为规律的科学。其应用范围几乎涉及人类活动的一切领域，其中包括个体行为、群体行为、领导行为和组织行为等。其研究目的是为了更好地发挥人的积极性和内在潜力，改善人际关系，提高领导的有效性，合理地组织劳动与分工协作，从而实现组织目标。

人类行为的本质是信息行为。行为是受动机支配的，而动机的产生是由于个体自身的需要和环境对个体的刺激而诱发的。动机导致了个体的心理紧张，从而激发了个体的信息行为，这是信息行为理论的基础。图 6-1 给出了信息需要、信息动机和信息行为之间的关系。

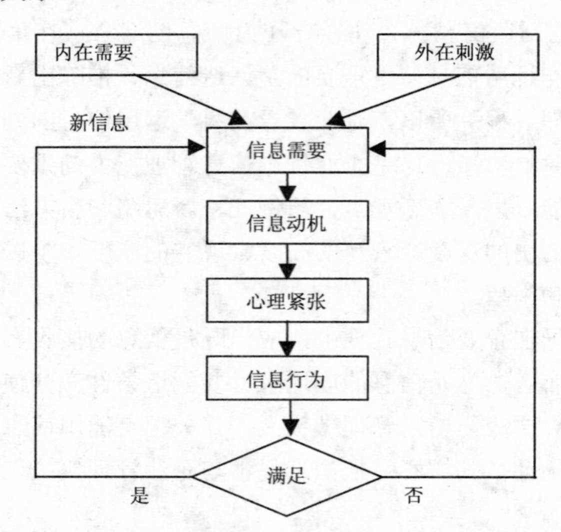

图 6-1 信息需要、动机、行为的关系

1. 信息需要

信息需要——信息动机——信息行为是以“需要”为“因”，以行为为“果”的。每一个领导者都是信息行为者，都应该了解这种“因果”关系，从而提高信息管理水平。

信息需要是指人们在从事各项具体实践活动时，为解决所遇到的实际问题而产生的对信息的不足感和求助感。它属于一般需要，具有一般需要的所有特征，同时还具有其自身的特征。

(1) 信息需要的广泛性。人类实践活动是广泛的，因此信息需要也是普遍存在的。即凡事皆需要信息，凡人皆有信息需要。

(2) 信息需要的社会性。人是社会化的人，其信息需要也是社会性的。信息需要的产生和发展是由人与自然、人与人的关系及其相互联系所形成的社会环境和社会活动决定的。人类活动的社会化趋势表明了信息需要不仅仅是个性的需要，而且是一种社会性的需要。

(3) 信息需要的发展性。信息需要是在人类的社会实践活动中产生和发展起来的，因此，它必然会随着人类社会的不断发展进步而不断发生变化。在人类社会发展初期，由于生产力水平低、社会信息量小，信息需要自然不明显。而在当今信息时代，信息技术的快速发展，以及外部环境的复杂多变，使得信息需要变得越来越强烈，要求也变得越来越复杂。

(4) 信息需要的多样性。外部环境的复杂多变，使得信息需要的影响因素复杂多样，既有主体自身因素，也有社会环境的制约因素。信息活动主体自身因素由于个人的性格、观念、态度、受教育程度、信仰、兴趣爱好等不同，其信息需要的形成和发展会产生差异，而每个人的身份、地位、专业、任务等环境条件不同，其对信息的需求也有很大的差别，这便是信息需要的多样性。

(5) 信息需要的层次性。管理者在管理实践中，解决各种各样的问题时就有了信息需要。当管理者意识到这种信息需要，并将它表达出来时，这种已表达的信息需要称为现实信息需要；当管理者意识到某种信息需要，却由于种种原因还没有表达出来时，这种信息需要称为潜在信息需要。此外，还有另一种信息需要，虽然它客观存在，但尚未被认识到，这种信息需要则称为未知信息需要。

掌握信息需要的层次对领导者来说是十分重要的。在管理实践中，领导者要比员工们看得更远更广些，不仅要能看到现实信息需要，还要能意识到大量潜在信息需要和未知信息需要的存在。如果不能认识到这一点，就不会产生相应的动机和行为，就会对某些问题熟视无睹，便难以想办法解决。

2. 信息动机

在心理学中，动机是指激励、推动和维持个体行动，并导向某一目标的一种心理过程或主观因素。人的信息行为是人类有意识的、具有目的性和持续性的行动。或者说人的信息行为是有动机的，这一动机就是信息动机。

信息动机的形成是由于个体的内在信息需要和外在环境的刺激所致。个体内在信息需要是客观存在的，每个人随时都可能会产生很多信息需要。但这些需要在不同时间、地点等条件下所表现出来的强度是不同的，其中表现最强烈的那个信息需要决定了其可能发生的信息行为，亦即信息需要必须在达到一定强度，并且被个体意识到之后，才会转化为信息动机。这里，外在环境是指个体所处的信息环境，具体包括信息资源、信息技术、信息政策、信息法规和信息伦理，以及自然环境、社会环境、经济环境等。

尽管个体有了信息需要，但是，如果缺乏环境的刺激，没有“导火索”，信息需要也不会转化为信息动机。因此，只有当外因和内因相一致时，外因才能通过内因起作用，产生信息动机。

信息动机形成后，可能会产生两种作用：一种是激励作用，即由信息动机激发个体产生某种信息行为，并对信息行为产生推动和控制作用；另一种是指向作用，即引导个体的信息行为朝着特定方向和预期目标发展。

当信息动机在实现过程中受到阻碍时，个体会产生对抗心理，并尝试将障碍克服。如果尝试成功，信息动机便会得到强化，促使信息行为发生并持续增强，最终实现目标；如果尝试不成功，信息动机力量就会减弱，信息行为可能暂不发生或已发生的会被中断或停止，此时个体会产生挫折感，并影响到其后续的信息行为。

3. 信息行为

信息行为是指人们为满足其信息需要而开展的各种相关信息活动的过程。主要表现为信息查询行为、信息选择行为和信息利用行为。

信息查询行为是指管理者查找、收集所需信息的活动。根据信息查询的可近性和易用性原则，人们一般会从易于查找的路径出发，先查找自己已掌握的较熟悉的信息源，再查找离自己最近的信息源，最后查找较远的外部信息源。经过多次查找后，将会形成一条或若干条适合自己的相对稳定的查找路线。

信息选择行为是指信息采集者从某一信息源中将符合自己需要的信息挑选出来的过程。信息选择的核心标准是相关性和适用性，亦即所选择的信息是与管理者的需求相关的，并且是适用的。

信息利用行为是指信息管理者利用信息解决问题的过程。该过程的核心是要“解决问题”。因此，管理者要针对已提出的问题，利用已掌握的信息，构建总的解空间，并进一步对问题进行思考、分析、表述，使问题能够得到合理解释，使解决问题的信息能够被激活，最后达到解决问题的目的。

6.2.2 领导者信息行为分析

1. 领导者的信息需要

企业领导的信息需要是多方面和多层次的，与其在企业中所处的地位、职责和作用密切相关。企业领导要驾驭生产经营管理活动，使企业能够适应外部动态多变的环境，面对复杂的问题，他必须不断地学习和探索新的管理思想和方法，洞察新的产品技术发展动向，掌握新的知识和信息。总的来说，企业领导的信息需要具有以下特征。

(1) 动态性

企业领导要有效地指挥、协调和控制企业的生产经营活动，使其能够适应外部复杂变化的动态环境，就必须拥有大量的内外部动态信息，包含宏观上反映国内外经济、政治、社会、文化、市场和行业等方面发展动态的综合信息，以及微观上反映企业内部多个管理层次、管理活动的动态管理与决策信息。

(2) 发展性

企业领导的信息需要是在对企业的生产经营活动施加影响的过程中产生和发展起来的。随着企业经营实践活动的发展，企业领导在经营决策活动中遇到的问题也越来越多。在进行管理决策时更加需要了解情况、掌握知识，以便作出有效的决策。于是，决策活动的信息需要也在日益增长、不断扩大，并使信息需要走向更高的层次，向智能化需求方向发展。

(3) 多样性

影响企业领导信息需要的因素是复杂多样的，既有企业领导自身的因素，也有企业内外部环境因素。企业领导个人的兴趣和爱好、观念和态度、所受教育和知识水平，及其经验等，都会影响其信息需要的形成和发展。而企业领导所在的行业和环境不同，其所关心的问题也会出现差别。即使同一位领导，在不同的时间、地点、环境条件下，其信息需要也会有较大差异。

(4) 层次性

企业领导在管理决策活动中，将面临各种各样的复杂问题，既有已认识到并表达出来的现实信息需要，也有未意识到的未知信息需要或虽然意识到了但尚未表达出来的潜在信息需要。这就要求企业领导要登高远望，不仅要重视现实信息需要，而且要挖掘潜在信息需要，并勇于探索未知信息需要。

2. 领导者的信息行为

信息需要是信息行为的原动力。企业领导的信息需要决定了其必然要发生的一些信息行为，可将这些信息行为划分为以下几种。

(1) 企业领导的信息查询

企业领导的信息查寻行为既取决于个人的信息意识和信息能力以及个性心理特征，也要受其所处的社会环境，特别是信息环境的制约。一般而言，企业领导的信息查询行为会受到企业组织和社会信息环境的影响。根据英国学者威尔逊(T.W.Wilson)关于“用户的信息查询路线”的观点，企业领导经过多次信息查询实践活动后，会逐渐形成适合自己的相对稳定的信息查询路线，其规律可归纳为：

① 可近性。可近性是企业领导利用信息源总程度的一个最重要的决定因素，它表明了企业领导对信息源的可接近程度，包括物理的、智力的和心理的可近性。按照艾伦(T.J.Allen)的模型，企业领导对于信息源的选择几乎是唯一建立在可近性基础之上的。最便于接近的信息源在信息查询行为中将首先被考虑选用。

② 易用性。穆尔斯(C.N.Mooers)在 1960 年曾指出，如果一个信息检索系统使用户在获取信息时比不获取信息时更费心更麻烦的话，那么这个系统将不会得到利用。这表明易用性因素对企业领导的信息查询行为有很大影响。没有易用性，可近性就会失去其效率。可近性与易用性两者相辅相成，成为决定某一信息源、信息渠道、信息系统或系统服务能否得到利用的重要因素。

③ 企业领导信息查询的一般过程是：先从熟悉的已有资料(参考书或个人文档、企业文档等)查找，然后转向非正式渠道，取得同行或下属人员的帮助。只有在用过

这些方法还不能解决问题时，才会考虑利用信息系统的信息服务。

(2) 企业领导的信息选择

目前，我国信息服务业缺乏统一协调与规划，服务体制不健全，信息采集与传递不规范，信息流通不畅，信息加工基本处于低级阶段。面对这种复杂、低效的信息环境，企业领导在查询信息的活动中，要加强信息服务和信息活动的选择性。一旦企业领导表达出信息需要，就产生了两个方面的选择问题：一方面是表达对象的选择问题，即选择适当的信息源以发生必要的信息查询行为(向谁表达)；另一方面是表达方式的选择问题，即在选定信息源之后，企业领导还要选择恰当的提问方式以便使提问能充分代表自己的信息需要并且能获得信息源的最大接受与理解(如何表达)。经过企业领导与信息源的交互作用，他获取了信息源提供的信息，这时，就进入了信息选择阶段。信息选择是对信息查询过程和查询结果的优化，信息选择的核心标准有两个：一是相关性。例如，在一个文献集合中把与提问主题相关的部分提取出来的活动(文献检索)就是相关选择，其运用筛选方法得到的结果一般数量较大。二是适用性。例如，一位电冰箱厂分管技术的副厂长利用信息系统查询到有关“冰箱节能技术措施”的 15 篇文献后，就涉及要分析、比较和判断在这 15 篇文献的相关研究成果中，哪些成果对其所领导的冰箱节能技术革新活动更为适用的问题。

(3) 企业领导的信息利用

企业领导获取信息的目的是为了有效地加以利用，使他面临的问题最终得到解决。因此，企业领导的信息利用行为与问题解决是紧密联系在一起的。在企业领导的问题解决活动中，解释是其信息加工的核心环节。所谓解释就是指变不可理解为可理解而进行的思考和陈述。企业领导思维主体一旦接受了某一信息，就开始了对它的解释。在解释的过程中，人具有主动性和选择性，并受一系列心理因素的影响，其中包括基于以往经验的假设、文化背景、情绪和态度等因素。企业领导要对问题作出独立的有价值的解释，就必须掌握问题本身的，以及相关对象的一定数量的信息。这种与对象直接相关的、比较典型的、适量的信息称为合适的信息度。完全达到合适信息度是困难的，但要做到接近这个合适信息度，减少偏离度则是可能的。

6.2.3 领导者信息转换与增长

在具体的生产经营管理过程中，企业领导处理、分析和传递信息与知识的内容，往往会转换成各种载体的信息，通过在企业内部的交流与发布来促进和加强这些信息的作用，这是一个复杂联系和相互作用的过程。要充分发挥企业领导的信息引导作用，就必须强化其与各层次员工之间的信息交流、转换与增长的机制。

(1) 企业领导的信息转换行为

一般而言，生产经营决策指令信息是由企业领导下达的，他们在发出指挥信息之前需要进行经营管理的策划，要把其所获取的结构化、半结构化和非结构化信息加工转换成规范的工作安排和制度文件等，然后用合适的方式和手段来传递和利用这些信息，最后转化为企业的经营管理战略和战术。

(2) 企业领导在指挥、协调和控制企业生产经营过程中的信息交流与转换行为

企业领导一般要通过各种形式的会议、座谈、面谈，或在企业网站发布信息等，与员工之间进行信息交流和转换。他们要创造最有效的信息交流环境和条件，排除与生产经营目的要求不相关信息的干扰，发挥广大员工的主体作用，在交流互动过程中调动员工的积极思维活动，收集有利于解决生产经营过程中面临的各种复杂问题的信息和知识，并把这些信息、知识转换成自己解决问题的技能集，丰富自己的信息和知识库。

(3) 企业领导的信息增长行为

企业领导在与员工的信息交流过程中，要注重在互动交流中产生新信息和新知识。信息的有效传递不是信息的减少，也不是数量不变，而是有所增加。要使信息转化为员工的知识，就应规定新的生产经营信息与已有的知识储备之间的逻辑联系。在交流过程中，输入信息与基础知识的并存性是信息转化为知识的基本条件。基础知识、信息、新知识，由一个能动的、有意识的思维过程结合起来，形成新的知识结构。这种结合，不是已有知识和新信息的简单叠加，而是众多认识(直接和间接)的复杂合成。

6.3 首席信息官

CIO 是 Chief Information Officer(首席信息官)的英文缩写，它是指负责一个单位信息技术和信息化建设的主管领导。美国《CIO》杂志对 CIO 的定义为：CIO 是负责一个公司信息技术和系统所有领域的高级官员；通过指导对信息技术的利用来支持公司的目标；具备技术和业务过程两方面的知识，是将组织技术调配战略与业务战略紧密结合在一起的最佳人选；通过沟通、集成和组织来实现信息资源整合并给企业带来平衡和利益。

由于企业信息化建设是一项庞大、复杂的系统工程，不仅涉及信息技术的应用，还涉及管理思想观念的更新、组织结构与业务流程的重组，以及管理模式的变革等多方面问题，因此需要企业高层领导的有力支持和有效参与，才能从战略发展和战略决策的高度来推动企业的信息化建设。正是由于上述原因，企业信息化建设被称为“一把手工程”，强调由“一把手”亲自挂帅，把握总体，协调关系，落实资金，

清除障碍。因此，需要设立CIO这个岗位，由CIO来全面负责企业信息化的规划、实施与管理。

6.3.1 CIO的由来和实质

在国外，CIO是一种与公司其他高层管理人，如首席行政官(CEO)、首席财务官(CFO)这一类职务相对应的职务。有些国家(如美国)的政府机构或非商业性机构也设有这种职务。在西方工商企业界中，CIO是一种公司最高决策层中新型的信息管理领导者，是相当于副总裁或副经理地位的重要管理人员。

首次提出CIO概念的不是信息界，而是工商企业界。1981年，美国波士顿第一国民银行经理 Williamr.Synnott 和坎布里奇研究与规划公司经理 Williamh.Grube 二人在《信息资源管理：80年代的机会和战略》著作中首先给CIO下了一个明确的定义，“CIO是负责制定公司的信息政策、标准、程序的方法，并对全公司的信息资源进行管理和控制的高级行政管理人员”。

自从CXO的职务制度被引入中国以来，大多数CXO都找到了对应的职务，唯独CIO例外。一个很重要的原因是，在中国的企业内从来就没有类似的职能。随着我国企业信息化的逐步推进，一些企业开始设置CIO或者类似的职务，但目前在很多人眼中，国内CIO仍属于负责信息技术和企业信息系统的人员，或简单地说，就是管技术的人员。

但如果CIO只是管信息技术或企业信息系统的人，那为什么不叫“首席信息技术官”，或者“首席信息系统官”，而要称为“首席信息官”呢？难道仅仅是为了表述简单些吗？其实不然。从CIO的本义上看，其职责理当负责管理企业的“信息”。这里的“信息”是广义的，既可以指运营数据，也可以指各种运营文件信息，包括已有的和潜在的信息。而管理这些信息，应该是指管理信息的整个生命周期，从其产生、传递、分析、存储到转移。而信息技术或信息系统，只是用来管理整个信息生命周期的一个工具。所以，CIO的工作重点应是如何管理信息，而不只是如何管理信息技术或信息系统。

那么，企业为什么要由CIO来专门管理信息呢？这是因为企业的运营过程本身就是一个不断产生、处理、传递、分析和转移信息的过程。实现对信息的有效管理，实际上也就是实现对企业运营的有效管理。对企业而言，只有及时地产生各种运营数据，及时地传递给合适的人，及时地对各种海量数据进行准确的分析，并确保实现数据的完整价值，才能构筑其核心竞争优势。

6.3.2 CIO的管理体制

1. CIO管理体制的提出

所谓CIO管理体制，是指由企业的最高经营决策层中的CIO全面统筹负责组织信息管理活动，下设专门的信息管理职能部门负责组织信息的收集、开发、传播、共享、协调等日常业务(如图6-2所示)的体制。这种以CIO为首的信息系统管理体制代表了企业信息管理的方向和趋势。企业信息管理具有明确的环境监视、决策支持和组织整合等功能，要实现其功能必须明确信息管理的全员参与管理、组织目标驱动、资源开发效用、统筹兼顾发展等管理原则，以企业管理者的需求为本，以信息管理者的行为为辅，通过信息管理者的有效行为以满足企业管理者的需求，强调“需求者—行为者”的相互影响性和共同参与性在企业信息化中的作用，为构建企业信息管理结构、加强企业内外部信息沟通奠定良好基础。

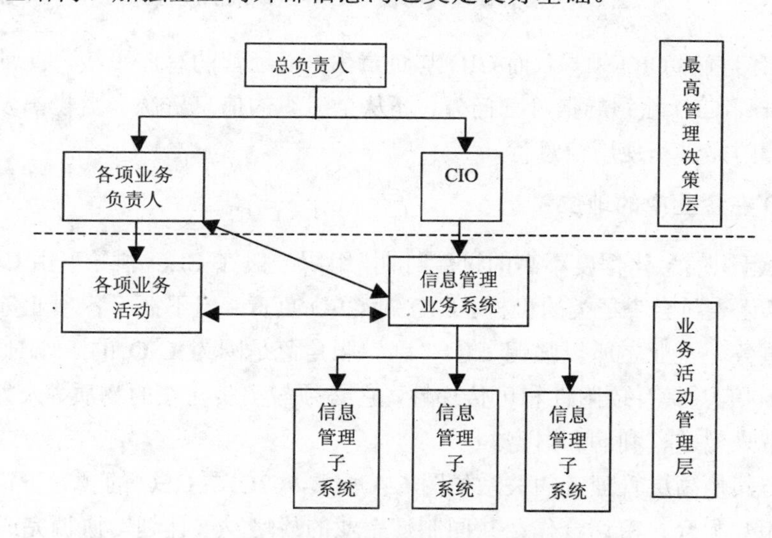

图6-2 组织信息管理中的CIO体制

CIO管理体制最早出现于美国政府部门，其目的是克服政府部门的官僚主义，节约办公经费，提高工作效率。由于CIO有效地改善了美国政府部门对信息资源和信息活动的管理，使得许多公司相继效仿，到1988年，世界500强企业中已有80%实行了CIO管理体制。

我国于20世纪90年代初才引入CIO这个概念。随着信息技术的普及，以及企业信息化、政务信息化、商务信息化的发展，我国开始重视CIO及其管理体制的引进和应用。

2. CIO 管理体制下的信息管理机构

在我国 CIO 被看做信息管理组织的领导者。CIO 管理体制把信息管理部门设置为一个独立的管理机构，既不是组织内某个部门的附属机构，也不是计算中心、网络中心的名词更换，而是赋予它信息资源和信息活动管理的职能，给予相应的权利，让它参与决策。其地位如图 6-3 所示。

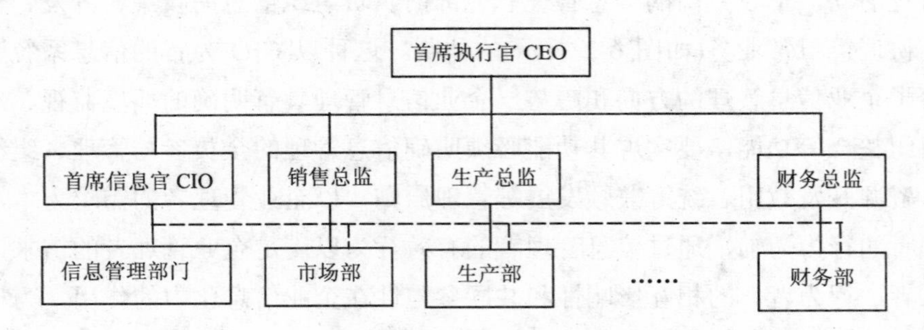

图 6-3　信息管理部门及 CIO 在组织中的地位

信管部门直属 CIO 领导，而 CIO 与负责生产、经营的总监平级，直属首席执行官 CEO 领导。CIO 除领导信管部门外，还从全组织的信息资源一盘棋出发，协调和监督其他部门提供和使用信息等。

3. CIO 在企业中的地位

(1) 在组织信息化程度不高的过渡时期，组织一般在 CEO 领导下由 CIO 作副手组建“信息化委员会”之类的机构。CIO 对 CEO 负责，但不插手各项业务负责人管理的具体事务。企业之所以强调 CIO“副”职角色是因为 CIO 的工作对象：I——Information(信息)具有依附性和可传递性，它必须与实实在在的物质、人力、资金相结合才能带来效益、利润和财富。

CIO 与其他高层管理者的关系如图 6-4 所示，CIO 在 CEO 的领导下，与其他高层管理者相互配合、密切合作，共同制订企业的战略发展计划，协调完成企业的日常管理工作。

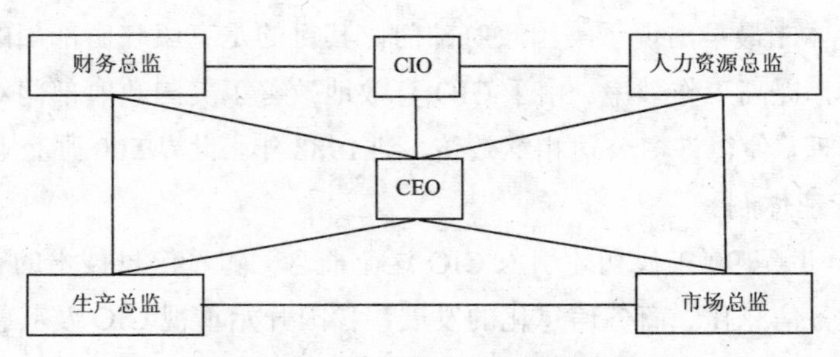

图 6-4　CIO 与其他高层管理者的关系

(2) 负责制定组织信息政策和信息基础标准。CIO 要围绕组织战略目标，根据本企业的实际情况和企业所处的外部环境状况，及时制定、修改组织的信息政策，确保组织信息资源的开发和利用策略与管理策略相一致，必须统一制定和管理组织的信息基础标准，包括信息分类标准、代码设计标准、数据库设计标准等。

(3) 负责组织开发和管理信息系统。对于未建立计算机信息系统的组织，负责组织制定系统建设战略规划和系统开发方式，在组织内推广应用信息系统以及信息系统投运后的维护和管理等；而对于已建立计算机信息系统的组织，负责领导系统的维护、设备维修和管理等工作。

(4) 负责协调和监督各部门的信息工作。信息流产生于业务部门，并为业务部门服务。由于各部门提供和使用信息的出发点不同，管理水平也有差别，导致信息工作步调不一致，甚至出现矛盾。因此必须从整体出发，协调和监督各部门做好信息工作。

(5) 负责收集、提供和管理组织的内部活动信息、外部相关信息和未来预测信息。组织信息资源的形成可促使管理上一个新的台阶，使各层管理者及时、方便地掌握各种信息，提高管理决策的效率，提升组织的社会效益和经济效益，使有形资产和无形资产同步增值。

6.3.3 CIO 的素质要求

CIO 在企业管理中的地位和职能决定了他应该具备比信息经理要高得多的素质要求。一个合格的 CIO 必须是管理与技术两方面兼优的复合型人才，并且他的组织管理水平要比信息技术水平更重要。日本曾对 CIO 的适任者情况进行了调查，在有效回答的 259 家企业中，“计算机出身且通晓经营者”从 1989 年的 17.1%提高到 1993 年的 31%，“非计算机出身而通晓计算机者”却从 46.1%下降至 27.1%，另外，“已是企业高层管理者”的 CIO 任职者比例变化不大(1989 年为 33.9%，1993 年为 34.8%)。这表明，不懂计算机的人不能成为 CIO，只懂计算机的人也不能担任 CIO。理想的 CIO 应是兼具经营管理与信息技术两种能力的复合型人才。而“计算机出身且通晓经营者”比重升高及“已是企业高层管理者”比重居高不下说明经营管理能力对于 CIO 来说尤为重要。综上所述，CIO 应具备的基本素质要求如下。

(1) 管理经验。作为一个高层管理者，CIO 必须对本行业的发展背景有全面的了解，对企业管理的目标有明确的认识，对经营决策和竞争环境的基本情况有充分的掌握，并且有丰富的管理实践经验。实践证明，一个成功的 CIO，至少需要 5 至 8 年的管理经验积累。

(2) 技术才能。通晓信息技术是 CIO 安身立命的根本。CIO 应具备为企业经营管理与竞争战略发展的需要推荐与开发新技术的能力，对信息技术的发展动向及其对企业的影响有敏锐的洞察力，富有远见和技术创新精神。

(3) 经营头脑。CIO 的工作必须以提高企业的效益和竞争力为目标。因此，CIO 要有精明的商业经营头脑，应了解信息技术在什么情况下能为实现这一目标发挥关键作用，能够把信息技术投资及时转变成对企业的回报，从而为自己在企业中树立形象、确立地位。

(4) 信息素养。CIO 应具有强烈的信息意识和较强的信息分析能力，能够为企业高层的战略决策发挥信息支持作用。特别是对来自外界环境的大量模糊、零碎而杂乱的信息，应有高度的判别能力和挖掘信息价值的能力，这样才能使自己的决策能力上升到战略决策的水平。

(5) 应变能力。面对日新月异的信息技术和急剧变化的竞争环境，CIO 要有较强的应变能力，能够抓住一瞬即逝的机遇，对各种变化作出迅捷及时的反应。CIO 还应具备良好的心理素质，能够承受来自技术和环境变化的压力，具有敢于迎接各种困难和挑战的勇气。

(6) 表达能力。CIO 必须具备良好的口头和文字表达能力，能够将看似高深莫测的信息技术向高层管理决策者和基层业务人员讲解清楚，消除企业中的“高技术恐惧症”。特别是对于非技术型用户，要尽量避免采用技术性术语。

(7) 协调能力。作为企业信息流的规划者，CIO 要善于协调企业内部各层次、各部门、各环节的关系以及企业与其协作伙伴的关系。要有良好的人际关系，善于与企业各类人员对话和沟通，能够适应企业的文化和传统，使信息技术与管理体制相得益彰。

(8) 领导能力。CIO 要有领导威信和支配企业信息资源的权力，能建立一个有效的信息资源管理班子，既能指挥信息管理部门的工作，也能对企业的信息政策和策略起领导作用。

厄尔教授在大量调查基础上提出了 CIO 的素质模型一，如图 6-5 所示。他认为，由于信息化在迅速发展，该模型也在变化中，主要表现在以下 4 个方面。

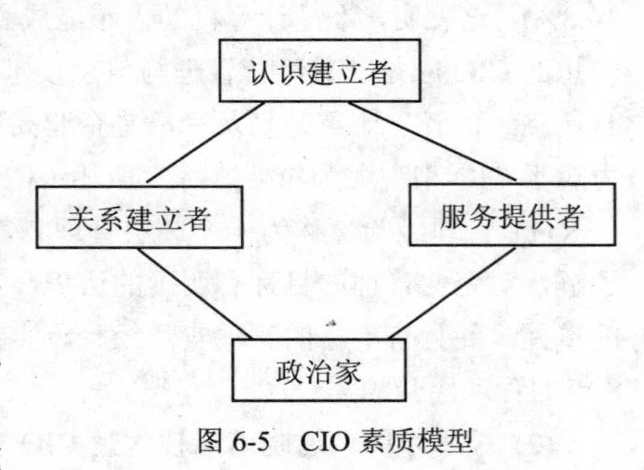

图 6-5　CIO 素质模型

(1) 改革的主导者。CIO 工作范围广，承担业务流程的再设计和业务改革工作，有对业务流程的独到见解，对技术引进的较好设想和大型项目的管理经验，因而可以胜任业务改革总监或人力资源、战略规划、供应管理和运作等方面的领导者。

(2) 系统的重建者。组织的基础设施

建设是一项长期任务，其中包括网络、平台和通用信息系统等。要求CIO密切关注技术发展的动向，确保工程能满足当前和预期的业务需要。要注意何时引入何技术、引进何人，并及时向CEO提出建议。即CIO将充当企业的“技术瞭望塔”。

(3) 改革者。CIO作为改革者，要领导自己的部门进行改革，并回答诸如什么是核心业务；哪些非核心业务可以进行资源外包，或作为遗产处理；如何管理一个信息活动尚不稳定的“新模式”等重大问题。

(4) 联盟的管理者。在决定系统开发战略时，CIO及其管理部门必须与利益相关者建立联盟，包括同级的经理和上级领导。必须区分轻重缓急，弄清哪些是交易伙伴和战略伙伴，亦即必须充当战略联盟的管理者。

根据以上变化，厄尔进一步提出了CIO的素质模型二，如图6-6所示。

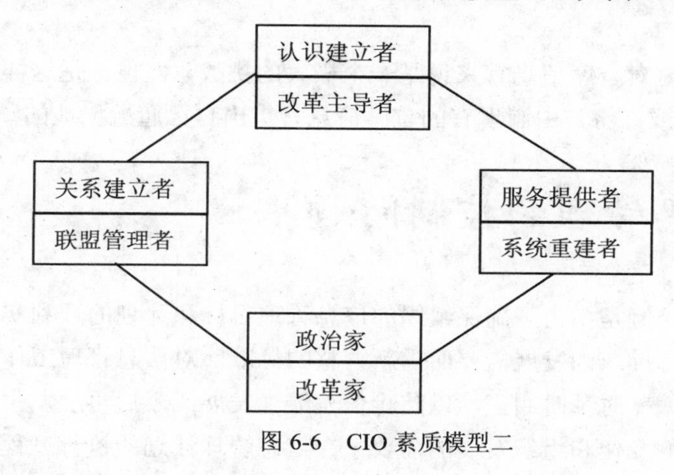

图6-6　CIO素质模型二

6.3.4　CIO的新解释——首席创新官

近年来，CIO被人们变换成一个新的含义，同样一个英文缩写字母I，用Innovation替代Information，CIO的含义就变成了Chief Innovation Officer的缩写，翻译为“首席创新官”。但在这里他是指负责公司和组织的创新策略、创新流程和创新工具的主管领导。首席创新官是一种新的职位，目前只在一些全球500强的大企业中才设立这一职位，如Coca Cola、DSM等。但随着商业领域多极化的竞争与发展，越来越多的企业开始将创新作为企业持续发展的动力和竞争优势的来源，CIO将成为企业最为重要的领导人之一。顺应此潮流，国外已开展了各种Chief Innovation Officer培训活动，其中最有名的是Langdon Morris，已在世界各地进行巡回授课，颇受好评。

比利·爱德华兹今年50岁，在AMD公司里担任CIO。不过，和一般的CIO

不同，比利·爱德华兹是一个特殊的人物：他可以对这家芯片公司任何一个部门的工作进行“干涉”。在AMD人力资源副总裁的眼里，比利从市场营销到理论研究，从战略规划到技术演变几乎无所不能。当然这里他已不是以前我们所了解的CIO(首席信息官)，而是首席创新官。根据专门负责搜寻公司高管的猎头公司海德思哲的数字，企业界对这个职位的需求在过去3年里增长了3倍，而且大部分增长都发生在过去的一年半里。

其实，首席信息官转化成首席创新官，具有一个先天有利的条件，就是随着信息化的普及，IT系统已经成为贯穿整个企业的一个创新基因。随着与各部门的接触，首席信息官应该就是一个“万金油”。与此同时，面临困境的企业CEO又非常渴望IT创新能给企业带来新的商机，因而首席信息官必然要逐渐转换他的角色，发展成为首席创新官。

IT创新，这对首席信息官来说是一个极大的挑战，但也正是这样的机会，这个“I”的转化，或许将是中国现有的首席信息官走出自己尴尬境地的一条新路。

6.4 信息管理的控制问题

信息管理控制是指为了确保组织的信息管理目标和计划的顺利实现，信息管理者根据预定的标准或因发展需要而重新调整的标准，对信息管理工作进行衡量和评价，并在出现偏差时及时纠正，以防止偏差继续发展或今后再度发生；或者根据组织内外部环境的变化和组织发展的需要，在信息管理计划的执行过程中，对原计划进行修订或制订新的计划，并调整信息管理工作的部署。

控制是信息管理的一项重要职能，企业的许多活动都需要信息控制，根据计划对实际结果加以衡量比较，然后采取纠正措施，以取得更接近希望的结果。为了提高信息管理的有效性，必须对信息管理的控制问题进行深入探讨。

6.4.1 控制原理

控制作为管理的一项基本职能，已从过去的只凭经验控制发展到现代的科学控制，即以系统论、信息论和控制论等现代科学理论为基础的控制。本书在第2章中已详细介绍了这三论的基本原理，下面从管理控制角度作进一步分析。

1. 系统论原理

系统论是以系统为研究对象，探索和揭示系统发生、发展的基本规律，并用逻辑思维和数学语言来定量描述系统的一门学科，分为系统工程、系统分析和系统管理 3 个分支。

管理控制的目的是实现计划目标，控制的过程体现了最优化要求和系统管理的主要内容。要取得好的管理绩效就要将控制对象系统化，把握好系统的整体性、层次性和相关性等重要特征。

2. 信息论原理

信息论是由香农和维纳创立的，最初用于通信领域，后来成为控制论的基础。它应用概率论与数理统计方法研究通信和控制系统中的信息传递与处理问题。维纳在给信息下定义时，把信息作为处理通信和控制问题的基本概念和方法。信息方法是实现科学管理的有效手段，其特点是把管理过程抽象为信息过程，把整个管理活动视为信息从输入到输出，经过反馈又重新输入的过程，如图 6-7 所示。

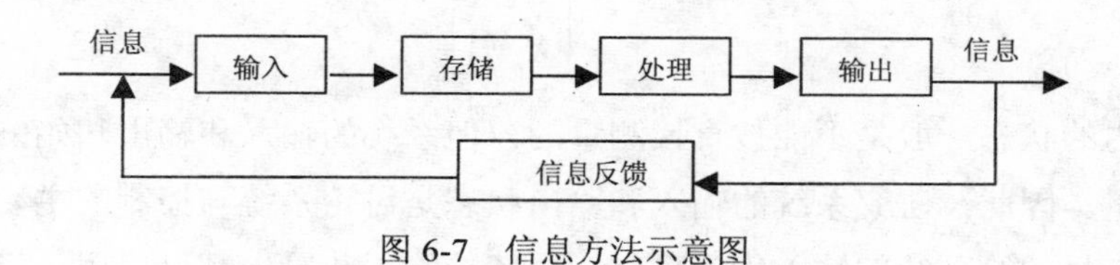

图 6-7　信息方法示意图

信息是管理控制的基础和关键。控制过程的实质就是比较和纠正现实工作与计划目标偏差的过程，可以将其理解为是一个信息传递和转换的过程。但实施控制职能需要满足两个条件：一是由控制主体发出控制信息，用以规定系统运行的方向、目标，以及为达到目标而进行的各项工作的时间、任务和指标；二是反馈信息，即指在计划执行过程中由控制主体收集到的有关实际工作情况的信息。控制者要将反馈信息与计划信息相比较，分析发生偏差的原因，以便采取纠正措施。

3. 控制论原理

控制的一般含义是指不让被控制对象任意活动或使其活动不超出规定的范围。维纳在描述控制论的实质时指出：“控制论的目的在于创造一种语言和技术，使我们有效地研究一般的控制和通信问题，同时也寻找一套恰当的思想和技术，以便通信和控制问题的各种特殊表现都能借助一定的概念加以分类。”

控制论不仅为自然科学领域，而且也为社会科学领域的研究奠定了认识论和方法论的基础。其在管理领域应用的主要技术是“功能模拟技术”，又称“黑箱方法”。该技术的主要原理是通过建立系统模型来模拟所考察的问题(即将被考察对象视为一个系统)，然后重点研究系统的输入和输出及其相互联系。由于它并不关心系统是如何将输入转换为输出的，所以被称为“黑箱方法”。管理上的控制可依据这一技术原理，通过调整系统的输入条件来影响系统的输出结果，使之符合管理目的。

4. 控制论在管理中的应用

(1) 管理控制中的系统

对于信息管理控制，可从对控制系统实施中的系统状态的分析入手，探讨其机理。

① 系统与系统状态。系统的共同特征是在控制作用的影响下，能够改变自己的运动和进入各种状态。系统状态是指系统内物质所处的状况，可用一组变量来描述，这组变量是时间的函数，称为状态参量，用状态向量表示为：

$$X(t)=\begin{bmatrix} X_1(t) \\ X_2(t) \\ \vdots \\ X_n(t) \end{bmatrix}$$

系统内的状态一般是不能被直接测量的，但系统的输入和输出却始终是具有确定意义的量。因此，研究系统的输入和输出状态是讨论系统与控制的主要依据。我们把按一定目的给系统的输入称为控制。系统的输入和输出都可以用一组随时间而变的变量(称为控制向量)来表示，这里分别用 $U(t)$和 $Y(t)$来表示：

$$U(t)=[u_1(t),u_2(t),\cdots,u_r(t)]$$
$$Y(t)=[y_1(t),y_2(t),\cdots,y_m(t)]$$

式中 r 和 m 分别为向量 $U(t)$和 $Y(t)$的维数。如果向量 $X(t)$的 n 个分量构成系统的一组状态变量，$U(t)$为控制向量，则这些变量可以描述系统的状态：

$$\begin{cases} \dot{x}_1 = f_1(t,x_1,x_2,\cdots,x_n,u) \\ \dot{x}_2 = f_2(t,x_1,x_2,\cdots,x_n,u) \\ \quad\cdots\cdots \\ \dot{x}_n = f_n(t,x_1,x_2,\cdots,x_n,u) \end{cases}$$

$$\begin{cases} x_1(0) = x_1^0 \\ x_2(0) = x_2^0 \\ \quad\cdots\cdots \\ x_n(0) = x_n^0 \end{cases}$$

采用矩阵表示，则系统的状态方程为：

$$\dot{X}(t)=F[t, U(t), X(t)], X(0)=X_0$$

系统的输出方程为：

$$Y(t)=H[X(t), U(t)]$$

状态方程和输出方程共同构成了系统的方程。

② 系统的激励与响应。系统的输入受外部环境影响而改变的行为称为激励。如物料配送系统因市场供货短缺导致进货情况的变化就是一种典型的激励。在这种情况下，系统必然会作出的相应反应，称为系统响应。激励和响应具有随机性和复杂性，可以进行以下几种模拟。

- 阶跃激励。这是一种比较普遍的激励。例如，政策对员工的激励作用可以表示为：

$$I_r(t)=\begin{cases}0 & (t\le 0)\\ 0\sim 1 & (0<t<T)\\ 1 & (t>T)\end{cases}$$

其激励形式可用图 6-8 来表示。

由该图可知，在利用政策激励和引导员工的行为过程中，应力求缩短员工对政策的理解时间，使之能尽快达到阶跃式的激励效果。

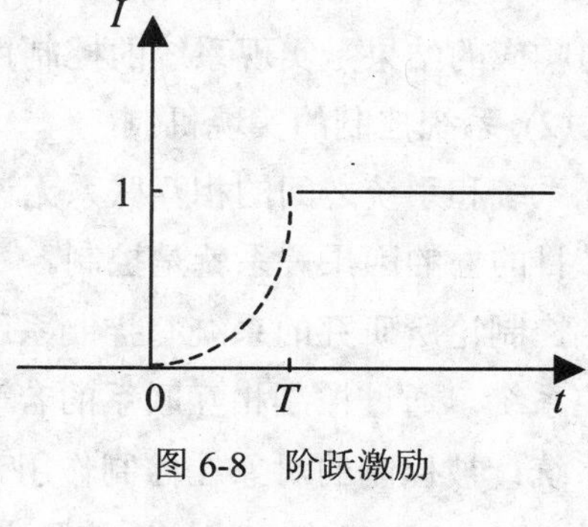

图 6-8　阶跃激励

- 脉冲激励。阶跃函数的微分为脉冲函数$\delta(t)$，称为δ函数，如图 6-9 所示。

δ函数的激励为一脉冲，称为脉冲激励。在信息管理决策中，反映外界环境的一系列信息对管理决策人员的作用，可以用一系列信息作用脉冲激励来模拟。

δ函数的重要特征为：

$$\int_{-\infty}^{+\infty}\delta(t)dt=1$$

对于一个在 t=0 点的连续函数，有：

$$\int_{-\infty}^{+\infty}\delta(t)f(t)dt=f(0)$$

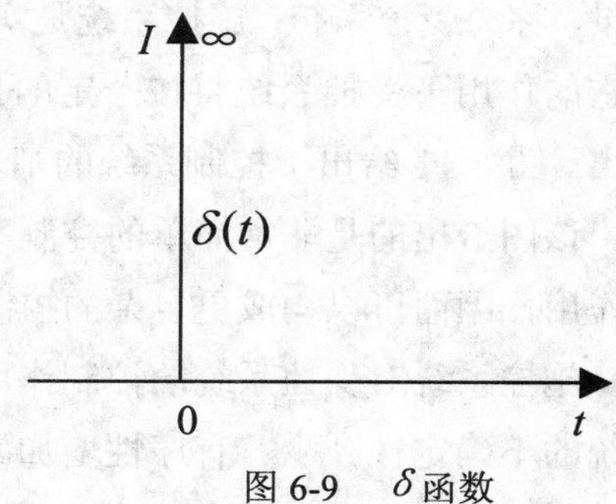

图 6-9　δ函数

- 正弦激励。正弦激励是一种周期性的激励，可用正弦函数来作近似描述。周期性活动所面临的环境激励可用图 6-10 来表示。

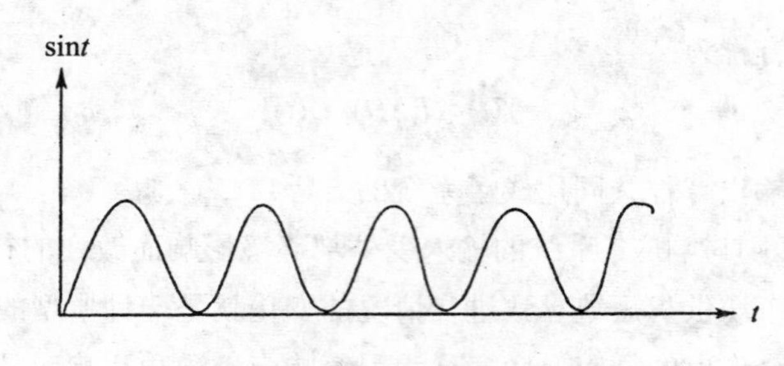

图 6-10 正弦激励

正弦激励的表达式为：

$$f(t) = \sin t \qquad (-\infty < t < +\infty)$$

在某一正弦激励源的作用下，系统将产生周期性振荡，在有限时间范围内产生影响。

此外，还存在各种复杂的和非规则性的激励。系统一旦受到激励，就会立刻对激励作出响应。激励一般是由环境变化产生的，在激励作用下，系统将会改变现状或偏离既定方向；而在管理过程中，激励则是由控制产生的，在控制指令的作用下，作出响应的结果是实现系统的控制目标。

(2) 系统控制的实现机制

系统和系统之间的相互联系无论是偶然还是必然的，都存在某种因果关系。其中带目的性的因果关系就是控制。

控制论所研究的系统有控制系统、受控系统与施控系统。通过控制相互联系的若干系统构成了控制系统；被控制的对象在控制作用下产生某种目标结果，称为受控系统；施控系统是实施控制的机构，在它的作用下受控系统将按一定的目标调整状态和输出。图 6-11 给出了控制系统的基本结构和控制原理。该图给出的是非常简单的控制系统，它们与环境介质及彼此之间，都存在着相互作用，因而可以构成更复杂的控制系统或控制系统中的一部分。

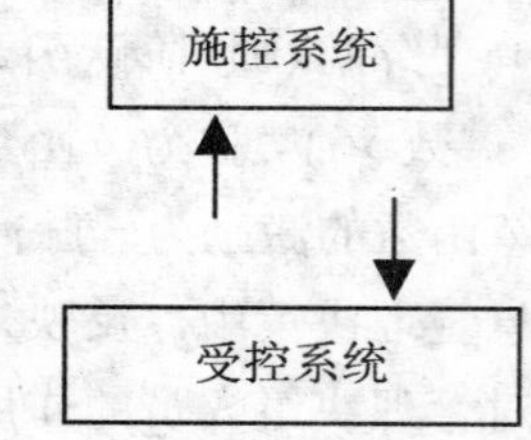

图 6-11 控制系统及其运行

施控系统对受控系统的控制作用表现为受控系统可能状态数的减少，即使受控系统的不确定性减少、有序性增加。这是受控系统在施控系统控制信息作用下的结果，而控制信息又来自于受控系统的变化及外界的影响。由此可见，控制是通过控制信息的获取和传输来进行的。

6.4.2　控制过程及类型

1. 控制过程

控制的对象一般是针对人员、财务、作业、信息及组织的总体绩效。其基本过程包括 3 个步骤：确定标准；衡量绩效；采取措施。

(1) 确定标准

标准一般从计划中产生。控制工作的第一步就是制订计划，作为衡量实际工作绩效的标准。它给管理者一个信号，可以依据标准了解工作的进展情况。

管理者需学会选择一些关键性控制点，如一些重要的限制性因素、一些非常有利的因素等，这些因素会影响整个组织将来的业绩。企业要在每一层管理部门都建立可供考核的定性指标或定量指标，利用这些指标来开展计划工作或衡量管理者的绩效。

(2) 衡量绩效

衡量绩效是控制中的信息反馈过程。管理者需要收集必要信息，考虑如何衡量和衡量什么的问题。

① 如何衡量。对管理者绩效的衡量可以通过个人观察、统计报告、口头汇报和书面报告等形式来综合进行，以提高绩效衡量的准确性。

② 衡量什么。衡量什么比如何衡量更关键，将会在很大程度上影响员工的追求目标。为了便于衡量，需要制定一些通用的控制准则，如营业额或出勤率(用于考核员工的基本情况)、费用预算(用于将办公支出控制在一定合理范围内)等。

(3) 采取措施

控制的最后一个步骤是根据衡量和分析结果采取适当措施。可在下列 3 种控制方案中选择其一：维持原状(对绩效满意)、纠正偏差(发现偏差)、修订标准(标准有误)。针对不同情况要采取不同的更正行动。

2. 控制类型

管理控制按不同的角度、不同的标准可划分为不同的类型。

(1) 按控制信息的性质划分

管理中的控制信息可来自系统的输出结果(反馈控制)、过程中(同期控制)或系统的输入及主要扰动量的变化(前馈控制)。

① 反馈控制(Feedback Control)。是指将系统的输出信息返送到输入端，与输入信息进行比较，并利用二者的偏差进行控制的过程。其实质是利用过去的情况来指导现在和将来。如果返回的信息的作用是抵消输入信息，则称为负反馈，它可使系

统趋于稳定；否则则称为正反馈，它可使信号得到加强。

② 同期控制(Concurrent Control)。是指发生在计划执行过程中的控制，有监督和指导两项职能。监督是依据预定标准检查正在进行的工作；指导是管理者针对偏差，依据标准和经验指导下属改进工作。同期控制的优点是可在发生重大损失之前，及时地发现和纠正问题，主要用于基层管理者的现场控制。

③ 前馈控制(Feed Forward Control)。是指观察那些作用于系统的各种可以测量的输入量和主要扰动量，分析它们对系统输出的影响，在产生不利影响之前，立即采取纠正措施加以避免。例如，汽车在上坡前提前加速以保持速度的稳定等。工程设计常常将前馈控制与反馈控制相结合构成复合控制系统，以改善控制效果。

(2) 按控制的来源划分

按照控制来源可将控制分为正式组织控制、群体控制和自我控制 3 种类型。

① 正式组织控制。是指通过管理者设计和建立起来的机构或规定来进行控制。例如，可以通过规划来指导组织成员的活动，通过预算来控制消费，通过审计来检查各部门或各成员是否按规定进行活动等。其特点是具有刚性和强制性。

② 群体控制。是指由非正式组织发展和维持的控制。在非正式组织中，成员之间的关系是以共同的感情、爱好以及价值观为纽带的。它是基于成员之间不成文的价值观念和行为准则来进行控制的，并没有明文规定的行为规范。

③ 自我控制。是指个人有意识地去按某一规范进行的活动。自我控制能力取决于个人素质，具有良好修养的人、顾全大局的人、具有较高层次需求的人一般会具有较强的自我控制能力。

正式组织控制、群体控制和自我控制三者协调与否取决于组织的文化。管理控制系统应综合利用这 3 种控制类型，确保它们关系和谐，避免相互之间的冲突。

(3) 按控制的手段划分

按所采用的控制手段可将控制分为直接控制和间接控制两种类型。

① 直接控制。直接控制着眼于提高管理人员的素质，使他们能熟练应用管理的概念、原理和技术，以系统的观点来看待管理问题，从而防止出现因管理不善而造成的不良后果。

② 间接控制。间接控制着眼于发现和分析工作中出现的偏差，并追究管理者个人的责任，使之改进未来的工作。

实际工作中产生偏差的原因有很多，如制定的标准不合理，未知的不可控因素，管理人员缺乏知识、经验和判断力等，应相应采取适合的控制手段加以控制。

6.4.3　控制方法

1. 预算控制方法

预算不仅仅是财务人员和总会计师的管理手段，也是所有管理者的管理手段。有效的预算控制必须注意以下几个方面。

(1) 高层管理部门的支持。高层管理部门要为编制预算工作提供时间、空间、信息及资料等方面的便利条件；各分公司和部门都要编制和维护各自的预算，并参与预算审查，使预算工作在全公司范围内得以完善。

(2) 管理者的参与。应强调让所有从事经营管理的管理者都参与预算工作，这是确保预算成功的必要条件。

(3) 确定各种标准。预算必须基于标准，必须提出和制定各种可用的标准，并能按标准把各项计划和工作转换为对人工、经营费用、资本支出、厂房场地和其他资源的需要量，这是预算编制的关键。

(4) 及时掌握信息。预算要发挥作用，必须及时掌握按照预算所完成的实际业绩和预测业绩的信息，并向管理者及时表明工作进展情况，以尽可能避免因信息迟缓而导致偏离预算情况的发生。

2. 非预算控制方法

除预算控制方法外，还可以采用其他一些控制方法和技术，但都必须有一个管理系统作为保障。

(1) 审计法

审计是一种常用的控制方法。财务审计与管理审计是其主要内容，近来还推行了以保护环境为目的的清洁生产审计。财务审计是以财务活动为中心内容的审计，主要检查并核实账目、凭证、财务、债务以及结算关系等，其目的是判断财务报表中的综合会计事项的正确与否，以及财务活动是否符合财经政策和法令；管理审计是检查一个单位或部门管理工作的好坏，评价人力、物力和财力的组织及利用的有效性的审计，其目的是通过改进管理工作来提高经济效益。

(2) 损益平衡分析

损益平衡分析是指通过对业务量、成本、利润三者之间相互制约关系的综合分析，以达到预测利润、控制成本目的的一种分析方法。利用成本总额与产量之间的依存关系，来指明企业获利经营的业务量界限，从而达到控制的作用。

产品的成本由固定成本和变动成本两部分组成。前者包括生产该产品所需的管理费用、基本工资、设备的折旧费用等；后者包括原材料费、能源费等，这些费用的增长与产品的产量成正比，而产品只能根据市场的价格来销售。当产量很少时，单个产品的成本会偏高，如果高于市场价格就会出现亏损。只有当产量达到一定水平时，才能保证收支相抵，超过该水平方能获利。

(3) 财务报表分析

财务报表是用于反映企业经营的期末财务状况和计划期内的经营成果的数据表。财务报表分析，也称经营分析，就是以财务报表为依据来判断企业经营的好坏、长处和短处。主要包括利润率分析、流动性分析(分析企业负债与支付能力是否相适应，资金的周转状况是否良好等)和生产率分析(分析企业在计划期内生产出多少新的价值以及应如何进行分配)。

财务报表分析主要有实际数据法和比率法两种。实际数据法是用财务报表中的实际数字来衡量的，但由于企业在不同的时期以及不同的企业之间的条件不同、规模大小不同、行业标准不同，该方法并不一定能准确地反映实际水平。比率法是在求出实际数字的各种比率后再进行分析的，体现了相对性，因而比较常用。

(4) 目标管理

目标管理是由美国管理学家德鲁克(Peter F. Drucker)提出的，其方法是把经营的目的和根本任务转化为企业的方针和目标，实现对各层次目标的管理。通过目标的层层分解使控制的标准清晰、明确，使各级管理者容易作出判断。它还强调让管理人员和工人参与制定工作目标，使员工的态度和行为与组织目标更为贴近，并在工作中注重推行自我管理。这使得对人员行为的控制变得相对容易，因此被称为“管理中的管理”。

6.5 信息管理控制制度与控制系统

6.5.1 信息管理控制制度的概念及作用

信息管理控制制度是指为了确保组织的管理信息的准确可靠，提高经营管理效率，以职责分工为基础而设计实施的，对组织内部各种业务活动的信息进行制约和协调的一种管理制度。该制度有以下几个要点。

(1) 管理控制的主体是所有信息管理者，信息管理控制制度是由信息管理者设计实施的。

(2) 管理控制的客体是指管理控制作用的对象，即它所要解决的问题。要求对组织各种业务活动所反映的信息进行全面控制，保证各项工作正确、合理、合法、经济和有效。

(3) 信息管理控制的主要目标是确保组织管理信息的准确性和可靠性，保证组织方针政策和指令的贯彻执行，促进经营管理效率的提高。

信息管理控制制度的作用可以归结为3个“保证”和一个“有利于”。

(1) 保证党和国家方针政策与法令制度的贯彻执行。通过控制制度所形成的相互协调与相互制约机制，及时地反映、检查、揭示和纠正组织内各项活动中的违法乱纪行为，有效地保证党和国家方针政策和法令制度在组织内部得到贯彻执行。

(2) 保证组织内各项业务活动高效而有序地进行。通过控制制度所规定的各种程序和手续，将组织内部各职能部门和人员执行方针政策、计划定额以及其他管理制度的情况反馈给管理部门，及时发现和纠正所发生的偏差，保证组织各项预期目标的实现。

(3) 保证和提高组织的管理信息质量。管理控制制度可使组织的管理信息系统所提供的信息更加准确可靠，使各项业务活动得到有效控制，减少差错和弊端的发生，提高管理信息的质量水平。

(4) 有利于提高工作效率。健全的控制制度，明确了各职能部门及工作人员的职责和权限，可减少不必要的请示、汇报，避免相互推诿。同时，也有利于组织领导协调和监督各部门、各环节工作，提高工作效率。

6.5.2 信息管理控制制度的内容

信息管理控制制度是一个完整的动态系统。从功能角度可将其划分为以下几个部分。

1. 信息收集环节的控制制度

为了确保及时、准确地收集到所需的管理信息，组织必须健全如下控制制度。

(1) 责权信息控制制度。内容包括：① 横向上明确各部门或分支机构的职责权限；② 纵向上明确从高层到每个员工的职责范围；③ 系统层次上各分支机构的上下级之间形成一种层次责权制约机制；④ 对不相容职务由不同职能部门或人员分工处理。

(2) 程序信息控制制度。是指管理当局为组织内部各种业务活动设计的预定运行程序而形成的动态控制机制。其核心是将内部各类业务活动划分为若干个行动步骤，分别交由不同职能部门或人员去处理；强调业务活动的授权、核准、执行、记录、复核等分工与处理。

(3) 会计信息控制制度。会计本身是一个管理控制系统，具有突出的控制功能，因此必须建立会计信息控制制度。

(4) 人事信息控制制度。管理控制系统是一个人造系统，为实现既定目标所采取的各种措施、程序、方法、制度都要由人来制定和执行。该项制度主要着眼于人员的选择、使用、培养等方面的控制措施。

(5) 财产安全信息控制制度。该制度是指为保护财产物资的安全和完整所采用的方法、措施和程序。主要措施是将财产物资的保管职务与对财产物资的核算职务分开，使会计部门和保管部门相对独立。

2. 信息加工整理环节的控制制度

在信息的加工整理过程中，应健全如下控制制度。

(1) 信息统计控制制度。该制度旨在确保各类管理信息按规定程序进行统计、分类和加工整理，减少无关信息对决策的干扰。

(2) 管理信息质量控制制度。该制度是为保证反映组织业务活动信息的真实、及时、可靠而采取的方法和措施。其目的是更有效地支持组织的科学决策。

3. 信息存储使用环节的控制制度

管理信息经过加工整理后，要立即进行存储，并提供给使用人员使用。因此需要通过制定信息存储使用环节的控制制度，来确保组织系统信息的及时存储与合理使用，实现信息资源的优化配置。

6.5.3 信息控制系统

1. 管理信息的基本概念

(1) 管理信息的含义

管理信息是指对企业生产经营活动中收集的数据经过加工处理、给予分析解释、明确意义后，能对企业生产经营管理活动产生影响的数据，是反映事物在管理过程中的活动特征及其发展变化情况的各种消息、情报、资料等的总称，是用于管理的信息。

(2) 管理信息的特征

管理信息具有以下 4 个方面的特征。

① 原始数据来源的离散性。企业的原始数据产生于生产经营的各个环节和方面，数据来源分散，且关系十分复杂。

② 信息处理方法的多样性。由于各部门使用信息的目的不同，对原始信息加工处理的方法也就不同。如有的只需进行简单的分类、检索、统计，而有的则要应用现代数学方法，求解一些比较复杂的数学模型。

③ 信息量大。管理信息涉及整个企业的人财物、供产销等方面的信息，因而是十分庞杂的。

④ 信息传递的及时性。管理信息是具有时效性的，只有被及时、灵敏地传递和

使用，才能不失时机地对生产经营活动作出反应并制定对策。

(3) 管理信息的分类

① 按组织不同层次的要求，管理信息可分为：

- 计划信息。是与高层计划工作任务有关的信息，主要来自外部环境，如当前和未来经济形势的分析预测资料、资源的可获量、市场和竞争对手的发展动向，以及政治因素及政策的变化等。
- 控制信息。是与中层管理部门的职能工作有关的信息，用于帮助制订组织内部的计划。控制信息主要来自组织的内部。
- 作业信息。是与组织日常业务活动有关的信息，如会计信息、库存信息、生产进度信息等。作业信息来自组织的内部，主要由基层主管人员使用。

② 按信息的稳定性不同，管理信息可分为：

- 固定信息。固定信息是指具有相对稳定性的，在一段时间内，可供各项管理工作重复使用而不发生质的变化的信息。如各种定额标准和计划合同等信息。
- 流动信息。流动信息又称作业统计信息，是指反映生产经营活动实际进程和实际状态的信息。这类信息将随着生产经营活动的进展而不断更新，其特点是时间性较强，一般只具有一次性使用价值。将这类信息与计划指标相比，它是控制和评价企业生产经营活动，并揭示和克服薄弱环节的重要手段。

固定信息一般约占企业管理系统总信息量的75%，对企业管理系统工作质量的影响较大，因此它是企业管理系统数据管理的主要对象。

2. 管理信息系统

管理信息系统是一种以人为主导，基于计算机网络进行信息的收集、传输、加工、储存、更新和维护，以提高企业管理效率和经济效益为目的，支持企业高层决策、中层控制、基层运作的集成化的人机系统。

管理信息系统可在管理信息的产生源与使用者之间发挥媒介作用，使管理信息从产生到利用的时间间隔缩短，保证管理信息处理的准确性和时效性，提高其利用率，满足各种管理工作的需要。

管理信息系统须具备以下4项基本职能：① 确定信息的需求，即按照管理工作的要求确定所需信息的类型和类别，以及需要的时间和数量；② 按照信息的需求，进行信息的收集、加工等处理；③ 向管理者提供信息服务；④ 对信息进行系统管理。应注意这4项基本职能之间的衔接和连续性，后一个职能的发挥须以前一个职能工作的完成为基础。

3. 管理信息系统在控制系统中的作用

管理信息系统在控制系统中的作用主要表现在以下几个方面。

(1) 管理信息系统可以产生并提供给不同层次管理者决策和控制方面的信息

管理信息系统可以给上层管理者提供的信息包括外部信息和企业内部信息两大部分。其中外部信息包含上级主管部门对组织长远规划的设想、市场需要的预测、同类产品主要技术经济指标和主要措施等。内部信息包含如产品产量、质量、品种、计划完成情况、利润税收计划、资金利用率指标完成情况、经济合同完成情况等。

管理信息系统可以给中层管理者提供的信息包括下属的各种报表，各职能部门制定的各种定额、技术标准、技术规程和其他规章制度，上层的决策，组织外的情报等。

管理信息系统可以给基层管理者提供的信息包括上级的计划和下属的执行情况等。

由此可见，管理信息系统所产生和提供的上述重要信息，可以帮助企业不同层次的管理者正确地作出决策或采取控制行动。

(2) 管理信息系统可以提高获得信息的效率

传统的信息交流方式是沿着权力结构垂直进行的，而管理信息系统则允许正式信息以横向或超级方式进行交流，利用内部网络直接获得数据或信息，而不必通过层级结构传递，这样可减少对信息的篡改和过滤现象，并且无须到现场就能得到准确信息，因而大大提高了控制效率。

(3) 管理信息系统可以提高管理者决策和控制的能力

由于管理信息系统具有扫描、过滤、处理、存储和传送信息的功能，可以减少管理者的信息超载现象。例如，它可在几秒钟内迅速准确地完成销售经理的大部分工作，并为他提供答案，这将有利于及时准确地采取控制措施，提高控制能力。

(4) 管理信息系统可以影响组织管理方式

管理信息系统能够高效地为管理者的决策提供详尽、全面、准确的数据资料，使管理者能够及时掌握组织活动的全貌，运用系统观点来分析问题，使其在预测、库存、订货等计划和控制中运用数学规划模型进行定量分析成为可能，这将促使管理方法由定性向定量方向发展。

(5) 管理信息系统可以优化组织结构

通过使用管理信息系统，可减少管理人员的工作量，使他们能将更多的精力投入到具体工作过程中去。由于计算机控制代替了人的监督，使控制范围扩大，可减少专门从事数据整理、报表编制及简单操作人员的数量，通过减员增效，优化组织结构。此外，由于信息传递与提供速度加快，不受时间和空间的限制，可促进分权管理趋势的形成。

值得指出的是，管理信息系统的建立还将使人—机关系和人际关系发展达到一个新的水平。但它只能部分地代替人的工作，并无法代替人的创造性劳动。

思考题

1. 领导的含义是什么？领导和领导者有何区别？
2. 简述信息管理领导的分类情况。
3. 试分析信息管理对企业领导一般有哪些要求。
4. 信息需要有什么特点？信息动机和信息行为有什么联系？
5. 试分析企业领导的信息行为及其特征。
6. CIO 的职责有哪些？其地位如何？
7. CIO 的素质要求主要有哪些？目前 CIO 的含义又被赋予了一种什么新解释？
8. 企业管理控制的对象是什么？其基本过程包括哪些步骤？
9. 企业管理控制的方法有哪些？各自的内容有哪些？
10. 信息管理控制制度的内容有哪些？
11. 试分析管理信息系统在管理控制中主要有哪些作用。

第 7 章

信息系统技术

信息系统技术是指在信息系统开发与应用中所使用的各种技术的总称。其主要内容包括计算机技术、网络通信技术、程序设计技术和数据库技术等。此外还有一些间接技术，如数据采集、计算机控制、系统仿真，以及商业智能与数据挖掘等技术。这些间接技术虽不属于信息系统的核心支撑技术，也并非所有信息系统都要用到，但是实践表明，绝大多数信息系统，都会或多或少地使用其中的某一项或某几项技术，并且在某些特定范围内，对信息系统的成功与否起着独特的重要作用。

本章将对各种信息系统技术的功能和使用方法进行简要介绍，旨在使读者对信息系统开发中所涉及的各种技术形成一个整体的概念和思路，以全面、正确地把握组织信息系统的整个开发与建设过程。

7.1 系统与信息系统的概念

现实世界中存在着各种各样的系统，信息系统就是一个对信息进行收集和处理的系统。作为一种系统，它既具有系统的各种属性，又具有自己的特点。

7.1.1 系统的概念

系统普遍存在于客观世界中，是现代系统科学的重要研究内容。但其含义到底是什么，至今还没有一个统一的定义。通常认为：系统是由一些存在密切联系的部件组成的，为达到某种目的而相互作用的有机整体。

1. 系统的分类

按照组成系统要素的性质来划分，现实世界中的系统可以分为以下 3 种。

(1) 自然系统：指由自然力形成的系统，如天体系统、气象系统等。

(2) 人工系统：指经过人的劳动而建立起来的系统。一般的人工系统包括 3 种类型：一是由一定的制度、组织、程序、手续等所构成的管理系统；二是由人们从加工自然物获得的人造物质系统，如工具、设施、建筑物等；三是人造概念系统，即由主观概念和逻辑关系等非物质组成的系统，如学科体系系统、法律等系统。

(3) 复合系统：指自然系统和人工系统相结合的系统，如农业系统、水利工程等。

2. 系统的特征

从各种各样具体的系统中可以抽象出来系统的共性，即系统的特征。一般地，系统都具有目的性、相关性、层次性和整体性等特征。

(1) 目的性

任何系统都具有目的性。自然系统的目的性反映了系统内在的客观必然性，人工系统的目的性体现了人们对客观规律的认识和运用。系统必须履行特定功能，没有用处的系统就没有存在的必要。

(2) 相关性

也称关联性，即一个系统中的各要素之间存在着密切的联系，这种联系决定了整个系统的机制，它在一定时间内处于相对稳定状态，但随着系统目标的改变以及环境的发展也会发生相应的变更。

(3) 层次性

系统可以分成一系列子系统，并且可以进一步划分，从而形成多个层次。这种划分实质上是系统目标的分解和系统功能、任务的分解。系统的层次性使得子系统有了进行单独研究的可能性。在信息系统中往往体现出严格的层次性。

(4) 整体性

系统是一个有机的整体，系统中各个子系统围绕系统目标的实现，分别履行其特定功能。各子系统通过交互、联系、分工、协作，使系统的整体功能达到最大化。因此，系统不是各个要素或子系统的简单叠加，其整体功能往往要优于各个要素或子系统的功能之和。

7.1.2 信息系统的概念

信息系统是对信息进行收集、加工、传递、存储和利用的系统，它是一个人造系统。早期的信息系统可以不涉及计算机等现代技术，甚至可以是纯人工的。但随着计算机与网络技术的快速发展，一般认为，现代信息系统是由计算机硬件、网络和通信设备、软件、信息资源、信息用户和规章制度组成的，是以处理信息流为目的的人机一体化系统。

1. 信息系统的基本功能

信息系统具有5个基本功能：输入、存储、处理、输出和控制。

(1) 输入功能：是指根据系统对处理数据的要求，将收集到的原始数据输入到计算机，以待进一步加工处理的功能。

(2) 存储功能：是指系统对信息资料和数据进行存储的功能。

(3) 处理功能：是指通过数据处理工具，如基于数据仓库技术的联机分析处理(OLAP)和数据挖掘(DM)等技术，对信息的分析、加工和检索。

(4) 输出功能：是指根据不同的需求将加工处理后的数据以不同的方式输出的功能。信息系统的各种功能都是为了确保将处理后的数据及时输出和传递给需要的用户。

(5) 控制功能：是指指对构成系统的各种信息处理设备进行控制和管理，对系统信息的加工、处理、传输和输出等环节通过各种程序进行控制的功能。

2. 信息系统的层次

在不同的组织里，甚至同一个组织的不同群体里，由于人们的利益、专业和需求层次不同，因此存在着为满足不同需要而设计的不同类型的信息系统，这些信息系统相互交叉和集成，共同支持组织的信息管理。

(1) 业务处理层系统

业务处理层的系统通过监测组织的基本活动和事务处理来支持管理者的工作。如销售订单的输入、现金出纳、工资单处理以及工厂的物料调拨等。在这类信息系统中，解决问题的方法和过程基本上是固定的，因此，收集、加工和处理这些业务所需要的数据就成为系统成功运行的关键。电子数据处理系统与事务处理系统都是用于组织中事务数据处理层的基本信息系统。

(2) 管理控制层系统

管理控制层的系统是指为了支持中层管理者进行日常工作中的监视、控制、决策以及管理活动而设计的信息系统。该类系统并不负责日常操作中的直接数据的收集，而只是定期提交各种特定的报告，反映某一阶段或某一时期的工作情况以及与同期数据的分析、比较。有些管理控制层的系统也支持非常规决策，它擅长处理那些信息需求不很明确的半结构化决策问题。这类系统包括管理信息系统和决策支持系统等。

(3) 战略计划层系统

战略计划层的系统是指面向组织高层，用于应对组织内部和外部环境等战略问题，辅助制定组织长远规划的信息系统。这类系统主要用于处理非结构化决策问题，并建立一般化的计算和通信环境，而不是提供固定的应用或具体的处理。在解决实际问题时，管理者的经验知识、文化背景、价值观念对他们解决问题的方式是至关重要的。战略计划层的系统包括主管支持系统和专家系统等。

信息系统是伴随着信息管理学思想的发展和信息系统技术的进步而不断发展、完善的，在7.3节中将对信息系统的发展历程进行详细介绍。

7.2 数据库与数据仓库技术、知识库与知识仓库技术

信息系统在运行过程中会产生大量的数据，系统必须将其保存起来以便加工处理，从中抽取有用的信息。因此，信息系统的一个重要的功能就是数据和信息的存储。信息系统中数据的存储和处理要求具有安全性、可共享性、可使用性和可维护性。随着数据量的激增，现代信息系统必须使用计算机来完成数据处理。调查显示，绝大多数现代信息系统使用了数据库或数据仓库来存储数据，而随着知识经济时代的到来和知识管理系统的出现，知识库和知识仓库也受到人们的重视并得到广泛应用。

7.2.1 数据库技术

1. 数据库与数据库管理系统

数据库(Data Base，DB)是指长期存储在计算机内、有组织、可共享的大量数据的集合。数据库技术是计算机技术中发展最快的领域之一，也是应用最广的技术之一，它是信息系统的核心技术和重要基础。

20世纪60年代后期以来，计算机用于管理的规模日益庞大、复杂，应用领域不断地向纵横交叉渗透，数据量急剧增长。为了科学地组织和存储数据，高效地获取和维护数据，满足多用户、多应用共享数据的需要，人们推出了数据库技术和数据库管理系统(Database Management System，DBMS)。由于数据库技术将数据以结构化形式进行存储，面向整个系统开发，并且提供了快速的存储和查询等功能，因此大大降低了数据的冗余度，管理和控制也得到了简化。

2. 分布式数据库系统

20世纪80年代中期，随着数据库技术和网络通信技术的发展，异机、异地间的数据共享成为可能。分布式数据库系统(Distributed Database System)应运而生。在分布式数据库系统中，要处理的数据在逻辑上是一个整体，但在物理上却分布在网络的各个节点上，每个节点的数据由本地数据库管理系统进行管理，各个节点之间通过网络实现数据共享，从而实现了数据的分布存储。

20世纪70年代出现的第二代数据库——关系数据库已经发展成为当今最为流行的商用数据库系统。数据库技术与计算机网络通信技术、人工智能技术、面向对象程序设计技术等技术互相渗透与结合，成为当前数据库技术发展的主要特征。随着数据库技术的广泛应用，数据库也在朝着大型化和微型化方向进一步发展。

7.2.2 数据仓库技术

20世纪90年代以来，信息系统技术和数据库技术有了较快发展。面对组织中存储的海量数据，如何才能更加有效地利用数据、更加灵活地分析数据和更加科学地管理数据成为组织信息管理的难题。数据仓库的建立，就是为了充分利用已有的数据资源，将数据转换为信息，并从中挖掘出知识，提炼成智慧，最终创造出效益。

计算机信息系统中存在着两类不同的数据处理工作：操作型处理和分析型处理，也称作OLTP(联机事务处理)和OLAP(联机分析处理)。操作型处理也叫事务处理，是指对数据库的日常操作，通常是对一个或一组记录的查询和修改，要求有快速的用户响应和较高的安全性、完整性及吞吐量。分析型处理则是指对数据的查询和分析操作，通常是指对海量历史数据的复杂查询和分析。二者之间的差异，使得传统的数据库技术无法同时满足两类数据处理的要求，于是数据仓库技术便应运而生。

1. 数据仓库的定义

数据仓库概念是由W.H.Inmon在《*Building the Data Warehouse*》一书中提出的，他认为数据仓库是一个面向主题的、集成的、相对稳定的、反映历史变化的数据集合，用于支持经营管理中的决策制定过程。数据仓库是以关系数据库、并行处理和分布式技术为基础的信息新技术，从目前的形势看，数据仓库技术已紧跟Internet而上，成为信息社会中获得企业竞争优势的又一关键技术。

2. 数据仓库的特征

(1) 面向主题(Subject Oriented)

数据仓库中的数据是按照一定的主题进行组织的。主题是一个抽象的概念，是在较高层次上将企业信息系统中的数据综合、归类并进行分析利用的抽象；在逻辑意义上，它对应于组织中某一个宏观分析领域所涉及的分析对象。

(2) 集成的(Integrated)

数据仓库中的数据是在对原有分散的数据库的数据进行抽取、清理的基础上经过系统加工、汇总和整理得到的，必须消除源数据中的不一致性，以保证数据仓库内的信息是关于整个企业的一致的全局信息。

(3) 相对稳定的(Non-volatile)

数据仓库的数据主要供企业决策分析之用，所涉及的数据操作主要是数据查询。一旦某个数据经过抽取、清洗、转换和装载存放到数据仓库之后，一般情况下将被长期保留，这使得数据仓库里的数据不但数量大，而且质量高、可检索。数据经集成进入数据仓库后是极少或根本不更新的。

(4) 反映历史变化(Time Variant)

数据仓库中的数据通常包含大量的历史信息，它记录信息系统从过去某一时点到目前的各个阶段的信息。通常数据仓库的数据都包含时间项，以标明数据的历史时期，从而可以对组织的发展历程和未来趋势作出定量分析和预测。

3. 数据仓库的组成

(1) 数据抽取工具

数据抽取工具又叫ETL(Extract Transform Load)工具，它把数据从各式各样的数据存储中抽取出来，并按一定规则进行必要的清洗、转换，再加载到数据仓库内。它可以访问各种数据库和数据文件，并从中提取出数据。

(2) 数据仓库数据库

数据仓库数据库是整个数据仓库环境的核心，它负责数据的存储管理和数据存取，同时为数据仓库访问工具提供检索接口。目前，数据仓库数据库一般是关系数据库或扩展了的可以更好支持数据仓库功能的关系数据库，其优点是提供了对海量数据的支持和快速检索技术。

(3) 元数据

元数据是描述数据仓库内数据的结构和建立方法的数据。按用途的不同可将其分为两类：技术元数据和商业元数据。

(4) 数据仓库访问工具

数据仓库访问工具为用户提供了强大的访问手段，包括查询和报表工具、联机分析处理(OLAP)工具、数据挖掘工具、应用开发工具和经理信息系统(EIS)等。它透明地为用户提供多维数据视图和可视化的结果分析工具等。

数据仓库技术的目标是通过对海量数据的存储、分析，并借助数据挖掘这一技术工具来获取决策制定过程中所需的具有重要参考价值的信息和知识。

数据挖掘是指从大量的、不完全的、有噪声的、模糊的、随机的数据中，提取出隐含在其中的、潜在的有用信息和知识的过程。它基于人工智能、机器学习、模式识别、统计学、数据库、可视化技术等科学和技术手段，高度自动化地分析企业的数据，作出归纳性的推理，从中挖掘出潜在的模式，以便帮助决策者调整市场策略、降低风险，作出正确的决策。

4. 主流数据仓库产品介绍

目前主要的数据仓库产品供应商包括Oracle、IBM、Microsoft、SAS、Teradata、Sybase等。根据IDC发布的2006年数据仓库市场分析报告，上述公司推出的数据仓库解决方案占据了全球近90%的市场份额。

(1) Oracle公司的数据仓库解决方案包含了业界领先的数据库平台、开发工具和应用系统，能够提供一系列的数据仓库工具集和服务，具有多用户数据仓库管理能力，较强的与OLAP工具的交互能力，及快速和便捷的数据移动机制等特性。

(2) IBM公司的数据仓库产品称为DB2 Data Warehouse Edition，结合了DB2数据服务器的长处和IBM的商业智能基础设施，集成了用于仓库管理、数据转换、数据挖掘以及OLAP分析和报告的核心组件。IBM还提供了一套基于可视数据仓库的商业智能解决方案——IBM InfoSphere Warehouse。

(3) Microsoft在SQL Server 2005中整合了数据仓库方面的功能，并正式进入数据仓库管理系统的主流市场。其发展势头非常迅猛，至2007年已从挑战者进入领导者行列，与前两家产品抢占市场份额。2009年，微软发布了新型数据仓库参考体系结构——SQL Server Fast Track，用于创建适用于用户独特需求与预算要求的企业级数据仓库解决方案。

7.2.3 知识库技术

21世纪是知识经济时代，知识已成为组织最主要的财富来源，组织的发展将更多地依赖于其所拥有的无形知识资产。据IDC的调查显示，企业通过知识管理增加利润收入67%，改善满意度54%，开发新产品与服务35%。知识与知识员工成为组织管理的新内容，组织的信息管理不可避免地需要将知识纳入管理范畴，形成知识管理(Knowledge Management，KM)，信息管理的内容也就从数据、信息提高到知识层次。

1. 显性知识和隐性知识

知识按照可描述性可分为显性知识和隐性知识。显性知识是指能用文字和数字表达出来的，并经编辑整理的知识。它广泛存在于各种类型文档中，由于是可编码的，所以容易用文字形式记录、保存、转移与共享。

隐性知识是指存在于人脑中的非结构化、不可编码的知识。这些知识高度个性化且难以格式化，是关于个人的思想、经验、主观理解和直觉预感的知识。隐性知识由于不可编码，所以难以用文字形式记录，也不利于转移及共享。但是，隐性知识对于组织十分重要，它是企业创新的源泉，能够不断地为企业带来竞争利益。

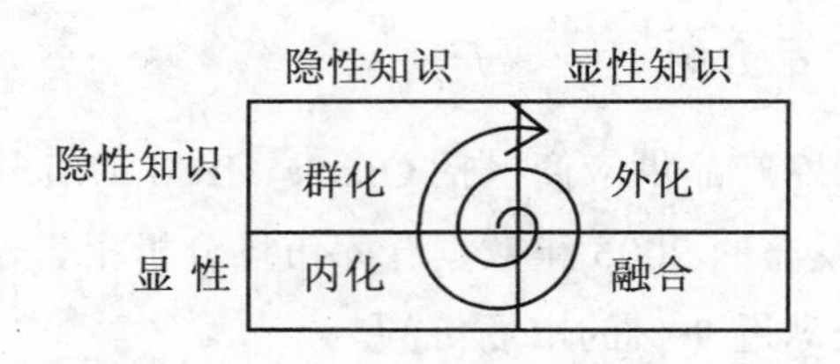

图 7-1 显性知识与隐性知识的转化

日本知识管理专家野中郁次郎提出了显性知识和隐性知识相互转换的 SECI 过程模型，将知识的转化分为以下几个过程：群化(Socialization)，即通过共享经验产生新的意会性知识的过程；外化(Externalization)，即将隐性知识表达出来成为显性知识的过程；融合(Combination)，即将显性知识组合形成更复杂、更系统的显性知识体系的过程；内化(Internalization)，即将显性知识转变为隐性知识，成为企业的个人与团体的实际能力的过程。

2. 知识库及其特点

由于组织中知识员工所从事的工作越来越复杂，为了完成组织目标需要调用越来越庞杂的知识。为了快速准确地获取所需的知识，有必要将知识像数据那样存储，建立知识库。

知识库(Knowledge Base，KB)是知识工程中的一种结构化、易操作、易利用、全面、有组织的知识集群，是针对某一(或某些)领域问题求解的需要，采用某种(或若干)知识表示方式在计算机中存储、组织、管理和使用的互相联系的知识单元集合。知识库中的知识源于各领域的专家，是求解问题所需领域知识的集合，包括基本事实、规则和其他有关信息。很显然，知识库中存储的知识一般是显性知识，部分隐性知识通过一定的转换后也可以存储到知识库中。知识库具有以下特点。

(1) 知识库中的知识根据其应用领域特征、背景特征(获取时的背景信息)、使用特征、属性特征等被转换成便于利用的、有结构的组织形式。知识在知识库中一般以模块化知识单元的形式存储。

(2) 知识库的知识是有层次的。最低层次是“事实知识”，中间层是用来控制“事实”的知识(通常用规则、过程等表示)；最高层次是“策略”，它以中间层知识为控制对象。策略也常被认为是规则的规则。

(3) 知识库中还可存在一个通常被称为典型方法库的特殊部分。如果对于某些问题的解决途径是肯定和必然的，就可以把它作为一部分相当肯定的问题解决途径直接存储在典型方法库中，这种宏观的存储将构成知识库的另一部分。

3. 知识库的作用

(1) 使信息和知识有序化是知识库对组织的首要贡献

建立知识库需要对原有的信息和知识进行大规模的收集和整理，并按规则分类存储，且提供相应的检索手段。这样使大量隐含知识编码化和有序化，方便检索。

(2) 加快知识和信息的流动，有利于知识共享、交流和创新

首先，知识的有序化可使其检索和利用效率大大提高，加快知识的流动；其次，通过内部网可使组织内外积累的知识迅速传播，使获得新知识的速度明显加快；再次，知识库提供了方便的接口，使获取和利用知识更加便利，以促进知识的创新。

(3) 帮助企业实现对客户知识的有效管理

企业销售部门的信息管理一直是比较复杂的工作，一般老的销售人员拥有很多宝贵的知识，但随着客户的转变或工作的调动，这些知识便会损失。因此，企业知识库的一个重要内容就是将客户的所有信息进行保存，以方便新的业务人员随时利用。此外，对于客户提出的各种问题可以保存到知识库，当遇到同类问题时就可以迅速地提供解决方案。

4. 知识库应用案例——微软产品知识库

微软公司自成立以来推出了种类繁多的软硬件产品，虽然简单易用，但用户在使用过程中还会遇到各种问题。微软公司在总结了客户服务部门所接收到的大量用户反馈信息后，建立了微软产品知识库(Microsoft Knowledge Base)。它是一个集文章、白皮书及其他应用微软产品所需要的信息资源于一体的知识库，用户可方便地搜索所遇到问题的答案，或提交各种问题，从而减轻了客服部门的压力，提高了用户满意度。另外，它还提供了大量的应用案例和培训课程，对用户了解、使用产品有很大帮助。此外，众多的产品专家和用户可以随时对问题进行解答和交流，分享自己的使用经验，促进知识库的成长。

7.2.4　知识仓库技术

知识仓库是(Knowledge Warehouse，KW)知识管理系统的重要组成部分(主要“硬件”)，它起初来源于数据仓库，是以多行业、多类别数据仓库组成的集合，涉及多行业、多层次的单位，在形式上除了包括文字、影像、图形等多媒体形式的信息，还包括以某种理论、假想、算法、推论等方式存在的抽象知识。它是一个较庞大的知识综合体，大到可以指导一个国家(如各国的智库)乃至一个世界发展的方向，小到可以指导一个企业的发展策略或影响个人的发展前途。

知识仓库并不同于知识库，它包含了知识库，不仅含有组织的知识存储，还含有这些知识产生、应用的相关背景和参考经验。由此可见，知识仓库具备了将知识与特定过程和未知情况进行动态匹配的能力，即具备了促进知识创新的能力。因此，知识仓库是知识库的超集。

1. 知识仓库的特点

知识仓库利用其广泛的知识资源，经过严密、科学的分析整理，根据条件的不同，可用于指导各行各业的单位实体或个人沿着正确的方向发展，能够将最先进的理论、技术运用于实际的生产生活。知识仓库的应用有以下几个特点。

(1) 适用的行业多。知识仓库来源于各行各业基层工作者经验技术的总结加工，根据知识仓库的分类汇总分析统计，形成的面向专业的知识决策支持系统，可提供相应专业的知识支持功能。

(2) 强大的知识支持辅助决策功能。知识仓库利用其海量的数据、智能和并行的知识处理能力，辅之计算机人工智能的发展，可以提供面向专业的知识支持，解决企事业单位在工作中面临的知识缺乏问题，在基于事件的决策中起辅助决策作用。

2. 知识仓库的组成

(1) 完善、可靠的硬件体系：主要依靠现代电子技术，尤其是计算机技术和网络技术，二者构成了知识仓库最基本的部件。

(2) 功能强大的软件体系：知识仓库是一个专业的、分行业进行知识的收集、整理、统计和分析的专业软件系统。

(3) 高素质的专业技术人员：完成对知识仓库的远程控制，使之有效地工作。

(4) 广泛的社会实践者：将广泛存在于社会实践者头脑中的知识以专门的形式整理、聚集，以不断充实知识仓库的素材来源。

3. 知识仓库的功能

(1) 知识获取功能

获取正确完整的组织知识是实现组织知识存储和共享的前提，也是知识仓库应具备的重要功能之一。获取知识有人工获取和自动获取两种形式。人工获取一般由知识工程师与领域专家、用户等相互协作和交流，对组织大量的知识资源进行抽取、归纳、整理得到。由于知识的时效性，知识仓库需具备自动获取知识的功能，与组织现有的知识库、信息资源库相连，运用数据挖掘技术、机器学习技术、基于案例的推理以及神经网络技术等自动地从大量知识资源中抽取出有效的知识。

(2) 知识的分类存储和检索功能

由于企业知识种类繁多，需要存储的不只是知识条目，还包括与之相关的事件、使用情况、来源等信息，这些信息可能以文本、声音、图像、表格、超文本等多种形式出现。知识仓库应能根据不同的知识特征进行分类，采用多种类型的数据库进行分布式存储，并能对各种结构的知识进行统一集成。同时还应对存储的知识方便地进行查询和检索。

(3) 知识维护功能

由于知识仓库中的知识是动态变化的，应在保证知识仓库知识质量的同时，监督知识的使用情况，不断调整其知识结构，及时删除不正确、不完整的知识，并对过时的知识加以更新。同时，由于企业知识对不同级别的人员有不同的访问权限，要求在知识仓库的维护中设立多级安全认证，对不同级别的维护者赋予不同的存取权限，以确保知识的正确性、安全性和完整性。

(4) 知识推送功能

为给用户提供便捷的知识共享界面，使用户所需知识能在需要的时候及时展现给用户，要求知识仓库能按预定的知识描述格式提取关键字并与知识仓库中相应问题的解决方案进行匹配，将用户所需的知识自动、及时地推送至用户运行界面，从而提高用户对知识的使用效率。

5. 知识仓库案例——医院知识仓库

医疗行业作为一个典型的知识密集行业，除了有各种医学常识外，还有众多医学案例，而其中隐藏着大量的知识。如何快速地获取和应用医学知识是医学领域的一个重要课题。虽然国家大力推进远程医疗建设，并不断实践应用(如在汶川地震中的医疗救助)，但普及率低、通信质量差等缺点使它无法完全满足实际应用，造成的误诊率也比较高。医院知识仓库则可以解决医学知识的需求，为用户提供大量高质量、可检索、可快速获取的医学常识、临床案例和药物知识等。

中国医院知识仓库是专门针对各级各类医院的医疗、科研、教学和管理工作的知识需求而开发的专业知识仓库。它包括医学领域相关的期刊全文库、博硕士学位论文全文库、会议论文全文库、报纸全文库、政策法规全文库、图书全文库等各类专业文献数据库。收录学科范围包括基础医学、临床医学、预防医学、中国医学、药学、特种医学、生物科学、图书情报与档案学、管理学、计算机及应用、医学教育等。目前拥有的文献数已超过760万册，是医学领域一个优秀的知识仓库。

7.3 信息系统的开发工具

信息系统的开发工具是在信息系统建设的整个过程中使用的各类工具的总称，开发人员可利用它们按照系统功能需求，高效、正确地生成合乎规范的产品。它们有的适用于系统开发的某个阶段，有的则在整个开发过程中发挥作用。

7.3.1 信息系统开发工具的发展历程

信息系统的开发工具经历了一个由低级到高级、由简单到集成的发展过程。

1. 简单的开发辅助工具

信息系统的开发辅助工具是指一些通用的处理软件，如图形编辑软件和简单的编程工具等。这类工具需要大量的手工操作来整合它们处理的结果，只能部分地支持系统开发。

2. CASE 工具

计算机辅助软件工程(Computer Aided Software Engineering，CASE)的基本思想是提供一组能够自动覆盖软件开发生命周期各个阶段的、集成的、能够辅助进行软件开发的工具，使开发人员能够把更多的精力集中在创新工作上。

CASE 已被证明可以加快开发速度、提高应用软件生产率，并保证应用软件的可靠品质。根据这些工具在信息系统开发中发挥作用的阶段不同，CASE 工具可以分为系统开发的上游工具和下游工具。前者可以自动进行应用的计划、设计和分析，帮助用户定义需求、产生需求说明，并可完成与应用开发相关的所有计划工作；后者则自动进行应用系统的编程、测试和维护工作，提高信息系统的质量。

3. 集成化软件开发环境

集成化软件开发环境(Integrated Software Engineering Environment，ISEE)是按照一定的理论/概念模型把支持软件开发的计算机系统软件、工具集、信息库、网络管理、人员与场地设施等全部开发资源进行有效灵活的集成，从而系统、有效地支持基于软件工程理论、技术、方法和规范的软件开发的全部过程和活动。

由于不同开发工具之间存在着标准的差异，造成了各种 CASE 工具的封闭性，阻碍了信息系统的开发。为了解决各类开发工具之间的通信问题，一方面国际组织积极制定大量标准和规范，意图使各种开发工具拥有统一的接口；另一方面，以 Microsoft、Sun、IBM 和 Oracle 为代表的公司先后推出了各自的集成化软件开发环境，使现代信息系统开发变得简单和便捷。

7.3.2 几种常用的信息系统开发工具

信息系统的开发工具近 20 年的发展不断成熟，而计算机硬件技术的快速发展以及第四代编程语言的成熟，使这些开发工具更加高效、智能化和自动化。

1. MyEclipse

MyEclipse 企业级工作平台是一种优秀的 J2EE 集成开发平台，它有丰富的功能，包括完备的设计、编码、测试和部署功能。其 UML 双向建模工具、所见即所得的 JSP/Struts 设计器、可视化的 Hibernate/ORM 工具、Spring、EJB 和 Web services 的良好支持，以及 Oracle 等数据库开发功能使我们能够高效地进行 J2EE 的开发、测试和发布。

MyEclipse提供了对J2EE模型的支持，使开发人员可以可视化地进行信息系统的各种配置，从而可以对商业逻辑进行直观的控制，提高了组织流程的可读性；它提供了强大的Web开发工具集，可以可视化方式编辑各种Web文件，为基于Web的信息系统开发提供良好的支持；得益于它的开放性，可通过添加驱动包连接各种主流数据库系统，完成数据库定义和操作；MyEclipse内置的错误检查器和兼容性检查器不但可以对系统的正确性进行验证，保证系统逻辑正确，还能够自动生成高质量的示例代码和文档，从而有力地支持后续开发与部署。

2. Microsoft.NET和Visual Studio

随着计算机网络的迅猛发展，信息系统也开始青睐于网络，为了支持网络信息系统的开发，微软推出了Visual Studio集成开发环境，并经多次版本升级发展为Visual Studio 2010，其中包括各种增强功能，提供了高级开发工具、调试功能、数据库功能和创新功能，并且支持建立在DHTML基础上的Ajax技术。

Visual Studio 2010拥有良好的用户界面，它提供的各种可视化工具既提高了效率也降低了编程难度。此外，与MSDN集成的帮助系统，使用户在遇到问题时可以进行快速搜索，进而找到解决办法；Visual Studio将SQL Server数据库的管理功能集成在数据库窗口，支持对数据库的全部常用操作，为信息系统提供了强大的数据库支持；它内置大量的控件，支持拖动操作，特别是数据库组件，可方便地进行数据库连接和各种操作，使数据库编程变得十分简单；Visual Studio提供了各种编程语言的自动完成功能，既提高了编程效率又减少了出错的可能；内置的查错工具可实时检查出错误出现的位置，并提示用户进行改正；强大的调试功能允许进行逐行调试，对变量和对象等进行即时查看，使各种逻辑错误无处可逃。

7.3.3 其他常用的信息系统开发工具

除了上述功能高度集成的信息系统开发工具外，还有许多优秀的信息系统开发辅助工具。它们有的体积很小难以独当一面，却在某一方面具有绝对优势；有的功能十分强大，在其同类产品中处于领先水平。下面按照其所属类别进行简要介绍。

1. 流程图(Flow Charts)工具

流程图是流经一个系统的信息流、观点流或部件流的图形表示，主要用来说明某一过程。这种过程既可以是生产线上的工艺流程，也可以是完成一项任务必需的管理过程。在信息系统分析和设计中经常需要绘制业务流程图(Transaction Flow Diagram，TFD)和数据流程图(Data Flow Diagram，DFD)。前者用以表示某个具体业务的处理过程，后者则全面描述信息系统的逻辑模型。绘制流程图的工具有Visio、亿图和 Open Office Draw 等。

(1) Visio 是世界上最优秀的商业绘图软件之一。它提供了各种模板：业务流程的流程图、网络图、工作流图、数据库模型图和软件图，可用于可视化和简化各种流程的描述，其部分功能已被集成于 Microsoft Visual Studio 当中。

(2) 亿图是国内开发的一款类似于 Visio 的流程图和网络图的绘制软件。它新颖小巧、功能强大，可方便地绘制各种专业的业务流程图、数据流程图、程序流程图和网络拓扑图等。它采用全拖曳式操作，非常方便使用。它的各种图形模板库非常适合专业人员使用。此外，它还提供了图文混排和所见即所得的图形打印等功能，并且为软件企业提供了可以二次开发的许多图形控件，是一款实用的流程图绘制工具。

2. XML 工具

XML(Extensible Markup Language)，即可扩展标记语言，用于进行数据存储和数据交换，可提供数据的结构化视图。XML 的开放性使它可以应用于各种操作系统及 Web 服务上。它具有一个良好的集成开发环境 Altova XMLSpy，可进行各种 XML 及文本文档的编辑和处理。它支持数据与各种数据库的导入导出，甚至可根据文档生成代码。它的图形化编辑视图——Authentic 视图，使用户可以像使用字处理软件那样对 XML 文档进行数据查看和录入。它内置的良构性检查和验证器，可以保证 XML 文档的正确性。它的智能编辑提示功能，可在编辑过程中为用户提供丰富的帮助信息。它还可以与 Visual Studio、Eclipse 等开发环境集成，极大地提高开发效率。

3. UML 建模工具

统一建模语言(Unified Modeling Language，UML)是用来对信息系统进行可视化建模的语言。UML 可作为对面向对象开发系统的产品进行说明、可视化和编制文档的一种标准语言，很适合于数据建模、业务建模、对象建模和组件建模。作为一种模型语言，它使开发人员可以专注于建立产品的模型和结构，而不必考虑选用什么程序语言和算法来实现。模型在建立之后可被 UML 工具转化为指定的程序语言代码。较成熟的 UML 建模工具主要有 Visual Paradigm for UML 和 MagicDraw UML。

(1) Visual Paradigm for UML(VP-UML)是一款功能强大、跨平台、使用便捷、直观的 UML 建模工具。作为开发 UML 的利器，它为软件工程师、系统分析师、业务分析员、系统架构师等人员提供了可靠的建模和分析工具。它支持最新的 Java 标准和 UML 图，还可以和其他工具整合，包括 Eclipse/IBM WebSphere 等。Visual Paradigm 在近几年的进步非常快，获得了第 15 届 Jolt 的 UML 设计工具大奖。

(2) MagicDraw UML 是一款 UML 建模和面向对象的系统设计分析工具，适用于商业分析师、软件分析员、程序员、质量评估工程师、文档编制者以及企业管理者使用，支持团队开发的 UML 建模和 CASE 工具。它支持 J2EE、C#、C++、.NET、

XML Schema等，还支持数据库建模、DDL生成和反向工程等。它允许一个以上的开发者同时对同一模型进行修改，并自动将这些修改进行合并(类似于版本控制系统)。

7.4 从电子数据处理系统到决策支持系统的发展过程

信息管理学思想和信息系统技术的发展共同促进了信息系统的进步。它们不但改变了信息系统的功能和目标，还改变着组织的业务模式和经营管理模式。信息系统的发展历程可以大致分为以下4个显著的阶段。

7.4.1 电子数据处理

1954年，美国通用电气公司首先使用计算机进行工资和成本会计核算，开始了现代信息系统发展的第一个阶段。在这一阶段(20世纪50—60年代)，信息系统主要应用于以计算机为基础的数据处理和存储，以支持管理工作中的统计计算、制表以及文字处理等事务处理过程，其目标是代替繁重的手工数据处理，提高组织运营的效率以及数据操作的准确性。它可帮助组织降低业务成本，提高信息准确度，提升业务服务水平。

本阶段的信息系统服务于组织的底层业务，大多用于订单、凭证等的处理。

7.4.2 管理信息系统

20世纪60—70年代随着数据库技术的发展和分布式系统技术的出现，由中型机、小型机和终端机组成的网络被广泛应用于企业管理实践，并形成了传统结构化的管理信息系统(Management Information System，MIS)。标志着信息管理的早期模式——数据管理的消亡和信息管理模式的开始。

这一阶段的主要目标是提高系统处理的综合性、系统性和时效性，使之能从企业全局出发，通过数据共享，发挥系统的综合能力，帮助管理者分析、计划、预测和控制企业信息。其主要的核心技术是数据库技术和网络通信技术。尽管MIS的理论和实践均得到了飞速发展，但由于缺乏灵活性、环境适应性以及对管理者决策的支持能力，许多系统曾在开发应用失败后受到了质疑。

目前，MIS的开发技术已基本成熟，它已成为涉及计算机、网络通信、操作系统、数据库和用户业务的一项复杂系统工程。它是人们在长期的生产实践中形成的管理思想、管理模式和管理方法与信息技术的融合，可对企业生产经营各环节进行合理配置和优化组合，使生产经营过程中的人力、物力、资金处于最佳状态，实现以最少的投入获得最大的产出。随着新技术的发展，MIS 的建设正朝着与协同计算技术、网络通信技术、软件工程、面向对象技术、自然语言及多媒体等相结合的方向发展。从 MIS 的应用情况看，它已经广泛应用于企业、商业、事业和政府机构等部门，可在事务处理、业务处理、战术(管理)处理和战略(决策)处理等 4 个层次上进行处理，可以代替各级管理人员进行纷繁、复杂的数据处理工作；能够进行销售管理，提高市场快速反应能力和服务质量；有效控制管理中的各种消耗和浪费，提高管理质量；进行全面的财务管理，提供财务分析报告，辅助决策；将管理人员的精力从底层的事务处理转向高层的决策上；促进企业规范化、科学化和现代化。

7.4.3 决策支持系统

这个阶段的信息系统目标改变了以往只注重运营活动效率改善的情况，而更加强调组织决策的有效性，因而以人机对话、模型库和人工智能等为核心技术的决策支持系统(Decision Support System，DSS)得到迅速发展，这类系统主要用于解决非结构化和半结构化的决策问题。

1. 决策的分类和决策支持系统

决策按其性质可分为如下 3 类。

(1) 结构化决策，是指对某一决策过程的环境及规则能用确定的模型或语言进行描述，以适当的算法产生决策方案，并能从多种方案中选择最优解的决策。

(2) 非结构化决策，是指决策过程复杂，不可能用确定的模型和语言来描述其决策过程，更无所谓最优解的决策。

(3) 半结构化决策，是指介于以上二者之间的决策，这类决策可以建立适当的算法产生决策方案，使决策方案得到较优的解。

DSS 是辅助决策者通过数据、模型和知识，以人机交互方式进行半结构化或非结构化决策的计算机应用系统。它是 MIS 向更高一级发展而产生的先进信息管理系统。它为决策者提供分析问题、建立模型、模拟决策过程和方案的环境，调用各种信息资源和分析工具，帮助决策者提高决策水平和质量。

2. DSS 的基本特征

DSS 是针对半结构化和非结构化决策过程提供支持的系统。它强调对决策的支持，并不是指决策的自动化。决策支持系统的基本特征主要有以下几点。

(1) 重点是解决高层管理者面临的半结构化问题。

(2) 支持但不是代替高层决策者制定决策。

(3) 主要目的在于改善决策质量而不是提高决策效率。

(4) 强调对环境及用户决策方法改变的灵活性及适应性。

(5) 特别注重让非计算机专业人员以交互方式使用系统。

3. DSS 的发展

信息系统要有效支持决策就必须具有分析能力和模型能力，所以 DSS 是利用计算机的分析和模型能力对管理决策提供支持的系统。DSS 有的只提供数据支持，称为面向数据的 DSS(Data Oriented DSS)；有的只提供模型支持，称为面向模型的 DSS(Model Based DSS)；现在的 DSS 既面向数据又面向模型。

最早的 DSS 的形式像电子报表，如交互式财务计划系统(Interactive Financial Planning System，IFPS)，它主要用于解决财务问题。它提供了很好的表格运算，又具有很好的书写模型能力，因此取得了很大成功。现在的 DSS 又有了新的发展，主要朝着以下几个方向发展。

(1) 智能决策支持系统(Intelligence Decision Support System，IDSS)

20 世纪 80 年代末至 90 年代初，人工智能(Artificial Intelligence，AI)和 DSS 相结合，并应用专家系统(Expert System，ES)技术，使 DSS 能够更充分地应用人类的知识(如关于决策问题的描述性知识、决策过程中的过程性知识、求解问题的推理性知识)，形成了 IDSS。它在结构上增加了知识库和推理机，具有一定的人工智能，可以模拟专家的思维和推理过程，通过逻辑推理来帮助解决复杂的决策问题。

(2) 群体决策支持系统(Group Decision Support System，GDSS)

随着经济和社会的发展，组织和管理都发生了很大变化，决策活动越来越趋向于社会化，许多重大的决策不再是由某个个体来完成的，而是由领导群来进行的，传统的 DSS 无法支持多个决策成员的协同决策，在这种背景下便产生了 GDSS。网络技术的发展和协同决策理论的成熟推动了 GDSS 的迅速发展。GDSS 可让多个决策参与者通过网络进行思想和信息的交流，因为并没有面对面交流，有利于克服盲从等心理因素的影响。多个决策者通过磋商和讨论，可避免个体决策的片面性和可能出现的独断专行等弊端，从而可以提高决策的满意度和可信度。

7.4.4　战略用户支持系统

20 世纪 90 年代，信息技术取得了革命性进展，标志着信息系统应用的高级阶段的到来，也使得组织的经营从最初的局部的事务处理转变到更大范围和更高层次的经营计划控制上来，出现了主管信息系统和专家系统等战略支持系统。

1. 主管信息系统(Executive Information System，EIS)

EIS 人们通常也称其为经理信息系统，是服务于组织的高层经理的一类特殊的信息系统。它首先是一个“组织状况报导系统”，能够迅速、方便、直观地提供综合信息，并可以预警和控制“成功关键因素”遇到的问题。EIS 还是一个“人际沟通系统”，经理们可以通过网络下达命令，提出行动要求，与其他管理者讨论、协商、确定工作分配，进行工作控制和验收等。

2. 专家系统(Expert System，ES)

专家系统是人工智能应用研究最活跃和最广泛的领域之一。它是一种智能计算机程序系统，其内部存有大量的某个领域专家水平的知识与经验，应用人工智能和计算机技术，可根据某领域专家提供的知识和经验，进行推理和判断，模拟人类专家的决策过程，以便解决那些需要人类专家处理的复杂问题。简而言之，ES 是一种模拟人类专家解决领域问题的计算机程序系统。它能对决策过程作出解释，并有学习功能，即能自动增长解决问题所需的知识。目前专家系统已经发展到第 4 代，不但能求解专门问题，而且还具备推理和学习能力。

信息系统从数据处理系统发展到支持战略决策的信息系统的过程，也是信息管理学发展的历程，是由组织的实际信息需要推动的。在这一发展过程中信息系统技术本身也在不断地更新。目前，以 ERP、CRM 等为主要产品的 MIS 已成为信息系统应用的主流，DSS 等产品也在应用中不断成熟。随着信息管理思想的逐步完善，信息系统必将进入更高级的阶段，现有的各类信息系统也将被逐步升级、取代或集成，但由于各种应用环境的限制，它们不会也不应该消失。

7.5 信息系统的体系结构与应用模式

信息系统的体系结构体现了信息系统各组成部分之间的逻辑关系，信息系统的应用模式则体现了信息系统各部分的物理关系。随着信息管理思想的发展和信息系统技术的变革，信息系统的体系结构将不断优化和完善，各种系统模型的出现标志着信息系统体系结构的成熟。信息系统的应用模式也将发展成为依靠互联网、强大的数据库和成熟的开发平台的多层结构。

7.5.1 信息系统的体系结构

1. 信息系统的外体系结构

这是从信息系统用户或组织的信息工作者的角度观察信息系统而得出的体系结构。它包括了信息系统运行的一整套环境，主要有以下几个方面。

(1) 计算机硬件及网络通信环境、计算机周边配件、机房及配电室等。

这是信息系统建设的硬件基础，它为信息系统提供了基础的硬件支撑环境。其中计算机硬件和网络通信环境是信息系统建设的必备，而机房等则是硬件的容身场所，也是信息系统的核心环境，一般需要管理员对其进行维护。

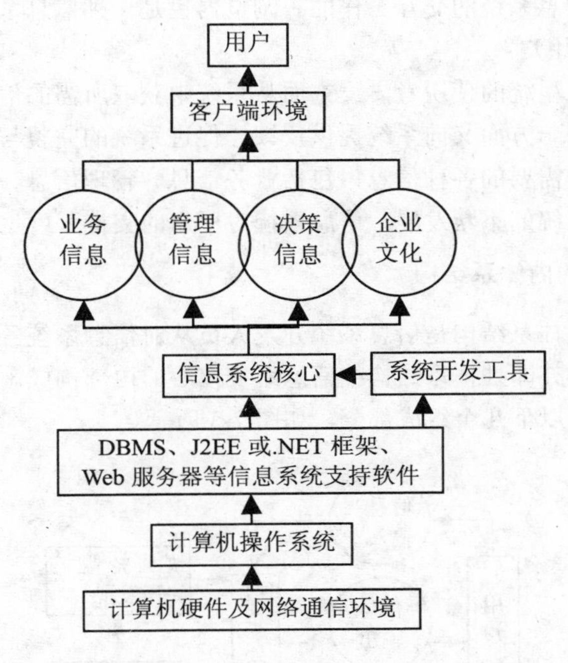

图 7-2 信息系统外体系结构

(2) 计算机操作系统

作为用户与计算机硬件等进行交互的接口，操作系统是信息系统与硬件设备的接口，承载信息系统功能实现的责任。

目前常用的服务器操作系统主要有 Windows Server、Linux 和 Unix，由于不同操作系统的管理方式、提供的系统环境和安全性不同，因此，操作系统的选择是信息系统开发中必须慎重考虑的问题。

(3) 数据库及其管理系统、J2EE 或.NET 框架、Web 服务器等

作为现代信息系统，数据库是必不可少的，并且在信息系统中处于核心地位；J2EE 和.NET 框架不是必备的环境，但是为了提高开发和维护的效率，大多数信息系统都采用了其中的某一框架；Web 服务器作为 B/S 模式的基础，肩负着向信息系统用户输出信息的作用，成为组织信息系统发布的重要工具。

(4) 信息系统核心及其开发工具

组织的信息系统就工作在这一层，它调用信息系统支持软件和操作系统资源，完成对信息的输入、处理和输出等。它包含了组织复杂的处理逻辑和信息系统的用户界面，信息工作人员也正是在这一层次上完成信息系统开发的。

(5) 客户端环境

在信息系统中，客户端环境是非常重要的，包括客户端计算机硬件及网络、客户端操作系统和信息系统客户端，用户正是通过信息系统的客户端来获取信息、处理信息和完成与信息系统的交互工作的。浏览器也是一种信息系统的客户端。

(6) 信息系统用户

用户作为信息系统的使用者，一方面从系统中获取所需的信息，完成业务处理或决策的制定；另一方面又向系统提供反馈，促进系统的完整与完善。现代信息系统可以提供给用户需要的各种信息，包括业务信息、管理信息、决策信息和组织知识等。随着信息系统的不断发展，信息系统对用户的支持程度也越来越大。

2. 信息系统的内体系结构

信息系统的内体系结构是信息系统开发人员从对信息系统各部分组成角度观察得出的体系结构，亦即外体系结构中信息系统核心的内部构成。按照该体系结构，信息系统可以分为以下几个组成部分，如图 7-3 所示。

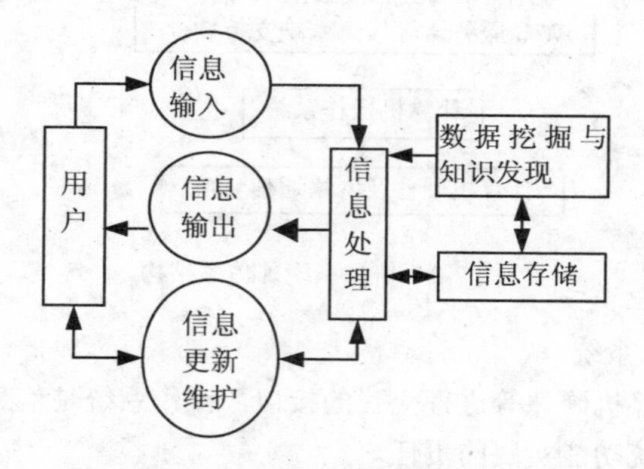

图 7-3 信息系统内体系结构

(1) 用户

这里的用户既包括组织中信息系统的使用者，也包括各种客户端工具，如打印机、扫描仪和数据挖掘工具等。

(2) 信息存储

这是信息系统工作的基础，缺乏有效的信息存储，信息系统就无法给用户提供所需的信息，也就不能支持用户的工作。

(3) 信息处理

信息必须经过有效和正确的处理之后才能显示其内在价值，这既包括表单等业务信息处理，也包括决策信息的分析。组织信息系统的价值不在于信息量的多少，而在于信息处理方式的优劣。除了日常的业务信息处理外，通常还需要对组织存储的大量信息进行数据挖掘和知识发现。

(4) 信息的输入、输出与维护

作为信息系统获取信息和对外展示其处理结果的接口，信息输入、输出和维护是信息系统可用性和可靠性的保障。现代信息系统通常使用包括显示器、打印机、扫描仪、语音设备等输入输出设备，以提高信息系统用户界面的交互性。

7.5.2 信息系统的应用模式

信息系统的应用模式是指信息系统中各组成部分在实施后的物理结构情况和应用方式，它与信息系统的可使用性和可维护性紧密相关。

信息系统功能的日益丰富和数据库中储存数据量的爆炸性增长，使信息系统的应用模式发生了巨大变化。特别是网络技术的发展使建立全球范围内的信息系统成为可能，人们为了让信息系统更好地发挥作用，加强数据和资源的共享，不断地改进信息系统的应用模式。

1. 单机模式

单机模式是指基于微型计算机系统的信息系统应用模式，早期开发的事务处理系统一般都是基于这种模式。具体地说，如果在一个信息系统内的多台计算机是各自独立使用的，这样的系统就是单机结构的信息系统。系统中的计算机处于各自为政的孤立状态，各自运行自己的信息系统和数据，计算机之间无法进行直接的信息交流，不能共享资源，系统效率低、实时性差、技术手段落后，但却具有天然的安全性和易操作性。

2. 主机/终端模式

20 世纪 60 年代早期，面向终端的第一代计算机网络出现，采用了主机与多个仿真终端联网的形式，如图 7-4 所示，即为主机/终端模式。在这样的信息系统中，除了一台中心计算机(称为主机，Host)外，其余终端不具备自主处理功能，因此主机是网络的中心和控制者。终端通过网络连接使用远程的主机，并由分时系统支配共享主机的集成数据处理系统。20 世纪 60 年代初美国航空公司与IBM公司联合研制的机票预订系统，就是建立在由一台主机和 2 000 多台终端组成的面向终端的计算机网络上的。

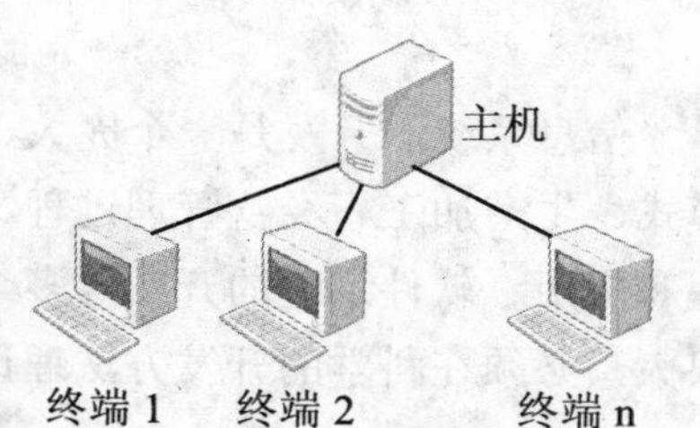

图 7-4 主机/终端模式

这种模式由于数据集中处理，大大提高了处理效率，能够高效地完成数据归集工作。系统具有费用低、易于管理控制、能够保证数据的安全性和一致性等优点，但程序运行和文件存取都在主机上，用户完全依赖于主机，容易受主机故障的影响。

3. 客户机/服务器模式

20 世纪 90 年代初，客户机/服务器模式(Client/Server 模式，简称 C/S 模式)出现，它的实质是将数据存取和应用程序分离开来，客户机运行应用程序，完成输入输出等前台任务，而服务器则运行数据库系统，完成大量的数据处理及存储管理等后台任务。用户在客户端通过网络和服务器打交道，客户端又包括用户界面和企业逻辑，网络上传送的数据主要是客户端向服务器发出的请求以及服务器发送给客户端的响应结果和出错信息。C/S 模式如图 7-5 所示，该模式可以显著减少局域网的数据传输量，并且提供了多用户开发特性，保障了用户的投资。

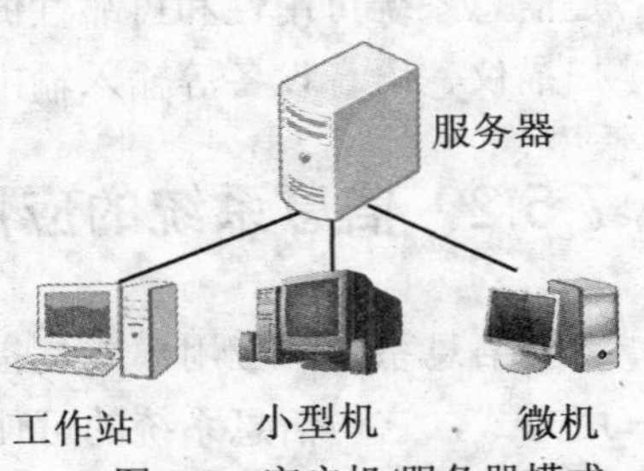

图 7-5 客户机/服务器模式

4. 浏览器/服务器模式

随着 Internet 技术的兴起，人们对 C/S 模式进行了一些改进，让用户工作界面在浏览器中实现，而把主要事务逻辑放在服务器端，形成了浏览器/服务器模式(Browser/Server 模式，简称 B/S 模式)，如图 7-6 所示。

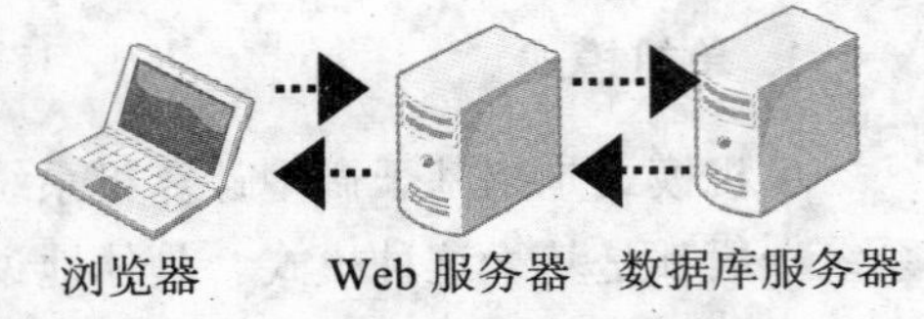

图 7-6 浏览器/服务器模式

这种模式把负荷均衡地分配给 Web 服务器，可以明显减轻客户机的压力，提高系统的性能。但是由于 B/S 模式在安全和速度等方面不如 C/S 模式，所以目前大多数信息系统采用了 B/S 与 C/S 的混合应用模式。

7.6 信息系统的开发过程及开发技术简介

信息系统的开发是一个庞大、复杂的系统工程，它涉及组织的内部结构、管理模式、生产加工、经营管理过程、数据的收集与处理过程、计算机硬软件系统的管理和应用、软件系统的开发等多个方面。这使得信息系统开发的工程规模和难度都很大，必须在科学的开发方法理论和技术指导下才能顺利进行。

7.6.1 信息系统开发方法

信息系统开发方法是支撑组织信息系统建立的方法，常用的有结构化生命周期法、原型法和面向对象方法。

1. 结构化生命周期法

结构化生命周期法是一种应用广泛、技术成熟的开发方法，该方法把信息系统的开发划分为系统规划、系统分析、系统设计、系统实现和系统评价与维护等5个首尾相连的任务阶段，构成信息系统的生命周期，然后严格按照开发准则循序渐进地组织各阶段的开发。

结构化生命周期法的优点是强调系统开发过程的整体性和全局性，即强调在整体优化前提下考虑具体的分析设计问题，是一种自顶向下的分析设计思想，被广泛应用于大中型信息系统的开发。其缺点是开发周期较长，且前一阶段的错误会带入后一阶段，对后面工作的影响较大，更正错误需付出的代价也较大。在功能需求经常发生变化的情况下，该方法难以适应需求变化，不支持反复开发。

2. 原型法

原型法是20世纪80年代随着计算机软件技术的发展而产生的从设计思想、工具、手段都全新的信息系统开发方法，其基本思想和开发过程是：开发人员根据对用户需求的初步了解，借助功能强大的系统开发工具(如第4代程序设计语言等)，快速地开发出一个系统原型(初始模型)，并将其演示，征求用户意见，之后根据用户提出的评价和修改意见，对该原型进行修改，如此反复，逐步完善，直到用户最终完全满意为止。

原型法的优点是：通过与用户进行交互可以获取用户真实、具体的需求，用户满意度高；利用高效的开发环境可以迅速开发出系统原型；在环境发生变化时具有较强的应变能力。其缺点是：容易走上计算机模拟手工的方式，无益于改善企业的经营管理；对于小型信息系统十分有效，但对于大型信息系统将难以奏效。

3. 面向对象方法

面向对象方法(Object-Oriented Method)是一种把面向对象的思想应用于信息系统开发，指导开发活动的方法。面向对象方法是建立在“对象”概念基础上的，它将系统内的各种事物看做一个个对象。20世纪90年代，随着面向对象程序设计语言取得巨大成功并成为计算机软件开发的主流编程语言，人们推出了面向对象的系统分析和系统设计技术，使面向对象方法成为一种完整的信息系统开发方法。

面向对象系统开发分为面向对象分析(OOA)、面向对象设计(OOD)和面向对象程序设计(OOP)等3个阶段，分别构成信息系统的逻辑模型、物理模型和计算机可执行的信息系统。其优点在于以对象为基础描述客观世界，简化了从分析到设计的转换。其缺点是对于复杂的信息系统进行抽象比较困难，甚至难以满足信息系统的需求。

7.6.2 系统规划

系统规划(System Planning)是关于组织信息系统的长期计划，是系统开发的必要准备和总体部署，主要是弄清楚信息系统的目的和可行性，它是信息系统建设的第一步，其工作质量将直接影响信息系统开发的成败。系统规划阶段的工作是根据组织的目标和发展战略、信息系统建设的客观规律以及组织的内外部环境，科学地制定信息系统的开发战略、实现策略和总体方案，确定其子系统的开发顺序，规划信息系统的配置，从而合理地安排系统建设的进程。

1. 信息系统规划的意义

(1) 系统规划是系统开发的前提条件。信息系统的开发是一项极其复杂的系统工程，涉及由高层到低层、由整体到局部、由决策到执行等各个层次和多个部门。如果没有总体规划来统筹安排和协调，盲目地进行开发，必将造成资源浪费和开发失败。

(2) 系统规划是系统开发的纲领性文件，明确规定系统开发的目标、任务、方法和步骤，是系统开发人员和系统管理人员共同遵守的准则。

(3) 系统规划是系统开发成功的保证。通过把组织的远期目标、外部环境和内部环境、整体效益和局部效益、信息处理和辅助决策等诸方面的关系统筹协调起来，使系统开发严格按照规划要求有序地进行，同时对系统开发中的各种偏差进行调控，及时修改和完善计划，从而可有效地避免由于系统开发过程的失误而造成的损失。

(4) 系统规划是系统验收评价的标准。系统开发完成后，要以系统规划所提出的总体开发方案的性能、功能和效益等方面的综合技术经济指标作为系统验收评价的主要标准。

2. 信息系统规划的目标和内容

系统规划阶段的主要目标是制定信息系统的长期发展方案，决定信息系统在整个生命周期内的发展方向、规模以及发展进程。一般可将系统规划分成制定信息系统的发展战略、制定总体结构方案和资源分配3个部分。

(1) 制定信息系统的发展战略，将信息系统的发展战略与组织的战略目标协调一致，可以采用成立战略规划委员会、制定IS战略、战略信息系统规划方法、战略的选择模式等方法。

(2) 制定信息系统总体方案，根据发展战略和总体结构方案，确定系统和应用项目开发次序及时间安排。

(3) 信息系统建设的资源分配计划，对有限的开发资源给予合理的分配，可使用比较成本/收益、应用系统组合、内部计价、PERT计划法、甘特进度法等方法。

7.6.3 需求调查和系统分析

系统分析(System Analysis)是在系统规划的基础上，对现行系统进行全面详细的调查，分析系统的现状和存在的问题，真正弄清楚信息系统的对象是什么、信息系统要“做什么”，提出信息系统的逻辑模型，为下一阶段的系统设计提供依据。系统分析一般可分为以下4个主要步骤。

1. 系统初步调查及可行性分析

重点了解用户与现行系统的总体情况，系统开发的约束条件和资源，分析组织结构与业务流程，从技术、经济、环境等方面对信息系统的开发进行可行性分析。

2. 系统详细调查

在进行初步调查和可行性分析后，需要本着真实、规范、全面和启发的原则，对组织进行详细的系统调查。调查范围包括系统界限和运行状态、组织机构和人员分工、业务流程、各种计划单据和报表、组织资源情况、约束条件、用户需求等。在调查时要注意做好记录，规范调查结果，从实际出发，切勿先入为主。

3. 逻辑模型设计

经过系统详细调查后将绘制得出组织的组织结构图、功能结构图、业务流程图、数据流程图及数据字典等，在此基础上可以对调查结果进行各种分析和优化，并提出新系统的建设方案，即建立新系统的逻辑模型。

4. 系统分析报告

系统分析报告是系统分析阶段的成果，也是下一阶段系统设计与实现的基础，在经过用户确认和领导审批后，就成为今后工作的指导性文件。其内容包括系统开发的背景和环境，开发的可行性论证，现行系统的调查和用户需求分析，新系统的目标，以及新系统的逻辑设计和系统实施的初步计划等。

7.6.4 系统设计

系统设计(System Design)的目标是决定“系统应该怎么做”，以建立系统的物理模型。其主要任务是根据系统分析报告确定系统的实施方案，设计系统的总体结构和各个细节的处理方案。

系统设计阶段的主要目标是将系统分析阶段提出的、充分反映用户信息需求的新系统逻辑模型转换成可以实施的、基于计算机与网络技术的物理模型。这一阶段的主要活动有总体设计、详细设计和编写系统设计说明书。

1. 总体设计

系统的总体设计又称概要设计(Preliminary Design)。在总体设计中，要本着系统性、灵活性、可靠性和经济性的原则，依据系统分析成果、现行技术、用户需求和系统运行环境来进行。它要根据系统逻辑模型和需求说明书得出系统的功能模块结构图，并确定合适的计算机处理方式和计算机总体结构以及系统配置。

2. 详细设计

系统详细设计是系统总体设计的深入，对总体设计中各个具体的环节选择适当的技术手段和处理方法。详细设计的主要内容有：代码设计、数据库设计、用户界面设计(输入、输出、人机对话设计)和处理流程设计。在用户界面设计中要以用户为中心，提高系统的易用性。

3. 编写系统设计说明书

系统设计报告是系统的详尽设计方案。在用户、系统开发人员、专家、管理人员共同审批后，就可以作为系统实施阶段的依据。其内容包括：项目背景及功能说明、信息系统环境、模块设计、物理配置方案报告、代码设计、输入与输出设计、数据库设计、系统实施方案说明等。

7.6.5 系统实施

这一阶段开发人员把系统设计所得到的类似于设计图的系统方案转换成应用软件系统，交付用户使用并进行必要的维护。该阶段的主要任务有信息系统环境的实施、程序设计、系统调试、用户和数据准备、系统转换和系统维护等6项任务。系统实施阶段需要投入大量的人力、物力和财力，实施的任务繁杂，需要较长时间。

1. 信息系统环境的准备与实施

任何一个信息系统的运行都离不开特定的系统环境，这个环境一般包括软件环境和硬件环境。从经济效益和使用效果考虑，组织在购买硬件时，应以实用性为原则，适当保留升级的余地。信息系统软件的配置主要是对操作系统、数据库管理系统、程序设计语言、系统开发环境、各种应用软件(如视频采集软件、系统安全软件)的选择与购置。

2. 程序设计

系统实施阶段有很大一部分工作是进行应用软件的程序设计，它是一项复杂而艰巨的系统工程，涉及软件工程、数据库开发、项目控制、计算机技术等多个方面。虽然近年来软件工程理论和数据库理论已比较成熟，但实际开发中总会遇到各种问题，如系统不符合要求、用户界面不完善等。

3. 系统调试

系统程序设计完成后要经过测试才能使用。由于系统调试工作量很大、技术要求高、消耗时间长，因此需要制订相应的调试计划，以协调调试时间与人员，以确保系统的质量。

4. 用户和数据准备

为了使信息系统可以在最短的时间内以最小的代价取代原系统，有必要进行用户和数据准备，使系统各用户可以快速适应新系统，发挥新系统的功能。

5. 系统转换

在系统进入正常工作状态前需要与原来的系统进行交替，亦即系统转换。系统转换工作主要是数据的转移、人员设备等的调整、组织机构的变革、系统相关说明书的移交等。系统转换主要有3种方式：直接转换、平行转换和逐步转换。其中，直接转换是使用新系统直接代替旧系统，有较高的风险；平行转换是一种安全无风险的转换，它使新旧系统同时运行一段时间作为测试，需要一定的额外费用；逐步转换是使新系统分期分批地代替旧系统，直至最终全部代替旧系统。在实际使用中，可以配合使用这几种转换方式，做到平稳转换。

6. 信息系统评价与维护

信息系统正常运行一段时间后，有必要对其进行全面的评价和维护，以便检验信息系统开发的成功与否，以进一步改善系统的性能。

开发信息系统是一个软投资，其效果需要在系统使用相当一段时间后才能体现出来。信息系统的评价就是要按照预定的指标和评价方法对信息系统开发与应用效果进行客观真实的评定，为系统维护提供依据。

信息系统的维护工作开始于系统正式投入运行，其任务就是对信息系统的运行过程进行控制，记录运行状态，必要时对其进行修改或调整。信息系统维护的内容主要有程序、数据、代码和支持信息系统的软硬件等方面的维护。通过系统维护最终使程序运行正确并适应环境及用户需求的变化，实现系统的运行目标。

7.6.6　信息系统开发的项目管理技术

1. 项目管理技术

信息系统开发过程的周期长、任务多、时间紧，为了有效地组织项目资源配置，控制开发进度，必须对信息系统开发过程特别是实施过程进行科学的项目管理。目前常使用的项目管理技术有甘特图和网络计划法。

(1) 甘特图

甘特图(Gantt Chart)又叫横道图，它是以图示的方式通过活动列表和时间刻度形象地表示出任何特定项目的活动顺序与持续时间。它是在第一次世界大战时期由亨利·L.甘特提出的一种完整的用条形图表示进度的标志系统。

甘特图的优点是简单、醒目和便于编制与理解；有专业软件(Microsoft Project等)支持，它适用于中小型项目，但事实上它仅部分地反映项目管理的三重约束(时间、成本和范围)，主要关注进程管理(时间)，当关系过多时，纷繁复杂的线图会增加阅读难度。

下面以华罗庚在《统筹方法》一文中泡茶的例子来说明甘特图的应用。例中的现状是没有开水、开水壶要洗、茶壶茶杯要洗、火已升了、茶叶也有了，经过分析安排得出的泡茶过程顺序如图 7-7 所示。

泡茶流程	工作时间(分钟)																		
	1	2	3	4	5	6	7	8	9	10	11	12	13	14	15	16	17	18	19
洗水壶																			
烧水																			
洗茶杯																			
取茶叶																			
泡茶																			

图 7-7 甘特图应用示例：泡茶

(2) 网络计划法

网络计划技术是以网络计划对任务的工作进度进行安排和控制，以保证实现预定目标的科学的计划管理技术。依其起源有关键路径法(CPM)与计划评审法(PERT)之分。CPM 主要应用于以往在类似工程中已取得一定经验的承包工程，PERT 更多地应用于研究与开发项目。PERT 技术是美国海军武器局为军备竞赛和宇宙空间开发而提出来的，并首先应用于“北极星”导弹核潜艇的研制，使承包和转包工程的一万多家厂商能够协调一致地工作，通过对计划的有效控制，使整个工程提前两年完成。

网络计划由两部分构成，即网络图和网络时间参数。由于网络计划技术能够清楚而明确地描述各工作内容之间的逻辑关系，易于发现项目实施中经常出现的时间冲突、资源冲突；同时网络图的编制可粗可细，可以随着项目进展的深入而不断细化；可以根据需要编制多级网络计划系统；随着技术的进步，可使用已有的相关应用软件(智慧网络计划图、NetPlan 项目网络计划绘制软件)替代人工绘制网络计划图。因此，网络计划技术在现代项目管理中得到了广泛而深入的应用。欲了解网络计划技术具体应用实例的读者，可参阅郭东强主编的《现代管理信息系统》教材(清华大学出版社)。

2. 系统评价技术

(1) 多因素加权平均法

这是侯炳辉等人提出的一种简单易用的综合评价方法。该方法首先需要制定系统评价的指标及指标的重要性权重，然后交由专家对系统进行打分，并运用加权平均法计算出系统的得分。得分越高，说明系统越好。在这里，指标越多，评价的专家越多，评价结果就越接近实际。

(2) 层次分析法

1973 年，美国运筹学家 T.L.Saaty 针对现代管理中存在的许多复杂、模糊不清的相关关系如何转化为定量分析的问题，提出了一种层次权重决策分析方法(Analytical Hierarchy Process，AHP)。该方法是针对系统特性，应用网络系统理论和多目标综合评价方法而发展起来的一种常用的评价方法。

思考题

1. 简述您所在组织都有哪些信息系统，分别属于哪一层次。
2. 简述在知识转化螺旋中知识库与知识仓库所起的作用。
3. 信息系统技术中，计算机网络通信技术占有重要地位。请搜集资料，简述计算机网络通信技术的发展在信息系统应用模式改变中的作用。
4. 在信息系统进化的过程中，信息系统在组织中的作用也在发生变化。请简述从电子数据处理系统到决策支持系统中，信息系统功能的转变。
5. 您所在的组织有信息系统开发需求吗？请分析使用哪种开发方式比较合适。
6. 在现代企业中，三分技术、七分管理、十二分数据。请据此简述在信息系统实施过程中有哪些需要注意的地方。

[illegible]

[illegible]

[illegible]

[illegible]

[illegible]

[illegible] Saaty [illegible] (Analytical Hierarchy Process, AHP) [illegible]

[illegible]

1. [illegible]
2. [illegible]
3. [illegible]
4. [illegible]
5. [illegible]

第2篇

应 用 篇

第 8 章

信息技术在企业联盟中的应用

信息技术在商务领域的应用有力地促进了经济的发展。在以电子商务为代表的先进商务运作模式的运行，促使企业的经营管理发生了重大变化，企业之间的竞争也更加激烈。在经济全球化、信息化、消费个性化、生产过程复杂化、市场环境瞬息万变的经营环境下，企业面对着比以往任何时期都多的竞争者，任何一个企业都不可能在所有业务上都成为行业领先者，只有联合该行业中其他优秀的上下游企业以及其他利益相关者，建立起业务关系紧密、经济利益相连的企业战略联盟，实现优势互补，才能适应社会化大生产的竞争环境，增强市场竞争力，达到互利共赢的目标。

企业战略联盟作为一种新的现代组织形式，已被众多当代经济学家视为企业发展全球战略最迅速、最经济的方法。当今发达国家已进入联盟时代，绝大多数企业通过联盟来获得全球市场所要求的资源。邓宁(Dunning)认为，21 世纪的竞争是企业联盟之间的竞争，并惊呼“联盟资本主义”时代的到来。20 世纪 90 年代以来，随着经济全球化、市场国际化，竞争的广度和幅度日益延伸到全球范围，任何企业在从事经营活动时，必须面对世界范围内的挑战。信息技术的发展、产品生命周期的缩短、复杂化的顾客需求等因素更是极大地推动了企业竞争的变化。现代竞争比以往任何时期都显得复杂和激烈。美国学者戴维尼用“超竞争”概念描述现代企业所面临的竞争环境与竞争状况，并认为在这种“超竞争”的背景下，几乎所有产业都不同程度地经历着新水平的动态性、易变性、不确定性和不连续性的挑战。

作为全球较为流行的一种企业合作方式，我国企业联盟数量也在逐年增加。而信息技术在企业联盟中的应用也越来越广泛。本章在分析企业联盟的概念与特点的基础上，详细阐述了企业联盟的信息交流模式以及信息共享的策略和机制，最后给出了企业联盟企业间信息系统的应用实例。

8.1 企业联盟的概念与特点

企业要在全球化及快速变化的时代潮流中站稳脚跟、达成目标，需要能够携手并进的伙伴。过去，大多数企业总是力图一切靠自己，像自耕自织的农夫小心保护自己的果实那样，保护着企业的信息。即使在不得不与外界共事时，合作关系的建立与信息交流回馈也是极为松散和不规律的。但是，据布兹——艾伦——汉密顿公司统计，自 1987 年以来，美国商业联盟的形成速度以年 25%的比率递增。为什么今天的企业更愿意结伴而行呢？这是因为，面对技术创新、全球竞争以及企业裁员的压力，构架良好的企业联盟将为企业带来更大的竞争优势，能迅速进入市场，提供更优质的产品和服务，减少融资及开发风险等。而这就要求企业之间能更好地共享信息、加强合作。因此，要建立企业联盟，首先应对企业联盟的概念和特点有清晰的理解和把握。

8.1.1 企业联盟的概念

美国 DEC 总裁简·霍肯兰德和管理学家罗杰·奈格尔最早提出企业联盟的概念，他们认为企业联盟是指两个或两个以上对等的经济实体，为了共同的战略目标，通过各种协议而结成的利益共享、风险共担的松散网络型组织实体。对企业战略进行过深入研究的迈克尔·波特教授认为，联盟是企业和其他企业的长期结盟，这种结盟是为了长期或短期的目标，但不是完全合并，联盟的具体形式包括合资企业、许可证贸易和供给协定等。因此，他将企业联盟定义为“同结盟的伙伴一起协调或合用价值链，以扩展企业价值链的有效范围”。蒂斯(Teece，1992)认为，企业联盟是两个或两个以上的伙伴企业为实现资源共享、优势互补等战略目标而进行的以承诺和信任为特征的合作活动。它包括：① 排他性购买协议；② 排他性合作生产；③ 技术成果的互换；④ 合作协议；⑤ 共同营销。西尔拉(Sierra，1995)等学者认为，企业联盟是由很强的、平时本是竞争对手的公司组成的企业或伙伴关系，是一种竞争性联盟。这种观点强调企业联盟这种合作组织的竞争性，从合作表象下揭示其竞争的根本属性，因而将其视为一种合作竞争组织。Hitt, M.A. (2000)认为，所谓企业联盟，是指两个或两个以上企业相互之间合作的安排，通过共享资源改进其竞争地位和绩效。根据大多数学者对企业联盟的解释，本书对企业联盟的定义如下：

企业联盟是指由两个或两个以上有着对等实力或者互补资源的企业之间，出于对整个市场的预期和企业战略目标的考虑，为达到共同拥有市场、合作研究与开发、共享资源和增强竞争能力等目标，利用信息技术手段或信息技术系统，并通过各种协议或者契约而结成的优势互补、风险共担、利益共享的合作竞争型组织。

分析联盟理论的工具较多，本书综合国内外对企业联盟的研究，分别从资源和能力理论的视角、交易费用理论的视角、社会网络理论的视角对企业联盟作较为全面的阐述。

1. 资源和能力理论的视角

企业联盟是获得外部资源和提升能力的重要载体，因此，资源理论和能力理论对企业联盟具有较强的解释意义。资源理论主要研究合作性竞争中合作伙伴间的相互依赖性和结构稳定性。资源基础理论将企业组织等作为一种社会资源来加以研究，从而使其可以将组织内部及组织间的交换理论置于一个开放系统中去分析。资源理论认为企业是实体资产、无形资产及能力三大素质的组合，企业的资产与能力决定企业的效率与成效，拥有最佳且最适当资源的企业会比竞争对手更容易成功。

从能力角度分析，拥有核心能力是企业参与联盟合作的基础。能力理论起源于企业的成长理论，最早可以追溯到经济学家马歇尔在其著作《经济学原理》中所提倡的专业化分工所导致的技能、知识和协调不断增加的企业内部成长论。以Wernerfelt(1984)为标志，能力理论分解两派，其中一派是资源基础论，成为一个比较完整的理论体系；另一派则延续能力理论对于企业能力的关注，提出了核心能力和动态能力学说，其中以Prahalad和Hamel(1990)的《企业核心能力》一文为标志，成为另一个比较完整的理论体系。核心竞争力理论认为核心竞争力是一个组织的集体学习能力，特别是学习如何去协调多种生产技能和整合多种技术流程的能力。从企业核心竞争力的角度来看，企业联盟的目标就是通过控制和利用外部独特的战略资源或战略要素，强化企业的战略环节并扩展价值链以增强企业的总体竞争能力。

2. 交易费用理论的视角

联盟的存在能有效地降低经济体运行的交易费用。“交易费用”是科斯在其著名论文《企业的性质》中首先提出的。科斯在《社会成本问题》一文中，将交易费用推进到社会成本范畴，把交易实质归结为产权的交换，从而推出产权界定与交易费用的关系，即当交易费用大于零时，不同的产权制度下交易费用高低不同，实现的资源配置效率也不同。阿罗将“交易费用”定义为“经济制度的运行费用”。这与张五常所给的概念有些类似。张五常把“交易费用”定义为在鲁宾逊·克鲁索经济中不可能存在的所有的各种各样的成本，交易费用实际上就是所谓的制度成本。Williamson(1975)超越了科斯对交易费用的理解，认为交易费用是经济体系运行的成本，将研究领域扩展到所有市场经济组织及各种经济组织中不同形态的“交易关系”，指出决定市场交易费用的因素分为人的因素和交易因素两组。人的因素即交易主体的人性假定是有限理性和机会主义的交易因素，主要指市场的不确定性以及市场中交易对手的数目。他开创了交易维度理论，利用资产专用性、交易频率和不确定性三重维度，指出了市场与企业之间存在着混合组织形态及相应的混合治理模式。作为一种独特的微观分析方法，交易费用理论为研究现代企业的产权结构、规模扩张、组织形式演进、竞争合作等问题，提供了新的视角。

3. 社会网络理论的视角

企业联盟是社会网络的重要表现形式之一，用社会网络理论解释联盟可以有效地拓展联盟的理论空间。社会网络理论认为，在日益复杂多变和充满不确定性的动态环境中，所有企业都处于一个或更多的网络中，企业结构也日益复杂化和网络化。联盟是一种特殊的社会网络，社会网络行为主体必须从其所处的网络中获取为生存和发展所必需的各种资源，与其他行为主体发生直接或间接的关系，从而促使各种资源在网络内各个部分的流动。联盟的行为主体是参与联盟的个人、企业、研究机构或政府部门等，这与其他企业网络并无太大差异。它的特殊之处在于，网络中流动的资源主要不是有形资源，而是各种信息和知识。通过联盟这种社会化网络，可以降低企业价值链运作成本，缩短产品开发周期。但是，这也容易增加联盟伙伴之间的相互依赖性。另外，从网络的角度看，拥有更多交易权利的网络内联盟企业可以拥有更多的关系租金。在新市场中，小企业和声誉好的大企业结盟可以提高小企业的信誉度，增加其在市场中的机会。社会网络观较好地解释了联盟的易变性。

8.1.2 企业联盟的形式

按照企业联盟的目的来分，企业联盟的形式主要有以下 3 种。

1. 价格联盟

19 世纪末，企业战略联盟的价格联盟以卡特尔(Cartel)的形式出现。卡特尔及其以后逐渐演化出来的经济联合组织形式辛迪加(Syndicate)、托拉斯(Trust)，基本上都是以控制销售价格及采购成本为目标的联盟形式。一般认为这是企业联盟的初级形式。

2. 产品联盟

美国战略管理家麦克尔• 波特对企业联盟的定义是，“企业之间达成的超出正常交易，可是又达不到合并程度的长期协议”。这里企业联盟涵盖产品价值创造的全过程，即在产品的设计、生产、销售等各个环节，均有创造联盟的机会。其定义把股权与非股权合作均包括在战略联盟之中，极大地扩大了联盟涵盖的范围。具体来讲，产品联盟又可分为 3 种形式：① 合作研究与开发联盟；② 联合生产联盟；③ 市场开拓与发展联盟。一般认为产品联盟属于现代战略联盟。

3. 知识联盟

知识联盟属于新兴的企业战略联盟，是指伴随知识经济到来的知识联盟及相似的联盟形式。知识联盟与产品联盟相比，其特征主要有：① 学习和创造知识是知识联盟中的中心目标；② 知识联盟伙伴之间的关系要比产品联盟密切；③ 知识联盟的参与者范围较广；④ 知识联盟比产品联盟具有更大的战略潜能。

总之，联盟形式是灵活的、多种多样的，只要双方目标与责任明确，可以任意选择合适的方式进行合作。

8.1.3 企业联盟的特点

企业战略联盟的发展进入20世纪90年代以后，除了具备组织的松散性、相互独立性、合作与竞争的共存性、行为上的战略性、地位的平等性、优势的互补性和范围的广泛性以外，还有5大特点颇为引人注目。

1. 出现率和失败率的“双高”现象

20世纪80年代中期，战略联盟每年以20%至30%的速度激增。另一方面，据有关资料表明，2/3 的战略联盟在建立的最初两年内都经历过严重的管理和资金困难。80 年代后期，800 多家曾经参与战略联盟的美国企业在接受调查时显示，仅有40%的联盟维持了4年以上。另一项研究表明，战略联盟的平均寿命只有7年。

2. 战略联盟的国际化发展趋势十分明显

在1980—1990年的10年间，日、美两国企业共签订了500余个战略联盟协议。1991年日美两国建立的战略联盟数量从1990年的1 393个猛增至2 804个。而在北美地区，美国与加拿大的企业在20世纪90年代建立的战略联盟更是不少，如美国的MCI与加拿大的Stentor，AT&T与Unitel，美国航空公司和加拿大国际航空，联航与加航，等等。

3. 战略联盟表现活跃的领域多数在技术密集型或资本密集型产业

在地域分布上，企业战略联盟主要集中在美国、日本和欧洲 3 个发达地区(Triad)。1980—1994 年间，3 个地区间建立的战略联盟占到了全球的 94.6%，其中美国、日本和德国占的比例分别为 64.1%、25.6%和 11.3%(Narula，1999)。从产业分布的角度来看，战略联盟表现活跃的领域多数在资本密集型或技术密集型产业，合作内容上以高新技术的研发为主。据统计，企业间为了合作开展 R&D 而建立战略联盟的占所有联盟协议的 10%至 15%。

4. 以非股权方式建立的战略联盟显著增加

国际战略联盟可以分为两大类：股权式，如合资企业；非股权式，也称契约式，如企业间的许可经营、销售、供应、营销协议等。前者主要是受成本经济动因驱动，战略联盟使企业降低成本、增加短期利润；后者主要是受战略性动因驱动，企业长远目标是提高竞争优势，实现长期利润最大化。目前企业战略联盟多采用非传统的组织形式，尤其是非股权的方式(Madhok，1997)。

5. 选择上的主动性

企业战略联盟是在传统合作的基础上发展起来的，但也有所创新和突破。构建战略联盟并开展有效的合作是企业的第一选择，而不是最后的补救措施(Dunning，1995)。任何企业都只能在价值链的某些环节上拥有优势，而不可能拥有全部的优势。为达到共赢的协同效应，彼此在各自的关键成功因素——价值链的优势环节上展开合作，求得整体收益的最大化，这是企业建立战略联盟的原动力。当企业不能充分利用已积累的经验、技术和人才，或者缺乏这些资源时，可以通过建立战略联盟实现企业间的资源共享，相互弥补资源的不足。

那么企业联盟中各个企业之间是如何进行有效的信息交流与信息共享的呢？这就是我们下一节将要阐述的内容——企业联盟的信息交流模式。

8.2 企业联盟的信息交流模式

企业信息是指与企业的经营、管理、决策有关的信息，是企业资源的一种。信息具有不完全的流动性、模仿性和可替代性。企业联盟要进行有效地运作和管理，联盟中各个企业之间就必须进行有效的信息交流。随着 Internet 在全球的蓬勃发展和网络交流技术的不断完善，信息交流的环境发生了翻天覆地的变化，所以，本节将详细阐述企业联盟信息交流模式的内涵和企业联盟的几种典型的信息交流模式。

8.2.1 企业联盟信息交流的内涵

信息交流是人们借助于相应的符号系统所进行的知识、消息、数据和事实等信息的传递与交流活动。没有信息交流，信息资源共享就会成为一句空话。为了更好地揭示信息交流规律和指导信息交流实践，国内外学者在全面分析和总结以往的交流现象与方式的基础上，提出了信息交流的种种模式。模式是对某一事项或实体进行的一种直观的、简洁的描述，是科学研究中以图形或程式的方式阐释对象事物的一种方法。这种方法具有双重性质。首先，模式与现实事物具有对应关系，但又不是对现实事物的单纯描述，而具有某种程度的抽象化和定理化性质；其次，模式与一定的理论相对应，又不等于理论本身，它是对理论的一种解释或素描。因此，一种理论可以有多种模式与之对应。

企业联盟的信息交流模式(Information Exchange Mode)就是用简洁的语言、图形或程式描述信息交流现象，以揭示信息交流本质和规律的一种方法。这种方法对于充分发挥信息的效用和价值、有效地促进信息的传播和交流具有不可估量的作用。鉴于各种信息交流模式都是在一定的时代背景下从不同的角度提出来的，在新形势下对它们进行重新梳理和审视，不仅是必要的，而且是值得的。

8.2.2 企业联盟信息交流的障碍

在企业联盟的信息交流过程中，无论交流工具、交流通道设计得多么完美，无论交流双方多么努力，要使信息真正高保真地从发出者传递至接收者，几乎是不可能的。在信息传递过程中，存在着各种影响因素和障碍。这些信息交流障碍包括 3 个方面：信息失真、信息附加和信息无序。

1. 信息失真的障碍

信息失真在社会信息交流过程中是屡见不鲜的，主要原因包括：

(1) 技术或通道障碍导致信息失真。例如，企业的管理信息系统有时候会出现各种技术障碍，致使发出者的信息无法准确地传递至接收者，如网络中断、机器故障等。

(2) 信息栈过多导致失真。例如，当信息发出者的信息经由多层组织传递给联盟企业的时候，信息接收者所得到的信息与最初所发出的信息可能会不同。

(3) 社会因素导致信息失真。信息交流一旦被控制，其传播的可靠性就会受到社会条件的影响，例如，根据当时统治阶级的需要，某些信息交流会受到加强或限制。

2. 信息附加的障碍

任何信息交流过程都会有附加信息的生成与传递。企业联盟信息交流也不例外。造成信息附加的原因包括：

(1) 文化因素。信息的交流是依赖于人的，而联盟成员企业人员之间的信息交流会明显受到组织文化的影响。因此，为了寻求信息技术在企业联盟中高效的利用，在选择联盟伙伴时，企业倾向于选择与自己企业文化相近的组织。

(2) 技术因素。技术因素不仅会造成信息失真，也会造成信息附加。如联盟网络所造成的大量重复信息，就可能导致信息冗余，从而造成联盟成员之间的信息接收与传递不畅通。

(3) 组织因素。信息交流既依赖于人的参与，也依赖于组织的结构。联盟成员的组织结构影响了信息的交流和传递程度。如从扁平化柔性组织发出的信息通过金字塔型组织结构传递者的加工，可能就会产生信息附加。信息发出者和接收者不同的组织结构可能导致对相同信息的不同反应。

(4) 社会环境因素。这是影响信息交流的最复杂多变的因素，包括宏观社会环境因素和微观社会环境因素。其中，宏观社会环境包括政治环境、经济环境、法律环境、人口环境、科技环境等因素。而微观环境因素则包括联盟内部的契约、规定、协议以及联盟中心组织结构的影响。这些因素同样会导致信息附加。

3. 信息无序的障碍

由于人类信息生产和利用目的的多样性与综合性，使得人类信息交流系统自产生以来就不断地处于熵增的过程中，趋向无序状态。其具体表现是：信息量增大，增长快，分散程度也越来越大；内容交叉重复，载体及传播渠道多样化；新陈代谢加速，信息质量下降。这使得人类控制信息传播的难度越来越大。尽管人类采用的技术越来越先进，能有效克服信息传播的空间障碍和时间障碍，但对于信息无序所导致的障碍目前还显得力不从心。如联盟成员的外部网(Extranet)能够有效地实现企业联盟中信息的传播，但网上信息的无序扩张却不断成为信息交流的最大障碍。

8.2.3　企业联盟的10种典型的信息交流模式

1. A.H.米哈依洛夫广义的科学交流系统模式

20世纪中叶，美国社会学家H.门泽尔从载体角度对信息交流过程进行了系统的研究，提出了著名的“正式过程”和“非正式过程”交流论。这一理论经前苏联情报学家、教育家A.H.米哈依洛夫整理，得到了体系严密的广义的科学交流系统模式，如图8-1所示。

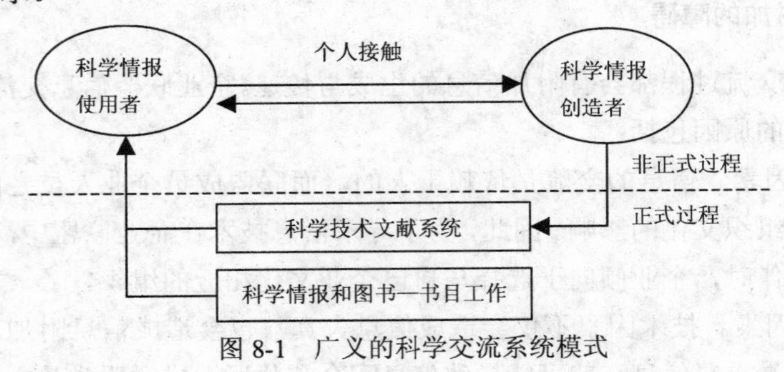

图8-1　广义的科学交流系统模式

这种模式将科学交流分为正式交流和非正式交流。正式交流是通过科学文献系统或“第三方”控制而进行的情报交流。它具有以下优点：获得的情报可靠程度高；能够从大量的文献当中找到有关某一课题详细、全面的科学情报；不需要与情报创造者本人见面。这种交流方式的缺点是：情报传递不及时；通过文献查找科学情报需要一定的方法和技巧。

非正式交流是指科学家之间通过个人接触而进行的情报交流。这种交流方式由于没有中间环节而具有以下优点：情报间隔时间短；情报选择性和针对性强；传递情报时反馈迅速；易于理解所得到的情报并给出恰当的评价；可以了解通常不写进论文里的某些细节。其缺点是：往往只有少数人有参与直接交流的机会；往往难以检验所得情报的可靠程度；不可能为以后的加工进行情报积累。

2. Shannon-Weave 通信模型

美国科学家香农(C.E.Shannon)与维弗(W.Weave)为解决机器间信息互换问题于1949年在《通讯的数学理论(The Mathematical Theory of Communication)》中提出了著名的通信模型，如图8-2所示。

该模型具有较好的抽象性，但其侧重点是技术而非信息的语义。这一模型对现代科学的诸多领域产生了深远影响，如传播学、社会学、情报学、管理科学都吸收或借鉴了该模型。这一模型在现代科学交流中的作用日益凸显，因为科学交流越来越依赖于计算机和网络。

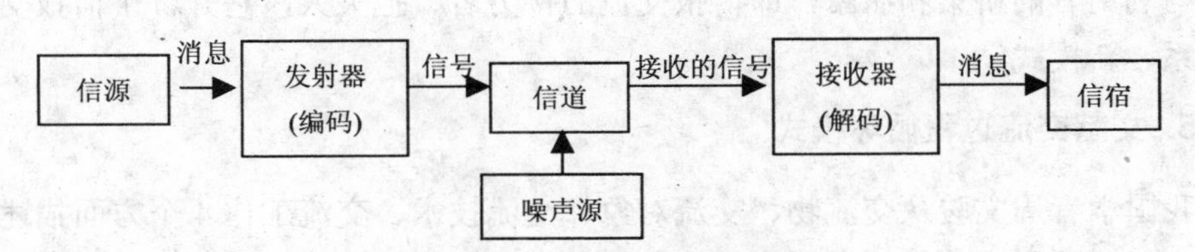

图8-2 Shannon-Weave 通信模型

不难看出，Shannon-Weave 模型没有考虑“反馈”环节，它是一个单向的、线性的模型。该模型客观地反映了交流过程中由于各种干扰所引起的消息失真，如何有效地排除干扰、控制消息失真随之成为交流中必须引起重视的问题。

3. 信息交流的栈模式

我国情报学专家严怡民等在1996年出版的《现代情报学理论》一书中介绍了信息交流与“栈理论”，提出了信息交流的栈模式。栈模式认为，信息栈(以W表示)是信息从S(信息生产者)向R(信息接收者)流动过程中所经过的环节；它必须是人或人工系统，如出版机构、电信、广播机构等，其功能是接收、处理和传递信息。其中，有信息栈参与的社会信息流称为“栈交流”，而S与R的直接交流称为“零栈交流”。栈模式的特点是将用户或读者所认为的信息源追溯到信息生产者，而将图书情报机构视为新闻、档案、电影以及教学、出版、发行相互平行的信息流节点。

4. 情报交流的守门人模式

学者许志强根据传播学家、社会心理学家卢因(Lewin，k)1947年在《人际关系》一书中所提出的“守门人”(Gatekeeper)术语，建立了情报交流的守门人模式，如图8-3所示。

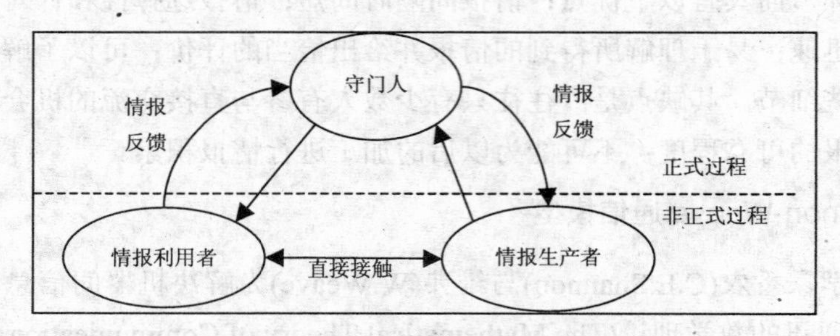

图 8-3 情报交流的守门人模式

该模式认为，“守门人”既是交流中介，也是交流主体，具体指情报工作者、图书馆员、编辑、记者、教师等人类媒介。他们在为用户筛选、输送情报时，负有积极、主动、自觉的责任，具有巨大的作用。“守门人”这个第三者的插足，并未使情报生产者与情报利用者分离，反而使他们更加紧密地联系在一起，成为情报生产者与利用者的桥梁和纽带，即情报交流的接力者、把关人，它开辟了情报交流的新关系、新模式。

5. 文献交流过程循环模式

我国学者周文骏从交流物、交流对象、交流技术、交流工作4个方面描述了文献交流系统结构的基本要素，认为文献交流的目标是通过交流工作和交流技术，将文献从生产者手中传递到消费者及用户手中，其过程包括文献的生产领域A、服务领域(传播渠道)B和利用领域C，这3个领域是一个从A到B再从B到C的循环过程。

6. 拉斯韦尔5W模式

1948年，拉斯韦尔在题为《传播维普资讯(http://www.cqvip.com)在社会中的结构与功能》的论文中提出，描述交流行为的一个简便的方法是回答以下问题：who says what in which channel to whom with what effect，即“谁，说了什么，通过哪种渠道，对谁，有什么效果”。这就是著名的拉斯韦尔模式(Lass-well Formula)或称为5W模式。模式注重的是交流或传播的效果，尽管简单，至今仍是指导人们传播过程的方便的综合性方法，特别是对分析政治性传播与宣传十分适用。布拉多克(Braddock)于 1958 年将拉斯韦尔模式补充为 7W 模式：who says what through which channel to whom under what circumstance for what purpose with what effect，即“谁，说了什么，通过哪种渠道，对谁，在什么情况下，为了什么目的，有什么效果”。

7. 控制论传播模式

控制论传播模式认为传播过程是一个双向交流的回路，是一种循环的自我调节系统，既包括传播者和受传者互为因果的循环结果，也包括传播者的自我反馈。传播者收到来自外界的各种信息，经过选择，把传播内容转化为相应的符号发送出去。受传者接收到信息，连同从其他方面收到的信息进行选择，作出反应，即产生反馈作用。反馈分为正反馈和负反馈。正反馈是传播者的给定信息与真实信息的偏差；负反馈是给定信息与输入信息的偏差。利用负反馈，传播者可以调节传播过程，使传播活动更符合所要传播的目的。

8. 集中与辐射的传递模式

信息交流的任何一方，要从社会生活和文献中广泛摄取大量有待思维加工的原料，这就是集中；交流双方中的任何一方，同时与多方发生交流关系，这就是辐射。集中与辐射就是将来自不同信源的信息“集中”起来，再按需“辐射”到不同的信宿。集中与辐射是社会科学信息传递的基本模式。集中与辐射的传递模式揭示了专业信息机构及社会科学信息工作的特点。一方面，专业社会科学信息机构作为交流中介，既与信息生产者发生交流关系，又与信息需求者发生交流关系，既有集中，又有辐射，反映了从信息搜集、信息加工分析到信息传递这一系列运动是周而复始、不会终结的；另一方面，信息机构要对“集中”来的大量无序的原始信息进行分析、加工与整理，包括信息分类、标引、分析、综合等一系列思维加工，然后按不同的需要“辐射”给不同的信息需求者。因此，集中与辐射这一传递模式，反映了信息工作的流程，它是社会科学信息工作一般规律的具体体现。

9. 马莱兹克的大众传播过程系统模式

德国学者马莱兹克 1963 年在《大众传播心理学》一书中提出了大众传播过程的系统模式，认为传播过程中存在一个包括社会心理因素在内的各种社会影响力交互作用的“场”，传播系统中的每个主要环节都是这些因素或影响力的集结点。具体包括以下方面：影响和制约传播者的因素包括传播者的人格结构、同僚群体、社会环境，以及传播者所处的组织、媒介内容的公共性所产生的约束力、受众的自发反馈所产生的约束力、来自信息本身以及媒介性质的压力或约束力等。影响和制约受传者的因素包括受传者的自我印象、人格结构、所处的受众群体，以及受传者所处的社会环境、讯息内容的效果或影响、来自媒介的约束力等。影响和制约媒介与信息的因素主要包括两个方面：一是传播者对讯息内容的选择与加工，这种选择和加工是传播者背后的许多因素起作用的结果；二是受传者对媒介内容的接触选择及受传者对媒介的印象，而对媒介内容的接触选择则是基于受传者本身的社会背景和社会需求作出的，对媒介的印象是基于受传者平时的媒体接触经验形成的。马莱兹克的系统模式说明，社会传播是一个复杂过程，评价任何一种传播活动、解释任何一个传播过程都不能简单地下结论，而必须对涉及该活动或过程的各种因素或影响力进行全面、系统的分析。

10. 罗杰斯和金凯德"辐合传播模式"

1981年罗杰斯和金凯德提出"辐合传播模式"，认为互动传播是一种循环过程，通过该过程，参与双方(A 和 B)一起创造和分享信息、赋予信息意义，以便相互理解，A、B 重叠部分是指两人相互理解的程序，"辐合"是两人或更多人向同一点移动，或一人向他人靠近，并在共同兴趣或焦点下结合的一种倾向。这一模式较适合于解释两人互动传播和几个人在网络中传播。

上述各种交流(或传播)模式尽管从形式上看有明显的不同，但从信息交流的实质来看，它们都没有脱离非正式交流或正式交流的范畴，它们之间具有十分密切的联系。情报交流模式与信息交流模式是从知识和信息本身来反映信息交流的模式和规律，文献交流模式侧重于从知识载体流通的角度来说明，而其他各种传播模式倾向于从科学普及的角度来揭示信息交流的现象和本质。相比之下，米哈依洛夫提出的广义的科学交流系统模式能够更全面地解释非网络环境下的信息交流现象和规律，并指导信息交流和科学情报工作的实践；而 Shannon-Weave 通信模型很好地解释了机器之间的信息互换，为基于计算机和 Internet 的现代信息交流提供了理论依据。总之，上述10种信息交流模式分别从不同的角度为企业联盟中各个企业之间进行有效的信息交流提供借鉴和参考。同时，不难看出，这些模式的提出都建立在一定时期的交流环境与技术基础上，都对企业联盟的信息交流实践产生了深远的影响。

然而，仅有信息交流还远不能满足企业联盟高效运作和管理的需要，信息共享才是企业联盟中各个企业获得所需资源的有效工具。因此，在下一节我们将详细阐述企业联盟信息共享的策略和机制。

8.3 企业联盟信息共享的策略和机制

信息共享指不同层次、不同部门信息系统间，信息和信息产品的交流与共用，即把信息这种在互联网时代中重要性越趋明显的资源与其他人共同分享，以便更加合理地进行资源配置，节约社会成本、创造更多财富。信息共享是提高信息资源利用率，避免在信息采集、存储和管理上重复浪费的一种重要手段。因此，如何尽早地解决信息共享问题对于企业联盟的有效运作至关重要。下面从联盟企业之间信息共享的现状与问题、信息共享的策略、信息共享机制的构建3个方面加以详细论述。

8.3.1 企业联盟信息共享的现状与问题

企业联盟信息共享困难的研讨一直是企业界和学术界力图解决的热点问题之一。通常，人们对于信息共享的推理始于这样一种假设，即信息充分共享是一种理想的状况，是我们追求的目标。它应作为我们实现目标的一种工具，究竟共享到何种程度，应视有利于企业联盟中各个企业的价值最大化和客户的价值最大化的实现情况而定。将信息共享理想化、绝对化是一种信息崇拜，这是IT企业长期单方面宣传的结果。我们所需要的是有目的、有焦点、适度的信息共享；共享仅仅是一种工具，如果我们把工具神化为理想，那就永远也找不到真正的目标。

1. 信息共享的利与弊

一般来说，在企业联盟中，企业之间的信息共享有如下好处。

(1) 能够节约联盟中各个企业信息资料收集的成本，使得联盟中一个企业一次收集的资料能够在联盟中更多的企业或场合发挥作用。

(2) 在企业联盟信息处理中心的微观事务处理中，可以综合不同企业的资料来提高其事务处理的质量与效率，从而提高各个企业的管理水平。

(3) 能够促进企业联盟中各个企业之间知识与信息的沟通和交流，有利于企业员工学习与提高知识水平、提升系统思考的本领并增长见识、提升决策能力。

(4) 提高企业联盟中知识的生产、研究、推广、应用的效率，减少重复研究并有利于知识生产活动中的协同知识创新。

(5) 能有效地改进企业联盟中各个企业与外部环境的适应与协调。联盟的企业会因为充分地了解和认识了周边的环境而提升自身对市场反应的灵敏度，从而提升自身的动态能力：信息越共享，配合越协调。

当然，信息共享并不是“免费的午餐”，它也是需要付出代价的。

(1) 信息共享系统如果是一个复杂的实时系统，开发的成本(包括软件开发、应用培训以及系统运行维护修改的成本)是很高的。

(2) 一些共享系统的推行需要相关的部门改变其原有的工作习惯与流程，这可能会增加工作量，甚至牺牲一些部门的利益，因而，需要进行大量的行政协调。

(3) 信息共享的长久维护业务不仅包括持久的数据维护工作，还包括因功能更新而带来的信息共享各环节的调整，以防止共享渠道因“失修”而荒废。

(4) 信息共享会增大系统安全的风险。信息共享渠道增加了独立系统的进入点，不仅会使原系统管理复杂化，还会增加被侵害的机会，这也是很多系统不希望深层共享的原因。

(5) 作为用户，利用信息共享资源也是有代价的，这就是时间与学习成本。用户不仅要学会应用操作，还需要理解被调用资源的含义，这也不是轻松的事情。

当然，还有其他的成本问题。总之，信息共享在给我们带来很多好处的同时，也给我们带来了相当的成本支出，这使得其方案设计变成了一个实实在在的经济选择问题：一个在经济上不合理的信息共享方案必定不能持久。我们需要平衡效益与成本，要经常地回到原始目标上，以评价每种功能在实际应用中的价值贡献；更要回到实际工程的设计中，估量该项功能的执行难度与成本，以寻找更好的替代方案。

2. 企业联盟信息共享的障碍

(1) 组织结构

传统企业的组织结构是金字塔式的架构，这种结构由于信息传递速度慢等缺陷，并不适应于现在瞬息万变的市场环境，组织结构应当实行扁平化的管理模式，以客户为中心，实现面向流程的管理。而传统企业已形成的组织结构要调整，必然要涉及人事、管理、工作流程等的调整，甚至涉及人员的裁减，如果其调整不合理，企业的管理和生产将会受到影响，企业的稳定也会受到冲击。所以，在实施企业联盟的过程中，信息共享所面临的最大障碍是组织结构的调整。

(2) 技术

各个企业的信息系统在企业联盟过程中构造协同环境的同时，仍会保持各自的独立性。正常情况下，协作企业的信息化程度不一样，所拥有的硬软件环境会有差异。不同的信息系统其服务层所提供的功能有差别，接口也不一样，这样就会导致不同信息系统之间在兼容性、交互性等方面存在问题，不利于信息的共享。同时，为了数据实时交换，共享的信息要求具有统一的格式和标准，而现实的情况则是大多数企业因背景不同和实际应用要求不同，业务数据库系统中的数据是分散而非集成的，不同信息系统的数据库之间存在数据格式定义不统一，以及测量单位差异等问题。

(3) 运营成本

不管是从理论角度讲，还是从已运行信息系统的实际效果看，信息共享的确有许多积极作用，至少能提高企业联盟的整体效益，但同时也存在着一个不能忽视的问题，即高额成本。例如，企业在管理信息系统、硬件设备等方面的大量投资，以及随之而来的人员培训、流程改进等都会带来相当高的转换成本。即使有良好的信息技术基础作为支撑，但由于数据的采集、整理都需要一定的费用，并且在一般情况下，信息共享的程度越高费用也越高。因此，理性的决策者必然会在信息共享的投资费用与所带来的收益之间进行权衡，以决定最优的信息共享程度。

(4) 利润分配

企业联盟集中了各个合作协作企业的核心能力，在增强其市场竞争力的同时，也将产生一定的利益。利益分配不仅仅是合作产品和利润在各协作企业间的分配，还应包括其合作经营过程中所产生的诸如专利权、技术、商标、营销渠道以及顾客忠诚度等无形资产的分配。但处于主导地位的企业一般获益较大，其他协作企业则往往处于被动地位，导致利益分配不合理，所以在信息共享上缺乏真正的主动性，以致会威胁到企业联盟的稳定。

(5) 风险

企业联盟要求联盟企业的信息系统具有一定的开放性，但信息系统本身就具有一定的脆弱性，这对安全构成了隐患，使企业内部信息系统更易遭受黑客及病毒的攻击，影响其运行的稳定性。同时，企业内部信息系统对外部协同系统的依赖性增强，这也是每个企业都担心的问题。合作时企业共享了自己的大量机密信息，有可能为将来留下隐患。没有永远的朋友，只有永远的利益关系，这一法则在商业领域的存在非常正常。一旦联盟结束，原本共享的机密信息已经过多地让别的企业知晓，企业的内部机密信息被另一方掌握，就可能会影响将来谈判的效果，降低本企业的谈判优势，从而使自己蒙受损失。

(6) 信用

参与企业联盟是企业经营战略的重大调整，参与合作的前提是能为企业带来利益，能带动企业的生存和发展。而合作又是建立在企业间相互信任的基础上的，各合作企业间的信任程度将严重影响企业联盟的稳定性。企业间的信任可以降低协同企业合作成本，能够使参与合作的企业充分利用联盟企业的人力资源和关系资源，取得更高的运作效率。信任要通过长期培养才能建立起来。在市场环境不成熟、各种机制还不健全、市场运行缺乏有效的监督与约束、整个社会的信任氛围还没有真正形成的情况下，建立完全市场化的企业联盟也是缺乏信任基础的。由于企业自身利益的驱动，他们不愿将自身所拥有的信息全部与他人共享，形成“信息孤岛”，也很少用系统的、战略性的思维来考虑企业联盟所能带来的长远利益。

(7) 出现“牛鞭效应”

所谓牛鞭效应是指信息流从最终信息发出端向信息接收端传递时，无法有效地实现信息共享，使得信息扭曲而逐级放大，导致需求信息出现越来越大的波动，甚至失真的现象。信息扭曲的放大作用在图形上很像一根甩起的牛鞭，因此被形象地称为牛鞭效应。仍以供应链企业联盟为例：供应链的共享信息涉及整条供应链上各类企业方方面面的活动。从最初的顾客需求开始，到每一产品的研发、生产、配送、销售服务等信息，要获得供应链上其他企业所提供的全部可见的信息，实现供应链信息的共享，是一项难度极大的系统工程。

8.3.2 企业联盟信息共享的策略

尽管我国企业普遍认识到信息共享的重要性，也确信信息共享能给企业联盟中的成员企业带来诸多好处，但由于各种原因导致成员企业不愿或缺乏实力去实施信息共享。在市场竞争日趋激烈的情况下，实施供应链信息共享是企业必须采取的对策之一。为了更有效地推进企业联盟信息共享的实施，成员企业可采取以下策略。

1. 打造企业信息共享文化，调整企业组织结构

组织结构扁平化是企业适应竞争的必然结果，压缩管理的中间层次，缩短信息流程，在保持纵向信息沟通的同时加强横向联系，使企业中的信息和企业间的信息流通更加迅捷、有效。在调整组织结构的同时，应根据联盟的需求建立以协同为导向的组织，协调本企业和联盟内企业间的信息共享问题。这种组织可以是临时的，应该有自治能力和自适应能力，要求能适应外部环境的变化，并在动态中寻求最优。以供应链企业联盟为例，联盟中的供应商、制造商、经销商、零售商、运输商等一系列企业因不同的制度、规模、地域等原因，导致产生不同的经营理念、价值观念和工作方式。因此，系统地整合联盟成员的企业文化，在保持各企业文化独立性的同时，通过对各企业长远规划、经营理念、管理模式等进行整合，找出适合各成员企业的统一文化。这种文化强调知识、信息共享和创新，能促进生产、销售、使用和创新协同发展的企业联盟的快速建立，对于增强企业联盟的凝聚力和竞争力是大有益处的。

2. 构建企业联盟体系，整合共享数据资源

集中所有企业的现有信息数据，根据实际应用的需要和用户的要求，通过建立企业联盟平台，使用户能够方便地获取所需信息，对不同用户设置不同的访问权限，信息的访问根据用户权限进行控制，这种运用中央数据库集中管理企业信息数据的方法适合于构建企业联盟体系。此体系结构有助于用户访问大范围内的共享信息数据，可避免在不同的企业数据库和应用平台之间进行频繁切换。为了方便企业内部的管理，企业也可创建自己的内部数据库，但应与中央数据库协同并保持一致。在建立企业联盟平台的同时要考虑把不同企业的数据格式和标准统一，使数据接口相一致，实现企业与税务、劳动、人事、行业协会的信息交互，企业与银行资金往来，企业与科技公司、管理咨询公司等的信息沟通、实时动态共享等。

3. 共同开发新产品和新技术

传统企业的产品研发一般由制造商独立进行，供应商仅是根据制造商设计成功的零部件进行生产，根本没有参与研究与开发产品的机会，只能被动地按制造商的要求机械地提供配套产品。但当供应商和制造商结成战略联盟后，为了让企业主动提供信息实现共享，有必要让成员企业主动关心协同企业成员的新产品、新技术的研究开发，企业联盟中的核心企业应将所有联盟企业甚至用户纳入到产品的研究开发中，按照团队的工作方式展开全面的合作。按照团队合作模式进行产品研发，研发的结果和合作的成败涉及所有合作企业的直接利益，新产品和新技术的共同开发和共同投资让协同企业都参与到同一利益体系当中，能提高协同企业的产研能力，促进全面掌握产品的研发信息，有利于参与各方的相互信任，也有利于提高企业参与联盟的主动性和积极性。

4. 建立合理的利益分配策略

企业参与市场运作都是为了实现自身利益最大化，所有企业都带有“理性的”特点，企业参与企业联盟也是如此。企业联盟的目的在于提高协同企业的总体竞争力和协同企业链整体利益，当联盟链产生效益时，单个成员获得的利益多少可能有所不同，也可能有增有减，这时，协同企业间的利益分配的合理与否就成为企业联盟能否继续维系的关键，这就构成了利益再分配问题。利益再分配如果不合理，势必会影响协同企业的信息共享程度，只有建立合理的利益再分配策略，让每个企业都能得到比参与企业联盟前更大的利益，企业才能保持继续参与联盟的动力，才能主动实现信息共享。

5. 互换股权

为了对联盟企业进行约束，实现共担风险、共享收益，合理分配由信息共享所获得的利润，在不影响企业股权分配的情况下，联盟企业可以采取互换股权的方式进行相互制约，如果企业联盟的合作具有长期性和战略性，为了保持企业利益的一致性，企业之间可以实行股权的等价交换，从而增加彼此之间的信任程度，提高企业进行信息共享的主动积极性。

6. 实施风险防范与管理

为了减少风险，需制定联盟企业信息共享的集体约定，签订信息共享协议，明确风险防范责任和范畴，规定各企业必须遵守的准则及其应享受的权利和应尽的义务。协同企业应缴纳一定的风险违约金，以约束其违约行为，避免给其他协同企业带来风险。违反约定的企业应受到惩罚，如没收违约金、淘汰出企业联盟、减少其分配收益、降低其信用等级等。另一方面，企业须加强对本企业核心信息的保护，涉及其核心竞争力的信息就应该有所防范，可针对信息机密程度制定一个详尽的分级标准，以信息的机密级别来控制信息的共享范围。利益共享、风险共担、将风险因素加入到利益分配中，符合风险补偿的分配原则。在设计风险分担和利益分配方案时，应根据具体情况，灵活地综合运用各种方法，以尽可能使风险分担和利益分配趋于合理化与科学化，保持合作关系的融洽。

7. 建立公平、互信、互利的信用机制

企业联盟体系中各企业自身的实力、规模和市场占有率往往是不平衡的，为了追求企业利益的最大化和竞争力的增强，企业才相互合作。在这种情况下，无论双方是实力悬殊，还是实力相当，合作都要本着公平的原则。在彼此的交往中，无论是市场机会还是利益的分成，应始终让对方感到是一种基于公平的交往关系。每个企业都要经常了解合作者的情况，及时发现和解决各自在合作过程中出现的困难和问题，建立起良好的信用机制与合作氛围。通过企业之间这种相互信任的有效合作与伙伴关系的建立，使各成员的利益和目标协调起来，可以在一定程度上减少信息传递过程中的障碍和波动，增加信息的可靠度。

8.3.3 企业联盟信息共享的机制

企业联盟的一个目的就是通过信息的共享降低信息的开发成本和搜寻成本。那么联盟企业是如何共享其他企业资源中信息的呢？可以通过建立以下3种信息共享机制来实现企业的战略目标。

1. 信息的扩张机制

信息的扩张机制，即企业通过联盟形式将本身的信息资源进行扩张和渗透，以使得自己的信息扩张到其他公司。这样可以在某个时间、某种程度上控制其他公司，并使自己的信息得到加强。如部分技术诀窍在其他公司进行应用，一方面可以转移自己的生产风险，另一方面在技术稳定时，可以运用技术控制其他公司。如丰田汽车的精益管理模式通过联盟等形式已经成为一种行业标准。

2. 信息的学习机制

信息的学习，即企业通过联盟相互学习。企业试图从联盟企业中找到自己所需要的资源并通过消化吸收变为自己可以应用的信息。如富士与施乐的联盟，富士公司开始时提供技术信息，但施乐公司经过学习，占据了技术的领先地位。

3. 信息的调整机制

信息的调整是指企业为了摆脱非核心竞争部分，将该部分进行联盟后所进行的信息整合。这样，企业本身的主体业务并未受到限制，并且在随后的几年里可以使相关信息与联盟企业相结合，减少公司对外界的不稳定影响。

总之，实施企业联盟的信息共享在我国还任重而道远，只有在市场运行机制的严格监督与约束下重建企业信用，企业管理水平与应用 IT 技术方面取得长足进步，并建立起科学、合理的利益共享与风险、成本共担的激励机制的情况下，才能够真正实现联盟企业间的信息共享，从而提高企业联盟的运作效率，促进成员企业之间的资源整合。

8.4 企业联盟信息系统应用实例——中小物流企业联盟信息系统的应用

本节以中小物流企业联盟信息系统应用为例，详细介绍其信息系统软件的总体框架、软件功能模块、工作流程和运行管理机制，以加深读者对信息技术在企业联盟中的应用过程的认识。

8.4.1 中小物流企业联盟信息系统软件总体框架

本系统的设计目标是使企业能够通过 Internet/Intranet 完成中小物流企业联盟的构建，并提供决策支持功能，为中小物流企业联盟提供支持，降低联盟经营成本和风险；尽可能地将信息共享、传递、交流与集成，方便用户对产品相关信息的查询，并对重要信息建立安全保密机制。

根据系统设计目标和开放性、统一性、安全性和可靠性、先进性、实用性等设计原则，要求系统可以通过 Internet，安全、方便、高效地供用户使用。其总体框架如图 8-4 所示。可见，中小物流企业联盟信息系统体系结构是基于 Web 模式的 3 层体系分布式结构。第一层是客户浏览器，客户通过 Internet 完成联盟信息的输入和结果查询。第二层是 Web 服务器层，用于联盟信息系统体系应用程序的运行，该层基于 ActiveX 控件技术完成 IIS 服务解释 ASP 页面，同时使用组件实现数据请求的发出、结果返回及动态网页生成等工作。第三层是数据库服务器层，用于存储各种联盟信息数据和知识，通过数据库引擎与 ODBC 数据库驱动组成数据库引擎，可实现客户端应用程序组件同数据库的连接。为了提高程序效率，可将联盟信息传递的方法编译成 ActiveX 控件。ActiveX 控件可使用 VC++.NET 提供的 MFC 开发；使用 MFC 可以不必理会控制接口的细节，而把注意力集中在控制本身的功用上。ActiveX 控件作为对象嵌入 Web 网页，利用 VBScript 向 Web 页面中加入可用于交互的 ActiveX 控件，将数据预处理、检验过程和优化放在服务端进行，然后将结果传往 Web 服务器，再通过动态网页语言生成 Web 页面，并下传到客户端的 Web 浏览器上显示结果。

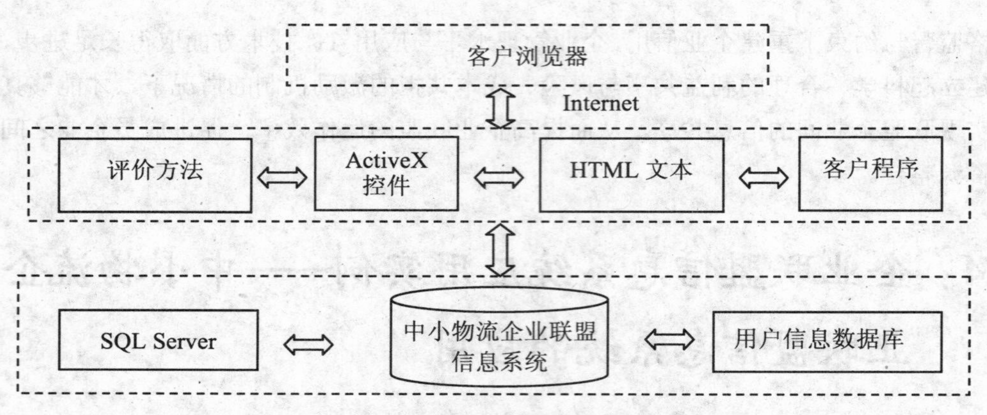

图 8-4 中小物流企业联盟信息系统总体框架

8.4.2 中小物流企业联盟信息系统软件功能模块

1. 联盟信息系统总体目标

(1) 组建中小物流企业联盟。通过与拟加盟企业产品(或者行业标准)比较，进行中小企业物流联盟的选择和加盟，确定和修改企业以后的发展战略。

(2) 通过对物流方案的改进，总结并提炼出达到既定目标最有效的实施方案和技术或改进措施，提高企业的竞争力。

(3) 具有信息发布、查询和统计的功能。公布社会的相关信息、发展现状信息等，以及在用户同意的条件下共享内部信息，使企业之间能够进行及时地、跨地域地交流信息。

(4) 具有安全的保密机制和权限管理功能。考虑到有关信息是用户和公司的重要信息，以及涉及他们的机密信息，因此，为了用户和公司能够安全、正常地使用本系统，增加信息的保密性，本系统将采用安全的保密机制和权限分配机制。

2. 联盟信息系统软件的主要功能模块

中小物流企业联盟之间的信息跟踪与信息反馈机制可以使企业的运作同步进行，消除不确定性对联盟的影响。软件分为 7 个功能模块：第 1 个模块为联盟网络系统的运行管理和使用说明，根据参与联盟企业的分工不同，划分为盟主企业、成员企业和联盟管理委员会，从而有效地规避组织设计中带来的统一指挥问题，提高协调能力和组织运行效率，增强组织的弹性与柔性。第 2 个模块为联盟信息支撑体系文本发布，发布联盟成员企业之间的合同文本及联盟操作规则，通过合同和规则提供的激励与约束机制，解决合作伙伴违约、风险转嫁、悖逆选择和侵蚀其他伙伴利益等一系列败德行为。第 3 个模块为联盟企业和联盟管理委员会信息发布，通过该模块，联盟成员企业实时发布本企业完成任务的数据信息，从而便于盟主企业和联盟管理委员会掌控联盟合作伙伴之间的开发、生产和销售等情况，对成员企业出现的问题进行检查与防控。第4个模块为联盟组建准备信息支撑，主要是盟主企业在整个联盟组建之前对市场机遇的识别与描述及其发布，进行机遇的识别和分析，在此基础上进行合作伙伴的选择。第5个模块为联盟组建信息支撑，主要针对整个联盟在组建之后，联盟管理委员会对市场机遇再识别、分析和评估，以防止盟主企业分析的单一性和片面性情况出现，以供联盟成员企业进行核实。第6个模块为联盟运作与传递性信息支撑，主要是联盟管理委员会采用动态合同体系和预警系统等多种工具对联盟运作中的问题进行防控的过程。第7个模块为制造业联盟解体模块，主要是联盟管理委员会对解体时机的判断和解体后成员企业风险的规避，防止相关问题的发生。

8.4.3 中小物流企业联盟信息系统软件工作流程

工作流程主要是使参与联盟的成员企业按照某种预先定义的规则传递信息，以实现某个合作目标，同时防止造成不必要的风险。图8-5给出了中小物流企业业务操作的工作流程。

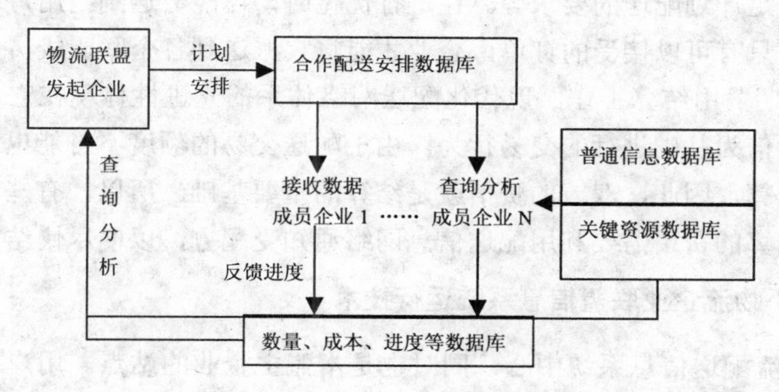

图8-5 中小物流企业业务操作工作流程

在业务操作中，联盟发起的企业根据业务的不同，以及成员企业参与联盟的程度和业务的不同，将分配不同的权限访问不同的数据库，同时发起企业可对联盟的配送业务进行实时查询，防止误差和某些风险的发生。

8.4.4 中小物流企业联盟信息系统的运行

1. 中小物流企业联盟信息系统运行程序

(1) 用户业务订单提交。用户通过Internet访问企业Web站点，在线填写申请。

由配送信息平台对客户的身份进行认证。一旦身份得到认证，盟主企业确定是否采取联盟。而一旦确定自身能力无法完成该任务，则盟主将客户申请的送货单通过该系统进行联盟的组建，并作好联盟能否完成任务的分析工作。

(2) 拟订配送计划。由盟主调度部门制定，采用计算机作为编制计划的主要手段，依据网上订货合同副本仓储配送合同、配送车辆、装货设备、运输条件和各配送据点的中小物流企业联盟信息系统研究货物品种、规格、数量及分布情况等，来按日分配联盟成员企业任务，安排各用户所需物资的送货时间、送达地点和准备提前期等。

(3) 下达配送计划。配送计划确定之后，通过配送信息网络向各联盟成员企业下达计划，从而调度车辆、机械及相关工作人员，并通知用户作好接货准备。

(4) 理货。联盟盟主理货部门按计划将各种所需货物进行分类，标明到达地点、用户名称等，并按流向、流量距离将各类货物进行配载。货物到达目标地点后，各联盟成员企业送货人负责带回收货单位签名的费用单据。

(5) 订单派送优化。物流配送信息网络要用到一个基本的优化模型，其目标函数为多目标规划，即一方面要满足系统总运营成本最小，同时还要满足用户的满意程度最大的要求。约束条件包括实施配送所必要的物质技术水平、资源水平和运输能力能够满足计划配送的要求等。在进行优化时，可能会遇到当用户通过站点填写完订单后，只有可以接受的订单，企业才能将它派送到各个联盟成员企业中去。

(6) 后期费用结算工作。现代化配送网络体系的先进性体现在它是以配送方和受配方的资信为基础进行的交易行为。由于配送交易的额度不可能也没有必要逐笔进行即时结算，因此，双方的资信就是结算的重要基础。所以，有些订单处理后所遗留的未结算的费用需要利用配送信息网络通知受配方，以便尽快结算费用。

2. 中小物流企业联盟信息系统运行技术

(1) 物流配送信息系统中心，同时也是本盟主企业的站点。用户以友好、易操作、可视性好的浏览器从任意网络平台或位置，可与服务器进行通信和交流。同时必须提供良好的人机对话功能。

(2) 用户与系统之间的连接应当安全、可靠且无间断，能够给用户提供动态的交互式网络对话或计算，并可提供快速、综合的信息服务。

(3) 能够实现联盟内订单下达，快速在线支持、在线帮助和在线实时查询业务的网络支持。

(4) 可通过 Web 方式发布及时、准确的企业信息，使普通用户可以在线查询简单业务信息，从而能够了解联盟企业任务完成的实时信息。

(5) 经过认证的授权用户开放企业内部存储信息，如技术资料、技术支持信息、配送信息及客户信息，并可提供盟主企业按条件检索进行物流联盟的组建。

(6) 要有对注册用户的记忆功能，即备有用户数据库功能，并能记录相关用户的信息，以实现企业查询及用户跟踪。

本节在充分借鉴动态联盟思想的基础上，根据我国中小物流企业的自身特征，提出了中小物流企业物流联盟的应用实例。

随着我国企业联盟数量的增多、联盟经验的丰富和信息技术的发展，信息技术在企业联盟中的应用将越来越广泛。在信息技术高速发展、中国加入 WTO 后国内企业与世界知名企业的竞争日趋激烈的大背景下，企业需要通过信息化工具，把遍布海内外的上游供应商、下游代理分销商联结起来，从而把客户资源整合利用起来，以进一步提高自身的反应速度、发挥竞争优势和提高核心竞争力。

思考题

1. 企业联盟的含义是什么？企业联盟的形式有哪些？
2. 简述企业联盟的特点。
3. 试分析关于企业联盟的几种理论。
4. 企业联盟信息交流的内涵是什么？
5. 简述企业联盟信息交流的障碍。
6. 什么是企业联盟信息交流的模式？
7. 试分析企业联盟的 10 种典型的信息交流模式。
8. 为什么说集中与辐射的传递模式揭示了专业信息机构及社会科学信息工作的特点？
9. 阐述企业联盟信息共享的现状及存在的共享障碍。
10. 为了克服信息共享障碍，企业可以采取哪些信息共享的策略？
11. 试阐述信息共享的机制。
12. 试分析企业联盟信息系统的应用实例。

第 9 章

协同商务与协同商务系统

协同商务(Collaborative Commerce，CC)是指利用数字化技术，使企业内外部实现协同计划、协同设计与开发、协同管理，以及协同产品研究、服务和创新的电子商务应用新模式。作为电子商务的高级形式，协同商务具有系统性、动态性、灵活性、信息反馈性、协同性等多种特性。实践表明，正是这些特性为协同商务带来了特有的优越性，为实施协同商务的企业或集团带来了诸多效益，如采购、生产、销售成本的降低，各种营利性、非营利性收入的增加以及更好的客户关系保持力等。

本章首先叙述了电子商务向协同商务的变革过程，接着深入分析了协同商务和协同商务系统的概念，并探讨了协同商务系统中信息流和知识流的形成及其结构，然后在此基础上研究了基于协同商务链的数据仓库与知识仓库的概念及其构建方法，最后分析了协同商务信息系统应用的一个实例。

9.1 从电子商务向协同商务的变革

所谓电子商务是指利用简单、快捷、低成本的电子通讯方式，买卖双方不谋面即可进行各种商贸活动，即通过各种电子通讯方式来完成，如通过打电话或发传真等方式来与客户进行的商贸活动。随着网络技术的快速发展和普及应用，电子商务的内涵与形式均发生了深刻变化，进入了协同商务的新阶段。那么电子商务与协同商务之间究竟存在什么联系，它们之间又具有什么区别呢？本节将对此进行详细论述。

9.1.1 电子商务的内涵

广义地讲，电子商务是指交易当事人或参与人利用计算机和网络等现代信息技术按照一定的规则和标准所进行的各类商务活动，包括货物贸易、服务贸易和知识产权贸易等。

狭义的电子商务是指通过因特网(Internet)进行的电子商务活动。但将电子商务仅仅局限于利用 Internet 进行的商务活动是远远不够的，其概念可进一步拓展为利用各类电子信息网络进行的广告、设计、开发、推销、采购、结算等全部贸易活动。

正如美国学者瑞维·卡拉塔和安德鲁·B.惠斯顿所言，电子商务是一种现代商业方法，它以满足企业、商人和顾客的需要为目的，并通过增加服务传递速度、改善服务质量，降低交易费用来达到上述目的。现代电子商务通过少数计算机网络进行信息、产品和服务的交易，而未来电子商务则可以通过构成信息高速公路的无数网络中的任何一个网络来进行交易。

9.1.2 电子商务的发展

电子商务自20世纪90年代出现以来，在经历了一个低谷之后，近年来出现了良好的发展态势。作为商贸经济活动的一个平台，它引发了一场信息技术对传统商务活动的革命，代表着未来贸易方式的发展方向，它所提供的实时商务系统使生产和消费变得更为高效。现代电子交易手段突破了空间与时间的限制，使供应商与最终顾客直接接触，将顾客的选择从“有限选择”转变为“无限要求”。从这个意义上看，电子商务所具有的强大生命力不仅能推动经济的快速发展，也必将成为全球经济的最大增长点之一。全世界许多国家和组织一直致力于发展电子商务，正是因为看到了其无限的商机与巨大的潜力。于是，欧盟于2000年推出了“电子欧洲行动计划”；美国提出了改善电子交易措施的指引计划；经济合作与发展组织建议设立观察指标来反映电子商务的发展趋势；亚太经合组织(APEC)在2000年文莱会议上也提出了类似计划，并成立了E-APEC工作组。APEC 2001年的上海会议在文莱会议成果的基础上进一步提出了“E-APEC战略”行动方案，2002年的墨西哥会议则提出了可持续经济增长应与发展数字经济相结合的战略，并通过了《贸易和数码经济协定》。2002年11月，联合国贸发会议和联合国亚太经社委员会在曼谷联合召开的亚太国际会议的主题就定位于“E-Commerce Strategies for Development”。大会宣言特别指出：“政府和商业机构包括私人商业机构都应成为推动电子商务发展和应用电子商务的伙伴。”可见，国际社会已达成发展电子商务的共识，全球尤其是发达国家的电子商务正发展得如火如荼。美国因电子商务活动开展较早，在许多相关领域处于全球领先水平，成为电子商务活动的典范。

电子商务在发展过程中涉及各行业、各种商品和各类服务，其发展速度十分迅速，发展规模不断扩大。一般而言，参与电子商务的主要角色是企业和消费者。因此，在企业之间、企业与消费者之间的网上交易构成了 B to B(Business to Business)、B to C(Business to Customer)两种主要的商务模式。其中 B to B 大多发生在企业间的大宗交易中，如电子元器件、会计服务、商业抵押、证券、电机、网络产品、解决方案等，而 B to C 涉及的领域则十分广泛，如股票交易、PC、金融、中介服务、鲜花礼品等。

9.1.3 电子商务的进一步发展——协同商务

随着信息网络技术的进一步发展，电子商务的重点也将发生转移，从单纯关注交易这一环节向关注网络环境下的商务主体和商务活动的全过程转移，而商务活动的全过程涉及许多方面的协同运作，即整个供应链及其相关环节之间的协同，因此，协同商务就成为电子商务发展的新阶段，其产生背景如下。

1. 供应链管理(Supply Chain Management，SCM)的发展与要求

SCM 以提高企业战略定位和提升其运营效率为目标，开展企业间的协作。对链上的每个企业而言，其供应链关系可反映其战略选择。供应链运营需要跨越组织边界，跨越单个企业的职能部门及其相关贸易伙伴和客户。这一定义要求企业广泛地收集客户需求信息，并根据收集来的信息做出能够反映良好利润水平的采购预测，即时地与生产商沟通，有效地实行物流跟踪，降低流通过程中各环节的库存量等。基于这样的要求，以网络信息技术为基础的电子商务悄然盛行，而在企业内外部协同的要求下，协同商务便成为新一代电子商务的代表形式。

协同商务概念的出现，使人们可以更清晰地理解在新经济环境下如何进行企业的动态合作与融合。供应链的处理过程是，供应链→企业→分销渠道或其他环节→用户；而网络协同商务的处理过程则是，供应商→联网→企业→联网→用户→协同，如图 9-1 所示。

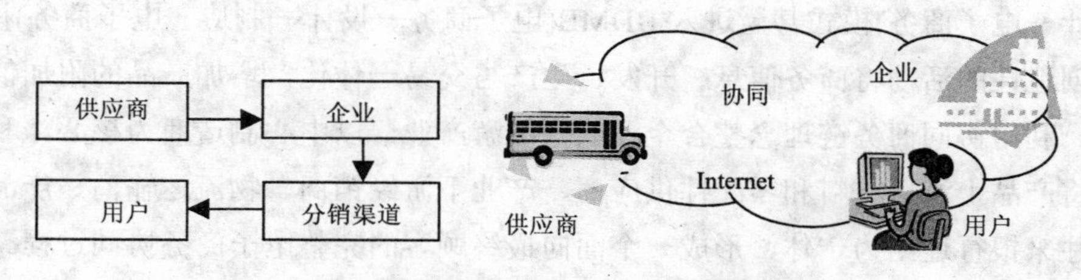

图 9-1　传统的供应链(图左)和网络协同商务(图右)

协同商务链以协同共生的生物学原理为导向，它不仅仅是一个高度集成的电子化组织，更是一个运作良好的生态系统，是一个可以通过对内外部资源的吸收来进行自身动态调整和实现对外部环境的适应，从而实现整体的创新、成长和进化的生命实体，并最终发展成为以知识管理为核心，以协同运作为手段，使企业的资源融会贯通、吐故纳新，始终以崭新的姿态，生机勃勃地面对多变的外界环境的系统。

2. 客户关系管理(Customer Relationship Management，CRM)的发展与要求

随着市场竞争的逐步升级，企业必须把注意力集中于客户，因而出现了 CRM。它是一种旨在改善企业与客户之间关系的新型管理机制，实施于企业的市场营销、销售、服务与技术支持等同客户有关的领域。其目标是通过提供更快速、更周到和更优质的服务来吸引和保持更多客户，通过对业务流程的全面管理来降低企业各种运营与贸易成本。CRM 的发展同样也对协同商务的产生提出了要求。

将 CRM 嵌入协同商务系统中，可以帮助企业提高市场竞争力、最大化利润以及增强客户保持力。与通常的 CRM 不同，在协同商务系统上建立的 CRM 更强调“协同性”。这种协同性不仅体现在对客户信息的获取和跟踪方面，还强调与客户进行的一系列业务中，内部人员之间及内部与外部之间的高效互动与协作。这意味着在任何时刻与地点，客户负责人都可以及时、准确地获得客户的信息，并与客户进行双向交流。

3. 电子商务的进一步发展

如上节所述，电子商务的重点在发生转移，从单纯关注交易向综合关注网络环境下的商务主体和企业活动转移。这些活动在不同程度上要求企业内外部协同。Gartner Group 公司将电子商务的发展分为 3 个阶段，如图 9-2 所示。

其中第一阶段是信息技术在单个企业内部的应用；第二阶段以 E-commerce 电子交易为主流；第三阶段处于知识经济时代，企业界和 IT 界已寻求到一种较 B2B 更好的运作模式——协同商务。电子商务模式将从 B2C、B2B 进入 BDB (电子商务—设计—电子商务)模式甚至进入 BDMB(电子商务—设计—制造—电子商务)模式。通过创造性的活动将商务信息、开发、生产与交易一体化，增加产品的附加值与竞争力。利用协同商务链理念整合企业的上下游产业，以中心制造商为核心，利用因特网将产品上游原材料和零配件供应商、产业下游经销商、物流运输商、产品服务商及往来银行连结为一体，形成一个面向最终顾客的完整电子商务协同过程。

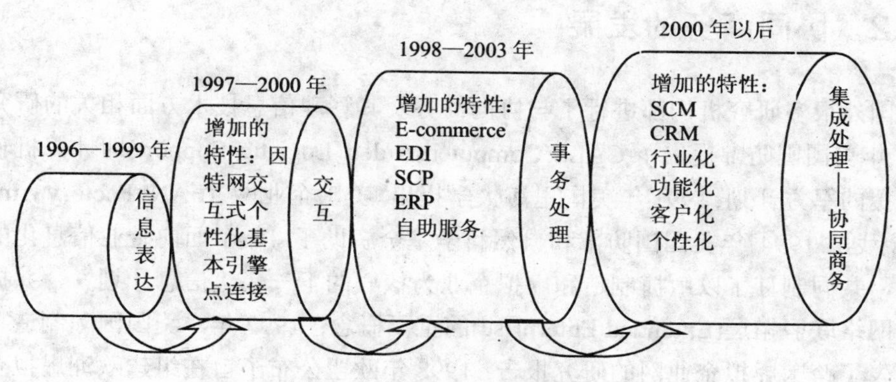

图 9-2 电子商务的发展阶段

9.2 协同商务与协同商务系统

作为电子商务的高级发展形式，应 SCM 和 CRM 进一步发展的要求，协同商务正以蓬勃的发展势头和旺盛的生命力成长于企业及其商务链中。

9.2.1 协同和协同商务的概念

美国 IBM 公司曾就电子商务提出了著名的“3C”理论，其中第 3 个“C”——Collaboration，即“协同”，意味着不同地区的人们可以利用网络条件在一起工作。Gartner Group 公司于 1999 年提出了协同商务的概念，在阐述其基本思想时指出，协同商务是一种激励具有共同商业利益的价值链上的合作伙伴的商业战略，它主要是通过对于商业周期所有阶段的信息共享来实现，其目标是在满足不断增长的顾客需求的同时来增强其获利能力。价值利益的所有成员通过将他们的核心竞争优势组合起来创造新的产品或者服务来获取利润，这些新的产品和服务的价值将比各个组成部分的简单集合大得多。

协同商务的含义十分宽泛，它包括企业内部门与部门之间、企业与外部企业之间如供应商、合作伙伴、分销商、服务提供商、客户等的业务往来。无论是哪种形式的协同，都可视为协同商务的一部分。可将协同商务分为设计(Design)协同商务、促销与销售(Market/Selling)协同商务、采购(Buying)协同商务、规划与预测(Planning/Forecasting)协同商务等 4 个领域。因此，协同商务不只是销售链和供应链厂商的内外电子化与流程整合，更包括设计与规划等不同层面的活动。

9.2.2 协同商务的发展

国外很多研究机构都进行了与协同商务及其管理信息技术方面相关的研究。如，1984年美国国防部提出了CALS(Computer Aided Logistic Support)即计算机辅助后勤支援的军方计划；1991年美国里海大学提出“美国企业网”(FAN，Factory American Net)计划；1994年美国国防部和自然科学基金资助了10个面向企业信息化的研究单位，共同制订了以敏捷制造和虚拟企业为核心的下一代“信息计划”，并提出了企业网络联盟拓展(Extended Enterprise)的重要概念；1997年，美国国际制造企业研究发表了跨国虚拟企业网的研究报告；1998年欧盟公布了旨在组建欧洲虚拟企业网的“第五框架计划(1998—2000)”，等等。

近年来，许多软件开发公司也致力于协同商务方面的研究，如SAP公司研究出台了MySap.com协同商务解决方案；Oracle发布了Oracle Collaboration产品集；IBM描述了基于B2B的电子商务平台，支持企业应用和交易伙伴系统集成的协同商务处理设计框架，并推出了产品WebSphere Portal等。

在国内，经过多年的信息化推广示范，企业逐渐认识到信息化建设的重要性，部分企业的信息化建设已经达到较高的水准，如CAX、CAPP、PDM和ERP等。有关协同商务方面的研究在国内才刚刚起步，主要侧重于协同商务原型系统的开发和应用。

9.2.3 协同商务的特征

Gartner Group公司认为协同商务的目的在于对企业内部价值链和其所在协同商务链的整合，这不仅可使企业内部运营协调有序，还可使企业与外部的联系变得顺畅、有效，并能够建立起有效的反馈机制。因此，协同商务具有整体性、虚拟性、实时动态性、对外开放性和协同互动性等特征。

(1) 整体性：协同商务强调跨组织间的流程整合，通过共享关键信息、知识资源，协调整个虚拟联盟的关系，通过企业间的协作，获得联盟的最大化利益。

(2) 虚拟性：协同商务更加倾向于虚拟企业的概念，它强调不同的企业为了完成特定的任务，通过知识、技术和信息的共享，进行电子化协作，既有利于制造商根据现有资源开发多样的、个性化的产品，还相应地提高了采购方与供应方的效率。

(3) 实时动态性：协同商务强调企业之间实时的动态集成和信息交换，在整个动态联盟进行统一计划时，通过信息反馈和技术支持，促进企业之间的质量改善和质量保证。

(4) 对外开放性：协同商务要求协同方式和合作规则应当是开放的。客户或企业科研部门在设计个性化产品的同时，将设计信息及时与供应商共享。

(5) 协同交互性：协同商务可通过知识、技术共享，推算出企业发展的变化，并将变化通过共享平台传递给联盟企业，提高企业应付风险的能力，从而全面提升企业联盟的竞争能力。

9.2.4 协同商务系统

1. 协同商务系统的概念

协同商务系统是一种基于因特网技术建立起来的能够支持协同商务活动有效开展的信息网络管理系统平台。它以客户为中心，由需求交易拉动生产制造，可支持协同各方的交易活动和对企业运作的协同管理。它通过对各信息平台的整合、协作，打通企业内、企业间的信息联系，解决了企业因数据封存在不同的数据库和应用平台上而造成信息利用效率低下的难题，使企业能够更充分地利用信息资源。

2. 协同商务系统的功能

首先，协同商务系统是一个管理信息系统，因此它具有一般管理信息系统所具备的功能，如信息的收集、存储、处理、传递和提供等。其次，协同商务系统是与电子商务紧密关联的系统，因此它具备电子商务系统的一些功能，如前台界面、后台信息处理和相关数据挖掘等。随着知识经济时代的到来，企业的信息向知识升级，使得协同商务系统还应具备以下功能。

(1) 信息/知识感知功能。主要体现在协同商务系统为了满足企业对信息/知识需求，运用各种现代科学技术和管理方法对企业甚至是协同商务链内外部的环境变化进行感知和辨识。

(2) 信息/知识反应功能。这是针对已经感知到的内容进行反应和处理的功能，也是对信息和知识加以利用的基础功能之一。

(3) 协同商务通信功能。协同商务主体之间可通信是协同商务的基本功能之一，主要体现在企业内部部门之间，企业同相关外部实体之间的通信与沟通，这也是协同的基础之一。

(4) 信息/知识共享功能。在协同中企业主体或部门主体有必要通过共享信息和知识来完成生产经营过程中每个环节的协同。其作用主要有两个方面，一是同别人共享一定的信息和知识来体现自己参与协同合作的诚意，二是各个主体只有在某些特定的信息和知识共享的条件下才能完成协同合作。

(5) 决策支持功能。一个完整的协同商务系统应该具备支持决策的功能，这对企业管理决策者来说是必要的，也是协同商务系统中信息流与知识流作用的最大体现——信息管理是为了便于决策。

(6) 信息/知识安全功能。一旦信息和知识实现了共享，则必然存在安全问题。需要解决哪些信息/知识可共享、哪些是需要保密的，共享过程需要建立一套怎样的安全管理机制等问题。

3. 协同商务系统架构

根据前文对协同商务系统概念及其功能的描述，本书给出了一个协同商务系统的层次结构，该系统架构反映的是一般企业在协同商务系统中所处的位置以及协同商务系统的各种功能，如图 9-3 所示。该系统主要由 4 个层次组成。

(1) 基础数据层(最底层)是以企业数据仓库为总支撑，由数据仓库、知识仓库、接口库、方法库、模型库和活动库等组成的基础数据层，其主要作用在于向企业协调系统输送必要的数据，包括知识、接口、方法、模型和活动等，是企业参与协同的根基所在。

(2) 协调中心层是企业参与协同的中心。它在基础数据层的支撑下，统管企业内部协同和企业与外部的协同。从协同内容上看，该层由信息协调系统主导人力协调系统、物流协调系统和资金协调系统；从系统功能上看，该层反映了协同商务系统的所有功能子系统，其主要功能包括信息/知识安全功能、信息/知识反应功能、协同商务通信功能、信息/知识共享功能、决策支持功能和信息/知识感知功能等，其他特有的功能因行业和企业需要而异。

(3) 内部部门联系层不仅要向协调中心层输送必要的内部协同信息/知识，还要负责传达或初步处理来自上层，即外部实体联系层的协同信息/知识。因此可以看出该系统结构有个明显的优势特征：系统虽分为 4 个层次，但是层次与层次之间并不是孤立的，其联系十分紧密。尤其是协同商务方向的研究专家们普遍将协同分为企业内部协同和外部协同，而往往又忽略了内部协同与外部协同之间的关系，在这里正是最好的体现。

(4) 外部实体联系层(顶层)是企业在协同需求的主要来源提供层。该层的运行关键在于信息门户。对外，信息门户是企业同各类外部实体相联系，产生协同需求的桥梁；对内，信息门户则又将需求传达至各个职能部门系统或将企业部分内部信息传达给各类外部实体。

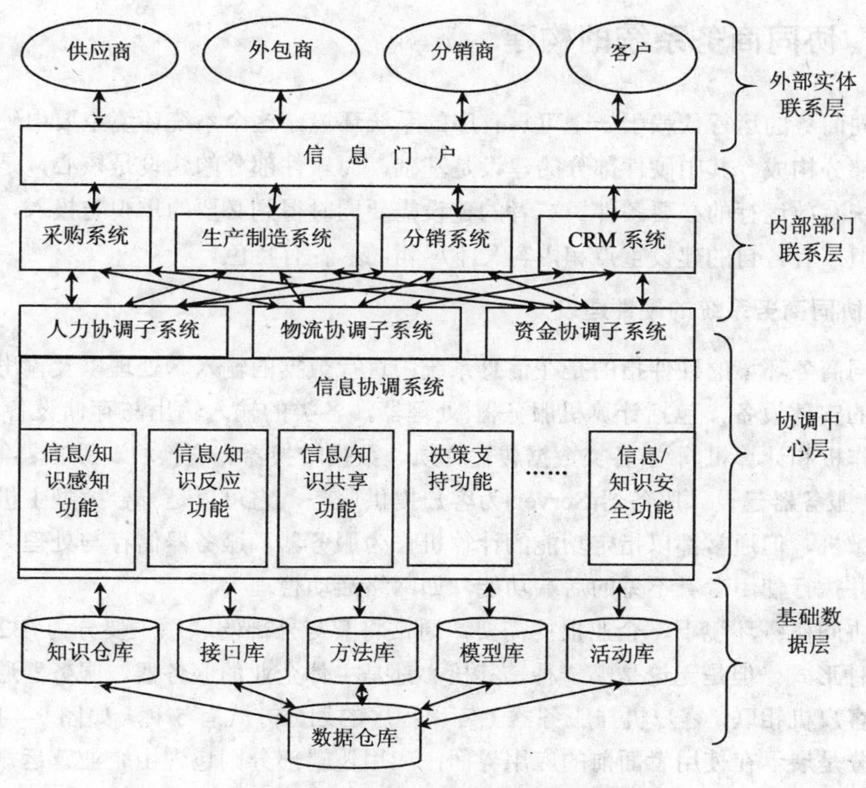

图 9-3　协同商务系统层次结构图

值得强调的是，协同商务系统各层之间，用双向箭头联系，形成一个有机的统一体。这里的箭头方向代表的是信息/知识的流向，双向箭头则代表信息/知识的流向是双向的和互动的，这进一步说明了各协同实体(企业或部门)之间是通过信息/知识的交互进行协同的。

9.3　协同商务系统中的信息流与知识流

要实现协同商务模式，基础是建立协同商务系统，它由必要的软硬件设备和管理软件系统等构成，关键是要确保信息流和知识流能在协同商务系统中安全、实时和有效地流动。如上节描述，可以看出协同商务系统功能的核心在于信息和知识，因此，信息流和知识流不仅是协同商务的重要组成内容，而且还能够有效地连接协同商务系统中的各个主体，使之成为一个有机整体。

9.3.1 协同商务系统的构建

协同商务的运行依赖于一个可靠有序的系统环境，这个系统环境主要由硬件和软件两部分构成。其中硬件部分的建设是基础，而软件部分的建设是核心，是协同商务系统有效运行的必要条件。二者的建设需要同时得到必要的重视与投入，不可偏废。但二者各自的建设重点和内容又不尽相同，各有特色。

1. 协同商务系统的硬件建设

协同商务环境的硬件指的是在信息系统中进行数据的输入、处理以及输出和网络通信的实体设备，包括计算机服务器(处理器，各类的输入输出与存储设备等)、其他工作机和计算机网络(各类数据传输介质、数据转换器、交换机、路由器等)。

(1) 服务器建设。服务器(Server)为客户提供服务，它可以是一台大型主机或一台超级微机，但通常都以指定功能的计算机作为服务器。服务器储存与处理共享的数据，并执行使用者看不见的后端功能，如网络活动管理等。

在协同商务环境下，企业根据需要，通常将其与外部的联系主要分为 B2B 和 B2C 两种形式，但是无论是哪一种，其核心都是主体企业的服务器。服务器通过因特网与客户机相联，客户机与服务器上应用程序的划分方式有 5 种，如图 9-4 所示：界面部分是展示在使用者面前的应用界面；应用逻辑部分则包含由企业营运规则所形成的处理逻辑(如员工薪水以月薪来发放)；数据管理部分则包括程序所需数据的存储与管理。确切的任务分配依照每种实际应用的需要而定，包括处理需求、使用者人数与可用资源等。

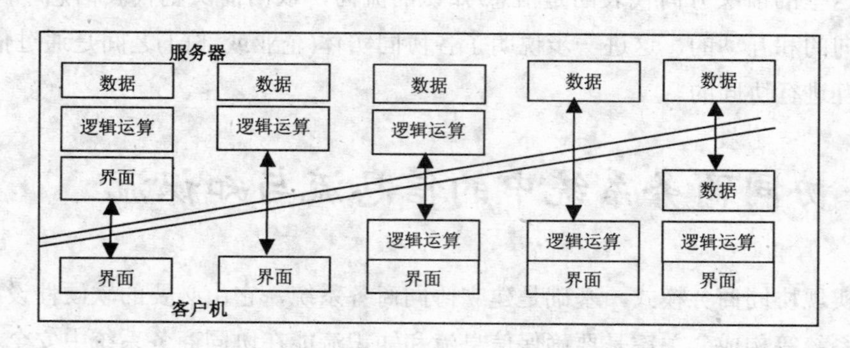

图 9-4 计算机处理工作在服务器与客户机上的划分方式

(2) 计算机网络建设。使用者通过因特网或公司内部网络从中央计算机(服务器)下载他们所需要的软件或数据，因此，作为众多数据资源的连接与下载渠道，计算机网络建设十分重要。其他设施包括多台联网的工作计算机、数据传输介质(如双绞线、电缆和光缆等)、路由器和数据交换机等，这些都可用于与外部网络连接或内部网络连接。与外网相连的目的是为了获取外部网络信息和数据资源，并使得企业能够与外部建立通信，便于与其外部相关实体进行交流与沟通；而企业内部网的主要作用则在于企业内部信息共享，既可方便内部各个部门之间的沟通，打破部门之间的壁垒，又可在一定程度上消除数据冗余，减少由冗余带来的数据不一致。

2. 协同商务系统的软件建设

硬件系统建设如同一栋房子下了桩、打了根基，但还没有正式建造房子的主体，而这个主体部分正是协同商务系统的软件部分。企业需要对软件系统进行严谨的架构，一个完善的软件主体可以将企业的结构和业务经营活动的流程与功能以严谨的方式加以呈现，从而使企业成为架设在网络中的一个虚拟企业，并使其虚拟经营得以实现。

协同商务环境下的软件主要分为系统软件(system software)和应用软件(application software)两大类。系统软件是一组用来管理计算机资源的程序。这些资源包括中央处理器、通信连接设备与外围设备等，最典型的系统软件是操作系统和数据库管理系统等。应用软件则是为了满足使用者的需求，或是为了完成某一项特定工作而被设计出来的软件，如协同商务企业的协同管理软件系统，要求可实现上节提出的各种协同商务系统功能。这两种软件的功能是相辅相成的，可被看做套在一起的一组组件，每个组件必须和与之相联系的其他组件紧密互动。系统软件用于调度和控制各类硬件设备的运行，而应用软件则必须在系统软件的支持下实现其功能，使用者直接使用应用软件进行人机互动。各种部件的关系如图 9-5 所示。

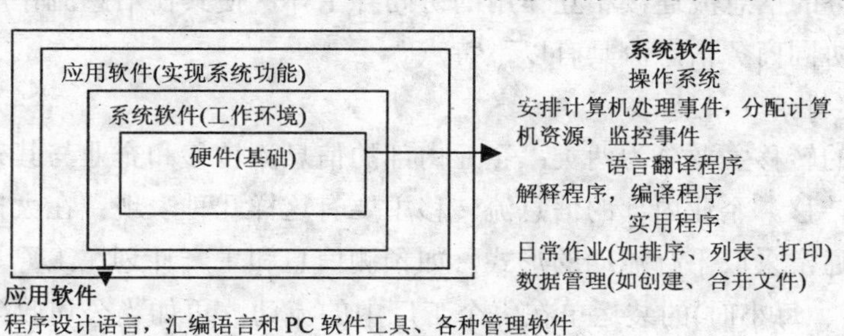

图 9-5　各种部件之间的关系

3. 协同商务系统的内容

通过以上描述可知，硬件部分和软件部分构成了协同商务系统的根基与框架。但这还不够，还需要向其中导入数据内容，使之成为一个完整的协同商务系统。

系统应根据应用软件系统的功能要求由各部门导入其工作数据，并设置一定的操作权限，使得信息能够在一定的安全保密权限约束下有条件地进行交流和共享。

这时便形成了系统的信息流和知识流，它们能够虚拟再现出企业实体和部门实体的各种工作流程，并能够以电子版或纸质版等方式提供所有相关资料。

9.3.2 协同商务系统中的信息流

1. 协同商务信息流的内涵及其形成

相互作用的事物之间产生了信息，如事物 A 和 B 相互作用，信息从 A 流向 B，或从 B 流向 A，这就形成了信息流。若 B 再与 C 相互作用，信息会在 B 与 C 之间流动，如此 A 与 C 之间也可以通过 B 而有了信息交流。根据这种思想，我们认为信息流是具有传递性的，将这里的 A、B 和 C 看作是协同系统中的各主体(企业或部门)，它们之间的信息流动则称之为协同商务信息流。

评价协同商务中的企业成功与否，一个简易的办法就是看其物流、工作流和信息流“三流”的情况。其中，信息流的质量、速度和覆盖范围，尤其可以反映企业协同生产、协同管理和协同决策等各方面的状况。而物流、工作流在协同企业的经营活动中最终都将以信息流的形式展现，就像生物体的所有活动都是基于神经系统传递的生物电信号一样。因此，对“信息流”的分析将成为研究企业协同商务的一个新视角。

2. 协同商务信息流的特点

协同商务的信息流连接相互作用的协同各主体，使其在信息流作用下形成一个信息网络。协同商务信息流具有以下特点。

(1) 相伴性

信息流的转移主要分为两类：企业内部的信息流转移和企业与其外部相关实体间的信息流转移。企业内部的信息流转移主要有这样几种表现：在大批量制造的公司里，信息通常采取平行流动的形式，如预测信息和生产计划在工厂之间的流动；每日(或每周、每小时)的装运单在每个工厂中的流动；再如当公司收到客户要求变更数量的时候，不得不取消原计划以及装运订单，并立即调整生产系统，以适应需求的变化。精益思想的公司则尝试通过一个简单的时间安排点(scheduling point)，以及创建一些信息的拉动环来简化信息流。这些信息向上游流动到前一个生产工序，然后再从那个点向上流动，一直到最初的那个生产点。企业与其外部相关实体之间的信息流转移方式主要包括网页浏览、发送邮件等。在协同商务系统中，企业的相关外部实体主要有供应商、分销商、外包商和客户等，它们之间的信息交换关系如图 9-6 所示。其中信息流均以双向箭头表示，连接相关实体。

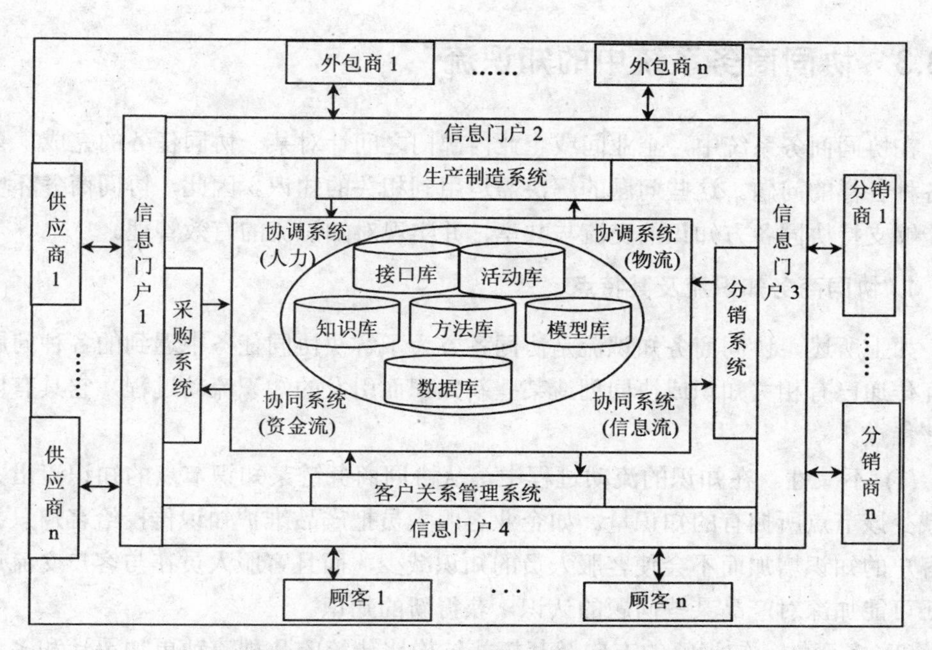

图 9-6　企业与外部实体的协同关系框架结构图

(2) 动态性

顾名思义，信息流就是信息的流动与传输，是动态的。从图 9-6 中也可以看出，协同商务信息流的动态性不仅体现在其本身是动态流动的，还体现在各个部门或企业实体之间的互动。

(3) 针对性

协同商务环境下的信息流的针对性主要体现在面对不同的部门和外部实体时，信息流传输信息的数量和内容是各不相同的，这是由部门或外部实体的类型或需求所决定的。企业或部门实体针对不同的协同伙伴，根据具体协同业务内容、协同合作的规定和要求、信息的可共享程度等限定同其发生相应的信息流。

(4) 权限性

按权限级别划分，可将协同商务环境下的信息流分为私有信息、受限信息和公共信息。私有信息，即企业之间不能共享的信息，属于企业内部的独有信息，是为了完成本企业自身正常运作所必需的，一般涉及其技术专利、管理决策等机密。受限信息，即可以提供给某些授权联盟企业的信息，该信息对于有权限的联盟企业是公开的，这种信息主要是为了完成虚拟企业功能而必须提供给联盟企业以完成信息共享的。公共信息，即可以完全与所有外部合作企业共享的信息，即对外部完全公开的信息，主要包括对企业情况、产品、服务等的描述信息和企业间的协调信息。

9.3.3 协同商务系统中的知识流

在协同商务系统中，企业间或企业内部门之间针对某一协同任务的完成，会遇到各种各样的问题。这些问题的解决需运用到相关的知识。因此，协同商务环境必须能够支持协同各方知识的交流与共享，并实现对知识流的有效管理。

1. 协同商务知识流及其特点

如上所述，协同商务知识流是协同各方为了解决协同任务中遇到的各种问题，相互传递已有相关知识或协同创造某些新知识而引发的知识流动过程，它具有以下显著特点。

(1) 不减性。在知识的流动过程中，从协同商务链某知识节点的知识流出并不会减少该节点所拥有的知识量。如企业客服人员把产品维护知识传授给客户只会使得客户的知识增加而不会使客服人员的知识减少，而且客服人员在与客户交流过程中还可能加深对产品某些问题的认识，获得新的知识。

(2) 多变性。知识流的方向及其拓扑结构比传统的几种流动更加灵活和多变。传统的物流等实物流动或劳务、资金等无形的流动都需要按照事先设定好的路线进行流动，其流动必须是有规律的且可以监控和管理，而协同商务知识的流动则不易进行管理，在不同的情况下可能会触发不同的知识流。因此，其知识流动的方向灵活，知识及其知识流内容非常丰富。

(3) 难以规划性。虽然许多显性知识的传播可以通过讲座或其他方式由上而下地进行，但大多数的协同商务知识流动却需要依靠知识拥有者的努力。如在非正式的知识流动中，参与者可能会自发地就某些新的相关问题进行交流，而组织者和策划人员对此则事先都难以预料或管理。

(4) 潜力巨大性。协同商务知识流给整个协同商务链组织带来的好处往往会超过其他任何“流”。在知识流动过程中，链上知识节点所具有的知识会相互作用，从而激发产生新的知识，即实现协同知识创新的效应。知识管理的目标将从核心企业延伸至对整个协同商务链协同知识的管理。如果能够把知识的流动描述清楚并针对不同的情况加以分别处理，尽量提高知识流动的效率，则知识管理就能够在整个协同链得以更好地实施。

2. 协同商务知识流内容

在协同商务系统中，知识基本遵循这样一个流程：知识源、知识获取、知识表示、知识处理、知识仓库存储及知识分享与交流等6个环节，从而实现知识的流动，形成知识流向，中间伴随着旧知识的存储与共享和新知识的产生与应用，这也是协同商务系统中知识流的关键所在。

(1) 知识源

知识源是指知识流的源头，即知识流中知识的来源。对于协同商务系统，可将知识源分为系统内企业外知识源、系统外知识源和企业内部知识源。系统内企业外知识源是指那些有助于协同商务链上企业沟通协作的知识，包括协同商务系统中的行业规则和业务知识以及相关文档。系统外知识源是指那些存在于协同商务系统外部，系统内企业可以拿来为己所用的知识。其涵盖范围相当广泛，包括互联网中的资源、外部专家的知识、市场环境和国家政策、公开发行的杂志等文档。而企业内部知识源则包括企业信息化系统蕴涵的知识、企业项目经营经验、企业知识文档和员工拥有的知识等。

(2) 知识获取

知识获取可分为人工获取与自动/半自动获取，二者各有优缺点。对于需要与人打交道或者计算机软件暂时无法或很难实现的，适合人工获取；对于机械的、重复的或者需要大量运算的，则适合采用自动/半自动获取。对于人工获取，主要依靠组织中的人员或专门的知识工程师来进行。而如果需要获取专家经验，一般则需要知识工程师与专家进行面对面的交流，或通过观察模仿，经知识工程师消化吸收后总结整理，变为易于计算机处理的显性知识(在专家系统的开发过程中主要采用这种方法)。如果是一般的知识获取，则由相关人员按要求到知识源中直接获取。如果是自动/半自动获取，则可根据需要建立一个知识识别规则，由系统按规则自动到知识源中搜索和匹配，之后根据知识的具体情况，选择合适的获取方法，如人工智能中的规则推理、神经网络、决策树等。

(3) 知识表示

无论采用人工获取还是自动/半自动获取，获取的知识的存在形式是多种多样的，既有人工智能中的产生式规则、谓词逻辑、框架等，也有文本或文件的。为了将各种形式的知识用一种统一的方式来表示，人们一般选择使用 XML 技术，即在将知识转化为统一格式时，首先判断知识的表示形式，然后再调用相关的知识转换器(Knowledge Transmitter)，将知识转化为统一的形式(XML)。

(4) 知识仓库存储

协同商务系统知识仓库是协同商务知识流的核心所在，负责知识的存储、管理和更新。把知识存放在知识仓库中统一管理，供协同商务系统内的成员访问，并允许知识的更新。知识仓库与知识的表示形式密切相关，在实现上可以考虑采用成熟的关系型数据库或者直接采用 XML。协同商务系统中知识仓库的体系结构将在下一节中详细讨论。

(5) 知识交流与共享

知识交流与共享是知识流以及知识管理的直接目的。知识通过组织成员使用搜索引擎而共享，而知识交流过程实际上则是隐性知识和显性知识的转化过程，其过程包括：① 隐性知识到隐性知识；② 隐性知识到显性知识；③ 显性知识到显性知识。知识在上述共享和交流过程中，最终促进知识创新，产生新的知识，进入系统内知识源中，从而形成知识循环。而在循环过程中，知识流也就成为一条知识增值链(Knowledge-added Chain)。

9.4 基于协同商务链的数据仓库与知识仓库

正如图 9-3 所示，以及本章 9.2 节对协同商务系统架构的分析，数据仓库在整个协同商务系统中处于基础层，无论是在其所在层次对其他几个库的数据联系与支撑，还是在所有 4 层中对其他层次的数据支撑，都显现了其基础作用。而知识仓库是在数据仓库的联系与支撑下的一个很重要的库，它虽与接口库、方法库、模型库、活动库等库并列，但明显对它们又有知识支撑作用。而在整个系统的运行过程中，知识流和信息流并驱前行，也是系统的重要内容之一。

9.4.1 协同商务链

1. 协同商务链的概念

新兴的协同商务更加关注企业内外交易各方的同步作业。在协同商务链中除了物流、资金流和信息流外，还多了一层双向的知识流，形成了双向链状的协同商务链。该链的特点是更加注重知识流的传递，是传统供应链进一步深化的结果。图 9-7 给出了协同商务链的基本要素。

在协同商务链中，将供应商、分销商、客户和其他业务合作伙伴纳入系统中来进行信息、资源的共享和知识的积累。更高的可视性和更易于访问的实时信息能大大提高供应链执行决策的预见性：大部分输入信息可从底层迅速传递到整个企业，更多的数据直接来自最终用户，相关人员可根据业务状况的最新发展来检查和调整有关信息；销售代表能够掌握最新的客户信息以迅速更新需求预测，并逐渐支持客户直接更新；购买方和销售方有关产品的季节性、促销活动以及新产品发布等信息的共享，将进一步提高相关效益，如实现更高的客户服务水平和更低的供应链成本。

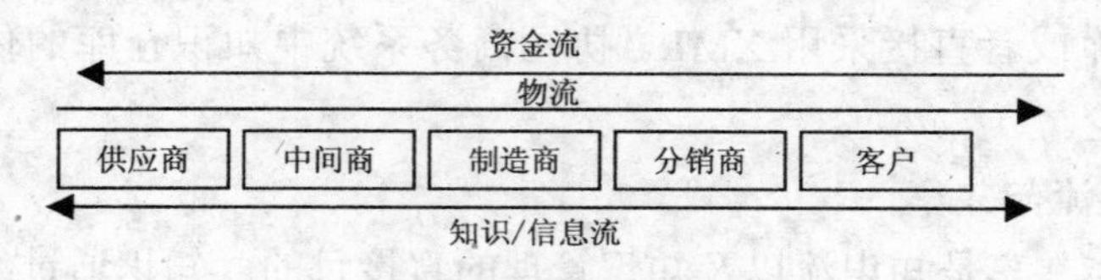

图 9-7 协同商务链模型

2. 协同商务链的特点

(1) 动态实时高效性。协同商务链强调企业业务之间的动态集成，更加注重前馈的实时信息交换，要求实现实时管理。注重高效率，要求在最短的时间内为客户提供最好的产品和服务。

(2) 整体最优性。协同商务链追求整体的最优性，强调企业协作群资源共享和信息系统的整合，从而提高整体竞争优势并赢利。链上节点企业在整体最优的前提下，调整自己企业的内部流程、管理模式等，以达到自己的目标。

(3) 协同交互性。一方面强调电子商务交易过程的交互性，另一方面贯穿整个价值链乃至信息网络，从产品研发到售后都将提供协同商务参与者协同交互的能力，即协同交互是动态的、全方位的和电子化的。

(4) 跨组织的流程管理与业务整合。协同商务链尤其关注跨组织的流程管理和关系管理，要求优化设计跨组织的业务流程和组织机构，整合各种资源和信息系统，不断协调供应商、客户、合作伙伴的关系。

(5) 虚拟性。相对传统电子商务，协同商务将进化到更加虚拟化的阶段。它可以依赖于网络和其他信息技术，在极短的时间内建立在线电子商务社区，支持协同商务参与者进行协同工作和交易。

3. 协同商务链的主体模型

一般情况下，各企业都不会为了其他企业的利益而牺牲自身的利益，彼此之间很难协调。但当某些商务活动能通过协作给彼此带来利益时，企业会产生协作的欲望，进而寻求协同伙伴、结成同盟并采取协作行动，构成利益相关的协同商务链。将协同商务链看成一组利益相关的商务主体，将协同规划、约束和协调等纳入商务链主体的协作框架中进行研究，可构建如下协同商务链主体模型：

$$M = \{ Ag, G, P, T, S \}$$

(1) Ag 为协同商务主体，它是各商务主体协同的协调者，一方面提出协同商务需求，对协同商务目标进行规划；另一方面，还负责根据竞争者的条件挑选合适的协同商务伙伴。通常情况下，协同商务主体就是协同商务链的核心企业，也是协同商务链风险管理的主体。

(2) G 为协同商务目标，由协同商务主体在特定的市场环境下产生。

(3) P 为协同商务规则，规则的关键是构造出稳定的协同商务结构。相关企业的依赖关系、协同商务链管理等，这其中就包括协同商务链的风险管理过程。

(4) T 为协同商务伙伴集合，即参与协同商务的协作团体或伙伴企业。协同商务团体的形成是根据各主体竞争相应的协同链节点的有关信息而确定的。

(5) S 为协同商务解决方案，协同商务实施需要一套可行的协同商务系统及其解决方案。

9.4.2 基于协同商务链的数据仓库

本书第7章已详细介绍了数据仓库(Data Warehouse，DW)的概念，它是一个面向主题的(Subject Oriented)、集成的(Integrated)、相对稳定的(Non-Volatile)、反映历史变化(Time Variant)的数据集合，主要用于支持决策分析。下面重点介绍基于协同商务链的数据仓库的结构和数据体系。

1. 基于协同商务链的数据仓库的结构

根据图9-7所示的协同商务链模型可以看出，协同商务链高于供应链之处就在于其中多了一个双向流向的信息/知识流。相应地，协同商务企业的数据仓库和知识仓库同一般企业比较，亦有其自身的结构和特征，本节先关注数据仓库。

一般企业数据仓库的层次体系。从功能结构划分，数据仓库系统至少应该包含数据获取(Data Acquisition)、数据存储(Data Storage)和数据访问(Data Access)3个关键部分。它可划分为4个层次，即数据源、数据的存储与管理、OLAP与前端工具。对协同商务链上的企业来说，其数据仓库的结构与一般企业的大致相同，但是每一部分和层次的具体内容却不甚相同，具体如下。

数据源：是所有类型数据仓库的基础，是其数据源泉。在协同商务链中，数据源通常包括协同企业内部信息和外部信息。内部信息包括存放于关系数据库管理系统中的各种业务处理数据和各类文档数据。外部信息包括各类法律法规、市场信息和相关协作伙伴的信息等。

数据的存储与管理：是各种类型数据仓库的核心。协同商务企业同一般企业一样，要决定采用什么产品和技术来建立数据仓库的核心，需要从数据仓库的技术特点着手分析。针对现有各业务系统的数据进行抽取、清理并有效地集成，按照主题进行组织。数据仓库按照数据的覆盖范围可以分为企业级数据仓库和部门级数据仓库(通常称为数据集市)。值得强调的是，相对于一般企业的数据仓库，协同商务链上数据仓库的存储与管理更加注重数据的分级存储和安全问题。因为协同的需求，使得众多数据须暴露在企业之外的相关实体面前，企业必须采取数据等级化和相关安全措施保护不同等级的数据。

OLAP(联机分析处理)服务器：所有类型的企业都对需要分析的数据进行有效集成，按多维模型予以组织，以便进行多角度、多层次的分析，并发现趋势。而在协同商务链企业中，此类需求更加显著。协同商务企业要依靠OLAP分析获得并区分协同数据与核心数据，进而利用这些数据分析指导企业以后的生产经营及其他相关实体的进一步协同合作。

前端工具：一般企业需要的前端工具主要包括各种报表工具、查询工具、数据分析工具、数据挖掘工具以及各种基于数据仓库或数据集市的应用开发工具。而协同商务企业因为协同沟通的需要也要用到这些工具，而且在使用工具的种类方面更加丰富。

在协同商务数据仓库管理中，尤其要注意数据安全和特权管理，跟踪数据的更新，检查数据质量，审计和报告数据仓库的使用及状态，删除数据，复制、分割和分发数据，备份、恢复与存储管理等。

协同商务链上的企业信息发布系统，也是数据仓库的重要组成部分。把数据仓库中的数据或其他相关的数据发送到不同的地点或用户，类型有很多种，其中基于 Web 的信息发布系统是应付多用户访问的最有效方法。

2. 基于协同商务链的数据仓库的数据体系

上节描述了基于协同商务链的数据仓库的结构，其结构划分为 3 部分，即数据获取、数据存储和数据访问。由此可见，其结构核心就是数据。那么在协同商务链中，到底有哪些数据呢？它们又是如何存储的呢？图 9-8 给出了我们想要的答案，下面作具体阐述。

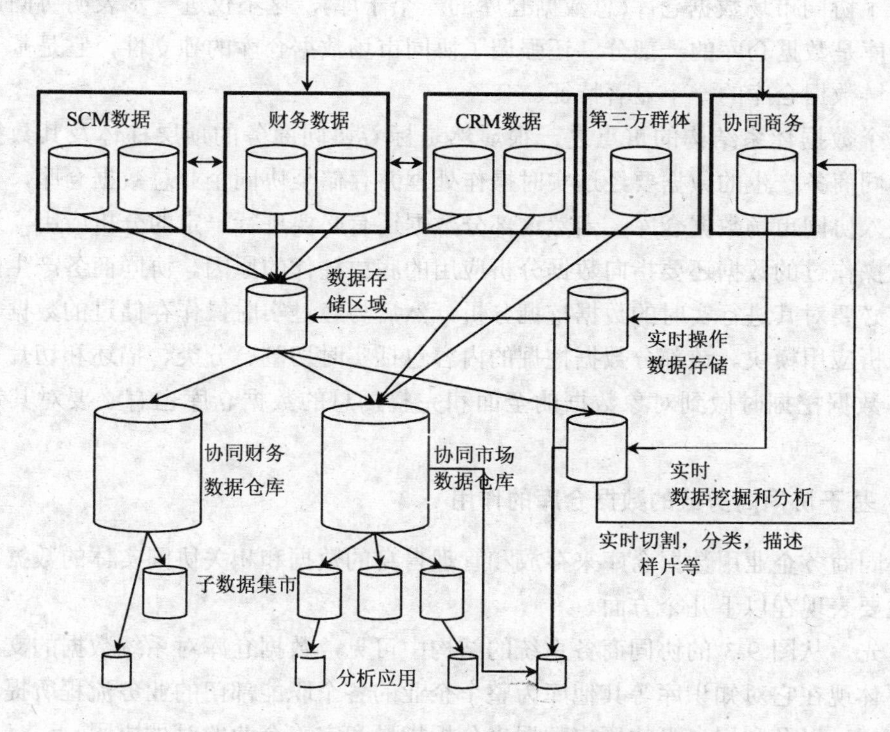

图 9-8　基于协同商务链的数据仓库数据体系结构

图中左半部分的数据存储区域存储的是企业的所有数据，其数据来源于协同商务的各个主体企业和部门。从显著性特征角度出发，这些实体主要包含在 SCM、CRM 和协同商务之中，虽然三者有所交叉，但是各自关注的重点不同，而且三者的并集就是企业的协同中所有相关协同实体(包括内部部门和外部实体)。因此，SCM 数据、CRM 数据和协同商务数据可涵盖所有来源数据。而且三者的业务协同最后一般都体现在财务往来方面，所以，财务中心的数据又被独立出来直接存储于数据仓库之中。

企业处于协同商务链中，总的数据仓库中包含有两个子协同相关的(还有其他的，这里暂不赘述)，即协同企业财务数据仓库和协同市场数据仓库，这两个子数据仓库是用来存放各种协同数据的。两个子数据仓库各自下设若干数据集市。数据集市可以透过数据仓库中的数据特征，发现各种经营规律和未来趋势。如对客户销售产品数据，利用统计分析的方式，归纳出各种产品的最佳目标客户群，用以增加营销活动的报酬率，同时降低交易成本。可以从客户现有的每一个特性字段中，分析推估是否与后续的购买行为产生关联性，还可以了解客户的价值及未来的购买潜力。数据集市是在各种分析应用中发挥其功能效用的(最底层柱体代表数据分析应用)。

从图中还可以看出，最上层的柱体第三方群体和部分 CRM 数据，它们都直接地指向了协同市场数据仓库(总数据仓库的一个子库)，这不仅进一步表明协同市场数据仓库是数据仓库的一部分，还强调了协同市场数据仓库的独立性，它是基于协同商务链数据仓库的一个显著特征。

这个数据体系结构的重点之一很显然是标着协同商务的顶层柱体及其数据处理。协同商务产生的数据要经过实时操作处理并存储至协同企业总数据仓库，再进一步进入协同市场数据仓库。当然这部分数据还有必要进行一定的分析应用，这就是实时操作过的数据还要指向数据分析应用的底层柱体的原因。协同商务产生的数据也有必要对其进行实时的数据挖掘分析，然后与经过实时操作存储过的数据一起汇入分析应用模块。该部分数据挖掘的内容包括实时切割、分类、描述和切片等。为了在数据挖掘时做到对象数据的全面和完整，总的数据仓库也有必要对其进行支撑。

3. 基于协同商务链的数据仓库的作用

协同商务企业用数据仓库来存放和管理自身的数据和相关协同实体的数据，其作用主要表现在以下几个方面。

首先，从图 9-3 的协同商务系统的结构中可见，数据仓库对系统数据的支撑作用主要体现在它对知识库等其他库为整个企业的各个职能部门的业务流程所提供的数据支撑，以及利用自身的历史数据来分析指导和完善企业的对外协同。

其次，基于协同商务链的数据仓库可为企业提供数据知识，支持企业知识仓库的构建。数据仓库为协同企业带来了一些“以数据为基础的知识”，它们主要用来评价市场战略及为企业发现新的市场商机，同时也可用于内部库存控制、生产方法检查和客户群定义等。

再次，基于协同商务链的数据仓库系统和OLAP/数据挖掘模块，是分析和获取企业日常“运营知识”的一个重要途径，它丰富了协同企业知识仓库的内容。协同企业日常数据通过主题抽取和整理存入数据仓库，然后利用OLAP/数据挖掘等技术，发掘出与决策主题相关的高层次新知识，这些新知识经过分类处理(一般分为核心知识和协同知识)，一方面可存入知识仓库，另一方面也可为企业决策支持提供信息/知识支持。

9.4.3　基于协同商务链的知识仓库

关于知识库和知识仓库的基本概念及作用已在本书第7章作了详细介绍。本节将简要介绍基于协同商务链知识仓库的知识仓库模型。

协同商务链中的知识有些属于企业的核心保密知识，关乎企业的核心竞争力，不能在协同商务链中共享；而有些知识则可以提供给链内其他成员共享，促进协同商务的正常运行。因此，对于链上的企业，需要有选择地进行知识共享，因而需要建立企业知识仓库来存储企业的自有知识。而协同商务链的知识仓库则从链上企业知识仓库中筛选和识别出有关知识。基于这一思路，基于协同商务的知识仓库模型如图9-9所示。

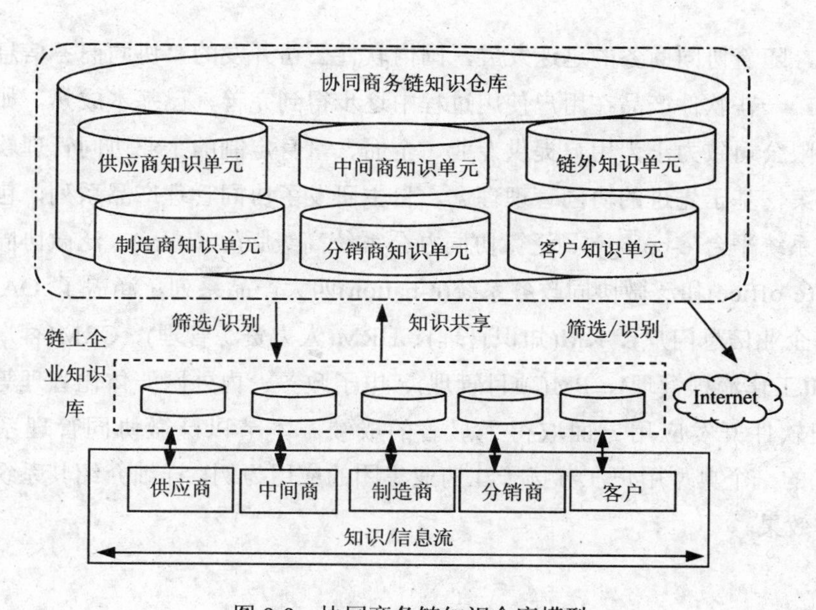

图9-9　协同商务链知识仓库模型

协同商务链知识仓库的内容包括链内知识和链外知识两类。其中链内知识为知识仓库的主要部分，主要由供应商、中间商、制造商及分销商企业内部知识库中的部分内容构成。除此之外，还从链外补充一些与市场相关的知识及其他公共知识。

图 9-9 的模型分为 3 个层次。一是协同商务链中的知识/信息流，产生于协同企业间日常的业务活动中。二是链上企业知识库，用于存储链上企业各自的知识。不同企业的知识库是相对独立的，处于企业内部的知识系统中。企业知识库不仅存储了其日常业务知识，还存储了其核心技术机密。因此，在企业知识库系统中还要建立知识的筛选机制，判断和选择可以共享的知识，并将其提供到协同商务链作为一种新的经济资源联盟体，对传统的供应链模式进行完善与发展，以产生协同效应。协同效应可以帮助协同商务链的各节点企业实现优势互补和互相合作，达到协同生产，进而提高企业的核心竞争力。然而，由于协同商务链各节点上的企业多，且各具特点，那么其运行的基础是什么呢？所有的数据、信息和知识源自哪里，止于何处，又经过哪里，如何存储、提取和处理呢？答案就是数据仓库和知识仓库。这两个库基本上涵盖了协同商务系统中所需要的任何数据格式及其内容，以及知识格式及其内容，是协同商务链能够正常运行的基础。

9.5 协同商务信息系统的应用实例

目前，随着协同商务的迅速发展，国内软件公司开发的“协同商务信息系统”备受关注，一些软件产品在用户使用过程中逐步得到完善，已基本成熟。如上海泛微软件有限公司致力于为用户提供专业、全面、量身定制的企业协同管理软件的应用解决方案，基于先进的协同管理理念，自主研发了协同管理产品系列，包括泛微协同管理系统平台(e-cology)、泛微协同办公系统高级版(e-nature)、泛微协同办公系统标准版(e-office)和泛微协同政务系统(e-nation)四大产品系列，涵盖了 OA(协同办公)、EIP(企业信息门户)、KM(知识管理)、HRM(人力资源管理)、CRM(客户关系管理)、WM(工作流程管理)、PM(项目管理)、电子政务、内外网一体化管理等方面，协同管理软件开发应用方面取得了显著的成绩。本节以泛微协同管理系统平台(e-cology)的一个典型用户江苏扬子江药业集团的应用为例，详细介绍其系统实施过程及应用效果。

9.5.1 案例背景

1. 用户介绍

江苏扬子江药业集团(以下简称“集团”)是一家以高新技术为支撑的国家大型医药企业集团，也是江苏省18家重点骨干工业企业集团之一。集团占地1 000亩，现有员工4 000余名，其中专业技术人才1 800多名，拥有总资产20多亿元。

集团主要产品以中成药为主，中西药并举，同时有合成药、保健品等，形成抗微生物药、消化系统药、心脑血管药、抗肿瘤药、解热镇痛药等10多个系列、100多个产品规格的产品结构。

从1996年起，集团连续6年综合经济效益居江苏省医药企业之首，1997年起连续5年在全国6 000余家制药企业中跻身5强。近年来，先后被授予“全国医药先进集体”“全国两个文明建设先进单位”“江苏省优秀企业”“江苏省营销十强”等多项殊荣。

2. 用户选用协同商务系统的动因和目标

随着扬子江药业集团规模的扩大，对人员和各个部门的业务运作，以及集团和外部资源沟通的高效性提出了更高要求，这就需要一套能对信息和业务进行集中管理，统一和协调集团内部资源与外部资源的软件来提升集团的整体运作效率、管理水平和市场竞争力。而且这一阶段企业信息化遇到的主要问题日益突出，主要表现在以下几个方面。

(1) 知识文档管理效率低下

作为集团的核心资源之一，知识并没有得到高数量和高质量的积累、共享与利用，同时大量知识在人员流动中流失。集团员工需要从众多不同地点、以不同方式收集知识，如打电话、找文件、找人帮忙、收发电子邮件和查找备忘录等。这些知识获取方式不仅取决于个人能力，还取决于他人是否愿意提供给你。总之，获取知识的效率十分低。为此，集团不断致力于使用群组和网络技术以实现对数据库的快速、便捷的访问，但知识仍然需要被复制，集团仍需维护不同的数据库。

(2) 人力资源部门工作困难

人力资源是每个企业最宝贵的资产，尤其像扬子江药业这样的大集团。集团常常为选择合适的工作伙伴和员工花费大量的时间，如如何更好地识别需要合作的人、辨别其能力、了解其时间安排、与其沟通等，甚至等待拥有知识的人给予回复也需要时间和成本；又如如何整合员工名单、组织架构、部门工作安排等信息；再如集团没有一套行之有效的选人、用人、育人、留人的管理方法，这些都最终决定了集团人力资源部工作的低效率。

(3) 客户关系管理能力不足

寻找并挽留住客户是企业的生存之道，与之相关的问题也不胜枚举。如集团的客户存在于各种单位和部门，其存在形式也不尽相同；集团产品的售前、售中和售后信息繁多，难以清晰掌握这些信息；集团遵循传统企业生存之道，将供应商、分销商和顾客等外部实体分离在企业内部系统之外，使其不能与企业的商业流程同步；集团的前台与后台被隔离，前台无法深入后台获取信息或知识，等等。

(4) 工作流程管理不足

在集团的实际管理与运营过程中，采用手工处理工作任务经常会遇到如下问题：为了签发一份合同而在各个部门之间穿梭，而且常常会因为负责人不在而延误整个工作；工作流程相关资料得不到统一、一致的管理和存档；工作流程中的相关数据得不到及时、快速的更新，通常需要人工二次录入，甚至引发更多的待处理任务。

经过一段时间的考察，集团领导最终选择了泛微协同商务管理系统 e-cology，作为集团资源和运营集中管理的系统。

系统实施的目标主要如下。

(1) 实现统一、规范的集中式管理

通过对组织结构、信息结构和业务流程的设计与系统平台实现来达到企业的统一、规范的集中式管理目标，实现对跨地域的分支机构的有效管理。

(2) 协同运作、资源整合

各部门和人员，以及企业和外部实体之间可以共享信息、实现即时沟通和协同运作，大大提升运作效率，降低企业管理与运营的成本。

(3) 灵活性、高度适应性

系统架构设计的灵活性使其可动态地调整以适应企业规模变化和组织业务重构，而无须投入大量人力、资金和时间进行复杂的二次开发。

(4) 稳定性、安全性

系统必须具备多种安全性方案以保证企业管理数据的安全性、保密性和连续性。

9.5.2 泛微协同商务系统的实施

1. 用户实施泛微协同商务系统的步骤

扬子江药业集团项目于 2002 年 5 月由上海泛微软件公司进行项目实施，到 7 月份各模块实施与验收基本结束并试运行，历时两个多月，并于当年 9 月份完成所有的实施。整个项目大致可分为以下 4 个阶段。

(1) 项目准备阶段。主要工作包括用户需求调研、讨论和分析，制订项目实施计划，拟定初步的项目应用方案等。通过详细的用户需求调研以及与用户之间的及时、细致的沟通，对前期项目实施方案初稿的修改，制定出切实可行、符合用户实际需求的最佳应用方案。

(2) 项目建设阶段。主要工作包括系统安装、组织测试、确定基础数据准备方案和方案的完善等。

(3) 项目交付阶段。主要工作包括对集团人员的集中培训与考核；制订新旧系统的切换计划；分配权限、协助监督检查各部门的初始化工作；编写客户化手册、制定系统运行制度、内部支持体系；按照验收标准对项目进行验收，验收通过后正式启用新系统。

(4) 项目收尾阶段。主要工作包括收集验收测试报告、总结和答复问题、整理验收文档、讨论维护协议等。这一阶段的目标是按时实现项目验收。

2. 网络及硬件方案

在集团所在地搭建一个局域网，服务器架构在局域网内，其内部客户直接访问服务器，异地分支机构、移动办公人员、客户、业务合作伙伴等通过 Internet 接入集团局域网。

3. 软件应用方案

扬子江药业集团以泛微协同商务系统 e-cology 作为管理软件平台，其应用模块包括知识文档管理、人力资源管理、客户关系管理、项目管理、工作流程管理、资产管理和财务管理等 7 个模块。具体应用跨地域办公协同商务系统，采用 B/S 架构的客户端设计。系统以 JSP 语言为开发工具，对并发访问量的处理性能优越，其网络架构简单，可实现客户端的“零”维护。异地分支机构可通过 Internet 与集团总部保持沟通，信息可及时、高效地传输汇总并得到处理。下面对其 7 个模块进行具体阐述。

(1) 知识文档管理模块框架及其协同功能

搭建以 e-Document 为核心的企业知识架构，即搭建 1 个知识积累、共享、利用和创新的平台。e-Document 提供了全面的知识文档管理的框架，可对知识进行全面的规范化组织，并允许用户在任何地点和时间编辑、存储和创建任何类型的文档；e-Document 还可管理内部与外部网站，并针对不同目标制作不同的网站内容。通过与信息门户的结合，用户可获得完全个性化的界面和内容服务；e-Document 可维护动态的知识仓库，用户可以自由地就某个主题进行广泛的讨论以获取信息和经验，可以利用知识仓库内已有的知识对自己的知识进行补充，还可利用各种知识管理工具提升对知识的分析、利用，并提供严格的安全限制和完备的日志功能，确保文档读取和操作的安全性；e-Document 可与其他模块协同工作，完整地管理文档创建、维护、审批、分发、归档的整个生命周期。

知识文档管理模块协同功能主要体现在：e-cology 按照集团信息网状体系设计，在 e-Document 中，不仅为用户提供文档的创建者和内容等信息，还将所有与文档相关的实体集成起来。例如，读取一份合同可以了解到所有与该合同相关的客户、项目、交易情况、工作流程等，并且可以层层深入地追溯了解最详细的信息。e-Document 还可与其他模块协同，使得所有文档的信息都不再是孤立的。

e-Document 实现的协同工作主要有：存储企业文档，实现与其他模块间的数据共享。其知识文档可由其他模块的应用从 e-Document 中被带出或带入，并共同组成企业的信息网络。如 e-Workflow 运作的合同会签流程，合同可从 e-Document 提取并随着会签流程运转，其修改可在 e-Document 中同步反映。E-Document 与其他模块的协同工作主要包括：与 e-HRM 结合，完成其安全性的定义；与 e-Workflow 结合，完成文档的审批与流转；与集团信息门户结合，为不同用户提供相关的应用和个性化信息，如不同的网站、文档目录结构和文档应用等。

(2) 人力资源管理模块框架及其协同功能

这需要建立以 e-HRM 为核心的集团人力资源组织结构，以及构建一个机构清晰、权责分明、协同运作的人才环境。该模块定义了集团的组织机构、人事结构，分配具体的权责，使人员各尽其责；规范了集团的人事流程、招聘管理、考勤管理、薪酬福利等所有的事务；制定了科学的考核制度和周密的培训计划，激励员工发挥才干，提升自我；提供了多种分析报告，可全面分析人力资源状况，支持着集团的人力资源决策。

人力资源管理模块协同功能主要体现在：e-HRM 与集团系统其他模块的完全集成，无论数据来自 e-CRM 或 e-Financials，只要与人员相关，这些数据都会被系统存储在人力资源数据库中，并进行相应的更新。集团用户可通过友好的界面对数据进行快速、大量的提取。如对于集团销售人员，在 e-CRM 中建立的客户或在 e-Financials 中建立的预算，都会自动成为其人力资源档案的一部分。

e-HRM 通过与其他模块的结合，大大提升了集团资源管理的效率，用户可通过自己的信息门户获得个性化的应用，并且无障碍地与其他人进行高效地沟通。例如，集团高层管理人员可从组织的视角查看公司的整体人力资源状况，通过各种分析报表获得决策支持；集团内部中层管理人员则不必为了某项工作而频繁地对下属进行电话查询，只需点击一下鼠标，下属的所有情况便一目了然。

(3) 客户关系管理模块

以 e-CRM 为核心的客户关系管理系统，目标在于把握和赢得客户。集团可一目了然地管理客户信息，如客户的地址、电话、联系人、订单、合同和服务记录等；可从多个角度分析、捕捉每个销售机会的地域、规模、行业、级别、联系记录和历史交易等信息；可通过意见建议、技术支持、需求探讨、及时双向的沟通等提升服务质量；可通过数据的抽取、分析，形象的统计、报告，帮助调整细节，掌握全局。

e-CRM 涵盖集团产品(所有类型的药物和相关产品与服务)的售前、售中与售后的所有环节，包括市场活动、销售机会、客户联系、合同流传、客户服务等，从而可实现对客户的全生命周期的管理。同时，e-CRM 还将集团的客户和伙伴纳入平台，实现集团内外部双向的信息交流和业务处理，从而使企业内部人员和客户真正连接在一起。

e-CRM 作为 e-cology 协同平台的一个组成部分，其协同性具体表现在集团客户关系管理的各个环节中。

① 跟踪潜在客户方面。通过随时查看集团潜在客户的表现和相应销售及服务记录，对潜在客户制定及改善相应的策略，从而最大可能地把潜在客户变为成功客户。

② 完整的客户信息方面。提供了完整的客户信息，与客户发生的每一笔交易、每一份合同、交互的每个请求，以及相关的文档、项目等都会在客户信息中体现。通过与其他模块的协同，可帮助集团获得完整的客户信息并作出正确的分析。

③ 交易方面。e-CRM 与集团信息门户的结合，使得集团很容易地向目标客户群发送完全个性化的产品目录及报价，使销售更有针对性；购物和订单处理完全实现电子化和个性化；合同流转，结合 e-Workflow、e-CRM 可完成合同流转的全过程，并可随时跟踪订单的录入、管理、分配等情况，大大提升其工作效率。

④ 客户参与的 CRM 方面。通过 e-Workflow 和集团信息门户的结合，可使客户非常容易地通过自己的门户提交各种有关请求，包括需求、反馈、建议、抱怨、技术支持要求等。e-CRM 能保证将这些请求在第一时间传递给正确的人员，可避免客户沟通中的失误和拖延。同时，集团也可有针对性地向客户发送个性化的产品、服务等信息内容，以吸引客户的长期交易。

⑤ 成本分析方面。结合 e-Fianancials，所有针对客户的销售活动开支都将在相应的成本中心有所体现。不同的成本中心可提供销售成本分析的不同视角，有助于优化集团的营销管理。

(4) 工作流程管理模块

e-Workflow 可结合其他模块，完成集团内部业务流程的优化。集团的各种从简单到复杂的流程都可进行定义(如合同审批、订单流转、采购申请、任务安排等)和快速设置(如信息表单、流转步骤、流转条件、操作人员等)。

强大的自定义、便捷的设置，使得 e-Workflow 无须二次开发即可适应业务调整；电子化的流程可以便捷地实现跨部门、跨企业的及时沟通，构造协作的环境。具体表现在如下。

① 可使集团很方便地定制与业务规则一致的工作流程，其流程可按业务规则进行流转。

② 可打通协同管理系统的各个门槛，贯穿集团的内外资源。无论是员工还是客户或合作伙伴，都可以共同参与集团的商务过程，体验它所带来的高效和便捷。

③ 任意模块都可调用 e-Workflow 来完成相关业务流程，并实现关联数据的更新，运作时可带动其他模块协同运转，为流程管理服务。

④ 支持多种业务流程，包括公文收发、费用报销、合同审批、出差申请、请假等；支持多种流转方式，如串行、并行、串并行、自动触发等；流程带动相关数据自动更新；短信息相结合的流程提醒；电子化流程沟通各人员、各部门以及公司与外部资源的协同工作；提供各种固定及自定义的报表，及时反映各种资源，包括人力、费用、物料等的状况；提供项目风险性的控制、评估和分析等信息。

(5) 财务管理模块

该模块主要包括以下各个部分：科目设置、预算和收支管理、财务指示器管理、与后台财务软件结合生成各种财务报表、CRM 中客户基本信息的管理、客户信用/级别/状态等管理、客户交易和服务跟踪处理、邮件模板设定与群发、客户价值分析及评估、销售管理、合同管理、应收应付管理、客户双向沟通等。

(6) 项目管理模块

该模块将与集团相关的各个项目分解，并进行任务安排，其工作环节具体包括：对项目各环节的工作流程进行综合管理与控制；协调各部门在项目中的工作；实时监控项目进度与执行状态，进行动态项目调整；安排和分配项目等。

(7) 资产管理模块

该模块实现了各种资产的电子化管理，主要包括资产集中电子化管理，明确责任人(部门)、使用状态，做到透明化管理；产品管理电子化可与外部网站结合；资产流程的管理和控制，包括资产入库、调拨、领用、维修等，并可实时跟踪资产的使用人和当前状况、资产相关费用的管理以及提供各种资产报表等。

9.5.3 应用效果评价

泛微协同商务管理系统注重的是资源的全面整合以及业务的协同性与高效性。它将集团的资源全部纳入到统一的平台中进行管理，实现信息和资源的高度共享。用户无须在不同的应用系统之间进行切换，而只需一次登录就可以获得全面的信息及应用；同时，由于通过各种方式实现了人员之间、部门之间、上下级之间的高效沟通，因而其业务可平滑顺利地进行，可大大提升其工作效率。

系统将集团原来分散的人力资源、资产、产品、知识文档、项目、客户等全部统一到一个平台上进行管理，实现了企业资源的一体化；系统的 7 大模块就像 7 个紧密啮合的齿轮，相互之间无缝集成，可动态地进行数据交换。提取任何一个信息节点，就可以提取出与其相关的集团信息网，从而打通信息孤岛，实现信息的网状化和立体化管理，进而实现集团信息的全面管理。同时，在任何一个应用层面上的操作所引起的数据变化都可以在整个系统中得以体现，并可实现关联数据的自动更新，从而大大提升了应用的效益。系统实现了集团业务运作各环节的电子化，使各部门、各人员都可以通过电子流程进行协作，减少人为的冗余环节。其采购、销售、招聘、服务等均可在供应商、分销商、客户、合作伙伴及应聘人员的参与下协同完成，从而提高了集团的商务效率，提升了集团的管理水平。

总之，泛微协同商务管理系统基于协同管理的企业经营思想，以协同矩阵模型和齿轮联动模型为设计理念构架，广泛地应用于集团业务的各个层面。整个系统包括文件管理、人力资源管理、工作流程管理、客户关系管理等7个基础功能模块，以人力资源管理模块为核心，以工作流程带动集团业务项目的高效运转，从而为集团的持续发展提供了强大的信息管理平台。

思考题

1. 简述协同商务与电子商务的区别。
2. 简述协同商务和协调商务系统的概念及其特征。
3. 协同商务系统的功能是什么？
4. 简述协同商务管理系统中的信息流和知识流的内涵及特点。
5. 协同商务管理系统中知识流包含的内容有哪些？
6. 什么是协同商务链，其特点是什么？
7. 基于协同商务链的数据仓库有什么作用？
8. 简述基于协同商务链的知识仓库的结构。
9. 基于协同商务链的知识仓库模型的层次划分及其具体内容是什么？

第 10 章

供应链管理

10.1 供应链的概念和分类

长期以来，企业出于对生产资源进行管理和控制的目的，对为其提供原材料、半成品或零部件的其他企业一直采取投资自建、投资控股或兼并的“纵向一体化”管理模式。其目的在于加强核心企业对原材料供应、产品制造、分销和销售全过程的控制，使企业能够在市场竞争中掌握主动，从而增加各个业务活动阶段的利润。这种模式在传统市场竞争环境中有其存在的合理性，然而在高科技迅速发展、市场竞争日益激烈、顾客需求不断变化的今天，“纵向一体化”模式已经逐渐显现出其无法快速、敏捷地响应市场机会的弱点。因此，越来越多的企业对传统管理模式进行改革或改造，把原来由企业自己生产的零部件外包出去，与外包企业结成了一种水平关系，人们形象地称之为“横向一体化”。供应链管理就是这一思想的体现者。

10.1.1 供应链的概念

供应链，源自英文 supply chain 的直译，目前尚未形成统一的定义，学者们从不同的角度出发给出了不同的定义。

首先，供应链是一个系统，是人类生产活动和整个经济活动的客观存在。人类生产和生活的必需品，都要经历从最初的原材料生产、零部件加工、产品装配、分销、零售到最终消费这一过程，并且近年来退货和废弃物回收(简称反向物流)也被纳入了这一过程。这里既有物质材料的生产和消费，也有非物质形态(如服务)产品的生产(提供服务)和消费(享受服务)。各个生产、流通、交易、消费环节，形成了一个完整的供应链系统。图 10-1 就是一个供应链的示意图。为简洁起见，图中只给出了需求信息流和供应物流，信息反馈和资金流等其他要素则未加显示。

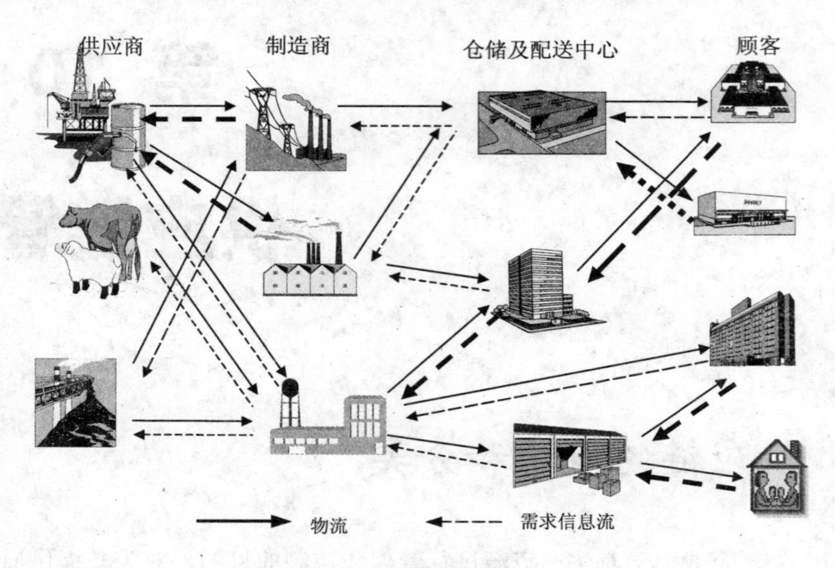

图 10-1　供应链结构示意图

传统观点认为供应链是制造企业中的一个内部过程，是指把从企业外部采购的原材料和零部件，通过生产转换和销售等活动，再传递到零售商和用户的一个过程。现在有学者把供应链的概念与采购、供应管理联系起来，用以表示与供应商之间的关系，这种观点得到了那些研究合作关系、生产方式、精细化供应、供应商行为评估等问题的学者的重视。但这种理解仅仅局限于制造商和供应商之间的关系，而且供应链中的各企业独立运作，忽略了与外部供应链成员企业的联系，往往造成企业间的目标冲突。其后，供应链管理概念则关注了与其他企业的联系，注意供应链企业的外部环境，认为它应是一个“通过链中不同企业的制造、组装、分销、零售等过程将原材料转换成产品，再到最终用户的转换过程”，这是更大范围、更为系统的概念。例如，美国的斯蒂文斯(Stevens)认为：“通过增值过程和分销渠道控制从供应商的供应商到用户的用户的流就是供应链，它开始于供应的源点，结束于消费的终点。”伊文斯(Evens)认为：“供应链管理是通过前馈的信息流和反馈的物料流及信息流，将供应商、制造商、分销商、零售商，直至最终用户连成一个整体的模式。”可见，这些定义都注意了供应链的完整性及链中所有成员操作的一致性。

而到了最近，供应链的概念则更加注重围绕核心企业的网链关系，如核心企业与供应商、供应商的供应商乃至一切前向的关系，以及核心企业与用户、用户的用户及一切后向的关系。此时对供应链的认识形成了一个网链的概念，像丰田(Toyota)、耐克(Nike)、尼桑(Nissan)、麦当劳(McDonald)和苹果(Apple)等公司的供应链管理都从网链的角度来理解和实施。哈理森(Harrison)进而将供应链定义为："供应链是执行采购原材料、将它们转换为中间产品和成品，并且将成品销售到用户的功能网链。"这些概念同时强调供应链的战略伙伴关系问题。菲利浦(Philip)和温德尔(Wendell)则认为供应链中战略伙伴关系是很重要的，通过建立战略伙伴关系，可以与重要的供应商及用户更有效地开展工作。

不管如何，供应链的不同定义都是围绕供应商、制造商和仓库、商店等怎样有效结合，以及如何将物流、信息流和商流有机结合展开。应该说这些定义都有各自的道理，也在一定程度上反映了人们对物流的供应链管理的认识程度。

关于供应链较为科学的定义是：供应链是围绕核心企业，通过对信息流、物流、资金流的控制，从采购原材料开始，制成中间产品以及最终产品，最后由销售网络把产品送到消费者手中的，将供应商、制造商、分销商、零售商、直到最终用户连成一个整体的功能网链结构。它是一个范围更广的企业结构模式，包含了所有加盟的节点企业，从原材料的供应开始，经过链中不同企业的制造加工、组装、分销等过程直到最终用户。它不仅是一条连接从供应商到用户的物流链、信息链、资金链，而且是一条增值链，物料在供应链上因加工、包装、运输等过程而增加其价值，给相关企业都带来收益。

10.1.2　供应链的分类

1. 按供应链管理的对象划分

这里所说的供应链管理的对象是指供应链所涉及的企业及其产品、企业的活动、参与的成员和部门。根据供应链管理的研究对象及其范围，供应链可分为3种类型。

(1) 企业供应链

企业供应链是指就单个企业所提出的含有多个产品的供应链管理。该企业在整个供应链中处于主导地位，不仅考虑其与供应链上其他成员的合作，也较多地关注企业多种产品在原料购买、生产、分销、运输等方面的技术资源的优化配置问题，并且拥有主导权。在这样的供应链中，必须明确主导者的主导权，如果主导权模糊不清，不仅无助于供应链计划、供应链设计和供应链管理的实施，而且也无法使整个供应链建立起强有力的组织，更别提进行有效的运作。在企业供应链中，主导权是能否统一整个供应链理念的关键要素。供应链的概念更加注重围绕核心企业的网链关系，如核心企业与供应商、供应商的供应商乃至一切前向的关系，与客户、客户的客户乃至一切后向的关系。这里的单个企业通常指供应链中的核心企业(Focal Company)，它是对整个供应链起关键作用的企业。从核心企业来看，供应链包括其上游的供应商及其下游的分销渠道。供应链管理包括对信息系统、采购、生产调度、订单处理、库存管理、仓储管理、客户服务、包装物以及废料的回收处理等一系列管理活动，而供应商网络则包括所有核心企业直接或间接提供投入的企业。

(2) 产品供应链

产品供应链是指与某一特定产品或项目相关的供应链。例如，某汽车整车生产商的供应链网络包括上千家企业，为其供应从钢材、塑料等原材料到变速器、刹车等复杂装配件的多样产品。基于产品供应链的供应链管理，是对由特定产品的客户需求所拉动的、整个产品供应链运作的全过程的系统管理。采用信息技术是提高产品供应链的运作绩效、实现新产品开发，以及完善产品质量的有效手段之一。在产品供应链上，仅仅在物流运输、分销领域进行供应链管理的改进是收效甚微的，而行业发展和系统的广告效应则会引导对该产品的需求。比如，衬衣制造商是供应链的一部分，它的上游是化纤厂和织布厂，下游是分销商和零售商，最后到最终客户。按定义，这条供应链的所有企业都是相互依存的，但实际上它们彼此却并没有太多的协作，它们关注的是围绕衬衣所连接的供应链节点及其管理。

(3) 基于供应链合作伙伴关系(供应链契约)的供应链

供应链合作伙伴关系主要表现在其职能成员间的合作关系，其成员可以定义为广义的买方和卖方，只有当买卖双方组成的节点间产生正常的交易时，才发生物流、信息流、资金流(成本流)的流动和交换。表达这种流动和交换的方式之一就是契约关系，链上成员通过建立契约关系来协调买方和卖方的利益。另一种形式是建立在与竞争对手结成的战略合作基础上的供应链合作伙伴关系。

以上3种供应链管理对象的区分意义是彼此相关的，在一些方面是相互重叠的，这对于考察供应链和研究不同的供应链管理方法是很有益处的。

2. 按网状结构划分

供应链按网状结构可划分为发散型的供应链网(“V”型供应链)、会聚型的供应链网(“A”型供应链)和介于上述两种模式之间的供应链网(“T”型供应链)。

(1) “V”型供应链

“V”型供应链是供应链网状结构中最基础的结构。如石油、化工、造纸和纺织企业，其物料是以大批量方式存在的，经过企业加工转换为中间产品，提供给其他企业作原材料。生产中间产品的企业的客户往往要多于供应商，呈发散状。这类供应链在产品生产过程中的每个阶段都有控制问题。在这些发散网络上，企业因生产大量的多品种产品而使其业务变得非常复杂。为了保证满足客户服务需求，企业需要库存作为缓冲，这样就会占用大量的资金。这种供应链常常出现在本地业务而不是全球战略中。对这些“V”型结构的成功计划和调度主要依赖于对关键性的内部能力瓶颈的合理安排，它需要供应链成员制订统一详细的高层计划。

(2) “A”型供应链

当核心企业为供应链网络上的最终客户服务时，它的业务本质上是由订单和客户驱动的。在制造、组装和总装时，他们遇到一个与“V”型结构供应链相反的问题，即为了满足相对少数的客户需求和客户订单，需要从大量的供应商手中采购大量的物料。这是一种典型的会聚型的供应链网络，即“V”型供应链。这方面的例子有航空工业(飞机制造)、汽车工业、重工业等方面的企业，就是受服务驱动的，它们将精力集中在重要装配点上的物流同步。物料需求计划(MRP)及企业资源规划(ERP)成了这些企业进一步发展的阶梯。来自市场缩短交货期的压力，迫使这些组织寻求更先进的计划系统来解决物料同步问题。他们拥有策略性的、由需求量预测决定的公用件、标准件仓库。

这种结构的供应链在接受订单时要考虑供应提前期，并且具有保证按期完成的能力，因此，它的关键之处在于精确地计划、分配满足该订单生产所需的物料和能力，考虑工厂真实可用的能力、所有未分配的零件和半成品、原材料和库中短缺的关键性物料，以及供应的时间。此外，还需要辨别关键性的路径。所有的供应链节点都必须在供应链系统中有同样的详细考虑，这就需要关键路径的供应链成员紧密地联系与合作。

(3) “T”型供应链

介于上述两种模式之间，许多企业通常结成的是“T”型供应链。这种“T”型的企业要根据现存的订单确定通用件，并通过对通用件的制造标准化来减少复杂程度。这种情形在接近最终客户的行业中普遍存在，如医药保健品、汽车备件、电子产品、食品和饮料等行业；在那些为总装配提供零部件的公司也同样存在，如为汽车、电子器械和飞机主机厂商提供零部件的企业。这样的公司从与它们的情形相似的供应商公司采购大量的物料，并给大量的最终客户和合作伙伴提供构件和套件。“T”型供应链是供应链管理中最为复杂的一种，因为这类企业往往投入大量的金钱用于供应链的解决方案，需要尽可能限制提前期来稳定生产而无须保有大量库存。这种网络在现在和将来的供应链中会面临最复杂的挑战，预测和需求管理是其成员考虑的重点。

3. 按产品类别划分

根据产品的生命周期、需求稳定程度及可预测程度等可将产品分为两大类，即功能性产品(Functional Products)和创新性产品(Innovative Products)。

功能性产品一般用于满足客户的基本需求，变化很少，需求稳定、可预测，常具备超过2年的较长寿命周期，但它们的边际利润较低，如日用百货等。创新性产品往往具有个性化或特殊性功能，市场需求无法预测，寿命周期一般为1～3年，例如时装等。尽管如此，创新性产品一旦畅销，其单位利润就会很高，随之会引来许多仿造者，基于创新的竞争优势就会迅速消失。因此，这类产品无论是否畅销，其生命周期均较短。为了避免低边际利润，许多企业在式样或技术上革新，以寻求客户的购买，从而获得高的边际利润。正因为这两种产品的不同，才需要有不同类型的供应链去满足不同的管理需要，它们分别是：

(1) 功能型供应链

对于功能型产品，由于市场需求比较稳定，比较容易实现供求平衡。对各成员来说，最重要的是如何利用供应链上的信息，协调它们之间的活动，以使整个供应链的费用降到最低，从而提高效率。重点在于降低其生产、运输、库存等方面的费用，即以最低的成本将原材料转化为产成品。

(2) 创新型供应链

对创新性产品而言，市场的不确定性是问题的关键。因而，为了避免供大于求造成的损失，或供低于求而失去的机会收益，管理者应该将其注意力集中在市场的调解及其费用上。这时管理者们既需要利用供应链中的信息，还要特别关注来自市场的信息。这类产品的供应链应该考虑的是供应链的响应速度和柔性，只有响应速度快、柔性程度高的供应链才能适应多变的市场需求，而实现速度和柔性的费用则退为其次。

4. 其他划分

供应链还可以根据不同的划分标准，分为以下几种类型。

(1) 稳定的供应链和动态的供应链

根据供应链存在的稳定性，可将其划分为稳定的供应链和动态的供应链。基于相对稳定、单一的市场需求而组成的供应链，其稳定性较强，而基于相对频繁变化、复杂的需求而组成的供应链，其动态性较高。在实际管理运作中，应该根据不断变化的需求，相应调整供应链的组成。

(2) 平衡的供应链和倾斜的供应链

根据供应链的容量与用户需求的关系，可将其划分为平衡的供应链和倾斜的供应链。一个供应链具有一定的、相对稳定的设备容量和生产能力(所有节点企业能力的综合，包括供应商、制造商、运输商、分销商、零售商等)，但用户需求却处于不断变化的过程当中。当供应链的容量能满足用户需求时，供应链则处于平衡状态，而当市场变化加剧，造成供应链成本增加、库存增加、浪费增加等现象时，企业不是在最优状态下动作，供应链则处于倾斜状态。

(3) 有效型供应链和反应型供应链

根据供应链的功能模式(物理功能和市场中介功能)可以把供应链划分为有效型供应链(Efficient Supply Chain)和反应型供应链(Responsive Supply Chain)两种。有效型供应链主要体现供应链的物理功能，即以最低的成本将原材料转化成零部件、半成品、产品，以及在供应链中的运输等。反应型供应链则主要体现供应链的市场中介功能，即把产品分配到满足用户需求的市场，对未预知的需求作出快速反应等。

10.2 信息技术在供应链管理中的作用

现代信息技术(Information Technology，IT)的飞速发展以及全球信息网络(Internet)的蓬勃兴起，是供应链管理信息系统得以建立和完善的基础。一些有用的工具，如多媒体、WWW、交互式的网页等都被广泛应用于供应链管理的各个领域。在供应链的运作和管理中，信息化是最基本也是最重要的实现管理目标的手段，而信息共享则是供应链管理成功实施的关键。有效的供应链管理离不开信息技术系统提供准确、可靠、及时的信息支持，信息技术的广泛应用又大大地推动了供应链管理的迅猛发展。

10.2.1 供应链中的信息构成

一切对供应链管理决策有用的知识、消息、情报等都可以被称为供应链信息。在供应链的物流、信息流、资金流中，信息流的流动最频繁、流量最大、变动最快，它是物流和资金流正确实施的依据。高质量的信息流管理才能使物质流和资金流达到效率最优、成本最低，才能实现供应链管理的目标。供应链作为一种“扩展”的企业，作为一个“群体企业”，更需要信息这个“粘合剂”，才能将所有各自独立的节点企业连接成一个有机整体。

供应链中的信息可分为以下几个部分。

1. 从供应链环节的角度划分

(1) 供应源信息。如能在多长的订货供货期内以什么样的价格购买到什么产品，产品被送到何处等信息。该类信息的内容还包括订货状态、更改以及支付安排等。

(2) 生产信息。如能生产什么样的产品，数量多少，在哪家工厂进行生产，需要多长的供货期，需要进行哪些权衡，成本多少，批量订货规模多大等。

(3) 配送和零售信息。如哪些货物需要运送，运送到什么地方，数量多少，采用什么方式，价格如何，在每一地点的库存是多少，供货期有多长之类的信息。

(4) 需求信息。如顾客将购买什么货物，在哪里购买，数量多少，价格多少等信息。它还包括需求预测和需求分布的有关信息。

例如，运输策略的制定需要了解顾客、供应商、线路、成本、时间及运输数量的信息；设施的决策既需要了解供需信息，又需要了解公司内部的生产能力、收益及成本的相关信息。

又如，沃尔玛公司在充分合理地利用信息进行供应链科学决策方面已经成为先驱。该公司及时地收集每个商店销售状况的信息，并对这些需求信息进行分析，用以决定每个商店合适的库存量，以及供应商何时向商店发货。与此同时，也将信息传递给制造商，制造商则根据这些信息安排生产，以及时满足其商店的需求。沃尔玛及其主要供应商都不只是获取信息，而且还对信息进行分析，并根据这些分析来采取行动。

2. 从管理层次角度划分

(1) 操作管理信息。是反映和控制企业的日常生产和经营工作的信息。它处于管理信息中的最底层，是信息源，来自于企业的基层，如每天的产品质量指标、用户订货合同、供应厂商原材料信息等。这些信息通常具有量大、发生频率高等特点。

(2) 战术管理信息。是各部门负责人上报关系局部和中期决策所涉及的信息，如上报月销售计划完成情况、单位产品的制造成本、库存费用、市场商情信息等。这类信息一般来自于本单位所属各部门。

(3) 战略管理信息。是企业高层管理决策者制定企业年经营目标、企业战略决策所需要的信息，如企业经营业绩综合报表、消费者收入动向和市场动态、国家有关政策法规等。这类信息一部分来自企业内部，多为报表形式；另一部分来自企业外部，数据量较少、不确定性高、内容较抽象。

10.2.2 供应链中的信息技术

供应链中的信息技术包括条形码技术、EDI 技术、射频(RFID)技术、GPS 技术和 GIS 技术等。供应链的协调运行是建立在各个节点企业高质量的信息传递与共享基础之上的，因此，有效的供应链管理离不开信息技术(IT)系统提供可靠的支持。IT 技术的应用有效地推动了供应链管理的发展，它可以节省时间和提高企业信息交换的准确性，减少在复杂、重复工作中的人为错误，因而也减少了由于失误而导致的时间浪费和经济损失，提高了供应链管理的运行效率。供应链管理涉及的领域如图 10-2 所示。

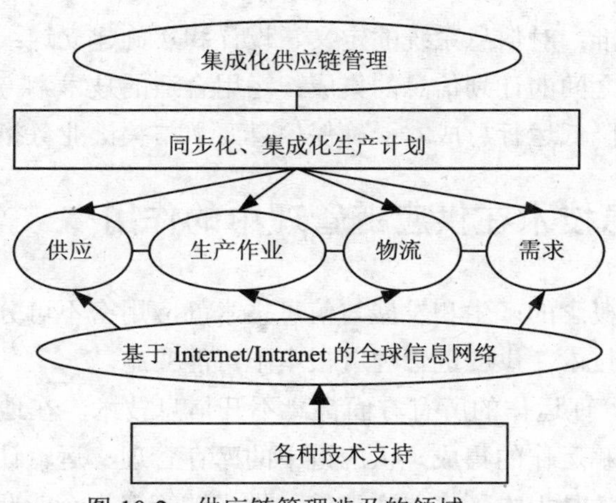

图 10-2 供应链管理涉及的领域

在信息社会中，信息已成为企业生存和发展最重要的资源。企业是一个多层次多系统的结构，信息是企业各系统和成员间密切配合、协同工作的“粘合剂”。图 10-3 展示了企业的信息层次结构模型。

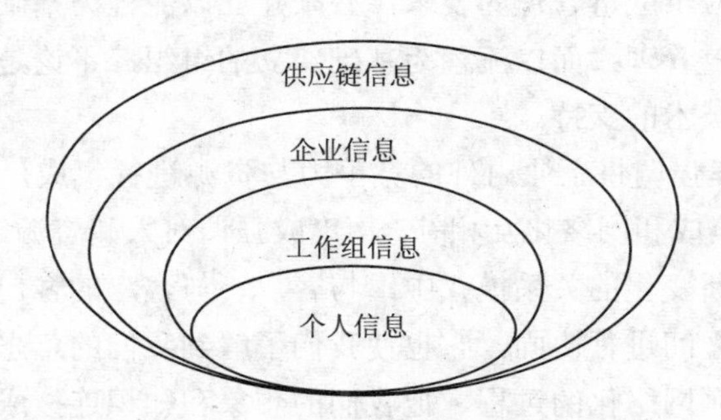

图 10-3 企业的信息层次结构模型

为了实现企业的目标，必须通过信息的不断传递来完成，一方面要进行纵向的上下信息传递，把不同层次的经济行为协调起来；另一方面要进行横向的信息传递，把各部门、各岗位的经济行为协调起来，通过信息技术处理人、财、物和产、供、销之间的复杂关系。因此，企业就面临一个信息的集成问题。供应链作为一种“扩展”的企业，其信息流动和获取方式不同于单个企业。在一个由网络信息系统组成的信息社会里，各种各样的企业在发展的过程中相互依赖，供应链就是这样的“生态系统”中的“食物链”。企业通过网络从内外两个信息源中收集和传播信息，捕捉最能创造价值的经营方式、技术和方法，创建网络化的企业运作模式。在这种模式下的信息系统和传统的企业信息系统是不同的，需要新的信息组织模式和规划策略。

为了实现信息共享，需要考虑以下几个方面的问题：为系统功能和结构建立统一的业务检验标准；对信息系统的定义、设计和实施建立连续的实验测试方法；实现供应商和用户之间的计划信息的集成；运用合适的技术和方法，提高供应链系统运作的可靠性，降低运行总成本；确保信息要求与关键业务指标一致。

10.2.3　信息技术在供应链管理中的作用

供应链管理概念的产生和发展与信息技术的应用密不可分。可以说，没有当今高速发展的信息技术，供应链管理就根本不可能实施。

(1) 供应链管理运作的所有方面都离不开信息技术。在地理上分散的流程节点的网络化，渠道和运作的集成，供应链中的库存管理、运输计划、自动补库等，没有信息技术的支撑是根本不可能实现的。供应链管理为企业获得竞争优势提供了非常重要的管理思想和方法，而这一思想和方法自诞生之日起，就与计算机技术及通信系统紧密地联系在一起。

(2) 供应链管理组织的建立离不开信息技术的支持。随着供应链管理的发展，传统的组织已不适应供应链管理的要求，必须建立以流程为基础的供应链组织，才能实现有效的供应链管理；而以流程为基础建立的组织，不论是虚拟企业还是动态协作，都需要信息技术的支持。

(3) 供应链管理强调将企业内外的竞争力与资源进行集成，而集成的实现离不开网络化的支持。集成和网络化互相补充。集成强调对人和资源进行调整和再调整，其过程使我们在不断变化的关系模式中，与客户、与客户的客户、与供应商、与供应商的供应商彼此之间进行协同。它也使我们了解到我们的意志、情感和知识。集成的过程是人力资源网络化的过程，把我们的想象和知识连接成网络，使我们可以对具体的机会采取决定性的行动。可见，集成离不开现代信息技术的应用。

(4) 供应链管理强调的信息共享必须以信息技术为基础。在过去，业务环境中的信息受到信息处理速度的限制，数据的采集、处理、存储和传递速度十分缓慢，也不可能建立一个共享数据库。供应链成员之间失真的信息经常产生固有的不经济性，如库存投资过多、客户服务差、经济效益低下、物流计划不合理、误导运输供给和生产计划等。随着信息技术的进步，我们可以处理大量的信息并传递大量的数据，以分布式开放系统为基础的共享数据库系统的应用，不仅使得企业内部，而且使得整个供应链中的各节点企业可实现资源共享，业务数据不仅对客户和供应商透明，对客户的客户、供应商的供应商也是透明的。只要供应链上的贸易伙伴进行密切合作，借助信息技术完全可以解决由信息失真引起的牛鞭效应。这些进步无疑依赖于当前飞速发展的信息技术。

(5) 几乎所有的供应链管理方法都充分利用了信息技术。从某种意义上讲，供应链管理的实践先于理论的产生。典型的供应链管理方法，如快速响应(QR)、高效客户响应(ECR)、高效补货(RP)等都离不开各种信息技术的应用，尤其是条码技术、射频识别技术、电子数据交换技术的应用。

(6) 实施供应链管理的顶尖级公司都十分重视信息技术的应用，并取得了显著的成功。供应链管理是一个全面管理的概念，以寻求将内部的业务职能与联盟业务伙伴的职能结合在一起，形成统一的供应链系统。供应链管理成功程度的衡量主要是看构成供应链的企业的资源和能力的结合程度，以及关注客户满意的程度。将供应链成员联系在一起的是信息技术，而他们应用的工具是他们所开发的信息技术。在供应链中的信息节点可以连接在一起，形成网络。联网的信息节点越多，信息共享程度越高，供应链中的决策就越有效。例如，沃尔玛的专用通信系统可以使公司每天将所有的 POS 数据送到 4000 家供应商，使他们立即知道零售商的要求。美国大型连锁超市杰·西·潘尼(J.C.Penny)的快速响应系统可实现从供应商到商店再到客户的快速、低成本的采购和购进产品的分销。美国著名的霍尔马克(Hallmark)贺卡公司与它的零售商开发了一套高度集成化的连续补货系统，来保证在即将到来的节假日有合适的贺卡。零售商在出售商品时，通过扫描贺卡上的商业条码，然后将销售数据传送到霍尔马克。

10.3 企业实施供应链管理的原则和条件

10.3.1 供应链管理的基本原则

理论研究者常常希望寻求一些新的原则，以提出一些总结性或者标新立异的新思想和新架构。根据美国埃森哲(Anderson)咨询公司关于供应链管理的相关理论，供应链管理的基本原则主要有 7 条，具体包括以下内容。

(1) 根据客户所需的服务特性来划分客户群，并制定有利可图的服务体系。

传统意义上的市场划分是基于企业自身的状况，如行业、产品，分销渠道等，然后对同一地区的客户提供相同水平的服务。而供应链管理则强调根据客户的状况和需求决定服务方式和水平。因此，企业需采用有组织的、跨职能的流程构建和管理供应链，将面向每个客户的基本服务与来自系列方案中的、对特定细分群体有较强吸引力的服务结合起来，建立针对细分群体的服务体系，并把服务体系转化为现实的利润。

(2) 根据客户需求和企业可获利情况，设计企业的后勤物流网络，保证其经济性和灵活性。

例如，一家造纸公司发现，在两个重要的细分群体中有着根本不同的客户服务需求：大型印刷企业允许较长的提前期，而小型的地方印刷企业则要求在24小时内供货。为向这两个细分群体更好地提供服务并实现利益增长，该公司设计了多层次的后勤物流网络，建立了3个大型储存型分销中心和46个位于快速响应中心及运输活动管理外包的支持，该公司的资产回报率和收入得到了实质性的提高。

(3) 及时掌握市场的需求信息，并相应统一这个供应链的需求计划。

通过销售和运营计划及时监测整个供应链运作以及时发出需求变化的早期警报，并据此安排和调整计划。

(4) 控制时间延迟，使产品多样化的最终构成尽量接近客户，并通过供应链实现快速响应。

这就是供应链管理上的“延迟”(postponement)制造原则。过去从制造商那里出来的产品就是最终产品，客户多样化的需求迫使制造商不断地增加花色品种。但是，如果是在制造商那里完成产品的多样化，再多能多到哪里去呢？由于市场需求的剧烈波动，距离客户接受最终产品和服务的时间越早，需求量预测就越不准确，因此，企业不得不维持较大的中间库存。为应对这种情况，供应链管理的基本原则是控制时间延迟，即采取延期策略，其原理是产品的外观、形状或生产、组装、配送等应尽可能推迟到接到客户订单后再确定。运用延期策略，可实现最大的柔性而降低库存量，使得流通在产品最终价值增值上发挥积极的作用。例如，一家洗涤用品企业在实施大批量客户化生产的时候，先在企业内将产品加工结束，然后在零售店再完成产品的最终包装。

(5) 与供应商建立双赢的合作策略，以降低拥有物料和服务的总成本。

迫使供应商相互压价，固然能使企业在价格上收益，但与供应商相互合作则可以降低整个供应链的成本，企业将会获得更大的收益，而且，这种收益将是长期的。

(6) 在整个供应链领域建立信息系统，提高产品、服务及信息流的可见度。

信息系统首先应该处理日常事务和电子商务，然后支持多层次的决策信息，如需求计划和资源规划，最后再根据大部分来自企业之外的信息进行前瞻性的策略分析。

(7) 通过建立整个供应链的绩效考核准则来衡量为最终客户服务的成败。

供应链的绩效考核准则应该建立在整个供应链上，而不仅仅是局部的个别企业的孤立标准。对于企业来说，绩效考核准则也是有“生命周期”的，当旧的度量标准不再适用于供应链管理时，企业必须建立一套新的绩效考核准则来评价供应链向客户提供价值的成效，供应链的最终验收标准是客户的满意程度。

10.3.2 企业实施供应链管理的条件

供应链管理是一种全新的、先进的管理模式，它的成功实施能为企业带来很好的效益，那么是不是所有的节点企业都能成功地实施供应链管理呢？答案是否定的。各节点企业要想真正结成供应链联盟，实现现代意义上的供应链管理，必须具备一些基本条件，否则是不可能成行的。

1. 实现企业内部供应链集成

供应链管理是一种集成化的管理，其主要工作是进行外部供应链的集成，也就是说这里面有一个假设条件，即企业已经完成了其自身内部的供应链集成，这样的企业才有资格加入到本章定义的供应链体系中来。而实现集成化供应链管理的5个步骤是：基础阶段、职能集成管理、内部集成化供应链管理、外部集成化供应链管理、集成化供应链联盟。根据这一理论，企业需完成前3步集成。

基础建设阶段是指在原有企业供应链基础上，分析、总结企业现状，分析企业内部影响供应链管理的阻力和有利之处，同时分析外部市场环境，并对市场的特征和不确定性作出分析和评价，最后相应地完善企业的供应链。

职能集成阶段集中于处理企业内部的物流，企业围绕核心职能对物流实施集成化管理，对组织实行业务流程重构，实现职能部门的优化集成。通常可以建立交叉职能小组，参与计划和执行项目，以提高职能部门之间的合作，克服这一阶段可能存在的不能很好满足用户订单的问题。

内部供应链集成要实现企业直接控制领域的集成，要实现企业内部供应链与外部供应链中供应商与用户管理部分的集成，形成内部集成化供应链。集成的输出是集成化的计划和控制系统。

2. 供应链成员企业之间的信任与合作

在供应链中，各企业之间的联系十分紧密，其中任一环节出现问题，都将对整个供应链产生巨大影响。供应链管理是基于协作的管理战略，需要企业内部各职能部门之间的紧密配合，更需要企业与企业之间的战略合作。供应链管理跨越了企业的围墙，通过企业之间的合作，共同开发和分享市场机会。随着合作形式从收集信息到制定决策的不断提高，合作程度与信息共享程度不断提高，所产生的经济价值也会增加。据统计，合作性预测可以使预测的准确率提高15%，使库存减少15%，使运输成本节约3%～5%。

值得注意的是，供应链中企业之间合作关系的建立和维持不是短期和战术性的，而是长期和战略性的。这种长期和战略性合作关系不是仅靠企业间的契约就能实现的，它还需要双方的相互信任，而且涉及双方企业的所有人员，从企业的高层管理者到普通员工，都要树立长期合作的思想。尤其是在遇到内外威胁的时候，双方合作关系的维持对整个供应链的存亡至关重要。比如，当其他供应商用极低的价格来争取客户，或者其他供应商比现有供应商拥有更大的技术优势时，这些外在的威胁都将对现有供应链企业之间的合作关系产生威胁。而当企业遇到这些外在的威胁时，则应通过共同讨论和采取相应措施加以解决，而不是使双方关系破裂。因此，供应链的维护和健康发展，起关键作用的是企业之间的相互信任。

3. 信息共享

信息共享是实现供应链管理的一个重要条件。供应链作为一种“扩展”的企业，其信息流动和获取信息的方式不同于单个企业的情况，但各单个成员企业的信息流动和信息化水平则是决定和影响供应链信息流动和信息化的基础。供应链的信息基础是企业信息，企业信息的基础是企业中各工作组的信息，而工作组信息的基础是个人信息。这4个层次的信息组成了一个信息结构，如图10-3所示。

供应链中企业间的信息共享要通过组织间的信息系统来实现，组织间的信息系统具有而且应该发挥3个层次的作用，即通讯、协调与合作。在实践中人们发现，信息的高度共享是很难实现的，造成这种情况的原因往往是信息技术以外的原因，如企业获利、生存所依靠信息的不对称，并不是所有参与信息共享的成员企业都能得到等同的利益等。其解决之道就是实现利益共享，即“共赢”。经济利益上的紧密关系使供应链关系企业在信息共享上有了共同的利益基础，从而使供应链关系企业主动将信息在供应链内与其他企业共享。

10.4 供应链管理实例——红太阳集团农药供应链管理案例[1]

1. 案例背景

南京红太阳股份有限公司是红太阳集团公司控股的集产业经营、资本经营为一体的国家重点高新技术企业和高科技上市公司。公司以生产符合国际市场需求和产业化发展要求的高效低毒绿色环保农用化学品为主。1995年至今，公司总投资2.8亿美元，建成了亚洲最大的超高效农药生产基地，经过8年的超常规发展，目前占地68公顷，拥有员工1068名，其中各级各类专家、教授、博士、硕士、高工等高级人才380名，被世界权威媒体——英国《环球植保》誉为“世界超高效杀虫剂

1. 案例来源：赵林度，曾朝辉. 供应链与物流管理教学案例集[M].北京：科学出版社，2007.

王国”。

自1998年12月通过受让原南京天龙股份有限公司29.95%的国有股权，实现“借壳上市”，成功进入资本以来，“红太阳”通过“旗舰”模式，不断向上市公司注入优良资产、先进的红太阳文化、经营理念和管理模式。据国家证监会和清华大学经济研究所联合统计数字显示，2002年红太阳股份在1180家上市公司综合实力排名中由2000年的162位上升到第62位，连续3年取得100家高成长型上市公司排名第32位的骄人业绩。

公司利用高新技术改造传统产业，先后开发了具有国际领先水平的高科技农药产品56个，其中10个填补国内空白、6个获国家专利、10个达到国际先进水平。其中全流程合成高效顺反式氯氰菊酯、溴氰菊酯、三氟氯氰菊酯、吡虫啉等12个项目被列入国家高新技术产业化和“双加”工程项目，成为世界上产品结构最合理、系列化程度最高的超高效农药生产基地。

(1) 红太阳集团的发展历程

红太阳集团的发展经历了创业起步阶段、创业创新起步阶段、创业创新发展阶段和创业创新创优阶段，发展历程如图10-4所示。

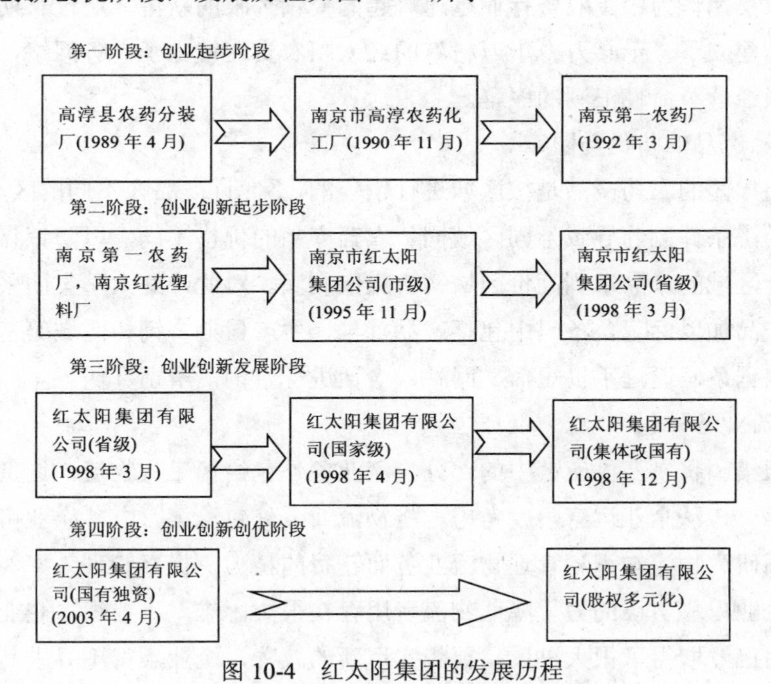

图10-4　红太阳集团的发展历程

(2) 红太阳集团的管理结构体系

红太阳集团在管理上严格按照八统、一分、二级核算、两个重点、八项控制的原则：八统一为统一形象、统一标准、统一采购、统一配送、统一结算、统一服务、统一人事和统一信息；一分为分级管理，集团公司管理省级和加工分装中心，控股子公司管理县、乡、村级；二级核算分别为集团一级、控股子公司一级；两个重点分别为成本、资金；八项控制为比价采购、工程招标、成本否决、预算控制、费用包干、盈亏考核、风险抵押与优胜劣汰。

2. 案例陈述

(1) 红太阳集团农药供应链的特点

农药生产和销售的季节性很强，且存在一定的地域性差异。农药越来越追求高效化，长途运输的平均边际成本越来越高。农药经销商进入和退出的壁垒较小，生产企业为了维护自身的利益存在整合的必要性。农药企业在生产与销售上的优势各有千秋，在产品结构上互补性也较强。农药市场竞争日益激烈，需要企业建立快速的反应机制等。因此，为适应新的市场环境变化，需要企业建立供应链管理体系。通过对红太阳集团的调研，现描述红太阳集团农药供应链的特点如下。

① 全国第一家农资连锁企业

红太阳集团作为中国农资行业迅速崛起的一颗耀眼的新星，通过长期的探索，率先提出并建立了“千县万乡十万村”的红太阳农资连锁电子商务网络，拉开了中国农资连锁经营革命性浪潮的序幕。

② 农药产品的防伪与防窜

红太阳集团的农药产品是按区域进行销售的，不允许产品在不同的区域间窜货，原因是受经济条件制约导致不同区域同一农药产品的价格不同，以防销售商为利益所驱将低价区域的产品拿到高价区域销售赚取利润。对此，红太阳集团采用条码对每件农药产品加以标记，条码中包括产品批号、生产日期、销售区域等基本信息，用户可以依据条码通过手机短信、网站、电话进行查询，辨别真伪。

③ 物流业务外包

红太阳集团将农药供应链中的部分物流业务外包给第三方物流，这主要有三大驱动力：第一，从企业运营角度考虑，将物流业务外包给第三方，企业可以简化组织，减少因研究物流知识和管理物流业务而花费的精力，提高管理效率。第二，事实证明，企业单靠自己的力量降低物流费用存在很大困难。目前很多企业在提高物流效率方面已经取得了很大进展，要想实现新的改善，企业不得不寻求其他途径，包括物流外包。第三，从战略上考虑，可以把资源集中在企业的核心竞争力上，以获取最大的投资回报。那些不属于核心能力的功能应被弱化或者外包，而作为主营业务支撑的物流，通常不被大多数的制造企业和分销企业视为他们的核心能力。

④ 销售策略

红太阳集团的销售策略主要包括以下几个方面。

- 产品策略：产品定位为高效化学农药。以仿制即将失去专利保护的品种为主；加大产品组合的宽度；在产品包装上，采取分包、系列包装、文案和陈列效果策略；在产品品牌上，采取多品牌、品牌延伸和家族品牌策略。
- 价格策略：根据经营目标、生产成本、竞争者价格、消费者期望价格定价。
- 渠道策略：向前整合生产企业，向后整合县级经销商和乡镇网络系统，构筑一个能够实现物流、资金流、信息流三流合一的农药供应链管理体系。
- 促销策略：坚持可持续发展和打造“红太阳”品牌的原则，突出表现事业部的社会责任感。

(2) 红太阳集团农药供应链的流程

在供应链管理体系中包括物流、资金流、信息流，只有保证这三流在供应链中畅通，才能提高企业的核心竞争力和经营效益。在红太阳集团的农药供应链中主要涉及如下几个重要的合作伙伴。

① 原材料供应商

原料供应对企业来说具有很大的不确定性，企业所需的原材料须经过生产和运输才能到达生产现场，凡影响原料生产和运输的因素都将影响原料的准时到位；在大中型企业的生产流程中，后道工序所需的原料和半成品，都将受到原料供应和前道工序的制约，凡影响前道工序正常生产的因素都将影响半成品的准时到位。然而，正是这些因素所具有的不确定性，很难甚至无法预先作出准确的计划和准备。为了避免由这些不确定性给企业带来的损失，企业一方面设置仓库，以原材料(半成品)的库存来应对原材料可能出现的短缺，另一方面与原料供应商合作，作为红太阳集团农药供应链体系中的原材料供应基地。

新产品在市场上的生命力，在于其开发的速度、质量和满足消费者的需求。在速度和质量上，新产品开发离不开原料供应商的作用。在市场经济的大潮中，原料供应商的层次参差不齐。不重视供应商的作用，放弃对供应商的管理，无疑会对新产品开发带来不利影响，甚至会严重影响开发项目的质量，成为阻碍新产品项目成功的重要因素。

从新产品项目开发的主题出发，应让供应商提前参与项目的开发，成为广泛意义上的项目组成员。把供应商有机地与新产品开发结合起来，可以有效地降低开发成本、提高项目质量、缩短新产品开发周期，甚至有利于改进项目新技术的应用。从供应链管理的角度看，供应商处于供应链的源头，要搞好新产品项目的开发，就必须先做好供应商管理。

② 制造商

制造商是供应链管理体系中的核心环节，直接决定着产品的质量，影响着供应链管理的经营效益，因此必须加强对制造商的管理和选择。红太阳集团通过合作和兼并等一系列措施来选择自己的制造商，并取得了很好的成效。它与李嘉诚旗下的长江生命科技公司在香港签订合作协议，投资400万美元进军绿色无公害生态肥、有机复合肥、可控肥和高浓缩复合肥，从而彻底改变了长期使用单一化学肥料造成土壤板结、有毒有害物残留、化肥利用率低下和污染环境的不良后果，5 年内将打造一个全新的理念、全新的产品、全过程服务的亚洲最大的生态肥基地。它还与世界著名农药跨国公司开展合作，在产品开发、市场开发、制造生产、农资连锁等领域实施强强联合。

③ 经销商

红太阳集团的经销商分为两级：一级经销商和二级经销商。一级经销商不属于总代理商，公司在决定一级经销商密度的时候，将考虑区域市场的大小以及经销商之间价格方面可能存在的冲突。在同一座城市(或者同一个相对市场容量较小的区域，同一个地级行政区)原则上只设立一个一级经销商。一级经销商享有公司价格体系当中的一级经销商价格，执行统一公布的返利政策，与公司属于核心合作伙伴关系，是公司整体营销结构当中最高的分销环节。二级经销商是经销体系中的补充，在较为偏远的地区，或者在较为专业的批发市场，设立二级经销商。二级经销商网络的建立主要依靠一级经销商建立，一级经销商网络不能覆盖的，公司根据营销规划自行设立并自行管理。二级经销商执行价格体系中的二级经销商价格，执行统一公布的返利政策。

红太阳集团重点在华南、华中办事处现有的营销网络中，每省选择2～3家经营能力强、终端网络全、推广服务好，且具有一定管理能力的地(市)县经销商为合作伙伴，由红太阳控股成立具有独立法人的连锁有限公司，作为开展连锁经营的批发配送中心。经营范围以农药销售为主，肥料、种子销售为辅。

在了解了红太阳集团农药供应链成员之后，就可以清晰地描述其农药供应链的流程(如图 10-5 所示)。

在整个农药供应链流程中，采购部门向制造中心进行采购作业，由财务系统执行付款处理，并且产品经库存系统入库。根据经销商的订单，将产品发送至配送中心，再由配送中心发送到各经销商，出库过程中的决策信息返送给制造中心，以便制造中心制定生产计划。县级经销商通过应收系统将销售作业中的销售收入上交到财务系统，并将销售状况反馈到库存系统。

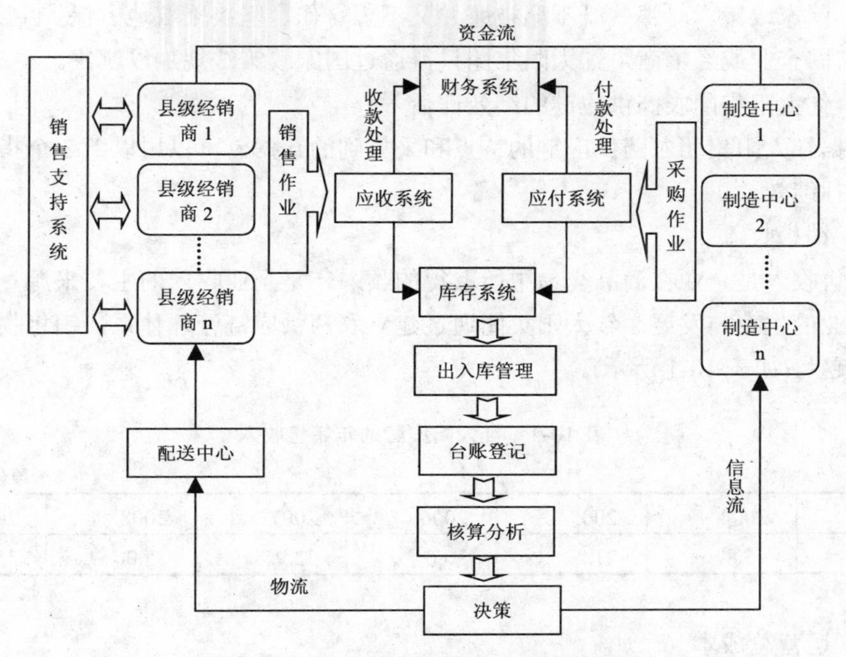

图 10-5　红太阳集团农药供应链流程图

(3) 案例分析

① 红太阳集团农药供应链管理中的问题

在红太阳集团实施农药供应链管理过程中，最大问题出现在经销商环节，该环节遭受了地方保护主义的冲击和影响。中国是一个农业大国，对农药的需求量很大。

随着改革开放的深入和市场经济的发展，尤其是中国加入 WTO 之后，在农药需求的刺激下，一些大型农药企业在各个地方蓬勃发展，同时滋生了地方保护主义，一些地方的政府官员常打着维护本地利益、造福一方的招牌，号称是地方政府为保护当地利益而采取的一种理性行为。但是，地方保护主义损害了国家的长远利益和全局利益。

为消除农药供应链管理过程中的地方保护主义，红太阳集团采取了一系列行之有效的措施。

- 兼并重组。将当地一些规模小、效益差的农药企业兼并，并对其企业结构进行重组，作为该地区的一个农药制造中心，一些私人农药销售商也被纳入到红太阳集团体系当中，成为乡镇或县级加盟连锁店。
- 合作生产。对于那些具有一定规模、经济效益好的，而又不甘愿被并购的农药企业，红太阳集团通过与其进行技术或项目上的合作，从而消除地方保护主义。

- 国家政策。对那些既不愿被兼并又不想合作，坚决采取地方保护主义的顽固企业或经销商，红太阳集团只得通过国家政策法规加以解决。

② 红太阳集团农药供应链的绩效评估

根据红太阳集团农药供应链的特点和采集到的数据，可以用以下3个指标来评估其运行绩效。

- 销售收入

销售收入是企业在商品交易中所取得的收入，是企业收入的主要来源，直接关系到企业的生存与发展。红太阳集团通过建立农药供应链管理体系，销售收入呈快速增长趋势(如表10-1所示)。

表10-1 红太阳集团的年销售收入

单位：亿元

年度	2004	2005	2006	2007	2008	2009
销售额	15.8	21.2	36.6	32.9	35.00	35.5

- 运营总成本

运营总成本反映供应链运营的效率，主要由供应链通讯成本、总库存费用、各节点间运输总费用3部分组成(如图10-6所示)。其中供应链通讯成本主要包括各成员企业间的通讯费用及供应链信息共享系统开发和维护费用等；供应链总库存费用包括各成员企业的在制品库存和成品库存费用及在途产品的各项库存费用。

- 产销率

产销率是指在一定时间内已售出的产品数量与已生产的产品数量的比值。该指标主要评价供应链资源的有效利用程度，也反映出供应链库存水平和产品质量。产销率接近1时，说明资源利用程度高。表10-2列出了红太阳集团的部分农药产品的产销率。对产销率低的产品通过提高产品质量、加强产品推广等一系列措施提高产销率，或者放弃产销率低的产品，对产销率高的产品也要通过技术创新加以保持。

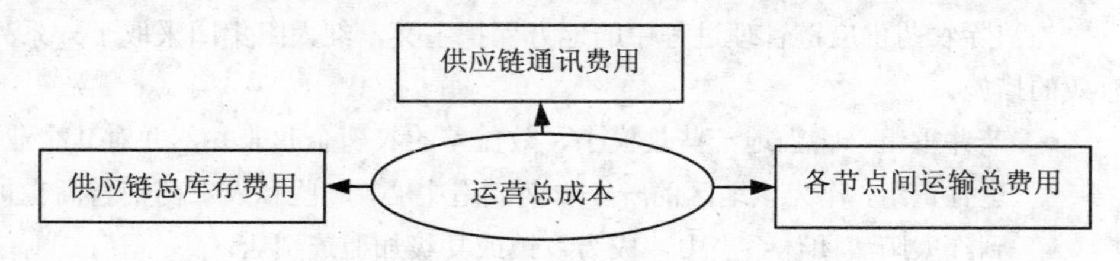

图10-6 红太阳集团农药供应链总运营成本的组成

表 10-2　红太阳集团部分产品产销率

产品名称	百草枯	吡啶	敌草快	溴氰菊酯
产销率	1	1	0.95	0.9

- 案例总结

目前，中国农药制造企业在市场上的行为仍处于较低端的水平，多以企业内部管理为主，而忽视市场资源的整合，使得市场秩序不够规范，在资源配置上存在众多低效率现象。中国农药制造企业在供应链替代企业参与市场竞争的经济全球化环境中，其国际竞争力、价值实现能力面临着严峻的挑战。

面对严峻的市场竞争，红太阳集团认识到农药供应链管理的重要性，重点加强了供应链成员之间的沟通与合作，从而取得了巨大的成功，为中国农资企业的发展提供了宝贵的、值得借鉴的经验。

思考题

1. 什么是供应链？它可以分为几类？
2. 供应链中的信息由哪些部分构成？
3. 企业实施供应链管理的原则是什么？
4. 信息技术在供应链管理中有什么作用？
5. 企业实施供应链管理应该具备什么条件？
6. 以某企业为例，说明供应链管理对企业竞争力的影响。

第 11 章

客户关系管理

客户关系管理(Customer Relationship Management，CRM)是一个不断加强与顾客交流，了解顾客需求，并对产品及服务进行改进和提高以满足顾客的需求的连续过程。其内涵是企业利用信息技术(IT)和互联网技术实现对客户的整合营销，是以客户为核心的企业营销的技术实现和管理实现。CRM 注重的是与客户的交流，即企业的经营是以客户为中心，而不是传统的以产品或以市场为中心。它为客户提供多种交流的渠道，以方便与客户的沟通。

本章将介绍客户关系管理概念、客户关系管理的主要内容、信息流程、主要功能、研究现状以及未来发展趋势等内容，最后通过一个实例来简述客户关系管理系统的应用，以便加深对 CRM 的理解，使企业在理解 CRM 的同时能够更好地制定出有效的措施。

11.1 客户关系管理概念

客户关系管理的概念可以从它的定义和内涵两方面来理解。

11.1.1 客户关系管理定义

关于 CRM 的定义，不同的学者或商业机构从不同角度提出了不同的看法。下面对几种有代表性的定义进行分析，以便对 CRM 概念有较全面的了解。

定义 1：Garter Group 公司最早提出了客户关系管理的定义，认为 CRM 是整个企业范围内的一个战略，其战略目标通过组织细分市场，培养客户满意行为，将从供应商到客户的一系列处理过程联系在一起，以使利润、收益、客户满意程度最大化。该定义明确指出了 CRM 并非某种单纯的 IT 技术，而是企业的某种商业策略，注重企业赢利能力和客户满意度。

定义 2：CRMguru.com 认为 CRM 是在营销、销售和服务业务范围内，对现有的和潜在的客户关系以及业务伙伴关系进行多渠道管理的一系列过程和技术。该定义重点指出了 CRM 的管理手段，即过程和技术，比较适用于 CRM 的系统开发，并界定了 CRM 的业务领域，但此定义简单地将 CRM 归纳为一种技术处理，过分弱化了其策略性。

定义 3：IBM 商业公司认为，CRM 通过提高产品性能，增强客户服务，提高客户交付价值和客户满意度，与客户建立起长期、稳定、相互信任的密切关系，从而为企业吸引新客户、维系老客户，提高效益和竞争优势。对客户来说，CRM 关心一个客户的“完整的生命周期”；对企业来说，CRM 涉及企业“前台”和“后台”，需要整个企业信息集成和功能配合；对具体操作来说，CRM 体现在企业与客户的每次交互上，这些交互都可能加强或削弱客户参与交易的愿望。

定义 4：SAP 公司提出 CRM 系统的核心是对客户数据的管理。客户数据库是企业最重要的数据中心，它记录了企业在整个市场营销与销售的过程中和客户发生的各种交互行为以及各类有关活动的状态，并提供了各类数据的统计模型，为后期的分析和决策提供支持。CRM 系统主要具备了市场管理、销售管理、销售支持与服务以及竞争对象的记录与分析等功能。

定义 5：NCR (the Nationa1 Cash Register Corporation)认为，CRM 是企业的一种机制。企业通过与客户不断的互动，提供信息和客户进行合作交流，以便了解客户并影响客户的行为，进而留住客户，不断增加企业的利润。通过实施 CRM，能够分析和了解处于动态过程中的客户状况，从而搞清楚不同客户的利润贡献度，选择应该提供何种产品给何种客户，以便在合适的时间，通过合适的渠道来完成交易。该定义认为，在 CRM 中，管理机制是主要的，而技术应用只是一个部分，是实观管理机制的手段。该定义认为，实施 CRM 的主要目的是对企业的组织、流程以及文化等方面进行变革。

以上从不同的角度和侧重点对客户关系管理进行了定义，但总的来说其定义是一致的，即他们都认为“客户关系”是公司与客户之间建立的一种相互有益的、互动的关系，并由此把 CRM 上升到企业的战略高度，同时都认为技术在 CRM 中起到了很重要的驱动作用。本书在总结以上相关经典定义的基础上，从营销理念、业务流程和技术支持 3 个层面将 CRM 定义为：CRM 是现代信息技术、经营理念和管理思想的结合体，它以信息技术为手段，通过对“以客户为中心”的业务流程的重新组合和设计，形成一个自动化的解决方案，以提高客户的忠诚度，最终实现业务操作效益的提高和利润的增长。

11.1.2 客户关系管理内涵

客户关系管理作为一种新的经营管理哲学，对其内涵可以从不同角度、不同层次来理解。

1. 客户关系管理是一种“以客户为中心”的管理理念

CRM 的核心思想是将企业的客户(包括最终客户、供应商、分销商以及其他合作伙伴)作为最重要的企业资源，通过完善的客户服务和深入的客户分析来满足客户的需求，保证实现客户的价值。现在是一个变革和创新的时代，比竞争对手仅仅领先一步，就可能意味着成功。在引入 CRM 的理念和技术时，不可避免地要对企业原来的管理方式进行改变，创新的思想将有利于企业员工接受变革，而业务流程再造则提供了具体的思路和方法。在网络经济时代，仅凭传统的管理思想已经不够了。互联网带来的不仅是一种手段，它还触发了企业组织架构、工作流程的重组以及整个社会管理思想的变革。所以，CRM 首先是对传统管理理念的一种革新。

2. 客户关系管理是一种旨在改善企业与客户之间关系的新型管理机制

CRM 实施于企业的市场营销、销售、服务与技术支持等与客户相关的领域，通过向企业的销售市场和客户服务的专业人员提供全面、个性化的客户资料，并强化跟踪服务、信息分析的能力，使他们能够协同建立和维护一系列与客户和商业伙伴之间卓有成效的“一对一关系”，从而使企业得以提供更加快捷和周到的优质服务，提高客户满意度，吸引和留住更多的客户，以增加营业额；另一方面则通过信息共享和优化商业流程来有效地降低企业的经营成本。

3. 客户关系管理是一种管理技术

CRM 将最佳的商业实践与数据挖掘、数据仓库、一对一营销、销售自动化以及其他信息技术紧密地结合在一起，为企业的销售市场、客户服务和决策支持等领域提供了一个业务自动化的解决方案，从而顺利地实现由传统企业经营模式到以电子商务为基础的现代企业经营模式的转化。

4. 客户关系管理是一种企业经营战略

CRM 的目的是使企业根据客户分段进行重组，强化客户的满意化行为并连接客户与供应商，从而优化企业的赢利网络，提高利润并改善客户的满意程度。具体操作时，它将从独立分散的各个部门来看待客户的视角，提升到整个企业，各个部门负责与客户具体交互，但向客户负责的却是整个企业，这是成功实施 CRM 的根本。

为了实现CRM，企业与客户连接的每一环节都应实现自动化管理。

事实上，从某种程度上来讲，企业员工也可以看做企业的“内部客户”。一方面，在使用公司生产的产品的过程中，员工的建议是一个非常好的产品反馈信息；另一方面，企业领导对待普通员工要像对待客户那样关怀体贴，使员工有一种被重视的感觉，以增强他们的敬业精神和对公司的忠诚度。

11.2 客户关系管理的主要内容及信息组织流程

11.2.1 客户关系管理的主要内容

CRM主要包括3个方面的内容：营销自动化(MA)、销售能力自动化(SFA)和客户服务，如图11-1所示。这3个方面是影响商业流通的重要因素，并对CRM 项目的成功起着至关重要的作用。

1. 营销自动化

传统的数据库营销是静态的，一般需要好几个月时间才能对一次市场营销战役的结果做出一个分析统计表格，许多重要的商业机遇常在此期间失去。而新一代的营销管理软件则建立在多个营销战役交叉的基础上，能够对客户的活动及时作出反应，因而能够更好地抓住各种商业机遇。

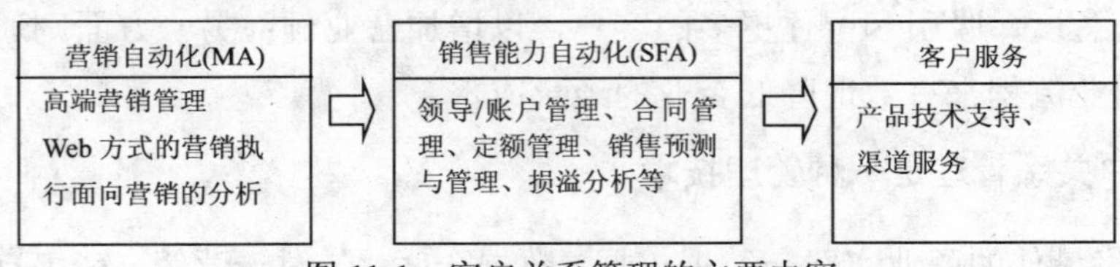

图11-1 客户关系管理的主要内容

现代MA是基于资产的，除了营销管理外，许多核心营销功能(如客户统计、贸易展览管理等)均可通过增加自动化程度来加以改进。MA包括领导管理、营销战役的执行和营销辅助管理。营销规划关键功能、人口统计学分析和客户行为预测等从本质上讲都是可以分析的。

企业必须协调多种营销渠道，如电话销售、电视营销、直接邮寄、传真、E-mail和Web等方式之间的通信，并应防止渠道间的营销策划发生交叉或冲突。MA系统直接与客户进行通信，如通过直接邮寄、电话营销、销售点或书面调查的形式了解客户的需求等。

MA 系统必须确保产生的客户数据和相关的支持资料，能够以各种有效的形式散发到各种销售渠道。反过来，销售渠道也必须及时返回同客户交互操作的数据，以便系统能够及时地对本次营销战役进行评估和改进。对于已经建立固定联系的客户，MA 系统应紧密地集成到销售和服务项目中以便实现下列目标：同具有特殊要求的客户进行交互操作(个性化营销)；在一个商业－商业(B2B)模式的环境中，确保不同产品间的关系分析是明白的；在一个商业－客户(B2C)环境中，要尽可能发现B2C和B2B之间的可能关系(如一个 B2C 客户可能是一个重要的B2B 客户的家庭成员等)。

从总体上讲，MA 软件可以被分成 3 个领域：高端营销管理、Web 方式的营销执行、面向营销的分析。

高端营销管理主要集中在涉及 B2C 营销(如金融服务和电信等)的公司里，而B2C 公司一般都具有很大的用户规模，相应的用户数据库有时会超过太比特级。这些数据库的规模及其需要的基础设施引起了硬件厂商的极大兴趣，他们已经开发了全套的企业 MA(EMA)产品来满足 B2C 市场的需求。高端营销管理需要用户实现一个数据仓库结构并且具有成熟的基础，以用于管理庞大的数据仓库。

Web 方式的营销执行绝大多数用在 B2B 市场上(较少的用户数量，所有的目标用户都具有现成的 Email 地址)，这些用户除了直接邮寄、传真和电话联系之外，还使用 Internet 作为主要的战斗执行工具。营销执行包括旨在收集更多客户信息的大量电子邮件、反映营销全过程的 Web 站点和用于某些目标客户的个性化的 Web页面。

面向营销的分析重点分析销售和营销的所有主要方面(如赢利)，并且将其与客户活动数据和 ERP 数据关联起来，以便进一步改进营销策略。

2. 销售能力自动化(SFA)

SFA 是 CRM 中增长最快的一个领域，它的关键功能包括领导/账户管理、合同管理、定额管理、销售预测、赢利/损失分析以及销售管理等。

销售功能的自动化是实施 CRM 时最困难的一个过程，不仅是因为它的动态性(不断变化的销售模型、地理位置、产品配置等)，而且还因为销售部门的观念阻碍了销售力量的自动化。销售部门一般习惯于自己的一套运行方式，往往会抵制外部强制性的变化。在销售过程自动化中必须特别注意以下 4 个方面：目标客户的产生和跟踪；订单管理；订单完成；营销和客户服务功能的集成。

3. 客户服务

客户服务主要集中在售后活动上，不过有时也提供一些售前信息，如产品广告等。售后活动主要发生在面向企业总部办公室的呼叫中心，但是面向市场的服务(一般由驻外的客户服务人员完成)也是售后服务的一部分。产品技术支持一般是客户服务中最重要的功能，为客户提供支持的客户服务代表需要与驻外的服务人员(必须共享/复制客户交互操作数据)和销售力量进行操作集成。总部客户服务与驻外服务机构的集成以及客户交互操作数据的统一使用是现代CRM的一个重要特点。

11.2.2 客户关系管理的信息组织流程

CRM战略的基础是捕捉和利用正确的信息以加强客户关系，完整的CRM信息组织流程包含从数据、信息到知识3个阶段。CRM试图从大量的数据中整理和提取出信息，进而将这些信息转化为可支持决策的知识，如图11-2所示。促使完成数据到信息，再到知识的转化，就是在促使CRM战略发展和相关的商务智能的实施。很多企业耗费巨资投资于CRM却没有得到他们所需要的或想要得到的东西，就是因为他们不能够确切地知道，在数据、信息、知识中间，他们到底需要什么，也不清楚数据、信息、知识到底能做什么或不能做什么。因而，在一个综合的CRM战略中，弄清楚各种信息、资源的根本区别就非常重要了。

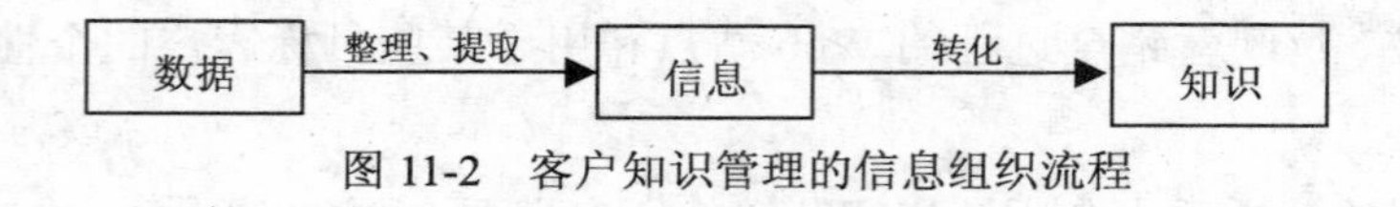

图11-2 客户知识管理的信息组织流程

1. 数据

CRM的数据涉及企业运作过程中的各种内外部信息以及企业与客户之间的沟通信息，其中，客户数据是CRM数据的核心。客户数据是对各种细节、事实和客户资料的记录：谁、干什么、什么时间和在什么地方。如直接的销售资料、客户与客服中心的联系情况以及网络服务互动时的情况等。

如果把CRM比作一座高楼大厦的话，那么基本数据就是这座大厦的地基，能不能及时、准确、完整地获得这些基本数据，对CRM战略能否成功起着决定性的作用。但是，数据仅描述了所发生事件的部分事实，数据本身是不能告诉企业CRM执行情况的好坏，也不能告诉企业应该去做什么。在这种情况下，对基本数据进行统计分析，就成为我们在获取基本数据后的第二步工作。

2. 从数据到信息

CRM中信息的形成过程就是对数据进行整理组织、统计分析的过程。对数据进行统计分析可以获取组织CRM当前的运作状况，使用户能够监测CRM运行情况，或提供CRM业绩报告等。统计数据(信息)使得企业能够跟踪客户行为，因而它在评估商务运营及营销运动的效果方面很有用处，并且对企业观察客户一段时间内的行为趋势和客户分类也有帮助。统计数据通过对以往情况提供全面的视角来强化对基本数据的认识。

仅仅获得信息的CRM仍然存在缺陷：一方面，计算机可以将数据转换为信息，但不能使数据上下相关联，对数据分类、计算处理通常也必须借助人的帮助；另一方面，统计分析所总结的是旧的数据，得出结论、找出趋势和作出预测等工作都要由人来做。而要解决这两个缺陷，则需要实现从信息到知识的转化。

3. 从信息到知识

CRM中的知识是通过对数据和信息的深入综合分析与挖掘而得到的，它需要利用先进的信息技术，通过查询、比较、推理及联想等知识发现、找出存在于客户数据和信息中的模式、规则、概念和规律，比如对客户的自动识别、分类等。信息只表示发生了什么，而知识则能告诉企业事情发生的原因及发展趋势，这样，企业就能及时、迅速、准确地制定与客户的互动行为，以提升客户的忠诚度，最终实现“以客户为中心”的经营模式。

从数据、信息到知识是CRM信息组织的完整流程，任何一环的缺失或不足，都会影响信息资源的合理利用。因此，拥有一个完整的信息组织流程，就成为客户战略成功的必要条件之一。

11.3　客户关系管理系统的主要功能

客户关系管理系统的主要功能可以归纳为3个方面：对销售、营销和客户服务3部分业务流程的信息化；与客户进行沟通所需要的手段(如电话、传真、网络、Email等)的集成和自动化处理；对上面两部分功能积累下的信息进行加工处理，产生客户智能，为企业的战略战术的决策作支持。

从图11-3中可以看出，CRM软件的基本功能包括：客户管理、产品管理、时间管理、联系人管理、营销管理、潜在客户管理、销售管理、电话销售和电话营销、客户服务，有的还涉及工作流管理、呼叫中心、合作伙伴关系管理、知识管理、商业智能、电子商务等。以下主要从业务功能、技术功能和模块功能这3个方面整体介绍CRM系统的功能构成。

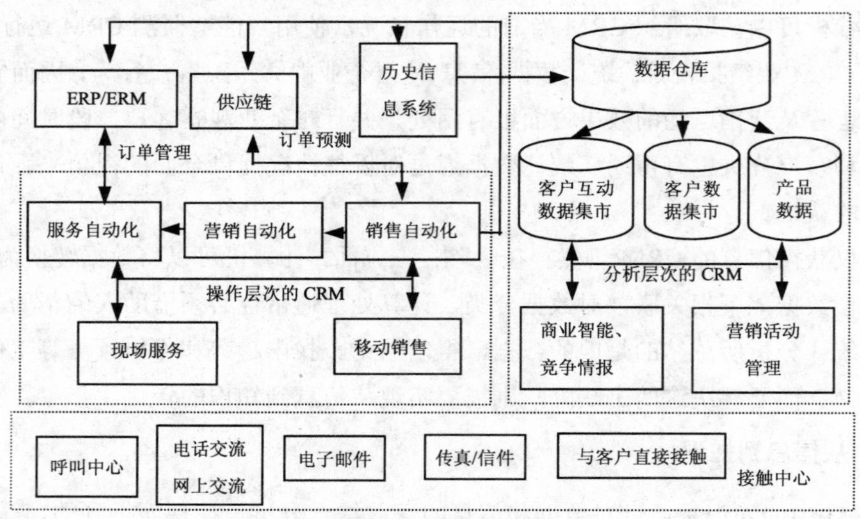

图 11-3　CRM的功能

11.3.1　业务功能

CRM系统的业务功能通常包括市场管理、销售管理和客户服务与支持。

(1) 市场管理。其主要任务是通过对市场和客户信息的统计和分析，发现市场机会，确定目标客户群与营销组合，科学地制定出市场和产品策略；为市场人员提供制定预算、计划、执行和控制的工具，不断完善市场计划；同时，还可管理各类市场活动(如广告、会议、展览、促销等)，对市场活动进行跟踪、分析和总结以便改进工作。

(2) 销售管理。使销售人员通过各种销售工具，如电话销售、移动销售、远程销售、电子商务等，方便及时地获得有关生产、库存、定价和订单处理的信息。所有与销售有关的信息都存储在共享数据库中，销售人员可随时补充、及时获取，企业不会由于某位销售人员的离去而使销售活动受阻。此外，销售部门还能自动跟踪多个复杂的销售线路，提高工作效率。

(3) 客户服务与支持。客户服务与支持部分具有两大功能，即服务和支持。一方面，通过计算机电话集成技术(Computer Telephone Integration，CTI)支持的呼叫中心，为客户提供 7×24 小时的不间断服务，并将客户的各种信息存入共享的数据库以及时满足客户需求。另一方面，技术人员也可对客户的使用情况进行跟踪，为客户提供个性化服务，并且对服务合同进行管理。

11.3.2 技术功能

CRM 的技术要求主要有 6 个方面，一般包括分析信息的能力、对客户互动渠道进行集成的能力、支持网络应用的能力、建设集中的客户信息仓库的能力、对工作流进行集成的能力以及与 ERP 功能的集成。

(1) 信息分析能力。尽管 CRM 的主要目标是提高同客户打交道的自动化程度，并改进与客户打交道的业务流程，但强有力的商业情报和分析能力对 CRM 也是很重要的。CRM 系统有大量关于客户和潜在客户的信息，企业应该充分利用这些信息，对其进行分析，使决策者所掌握的信息更完整，从而能更及时地作出决策。良好的商业情报解决方案应能使得 CRM 和 ERP 协同工作，这样企业就能把利润创造过程和费用联系起来。

(2) 对客户互动渠道进行集成的能力。对多渠道进行集成与 CRM 解决方案的功能部件的集成是同等重要的。不管客户是通过 Web 与企业联系，还是与携带有 SFA 功能的便携电脑的销售人员联系，或是与呼叫中心代理联系，与客户的互动都应该是无缝的、统一的、高效的。

(3) 支持网络应用的能力。在支持企业内外的互动和业务处理方面，Web 的作用越来越大，这使得 CRM 的网络功能越来越重要。为了使客户和企业雇员都能方便地应用 CRM，需要提供标准化的网络浏览器，使得用户只需很少的训练甚至不需训练就能使用系统。

(4) 建设集中的客户信息仓库的能力。CRM 解决方案采用集中化的信息库，这样所有与客户接触的雇员可获得实时的客户信息，而且使得各业务部门和功能模块间的信息能统一起来。

(5) 对工作流进行集成的能力。工作流是指把相关文档和工作规则自动化地(无须人的干预)安排给负责特定业务流程中的特定步骤的人。CRM 解决方案应该具有很强的功能，为跨部门的工作提供支持，使这些工作能动态无缝地完成。

(6) 与 ERP 功能的集成。CRM 要与 ERP 在财务、制造、库存、分销、物流和人力资源等连接起来，从而提供一个闭环的客户互动循环。这种集成不仅包括低水平的数据同步，而且还应包括业务流程的集成，这样才能在各系统间维持业务规则的完整性，并使工作流在系统间流动。这两者的集成还使企业能在系统间收集商业情报。

总之，CRM 软件系统支持营销、销售和服务过程，使得对客户和所谓的“闭环”过程有一个全方位的视角。其作用是由业务功能和技术功能两方面共同决定和完成的。

11.3.3 模块功能

CRM 软件系统主要有以下 4 个模块。

(1) 销售自动化

销售自动化(Sales Force Automation，SFA)是 CRM 中最基本的模块，在国外已经有了十几年的发展，近几年在国内也获得了长足发展。SFA 是早期的针对客户的应用软件，但从 20 世纪 90 年代初开始，其范围已大大扩展，以整体的视野，提供集成性的方法来管理客户关系。

正如 SFA 的字面意思所表明的，SFA 主要是提高专业销售人员的大部分活动的自动化程度。它包含一系列的功能，提高销售过程的自动化程度，并向销售人员提供工具，提高其工作效率。它的功能一般包括日历和日程安排、联系和客户管理、佣金管理、商业机会和传递渠道管理、销售预测、建议的产生和管理、定价、区域划分、费用报告等。

(2) 营销自动化

营销自动化(Marketing Automation，MA)模块是 CRM 的最新成果，作为对 SFA 的补充，它为营销提供了独特的能力，如营销活动(包括以网络为基础的营销活动或传统的营销活动)计划的编制和执行、计划结果的分析；清单的产生和管理；预算和预测；营销资料管理；“营销百科全书”(关于产品、定价、竞争信息等的知识库)；对有需求客户的跟踪、分销和管理。营销自动化模块与 SFA 模块的不同在于，它们提供的功能不同，这些功能的目标也不同。营销自动化模块不局限于提高销售人员活动的自动化程度，其目标是为营销及其相关活动的设计、执行和评估提供详细的框架。在很多情况下，营销自动化和 SFA 模块是补充性的。例如，成功的营销活动可能得知很好的有需求的客户，为了使营销活动真正有效，应该及时地将销售机会提供给执行的人，如销售专业人员。在客户生命周期中，这两个应用具有不同的功能，但它们常常是互为补充的。

(3) 客户服务与支持

在很多情况下，客户的保持和提高客户利润贡献度依赖于提供优质的服务，客户只需轻点鼠标或打一个电话就可以转向企业的竞争者。因此，客户服务和支持对企业来说是极为重要的。它可以帮助企业以更快的速度和更高的效率来满足客户的售后服务要求，进一步保持和发展客户关系。在 CRM 中，客户服务与支持主要是通过呼叫中心和互联网来实现的。在满足客户的个性化要求方面，它们是以高速度、准确性和高效率来完成客户服务人员的各种要求的。CRM 系统中强有力的客户数据使得企业通过多种渠道(如互联网、呼叫中心)的纵横向销售变为可能，当把客户服务与支持功能同销售、营销功能比较好地结合起来时，就能为企业提供很多好机会，向已有的客户销售更多的产品。客户服务与支持的典型应用包括客户关怀、纠纷、退货、订单跟踪、现场服务、问题及其解决方法的数据库、维修行为安排与调度、服务协议与合同、服务请求管理等。

(4) 商务智能

在企业的信息技术基础设施中，以数据仓库为核心的商务智能可以将大量信息转换成可利用的数据，并允许决策者从企业过去的经验记录中寻找出适用于当前情况的模式，通过这一方法使决策者更好地预测未来。

商务智能是指利用数据挖掘、知识发现等技术来分析和挖掘结构化的、面向特定领域的、存储于数据仓库内的信息，它可以帮助用户认清发展趋势、识别数据模式、获取智能决策支持和得出结论。商务智能的范围包括客户、产品、服务与竞争者等。在 CRM 系统中，商务智能主要是指客户智能。利用客户智能，可以收集和分析市场、销售、服务以及整个企业的各类信息，对客户进行全方位的了解，从而理顺企业资源与客户需求之间的关系，增强客户的满意度和忠诚度，实现获取新客户、支持交叉销售、保持和挽留老客户、发现重点客户、支持面向特定客户的个性化服务等目标，提高赢利能力。

11.4 客户关系管理的未来发展趋势

11.4.1 CRM 技术、市场和应用的发展趋势

1. CRM 技术发展趋势

为什么企业会选择某种特定的 CRM 产品，一个重要的理由可能表现在产品的功能和其技术架构上。一个 CRM 产品的技术架构是 CRM 应用系统的核心所在，它将决定一个新的 CRM 应用软件如何快速而容易地适应公司现有的运营型和分析型应用系统环境。而且它也是决定实施 CRM 时间和成本的主要因素。

以下我们以一种结构化的方法来分析 CRM 技术的发展趋势，这种结构化的方法主要体现在环境、组织、基础结构、结构、客户化和集成性。

(1) 环境

环境是企业在选择软件的过程中最简单的技术架构的评估标准，而且是最容易区分的。最重要的环境就是 CRM 产品所支持的服务器平台和数据库。企业在选择 CRM 产品时，最好不要改变现有的服务器平台和数据库标准，否则将会增加很多投资。因此，一个 CRM 产品最好要支持企业原有环境。未来的 CRM 产品，起码要支

持一个或多个国际上最先进的服务器平台和数据库标准，例如Microsoft、Sun、IBM和Oracle等服务器平台。除了这些最主流的平台外，功能强大的CRM产品还应当支持一些“第二层环境”，如HP和Sybase服务器管理系统。这样可以确保CRM产品具有更强的环境适应性。

(2) 组织

产品的“组织”主要用来反映各组分的配置方式，以及组分间的接口和通信协议。未来CRM产品的“组织”主要包括客户端、应用服务器和数据库等3个部分。未来的趋势是利用无线技术和基于Web的技术，确保客户、客户服务人员、销售人员和现场服务人员等多种用户能够拥有统一的用户界面，以及不同的使用权限。

(3) 基础结构

基础结构用来为多个用户和共享的资源系统(例如CRM应用系统)提供系统级、独立应用的中间层服务。服务包括基本的请求处理、队列排序、流程管理、记忆管理、数据库管理和事务管理等。“门户”是未来基础结构中发展的一种重要形式，因为企业使用了采用“门户”技术的CRM产品，就可以在一个环境下，访问多个CRM应用系统，看到多种报表，或者在不同维度上来检查企业的业绩。基础结构的开发主要将基于Java和J2EE。

(4) 结构

这里所讲的结构是指，CRM产品组织中的主要内部成分是什么，以及它们如何被建立，由什么组成。未来典型的CRM产品主要还是基于Web的3层组织：网页/表示层、程序逻辑(用于应用软件功能和应用服务功能)、数据模型。其中，需要强调的是，未来的CRM产品将要在支持Web服务上进行“强化”。Web服务已经成为一种具有吸引力的交互方式，其标准化目录和查询功能、界面说明，以及通信协议使得“集成”复杂性的降低和成本的降低将成为可能。

(5) 客户化

显然，所有的CRM应用软件都可以实现客户化(定制)。事实上，所有的运营型应用软件定制化，都将会或多或少地反映公司业务流程和信息结构的特征和细微差异。一个CRM产品套件客户化时一般会存在两个方面的结构因素：一是元数据的角色，二是要使用标准化技术还是专有技术。当一个产品的结构基于元数据时，客户化可以通过元数据来实现。企业不要使用低层级结构和编码工具，而应使用高层级元数据和可视化工具，这样可以确保客户化更加容易、快速和可控制。当一个CRM产品的结构以标准化、大众化的技术建立时，就会有许多用于客户化的工具。而当一个CRM产品建立在专有结构基础上时，企业将被迫使用供应商的客户化工具。“客户化”的焦点在于：什么能够获得客户化，以及执行客户化时所使用的机制。为了有助于企业客户定制产品，未来CRM产品将主要基于元数据进行开发。

(6) 集成性

CRM 系统主要用来为企业提供一种广泛与客户“打交道”的工具和方法。CRM 产品必须以定制来反映企业的业务流程与信息结构。更为重要的是，产品也需要与内部和外部的业务系统进行集成，实现自动化业务流程。内部业务系统主要包括其他运营型 CRM 应用系统和后台系统，以及数据仓库和分析型应用软件；外部系统则主要指销售和营销业务合作伙伴的 CRM 系统，以及供应商的后台系统。最有意义的是，CRM 产品应当提供一种集成的客户视图，收集不同种类来源的客户信息，并能够提供对所有应用系统的统一的访问界面。集成是一项关键而复杂的任务，也是企业在实施 CRM 的过程中所遇到的最困难的任务之一。为了解决这一问题，业界衍生了一个系统集成行业，并且目前在市场上已有很多集成技术和产品可以利用，此外，还出现了多种信息协议和业务流程标准。因此，未来 CRM 产品，应当从自身角度来提高与其他系统“集成”的能力。“集成能力”在未来必成为软件厂商竞争的焦点之一。

2. CRM 市场发展趋势

(1) 分析公司对未来“CRM 市场”的预测与分析

一些分析公司曾对 CRM 市场作过分析预测，如 Forrester Research 曾指出，2002 年全球 CRM 市场会出现负增长，而到 2003 年则会出现反弹的局面，将以 11.5%的复合增长率发展至 2007 年。Aberdeen Group 曾指出，2002 年全球 CRM 市场只能获得 2%的增长，到 2003 年将会出现高速增长期，到 2005 年将达到 196 亿美元。AMR Research 也曾指出，2003 年全球 CRM 市场将增长 16%，到 2004 年将达到顶峰，而且 CRM 的高速发展与中端企业的强烈需求密不可分，这些数据均已得到市场证实，并且在最近几年得到了更高速的发展。

(2) 集成化、分析型 CRM 向中低市场端发展

CRM 业界一致看好中端 CRM 市场。AMR Research 认为中低端(SMB)市场和企业部门级市场在以后的 10 年中将有 441 亿美元的机会。

11.4.2 eCRM：CRM 与电子商务的融合

为突出 CRM 基于 Internet 平台的交流渠道的重要性以及 Internet 和电子商务应用可能为客户提供更具优势地位的特征，目前的企业信息化中都把基于 Internet 平台和电子商务战略下的 CRM 系统称为“电子客户关系管理”或“eCRM”(electronic CRM)。

(1) eCRM 的内涵与功能

从应用系统的角度来界定“eCRM”的内涵，应当是一种以网络为中心、全面

沟通客户关系渠道和业务功能，实现客户信息同步化的方案。它将集中为企业解决如下问题：创造和充实动态的客户交互环境；产生覆盖全面渠道的自动客户回应能力；整合全线业务功能并实时协调运营；拓展和提高客户交互水平并将其转化为客户知识的客户关系技术；将 CRM 的运行划分为执行型和处理型两类工作以提高系统效率，前者执行系统管理和战略实现功能，后者则是适合各类客户使用的支持和决策工具。

互联网和电子商务的发展无疑将 CRM 的功能和价值都提高到了一个新水平。eCRM 既能够由内到外地为企业提供自助服务系统，又能够自动地处理客户的服务要求，实现“任务替代”。这样，原本由人工渠道提供的服务可以通过自助功能模块来处理，不仅节省了人力、降低了运营成本，更使企业可以将人力资源集中到更具挑战性和更高价值的业务中。由外到内的低成本优势满足了客户的实质性需求，自助服务提高了响应速度和服务的有效性，从而有效地提高客户满意度，进而帮助企业扩大市场份额、提高获利能力。

(2) eCRM 的设计特征

为实现上述功能，eCRM 系统的集成解决方案应注重突出以下几方面的特征。

① 发挥整合优势

客户通常希望能够在自己方便的条件下选择与企业沟通的渠道或时间，例如上班族可能便于在上班时间通过电话联系，但在晚上则可能有较多的时间在网上浏览更详细的信息。对客户而言，他希望通过不同渠道获得专业的服务及相同的回答。甚至，他希望在网站发生故障时，能够立即通过电话等方式得到答复。eCRM 系统应当确保企业前端与后端应用系统的整合效果。在前端形成统一的联系渠道，使客户依据自己的喜好，在任何时间以电话、传真、网站或电子邮件等各种方式与企业接触，而且更为重要的是，不论是服务专员还是自动化服务装置，为客户所提供的解答都应该是一致的。在后端则利用先进的资料分析、数据挖掘方法，形成与客户相关的知识，为完整的客户关系管理提供决策依据。

② 实时响应与快速沟通

在追求高效率的电子商务时代，对 eCRM 系统实时响应的要求在进一步提高，企业必须把每一个客户作为一个差异个体，不断观察其消费行为和需求的变化，迅速调整策略，实时制定应对措施，才能掌握先机赢得客户。同时，eCRM 快速沟通的特征也很重要。在评估 eCRM 系统的集成方式和效果时，一个重要的指标就是每个 eCRM 备选方案在不同组件和部门使用的实时程度。另一方面，如果有人通过企业向合作伙伴提供了新的业务线索，则该线索是否能立即送达合作伙伴。eCRM 系统只有通过实质性的集成才能确保统一、可靠和及时的客户回应能力。

③ eCRM的未来趋势——移动CRM

任何一家视客户关系为核心资源的企业，都不希望因为地域、时差和人员等客观条件而致使企业优良的服务能力出现下降，也无法忍受由于办公条件、通信传输与数据分析的局限而导致响应客户需求的周期变长。在移动商务(Mobile Business)初现端倪的今天，每一家企业对“随时、随地、随心意”(Anytime，Anywhere，Anystyle)的客户服务能力、对不受限制实现移动条件下响应客户需求、对跨越时空的信息和决策支持等的追求，已经逐步清晰起来。建立在Internet、WAP(无线通信协议)基础上的移动 CRM，在业务操作管理方面，将支持营销和销售人员使用笔记本电脑、PDA(Personal Digital Assistant)、手机等移动信息终端调用企业CRM系统，传递和共享关键信息；在客户合作管理方面将体现对移动沟通渠道的重点支持。

11.5 CRM软件在中国的应用现状

CRM软件20世纪80年代初诞生于美国，2000年开始引入中国，之后中国也有不少企业开始重视CRM，并且随着企业信息化的发展，CRM等应用软件在中国企业中迅速得到应用。在中国，CRM从开始到成熟，也已经发展了近10个年头。这期间都是CRM软件厂商跟企业一步步地摸索出来的。反思这几年CRM软件的应用现状，我们可以从中吸收不少的教训。

(1) CRM从自主开发到购买套装软件

在前些年，企业在实施CRM项目时，还不习惯利用套装的CRM软件。他们更喜欢找一个专业的软件公司为自己定制开发。据权威部门在2007年底做过的调查发现，在当时使用CRM软件的企业中，49%左右是定制开发的。而在2008年底的调查中，该比例降至40%。

从上述调查中可见，越来越多的企业开始倾向于购买套装 CRM 软件。可以认为，套装软件将成为CRM软件发展的主流。

(2) 弱肉强食的商业规则，在CRM行业内也不例外

我们常说商业竞争很残酷，弱肉强食是自然法则，其实这个自然法则在商业竞争中有很大的指导意义。CRM软件说到底也是一个商品，也要遵循商业规则。一些大型软件企业，兼并小的有发展潜力的CRM软件公司，这是它们进军CRM行业的一种主要手段。

在 CRM 软件刚面世的时候，不少软件公司都看到了其发展前景。于是，就纷纷开发一些可供使用的CRM管理软件。而Turbo CRM客户关系解决方案，对于从事CRM行业的实施顾问来说一定不会陌生。因为到2008年中期，它还可算是中国本土最大的CRM厂商，也是中国本土连续多年客户满意度最高的CRM厂商，可以

说是当时中国本土 CRM 软件行业中最具代表性的企业。无论是从实施顾问还是从软件功能，它都称得上是行业内的佼佼者。

可是，令人遗憾的是，2008 年 10 月它被用友软件公司以 4500 万元的价格吞并了。用友将它的软件重新包装，并利用自己的专业团队，包括技术与实施顾问队伍，把它的 CRM 重新推向市场，并且根据行业的不同，推出了各自的解决方案。该并购事件可以说是 2008 年 CRM 行业中最亮的一个看点。

(3) 行业细分，CRM 成长的动力

CRM 应用的另一个可喜的现状，就是针对特殊行业的解决方案也越来越成熟。如现在针对旅游酒店业、金融服务业、机械制造业、零售行业、咨询行业等都已有相应的 CRM 方案。

当 CRM 软件 2000 年在国内出现的时候，它还是一个解决各个行业问题的大包大揽的信息化方案。这种方案不仅实施进度慢，还出现了许多华而不实的功能。所以，CRM 软件刚起步时，在企业中的应用效果并不令人满意。

企业在推动 CRM 软件的发展过程中，也逐渐发现了这一问题。为此，他们为了提高自己产品的竞争力，就纷纷推出了针对特定行业的解决方案。即把一些特定行业，如将服务行业的特性融合到 CRM 软件的功能之中。一方面使 CRM 软件功能得到简化，剔除了一些对于行业不适用的功能(如对于代理商的管理)。另一方面这种基于行业的 CRM 软件，其大部分功能都与企业的实际需求较吻合，而且大部分流程与作业可以不经过调整就直接拿来用，大大提高了企业实施 CRM 的成功率，并减少了二次开发的成本。此外，行业细分也让 CRM 软件与实施顾问更为专业，同时 CRM 解决方案也更具针对性，这无疑就促使了 CRM 系统进一步走向完善。可以认为，行业细分提高了 CRM 系统在企业中的应用效果，是 CRM 系统成长的主要动力。

11.6 客户关系管理系统实例——中图图书部 CRM 系统[1]

11.6.1 背景概况

中国图书进出口(集团)总公司(以下简称“中图公司”)是集书刊、音像制品进出

1 案例来源：Turbo CRM 实施中图图书部 CRM 案例分析. http://www.yesky.com/solution/217303101541974016/20050317/1923373.shtml.

口贸易、出版、印刷和版权贸易等于一身的国家重点骨干企业，成立于建国初期。经过半个世纪的发展，中图公司已成为初具规模的行业排头兵，在美国、英国、德国、日本、俄罗斯、中国香港等国家或地区以及国内一些大城市共设有 30 多个分支机构，包括了进出口、出版印刷、投资、信息技术、信息安全技术、国际运输、国内快送、广告制作、工艺品制作等各类经济实体。

50 多年来，中图在科学、文化、信息领域耕耘不止。跨入 21 世纪后，中图公司健步地迈向了现代信息产业，一张伸向全球的营销网络成为其最大的优势。

中图公司的国外客商遍布 110 个国家和地区，与 10 000 多家出版社、书商、音像公司、学术机构及文化传媒机构保持着长期友好的贸易往来。全部书刊空运进口，并通过其 30 多个快送网络迅速送达国内订户手中，全力满足国内用户对进口书刊资料时效性的要求。现在北京及部分省会、直辖城市的客户已经可以看到中国香港、日本当天出版的部分报刊。公司的进口书刊有 10 万余种、版权引进 4400 多种、出版书刊 4000 余种。出口商品涉及文化产品的各个门类，非文化信息类产品的出口量逐年增加。主要服务于国内数万家科研院所、大专院校、政府机关、大型企业以及驻华使领馆、商社及外资企业。

11.6.2　中图图书部及其业务运作模式

中图图书部作为中图集团总公司重要业务部门之一，主要负责为订户办理海外及台港澳图书的订购业务；负责北京国际图书博览会的展品组织、展览、留购和销售业务及与图书进口有关的其他业务。图书部一直比较重视信息化发展，已经花大力量建设内部信息平台 PRS(Patent Register Service)系统，因此，图书部成为中图公司率先进行 CRM 实践的部门。

图书部下设编目科、收订科、进口科、发行科、教材开发科和综合电脑科等 6 个部门。经过 50 多年的业务积累，图书部与海外上千家出版社及书商建立了长期、友好的直接或间接的业务往来关系，每年进口数万种图书，总计 10 万多册。电子订货、空运到货、人民币结算方便快捷。图书部除直接服务于北京地区订户外，还通过总公司在全国的各分支机构及各省、市外文书店服务于全国各地的广大订户与读者。

为方便选订海外及台港澳图书，图书部每月编辑出版多种新书目录，包括：《外国科学技术新书目录》(T)；《外国社会科学新书目录》(S)；《外国生物、医学、农业新书目录》(M)；《中国台湾香港中文新书目录》(C)；《俄文新书目录》(R)；《日文新书目录》(J)；编辑出版《北京国际图书博览会展品目录》，还不定期地编辑出版教材、工具书等专题目录和各种单页目录。此外，图书部还将为读者提供电子版目录服务，其覆盖面更广、报道量更多、内容更详尽。图书部还设有“新书样本室”和“国外教材展厅”，供读者选订和阅览。

11.6.3 中图图书部业务流程分析

Turbo CRM 实施小组在开展中图图书部的实施过程中，首先以客户获得、客户保留、客户价值及赢利能力提升的客户价值管理为基础，详细分析当前中图图书部的业务运行现状。

1. 现有客户/代理伙伴的数量较大

目前，中图图书部的客户数量逾万，其中有几百家是50多年来不懈努力获得的长期客户，这些客户集中在图书馆、科研院所和大学教研机构。因此，其 CRM 的第一要旨就是准确记录并详细了解这些现有客户的需求。由于这一部分重点客户已经和中图图书部建立起长期的合作关系，因此，几乎每天都有几十个甚至上百个订单需要处理。能够管理好这样大数据量的客户需求信息，是中图图书部对 CRM 系统的首要要求。

另外，中图图书部对于分布在全国的外文书店也有详细记录和了解订单状况的需要。对于外地客户，中图主要是通过代理，即各地的外文书店进行交易，同样涉及全国几十家外文书店的进货、出货信息的了解和迅速传递。

2. 销售的过程就是服务的过程

针对中图图书部现有的客户状况，对现有的客户进行全程服务就是最有效的销售。由于中图图书部的忠诚客户已经建立起对中图的信任，因此，客户需求主要集中在查询已发出的订单，尤其是对到货时间的了解方面。例如，各大学教材部门对于所需要的国外教财具有时间限制，必须在每年9月开课之前保证学生和教师的教材用书，因此，要满足这样的客户需求，需要中图提前进行教材订购、报关和运输，才能不断获得老客户的新订单。

3. 客户更关心业务处理的过程

中图图书部的客户对价格敏感，但是更关心业务处理的过程，尤其希望能够及时了解订单的处理状态。通过针对中图公司图书部的订单流程分析发现，中图内部的流程比较复杂。作为客户，如果需要了解本人的订单状况，通过电话方式一般需要经过多次转接才能获得订单状态，这对于 CRM 来说是一个较大障碍，容易在这一过程中出现投诉或不满意的现象；而客户不满的最主要原因则主要集中在两大方面：一是无法准确得知订购书籍的到货时间；二是无法准确得知订购书籍的处理状态。这两方面的改进成为 Turbo CRM 为中图图书部实施 CRM 的主要方面。

4．与物流相关的业务处理占用了该公司大量的资源

根据客户的需求订货，每张订单要经过采购、报关、验货、入库、出库、发货等多个环节，这些与物流相关的业务处理占用了该公司现有 80%的人力和物力。中图图书部对客户的回复需要经历的时间长、环节多，这只是中图 CRM 现状的外部表现。造成这一状况的根本原因在于每张客户的订单都需要经过内部复杂的涉及四五个部门的业务处理过程。例如，图书部无法直接回复客户订货什么时间才能到达，因为客户的订单需要在一定的时间周期内按照供应商(国外出版商)进行重新分类，分类之后再统一订购。由于这一过程必须分批进行，因此无法做到按客户的时间需求控制订货频率和到货周期。如果不保证订购与报关的批量处理，则无法降低物流成本，客户也将无法承受单独订货和包装运输的成本。

11.6.4 Turbo CRM 实施目标

1. 健全整个中图图书部向客户提供产品和服务的内部组织

由于中图图书部不同的科室有自己的运作中心，没有以“客户需求”贯穿连通，因此容易出现进口科以出版商管理为主线，收订科以客户订单为业务主线，而发行科则以物流配送为主线，使得客户请求可能在中间环节中发生断链，整个团队未能形成共同面向客户需求的合作基础。

另外，由于手工的业务处理占用了大量时间，很难将被动服务转为主动，几乎所有科室的人员都忙于处理成批业务，而对于个性化的客户要求则很难顾及，因此，几乎没有主动服务。也就是说，对于什么样的客户具有什么阅读偏好和订购习惯，几乎无法做出主动的识别和个性化服务。个性化服务对于客户规模较小的企业可能容易办到，而作为客户群逾万的大型企业则很难办到。

2. 竞争环境正在发生变化

Turho CRM 和中图图书部领导层的共同认识是：随着竞争环境的变化，尤其是中国加入 WTO 之后，许多外国书商将在本地发展代理，直接提供销售和物流等服务。如贝塔斯曼的读书俱乐部就致力于大量吸收个人会员，直接为他们提供邮购服务。另外，网络购书也得到了较快发展，而与之相适应的客户服务要求也在不断提高。因此，了解客户，从数据中挖掘出有效的信息并进行针对性的主动服务，正在成为新的图书销售优势。中图必须及时进行业务模式转型，以避免客户向规模较小但服务却及时、周到的竞争对手转移。

针对以上的分析结果，Turbo CRM 与中图图书部的管理者制定了如下 CRM 实施目标。

(1) 改进目前面向市场和客户需求反应迟缓的现状。

(2) 整个图书部以统一的整体形象面对客户，不能因为图书部内部的分工不同而让客户等待较长的时间或无法实现客户需求的区别对待。

(3) 实现信息共享，完成客户资源的统一管理，实现对业务进程的实时有序监控。

(4) 建立以信息服务为核心的新型管理体制，其中心从现在的以物流为重点转移为以客户的需求为重点。

(5) 提高工作效率，减少手工传递信息造成的衰减和错漏。加强部门间及部门内的信息沟通效率，实现业务信息的实时共享。

(6) 增强市场开拓能力，对于新出现的目标市场具备快速灵活的反应能力。增强新客户的获取能力，建立市场工作的管理规范和执行、控制体系，并能够对市场活动的效果进行有效评估。

(7) 规范工作流程。进行有效的员工管理，制定明确的可追溯的绩效评估指标，提高客户服务质景和客户忠诚度。

(8) 分析决策基础信息的集成化和平台化，为营销业务拓展提供量化的、科学的数据决策依据。

11.6.5 Turbo CRM 实施方案

在正式运行 Turbo CRM 系统前，Turbo CRM 的实施小组在中图图书部领导层的大力支持下，对图书部的全体员工提供了完整的 CRM 理念培训，探讨目前图书出版行业的竞争趋势。通过讨论，图书部形成了以客户获得、客户保留、客户价值及赢利能力提升的客户价值管理为基础的共识：只要掌握客户偏好和客户信息，对信息流的控制能力和快速反应可以成为中图未来的核心竞争力。个性化的服务能够有效地挽留客户，中图必须不断进行内部流程改进，让客户联络变得更为方便、及时和亲切，这也是中图在未来市场竞争中能够保持领先的重要条件。

1. 客户获得

(1) 客户管理。Turbo CRM 系统将中图具有共性的客户进行分类管理，对不同的客户提供不同的服务方式。系统整合了图书部现有的所有客户信息和联络人信息，并进行统一管理，包括对客户基本信息、联系人信息、销售人员跟踪记录、客户状态、合同信息、交易信息、反馈信息等。通过对以上信息的分析和挖掘，系统可提供客户的购买倾向、价值情况等多种分析结果。

(2) 渠道管理。对于中图而言，每个代理、各地的外文书店的销售能力是各不相同的。Turbo CRM 系统支持对渠道的全面管理，包括渠道体系和层次管理、渠道价格政策管理、渠道销售计划管理、渠道交易(销售、退货)管理等。通过查询渠道成员，可查看渠道成员的所有交易信息，以便分析渠道成员的购买行为。除此之外，还有渠道信用管理、渠道销售收款管理等功能。通过 Turbo CRM 全面的渠道管理，可以帮助企业提高管理渠道的效率，制定合理的渠道政策，以有效地降低企业风险。

(3) 供应商管理。除了客户，中图的业务与国外的供应商，即出版商有很大的关系。中图的一大竞争优势是可以通过长期的合作关系，向全球的出版商随时订货，定期结算。因此，供应商与中图的合作状况将对企业的业务产生重要影响。Turbo CRM 在供应管理方面的功能主要有：①供应商信息管理。能够动态地管理供应商的信息，确保企业与供应商的联络通畅。②供应商应付账款管理。可方便地查询应付账款信息，如果已经制订了采购付款计划，系统可以自动提示。③采购订单管理。可通过查询供应商来查看所有订单信息，以便分析供应商的供应状况。④采购过程管理。通过详细记录采购全过程的各种细节信息，可进一步为供应商分析评价打下坚实的基础。⑤采购情况分析。可对供应商服务进行评价，对其采购到货、付款情况、采购周期等情况进行统计分析，全面了解不同出版商对于中图的价值。

(4) 市场管理。Turbo CRM 首先将中图的“图书博览会”作为市场管理的首要工作。系统根据对博览会、全国教材巡展等市场活动的追踪、客户群体和历史数据的分析结果，评价企业市场活动成效，预测图书的订购和服务的需求状况，为中图创造新的营销能力，同时也为企业产品、服务的开发和创新提供参考依据。值得一提的是，通过实施 Turbo CRM 系统，中图图书部将客户接触的第一站从订单提前到市场活动。也就是说，当客户接到中图的宣传目录，就开始在系统中记录联系历史，而不是要等待客户下第一笔订单。这样的管理方法将客户的生命周期从传统的“订单起始点”提前到“接触起始点”，为更好地掌握销售机会、扩大销售成功率打下了基础。

(5) 销售管理。Turbo CRM 系统可提供从销售计划、销售机会开始到合同签订、合同执行的全过程管理，包括销售计划管理、潜在客户管理、销售机会管理、销售预期管理、费用控制、客户关系维护、联系人管理、合同管理等全面的销售自动化管理。系统可使销售人员，包括现场人员和内部人员的基本工作自动化，帮助销售部门有效地跟踪众多复杂的销售线路，用自动化的处理过程代替原有的手工操作过程，以及时抓住商机、缩短销售周期、扩大销售额、提高工作效率和市场占有率。同时企业还可防止由于某位销售人员的离去而丢失重要的销售信息。

(6) 订单管理。Turbo CRM 系统提供丰富的订单管理功能，可帮助中图全面管理各种交易信息及订单执行过程。支持订单执行计划管理，通过制订订单执行计划，可以帮助企业进行各种复杂订单处理，如处理分期收款、分批供货、催款、出库等，从而使企业能够对订单进行有序管理，方便企业有步骤、有计划地完成订单执行工作。系统还可以全程监控订单执行过程，如订单签订、订单审核以及出库、发货、验收、收款等，全面记录每个过程的执行情况，如执行人、数量、金额等信息，帮助中图严格控制每笔业务订单的执行条件及执行结果。系统还可支持订单利润分析，可预先分析订单可能的利润状况，帮助企业控制风险、合理决策。此外，系统还提供全面的订单查询统计功能，支持根据时间、金额、产品、客户、业务员、摘要等条件进行查询统计，帮助企业方便快捷地管理订单。

(7) 客户服务。中图通过分析已了解到吸引一个新客户的成本是留住一个老客户的成本的6倍，所以客户忠诚度和保有率是企业能否赢利的关键因素。因此，客户服务和支持对公司十分关键，而客户服务质量和及时程度则是企业发展的重要保障。系统可提供客户反馈的及时跟踪处理、服务质量监控、客户关怀、在线客户自助服务等多项功能帮助企业提升服务质量。值得一提的是，在这阶段的实施中，客户信息和图书目录信息已按照中图分类方法在书目和客户偏好上增加了对应性，从而为未来自动的大批量个性化图书推荐打下了基础。

2. 协同工作

Turbo CRM 提供了一个统一的工作平台，将中图的市场、销售、服务各部门以及分销商甚至客户联系起来，共同挖掘和满足市场需求，形成动态联盟和协同，使合作伙伴、客户及其他方面的信息透明化，市场营销人员和客户服务人员可以实时地共享客户的信息资源，通过对客户快速、准确的服务响应实现新的销售，通过客户关怀和跟踪赢得潜在客户，通过“一对一”的营销方式获得客户个性化的信息，提高服务满意度，从而提高工作效率、加速决策过程，为中图带来增值效益。系统基于 B/S 结构，可在任何有浏览器和局域网的环境下得到业务数据，“个性化的桌面提示”将每个员工要做的工作有效地管理起来，自动提醒功能可以在图书即将到货或发货时间快到时进行提醒，减少了过去部门之间沟通不畅的情况。

11.6.6 TurboCRM 实施效果

Turbo CRM 作为领先的 CRM 整体方案提供商，充分认识到 CRM 的建设不是一蹴而就的，而是需要通过长期不懈的努力才能达到预定的实施目标。但是，通过一段时间的实践，中图图书部的 CRM 建设已经大见成效。

(1) 图书部已经实现客户信息的收集和分类：所有客户信息已经统一保存在 Turbo CRM 系统中，可以方便地查询现有和潜在客户联络人和联络记录。

(2) 图书部的客户服务意识大大增强，原有的业务职能划分已经初步通过“客户需求”主线贯穿，客户问讯的回答得到了简化。

(3) 教材科的所有业务流程已通过 Turbo CRM 实现电子化和信息化。对于教材这种客户要求时间性较强的业务，能够做到定时提醒、随时检查库存情况。

(4) 通过更方便地透视订单处理，降低客户问询等候时间，提升满意度。

中图图书部的领导在谈到CRM建设时认为，CRM的顺利进展，主要依靠的是Turbo CRM成熟的系统，可在较短的时间内将大量的客户信息、图书信息记录到数据库中，并可初步建立起客户追踪的流程，为客户拓展打下基础。但是，他们对CRM的下一步建设预期更高，期望能够很快实现定期的自动的个性化图书推荐，现有客户可以通过网络直接下订单，查询订单的处理情况，进行在线服务，这是中图向信息化时代迈进的重要一步。据悉，这一步骤将通过实施Turbo CRM3.0的全线产品中的Turbo LINK(客户关系网上平台)得到实现，并且随着客户数据的不断积累，该产品的数据仓库和挖掘工具还将在细分客户群和判定客户价值等方面发挥更重要的作用。

思考题

1. 什么是客户关系管理？其内涵是什么？
2. 客户关系管理的主要内容包括哪些？
3. 客户关系管理的信息组织流程是什么？
4. 客户关系管理系统的主要功能是什么？
5. 简述客户关系管理技术、市场和应用的发展趋势。
6. 从中图图书部CRM系统实施中，你得到了哪些启示？

第 12 章

企业知识管理

知识管理(Knowledge Management，KM)是伴随着网络新经济时代而发展起来的一种新兴的管理思想和方法。在组织中进行知识管理，将使组织和个人具有更强的竞争实力，并给企业的发展带来不竭的源动力。管理学者彼得·杜拉克早在 1965 年就曾预言：“知识将取代土地、劳动、资本与机器设备，成为最重要的生产因素。”受 20 世纪 90 年代信息化蓬勃发展的影响，知识管理的观念与网络建构技术、数据库以及应用软件系统等工具相结合，成为组织累积知识财富，创造更多竞争力的新世纪利器。在 2000 年的里斯本欧洲理事会上，知识管理更是被上升至战略层次，宣言“欧洲将用更好的工作和社会凝聚力推动经济发展，在 2010 年成为全球最具竞争力和最具活力的知识经济实体”。

本章首先分析信息与知识的联系和区别，在此基础上探讨从信息管理到知识管理的发展历程以及这两者之间的关系，并重点介绍知识管理实施的整个过程，从知识的收集和选择、表示与组织、存储与管理等方面来解析知识管理的过程。然后，对知识管理系统所应用到的相关技术和工具加以介绍，并对知识管理系统在企业中的具体应用作专题介绍。

12.1 信息与知识的联系和区别

信息是事物属性的反映，而知识则是有价值的正确认识。前者是一切事物都具有的属性，而后者则是人类对事物的认知结果。两者有同有异、相辅相成，在一定条件下可以相互转化。

12.1.1 信息与知识的含义

1. 信息的含义

关于信息的含义，本书第1章已作了详细论述，从本质上看，它是事物存在方式或运动状态的属性，是客观存在的事物现象，它必须通过主体的主观认知才能被反映和揭示。因此，它是一种比运动、时间、空间等更高级的哲学范畴，是一个复杂的、多层次的概念。可以将它理解为是主体所感知的按照一定方式排列起来的能够反映事物运动状态及其变化方式的内容。

2. 知识的含义

知识是一个非常广泛、复杂、抽象甚至模糊的概念，目前对知识的定义还没有一个统一的观点。从不同的角度出发，对知识可以有不同的看法。表12-1是相关文献和书籍中从不同角度对知识下的定义。

表12-1 知识的定义

角度	定义
认识论	知识是经验的结果，这种观点认为人类认识经验的总和就是知识。这是传统且普遍的知识定义
本体论	知识是生命物质同非生命物质相互作用所产生的一种特殊资源
经济学	知识是人类劳动的产品，是具有价值与使用价值的人类劳动产品
信息论	知识是同类信息的累积，是有助于实现某种特定的目的而抽象化和一般化了的信息，是浓缩的系统化了的信息
哲学	知识是经过证实的、正确的认识
心理学	知识的获得必须通过神经元间的联系
管理学	知识是一种像流体一样具有流动性质的物质，其中混杂了已经结构化的经验、价值和有特定含义的信息及专家洞察力——汤姆·达文波特
社会学	知识可分为显性知识和隐性知识；知识是一个动态的过程，只有在使用和交流中才能体现其本质，这个过程从本质上讲是一个意会过程

以上是从不同角度出发对知识的定义，本章采用王众托院士的定义。他认为，不必刻意追求知识的统一定义，但可以从以下3个方面来理解知识的本质。

(1) 知识是人类在实践中获得的有关自然、社会、思维现象与本质的认识的总结。

(2) 知识是具有客观性的意识现象，是人类最重要的意识成果。

(3) 从静态方面来看，知识表现为有一定结构的知识产品；而从动态方面来看，知识则是在不断流动中产生、传递和使用的。

通过以上分析可见，知识既可以被视为一种产品，也可以被视为人们认识事物的过程。就像人们对光的认识那样，既可以从它的微粒性方面来了解，也可以从它的波动性来认识。

12.1.2 信息与知识的关系

关于信息与知识关系的研究，不同学者从不同的研究角度出发，得出了不同的结论。总结起来，主要有以下 5 种观点。

(1) 并列关系：为了强化知识在知识经济时代的重要性，有些人在研究中将知识独立出来和信息并列。例如经济合作与发展组织将知识经济定义为“这种经济直接依据知识和信息的生产、分配和使用”。

(2) 转化关系：许多学者通过对信息与知识的内涵、两者之间的相同点和不同点进行深入分析后，指出信息与知识是可以相互转化的。信息经过加工后可以转化为知识，知识是加工过的信息，而知识转化为信息则是信息技术作用的结果。

(3) 包含关系：根据波普三个世界的理论，知识只存在于主观世界和客观的概念世界，虽作用于但并不存在于客观物理世界，而信息则存在于全部的 3 个世界，且反映客观物理世界的信息又是形成知识必不可少的前提。因此，知识包含于信息，反之则不成立。

(4) 分立关系：有些学者为了突出知识的重要性，主张把知识从信息中分立出来，认为信息仅仅是知识的“原料”或“燃料”。此观点不认为知识本身也是信息，而且在一定条件下可以转化为信息，试图通过压低信息的作用来抬高知识的价值。

(5) 替代关系：由于信息与知识有不少共同的属性，两者在一定场合下是可以相互替代的。然而，信息与知识所处层次不同，信息偏重于技术而知识偏重于内容，因此，有些强调知识而无视信息需要的替代则显得不甚合适。如把明显属于信息产业的软件产业的超常发展视作知识经济的首要特征，不考虑软件的技术产品属性，而把软件产业称为知识产业。事实上，科研和教育才是真正意义上的知识产业。

12.2 从信息管理到知识管理

在知识经济时代，对信息管理的内涵和外延需要重新定位，从信息管理到知识管理的进化是大势所趋，知识管理是信息管理发展的必然结果，对于知识管理的研究将日益成为信息科学领域学者关注的焦点。

12.2.1 信息管理与知识管理的含义

1. 信息管理的含义

本书第1章已详细论述了“信息管理”这个术语的定义，认为，信息管理是指人类为有效地开发和利用信息资源，以现代信息技术为手段，对信息资源进行计划、组织、领导和控制的社会活动。简单地讲，信息管理就是人类对信息资源和信息活动的管理。

信息管理是一个多层次的概念，其管理对象除了信息，还包括与信息有关的人、组织、设备、环境等，其目标是有效地满足组织决策时对信息的需求，其手段是通过对信息资源的优化配置来实现的。

2. 知识管理的含义

“知识管理”(Knowledge Management，KM)的概念早在20世纪70年代就被提出来了，但是对其深入研究却开始于20世纪90年代。在该时期，众多西方企业以信息技术为基础的大规模高科技活动将知识管理推向高潮，使知识管理成为管理学研究的热点方向之一，并越来越受到企业的高度重视。

知识管理包括两方面的含义，一方面是指对信息的管理，它来源于传统的信息管理，是信息管理的深化与发展。知识管理的手段与方法和信息管理相比更加完善和体系化，它充分利用信息技术，使知识在信息系统中可以被识别、处理和传播，并有效地供用户使用。另一方面是对人的管理，认为知识作为认知的过程存在于信息的使用者身上，知识不只来源于编码化的信息，而且很重要的一部分是存在于人的大脑之中的。知识管理的主要任务在于发掘这部分非编码化的知识，通过促进知识的编码化和加强人与人之间的交流，使非编码化的个人知识得以充分共享，转化为群体、组织所共同拥有的知识，从而提高组织的竞争力。

12.2.2 从信息管理到知识管理的发展

信息管理是知识管理的基础，知识管理是信息管理的延伸与发展。信息管理有着非常悠久的历史，它把信息作为资源和技术、组织、人力等3大因素相结合进行管理，是20世纪70年代末80年代初出现的新事物。美国1979年在《文书削减法》中最先提出联邦政府的信息管理问题，并在联邦机构中设立信息主管。企业的信息管理则是在80年代以后发展起来的，并在企业首席执行官(CEO)的下面增设了一个企业信息主管(CIO)的职位。

美国学者马夏掘与霍顿认为，信息管理的发展经历了5个阶段：物的控制、自动化技术的管理、信息资源的管理、商业竞争分析与智能、知识的管理。但这里所说的知识管理是指信息管理的一个高级阶段。近年来，由于市场环境的快速变化、经济发展的需要和企业管理实践的要求，知识管理开始从信息管理中孵化发展出来，成为一个崭新的管理领域。

知识管理要求把信息与信息、信息与活动、信息与人连接起来，实现知识共享，运用集体的智慧和创新能力来赢得竞争优势。从信息管理到知识管理的转化，是管理理论与实践中“以人为本”管理理念的进一步体现。发达国家的先进企业还在CEO与CIO之间设立了一个被称之为知识主管(CKO)的新职位，并作了适当的分工。CIO把工作重点放在技术和信息的开发利用上，而CKO则把工作重点放在推动创新和培育集体创造力上。

12.2.3 信息管理与知识管理的关系

从上一小节的论述中可见，信息管理与知识管理既存在共同点，又存在不同点，两者相辅相成，其运行所依托的宏观经济环境具有共同点，即都处于以无形资源为基础的时代。只是知识管理是作为信息经济发展到更高级阶段的对应物才出现的，两者产生的具体机制和直接原因有所不同。具体地讲，两者的联系与区别主要体现在以下几个方面。

(1) 知识管理是信息管理适应知识经济时代发展的必然结果，是信息科学发展中新的增长点。

(2) 相对于信息管理，知识管理的深化和拓展不仅表现在管理对象、方式、技术和目的上，而且表现在文化上。它竭力创造新型的现代化管理方式，以及创造知识和共享知识的文化氛围。

(3) 从信息管理到知识管理的转化是管理理论与实践中“以人为本”的管理理念的进一步体现。在此过程中，人成为知识管理的对象，同时也是知识管理的目的。

(4) 知识管理提供的是容易为人们所理解和使用的知识，而不是分散的、复杂的、难以理解的信息单元，它更加深刻、丰富和明确。

(5) 知识管理强调系统化地处理和利用信息，发掘知识内涵，建立以先进信息技术为基础的知识管理系统，促进知识的广泛共享。

(6) 知识管理要求利用经济学的方法合理地配置知识资源，研究知识创新的内在机制，有目的地利用管理和技术手段促进知识的创新。

12.3 知识收集和知识选择

从过程的角度看，企业知识管理可分为知识的收集与选择、表示与组织、存储与管理等阶段，如图12-1所示。而知识的收集与选择则标志着知识开始真正进入管理者的视野，是企业进行知识管理的前提，其结果是企业进行后续各方面知识管理活动的基础。

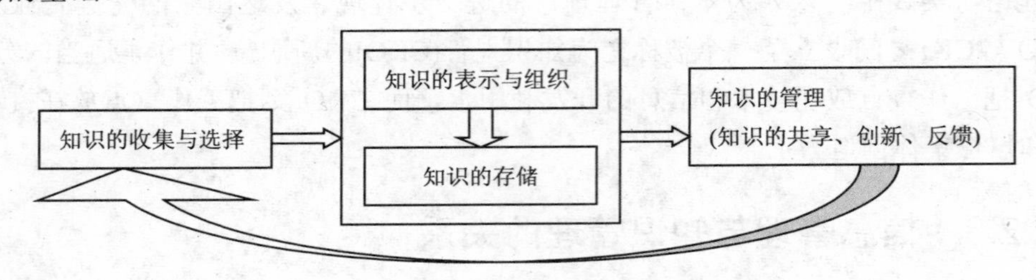

图12-1 企业知识管理的主要环节

12.3.1 知识收集

1. 知识收集的含义

知识收集是指企业通过无偿捕获和有偿购买等方式将企业外部的知识据为己有(至少具有使用权)的过程。企业外部的知识源有很多种，包括科研机构、上游供应商、消费者、咨询顾问、竞争对手、合作伙伴及非竞争性公司等。知识收集的关键是企业获取知识的能力。

知识的收集过程标志着知识开始真正进入管理者的视野。达文波特等人认为，知识的收集应重点关注有意识、有目的的知识的产生过程。在组织机构中存在着大量的知识，但这并没有多大意义。只有当知识在需要时能被找到并被开发和利用，知识才能成为公司的宝贵资产。

2. 知识收集的过程

知识的收集过程是知识进入企业管理首要的和最基本的过程，具体而言，这个过程主要包括以下4个阶段。

(1) 知识的搜索：即从组织的外部知识源与内部知识源中捕获可能对企业现在和未来发展有用的各种知识。

(2) 知识的辨识：企业出于自身发展的需要，对从企业内部和外部搜集到的知识进行了解、评估与筛选，确定可利用知识的种类和数量，了解所需知识的来源和可获得性。

(3) 知识的过滤与集成：根据企业制定的知识分类框架或标准，将收集到的知识组织为知识文件并储藏到公司的知识库中，然后对储藏在知识库中的知识进行分类筛选，识别出各信息源之间的相似之处，并可采用聚类等方法找出企业知识系统中各知识间隐含的联系。

(4) 知识的存储：那些过滤和集成出来的知识，又可以分为显性知识和隐性知识。显性知识可以通过企业内部网络或员工手册的形式存储下来，而隐性知识的存储则只能靠知识的共享来完成。

3. 知识收集过程中应注意的问题

企业在知识收集过程应注意以下 6 个方面的问题。

(1) 知识的收集过程要正确区分概念及各层次的要素。

(2) 知识收集不仅仅是收集现成的知识，还包括从获得的数据、信息中提取有用的知识。

(3) 收集知识的主体(人)原有的文化素质——知识、智慧、道德——在知识的收集过程中起着重大的作用。这种作用是无形的、难以表达的，常被人称为“认知模式”。通过知识的收集过程，反过来又会使“认知模式”得到改变。

(4) 注意所收集到知识的有效性。

(5) 注重收集隐性知识，并发挥其价值。

(6) 掌握收集知识的技术。收集知识需要掌握一定的技术和技能，拥有这些技能，获得知识才能又快又好。

12.3.2　知识选择

1. 知识选择的含义

知识收集的过程类似于蜜蜂采集花粉，从组织外部获取的知识以及从组织内部发掘出来的知识，常常以编码的形式保存在企业内部的知识库中。知识选择(Knowledge Selection，KS)的过程则类似于蜂蜜的酿造，是从企业现存的知识库中通过分类、检索、匹配和过滤等方法发现与知识寻求者的需求相关的知识。通过对所选择知识的重新布局或显示，知识可以更有效地呈现给需求者，并提高使用者的效率。例如，一家国际工程承包公司的项目管理者可以快速搜索、提取与目标国家相关的工程项目运作知识和经验，从而有效地进行工程竞标或制定项目进度规划。

2. 知识选择的过程

知识选择是一种全新的方法，其过程一般可以包括以下 3 个子过程。

(1) 辨识过程，即根据查询的组合属性选择知识项辨识，即根据查询的组合属性来选择知识项，过滤掉毫不相关的知识。它由知识单元来刻画，而且这些单元在整个推理过程中从未使用过，现有强有力的阵列和神经元技术可以用于实现这一目的。

(2) 自适应过程，即为选择出所需知识而使用相关的背景知识

实现自适应的关键是背景知识的引导。目前有多种方法可以用来实现自适应，其中神经网络是实现自适应的一种理想技术，具体可选用多层感知器(MLP-Multi-Layer Perceptrons)和科感伦特征映射(KFM-Kohonen Feature Map)等神经网络模型。

(3) 预测过程，即提前几步预测未来的查询

通过引入时间概念，可以认为预测就是辨识和自适应的一种推广。如果某些用于查询上下文的语义是稳定的，那么就有可能预测到未来有限时间段内的查询结果。这一过程与辨识和自适应一起能被用来计算未来相关的知识项，接着再把它放到内存里，因而可以进一步减少查询的答复时间。可以说，现在所有的时滞神经网络，如具有局部记忆单元和局部反馈连接的前向神经网络 Elman，都能被用于预测。

12.4　知识表示和知识组织

知识表示(Knowledge Representation)是企业知识管理工程的关键技术之一，主要研究用什么样的方法将解决问题所需的知识存储在计算机中，并便于计算机处理。知识表示的适当与否直接关系到一个知识系统的成败。而知识组织则是知识经济时代知识管理获取知识的手段和过程。信息资源管理注重信息获取的结果，而知识管理则不仅重视结果，更重视知识获取的手段与过程，并且知识组织就是其中的手段与过程的总和。这是一个理性化的发展过程。

12.4.1　知识表示

1. 知识表示的含义

从一般意义上讲，所谓知识表示就是为描述客观世界所作的一组约定，是知识的符号化、形式化或模型化。各种不同的知识表示方法，是各种不同的形式化的知识模型。

从计算机科学的角度来看，知识表示是研究利用计算机来表示知识的可行性、有效性的一般方法，是将人类知识表示成机器能处理的数据结构和系统控制结构的策略。知识表示的研究既要考虑知识的存储，又要考虑知识的使用。

2. 知识表示的选择

正如我们可以用不同的方式来描述同一事物，对于同一表示模式的知识，我们也可以采用不同的表示方法。但是在解决某一具体问题时，不同的表示方法可能产生完全不同的效果。因此，为了有效地解决问题，我们必须选择一种良好的表示方法，它通常需要满足以下基本要求。

(1) 具备足够的表示能力。即要求能够针对特定领域，正确地、有效地表示出问题求解所需的各种知识。

(2) 与推理方法相匹配。人工智能只能处理适合推理的知识表示，因此，所选用的知识表示必须适合推理才能完成问题的求解。

(3) 知识和元知识要一致。知识和元知识是属于不同层次的知识，使用统一的表示方法可以简化其处理。

(4) 模块结构要清晰自然。由于知识库一般都需要不断地扩充和完善，因此，具有模块性结构的表示模式将有利于新知识的获取和知识库的维护、扩充与完善。

(5) 说明性表示与过程性表示。一般认为说明性的知识表示涉及的细节少、抽象程度高，因此，表达自然、可靠性好、修改方便，但是执行效率低。过程性知识表示的特点则恰恰相反。

实际上选择知识表示方法的过程，也就是在表达的清晰自然和使用的高效之间进行折中。

3. 几种常用的知识表示方法

到现在为止，被广泛使用的知识表示方法主要有以下 6 种。

(1) 谓词逻辑表示法

谓词逻辑表示法是指各种基于形式逻辑的知识表示方法，利用逻辑公式描述对象、性质、状况及其关系。例如“宇宙飞船在轨道上”可以描述成: In(spaceship orbit)。该方法是人工智能领域中使用最早和最广泛的知识表示方法之一，其根本目的在于把数学中的逻辑论证符号化，能够采用数学演绎的方式，证明一个新语句是从哪些已知正确的语句中推导出来的，那么也就能够断定这个新语句也是正确的。

在这一方法中，知识库可以看成一组逻辑公式的集合，其修改是增加或删除逻辑公式。使用这一方法来表示知识，需要将以自然语言描述的知识通过引入谓词、函数来加以形式描述，获得有关的逻辑公式，进而以机器内部代码来表示。在这种方法的表示下，可采用归纳法或其他方法进行准确推理。

(2) 产生式规则表示法

产生式规则表示法也是常用的知识表示方法之一。它是依据人类大脑记忆模式中的各种知识之间大量存在的因果关系，并以“IF-THEN”的形式，即产生式规则表示出来的。这种形式的规则捕获了人类求解问题的行为特征，并通过“认识——行动”的循环过程求解问题。一个产生式系统由规则库、综合数据库和控制机构 3 个基本部分组成。

(3) 语义网络表示法

语义网络表示法，也称为联想网络，它利用结点和带标记的边构成的有向图来描述事件、概念、状况、动作以及客体之间的关系，是知识表示中最重要的方法之一，具有表达能力强、使用灵活等特点。带标记的有向图能十分自然地描述客体之间的关系，采用网络表示法比较合适的领域，多是根据非常复杂的分类方式进行推理的领域，以及需要表示事件状况、性质及动作之间关系的领域。

(4) 框架表示法

框架表示法是明斯基在 1975 年提出的，其最突出的特点是善于表示结构性知识，能够把知识的内部结构关系以及知识之间的特殊关系表示出来，并把与某个实体或实体集的相关特性都集中在一起。

(5) 面向对象的知识表示方法

面向对象的知识表示方法的基本出发点是：客观世界是由一些实体组成的。这些实体有自己的状态，可以执行一定的动作。相似的实体抽象为较高层的实体，实体之间能以某种方式发生联系。对这些实体的映像就被称作对象，对象中封装了数据成员。数据成员可以用来描述对象的各种属性，这些属性是对外隐蔽的。对象既是信息的存储单元又是信息处理的独立单位，它具有一定的内部结构和处理能力。各种类型的求解机制分布于各个对象之间，通过对象之间消息的传递来完成整个问题的求解过程。用对象表示的知识与客观情况更为接近，这种表示方案比较自然，易于理解。

(6) 基于本体的知识表示方法

本体是对客观实体存在本质的抽象，它强调实体间的关联，并通过多种知识表示元素将这些关联表达和反映出来。通常把那些表示知识的元素称为元本体，元本体主要包括概念、属性、关系、函数、公理和实例等 6 种。

12.4.2 知识组织

1. 知识组织的含义

知识组织(Knowledge Organization，KO)这个概念，最早是由美国著名图书馆学家、分类法专家布利斯于 1929 年在其著作《知识组织和科学系统》与《图书馆的知识组织》中提出来的。而在我国，最早使用知识组织一词的是袁翰青教授。他 1964 年在一篇文章中指出，所谓文献工作实际上包括两个方面：知识组织工作和情报检索工作。较早使用知识组织概念并进行深入研究的有刘洪波、王知津等人，他们的研究成果对于推动国内知识组织研究的进展具有重大意义。

然而到目前为止，关于"知识组织"的定义仍然没有一种权威性的解释，许多学者从不同的角度出发提出了自己的观点。蒋永福认为，知识组织是指为促进或实现知识客观化和客观知识主观化而对知识客体所进行的诸如整理、加工、引导、揭示、控制等一系列组织化过程及其方法。王知津则认为，知识组织是对知识进行整序和处理大量的现有知识，又能相对降低存储知识的物理载体文献的盲目增长，以及知识的过于分散化。所以它是提供文献、评价文献和系统表述以生成新的便于利用和获取的有序化知识单元的处理系统。

2. 知识组织的原则

作为一种有目的的组织活动，知识组织也有其既定原则。通过对知识的组织进行分析研究可知，知识组织活动必须同时面向两个方面，一是面向知识客体本身，二是面向用户。因此，知识组织必须遵守两大原则，即知识保障原则和知识利用保障原则。具体可展开为：全面性、客观性、有序性、标准化、用户可近性、经济性、逻辑性、思想性以及发展性等原则。

3. 知识组织的目标和任务

王知津对知识组织的目标和任务作了较详细论述，他认为知识组织的目标就是对知识进行整理和提供，不但要应付大量的现有知识，还要抑制未来知识的增长，其任务包括文献提供、科学文献评价、系统表述3个方面。这一观点被广泛引用，得到大多数人的认可。例如严娜在其研究文献中指出："值得注意的是，现在的问题是信息过剩，而不是知识过剩。知识组织的任务就是对知识存储进行整序，从而有效地提供知识。"姚慧君也指出，知识组织的目标是将处于无序状态的特定知识根据一定的原则和方法，变无序为有序，以便于知识的提供、利用和有效传递。

无论对知识进行怎样的组织，都必须建立在知识单元概念的基础上，即知识是用知识单元及许多词语或句子的可能组合来表达的。著名学者周宁通过对文献组织、信息组织和知识组织的比较指出，知识组织的目标不应停留在简单地对知识存储进行整序和提供，而应通过融合分析、归纳、推理等方法实现知识挖掘的知识表示过程。然而，汤珊红则认为，知识组织不仅仅是对客观知识的组织。由于人类的知识是由隐性知识和显性知识的社会互动而创造出来的，因此，知识组织除了要对显性知识进行控制之外，同时还应注重对隐性知识的挖掘。

在以上几种表述中，前3人都是针对信息过剩、知识存储的无序状况来定位知识组织的目标和任务的，强调的是通过整序达到有序化；而后两人则从知识组织方式发展的角度，更加强调对知识的挖掘和表示。

4. 知识组织的方法

关于知识组织的方法，研究者们都肯定了以分类法和主题法为主的方法体系，这是知识组织方法的重要基础。分类法是以学科聚类为基础的知识组织方法，主题法则是以主题概念的语义网络为基础的知识组织方法。同时，许多研究者还从不同的角度出发，列举了众多可以用来组织知识的方法。

(1) 根据知识内部结构特征，可分为知识因子组织方法和知识文献组织方法。

(2) 根据知识的组织形态，可分为主观知识组织方法和客观知识组织方法。

(3) 根据知识组织的语言学原理，可分为语法组织法、语义组织法和语用组织法等。

此外，邱君瑞和包冬梅认为，传统的知识组织方法，即分类法与主题法仍是网络环境下知识组织的主要方式，同时，自然语言检索和受控词表技术相结合也将成为用户组织知识的最佳选择。

5. 知识组织的技术

从不同的功用角度出发，学者们提出了很多有用的知识组织技术，并且这些技术也在实践中得到了使用者的肯定。通过整理可知，知识组织的技术主要包括以下4种。

(1) 搜索引擎：是组织和揭示网络资源的主要工具，对其研究主要集中在基本工作原理、其在知识组织中的作用和检索语言与搜索引擎结合等方面。

(2) 超文本：是用计算机支持的用于加工、存储、检索、咨询、编辑文本信息的非线性高级文本系统，是目前知识组织的重要方法。

(3) 数据挖掘：就是从存放在数据库、数据仓库或其他信息库中的大量数据中获取有效的、新颖的、潜在有用的、最终可理解的模式的过程。

(4) 人工智能：它是研究、开发用于模拟、延伸和扩展人的智能的理论、方法、技术及应用系统的一门新的技术科学，它试图了解人类智能的实质，并研发出一种新的能以跟人类智能相似的方式作出反应的智能机器，该领域的研究包括机器人、语言识别、图像识别、自然语言处理和专家系统等。随着专家系统、知识工程领域研究的发展，知识组织将逐渐实现智能化。

12.5 知识存储和知识管理

12.5.1 知识存储

知识存储是指组织将有价值的知识经过选择、过滤、加工和提炼后，存储在适当的媒介内以利于需求者更为便利、快速地采集，并随时更新和重组其内容和结构。

1. 知识存储的原因

关于知识需要存储的原因，现有多种不同的观点，归纳起来，主要有以下4种看法。

(1) 成本的观点

从成本分摊的观点来看，知识不应该用过一次后就被忽视遗忘，而是越利用，知识的相对价值就越高。

(2) 学习创新能力的观点

把吸收、创造出来的知识存储起来，当需要的时候就比较容易获得，同时也可为组织成员提升学习能力、创新能力提供便利。

(3) 流失容易性的观点

由于员工的离职、死亡、提前退休或遗忘，或者项目团队的解散、组织成员的流失或变动等都会造成原来保存不够健全的知识的流失。因此，就必须采取一种严密的存储方式来存放组织起来的知识。

(4) 减少浪费与损失的观点

由于知识的缺乏，组织中许多项目或工作都需要重复地进行，或者许多工作还是按原来错误的思路继续执行下去，这样所造成的损失和付出的成本是相当大的。因此，就需要凭借良好的知识存储来降低重复开发和重蹈覆辙的损失与成本。

2. 知识存储的策略

知识存储策略根据完成知识表示后的知识状态的不同而有所不同，分为编码知识的存储策略和非编码知识的存储策略。对于编码知识将采用直接存储策略，而对于非编码知识则将采用智能技术与相应管理策略相结合的间接存储策略。

综合前面的论述，知识的存储策略可以总结如下：坚持系统性、集成性和智能性，借鉴智能系统领域相关的研究成果，针对系统的知识边界内的各种知识类型，将覆盖企业知识结构化维度全空间的各种知识存储技术与方法相集成，将知识存储环节与其在知识链上的前驱和后继节点相集成，将针对编码知识的直接存储与针对非编码知识的间接存储相集成，将先进的智能系统技术与有效的管理策略相集成，从而实现知识存储的高效率和有效性。

3. 组织知识存储的主要步骤

根据知识的存储策略，要很好地存储知识，需要考虑到很多方面，一般来讲，组织知识存储的过程需要经历以下4个步骤。

(1) 选择与过滤知识

组织要存储的是那些具有创新性与独特性，并且在未来有被利用的潜力，而不只是一些普通且基本不具任何潜力的知识。因此，必须对大量的知识进行选择和过滤。

(2) 对知识进行加工与提炼

为确保所存储知识的质量，通过选择和过滤出来的知识必须经过多方面的加工与提炼，主要包括知识正确性的提升、知识价值的提升和知识方便性的提升这3个方面。

(3) 知识的存储与获取

在组织知识管理中，最核心的工具就是知识库。组织要利用这个工具搜集、存储、传递和共享重要知识，让有需求的用户能快速地采集存储的知识，充分达到有用知识可以重复利用的目的。

知识的获取是用户利用某种方式的搜集机制和途径快速地找到个人所需要的相关知识。它有知识推动和知识拉动两大战略，前者是指组织主动地将其相关的知识推给相关员工；后者则是指组织设立一个知识库，由员工按照自己的特殊需求主动获取其所需要的知识。Stewart在比较两种战略时认为，组织不要把知识硬塞给员工，应该推行的是拉动战略，即让员工主动地去获取相关知识。

(4) 知识的更新与重组

知识库本身具有生命周期，一旦建立后将会随时间而成长。在达到某个程度后，则会因为知识库的存量过于沉重和老旧而不适用。因此，为了随时保持知识的质量，知识库必须随时更新。对此，组织应该做到：知识的内容与结构要随环境的改变而改变，要有专人负责知识库的管理与维护，要依据知识特性的不同设计不同的更新和查看操作，知识的利用要有评估机制。

12.5.2 知识管理

企业知识管理可以看成是知识的收集、表示、组织、存储、传递(转移)、共享、创造、应用、反馈等环节所构成的一个循环过程。在知识存储后，要进行的后续管理过程，主要包括以下几个方面。

1. 知识转移与共享

企业知识管理的核心是实现知识的共享，其前提是将从外部不同知识源获取的知识传递至企业内部，并与企业内部已拥有的知识一起实现转移与共享，将它们应用到企业的技术创新过程当中。企业有效地进行知识转移与共享，对于提高其竞争优势至关重要。

(1) 知识共享的主要原因

① 知识的本质

知识与一般资产不同，越是共享就越能发挥其价值。它不会因多人共享而磨损或产生折旧，也不会降低其原有的价值。同时，知识共享能产生级联效应。不同的知识交流能碰撞出新的知识。

② 组织提高绩效的要求

由于知识具有时效性，不共享会造成知识资源的严重浪费，使得员工花费大量重复的时间精力去收集重复的知识，这将严重影响组织工作的成本和绩效。

③ 外部环境的需求

跨国企业联盟的全球化经营，更加凸显了知识共享的重要性，网络型组织、分工专业团队的形成使得未来的组织已不像单一组织那样从头到尾掌握产品的开发与销售，以及整个产品生命周期的工作与知识，而是每个组织只负责专业化的一小部分，因此，产品运营的成败必须依赖于负责每一个环节的组织成员，只有快速地共享彼此的知识，才能获得共赢的结果。

(2) 知识共享的主要渠道与方法

① 正式的机制

- 正式的网络。它是组织通过管理系统由上向下传递、指示，或由下向上汇总、呈送与工作、任务相关的正式信息与知识。这是一般组织知识共享最普遍、最通用的渠道。
- 师徒制传承的知识传递与共享。它是指资深的员工作为一队，以资历较浅的员工个人整体的智能与技能发展为目标，通过日常密切工作的讲解、示范，进行教育与训练。这是最有效的知识共享渠道。某些复杂、细致和隐性的知识无法经过外化成为系统进行共享，但是通过密切的师徒制传承却可以成功地共享。
- 知识库的建立。它是指组织通过知识外化的过程，将有价值的文件、蓝图、案例、经验和教训等知识通过分类整理后存储在某一特定地点上，利于员工获取及利用。
- 知识展览会与知识论坛。它是指由组织主导，在特定的时间与场所，对于领域的重要知识召集相关知识团队和与之相关的需求单位共同聚在一起，自由交流、共享知识，这是较为结构化的知识交流场合。

② 非正式的机制

- 非正式的网络。它是指员工之间通过私下关系，例如，沟通网络、咨询网络和信任网络，通过非正式的职权关系进行自由、非正式的沟通讨论并共享知识。

- 实践社群。它是指组织内由那些兴趣、专长相同的员工自行组成的以知识共享为目的的实践社群，成员们经常自动地通过 Internet 讨论共享某一特定领域的专长知识。
- 非正式场所。它一般指茶水间和谈话室，是指员工通过在非正式场所不期而遇的对话，产生知识交流和共享的一种方式。

2. 知识的创新

在知识经济时代，企业的经营发展已不再依赖于自然资源、资本、劳动力等传统的生产要素，而是更多地依赖于知识的创造、吸收和利用。在这些要素里面，知识创新又是最为根本的因素。在激烈的市场竞争和多变的市场环境中，企业能否迅速作出反应、提供差异化的产品和服务、拥有持久的竞争优势，归根结底在于企业是否拥有知识创新的能力，是否能通过对知识资本这一特殊的无形资本而不断地进行累积、管理、更新和应用，从而推动企业的技术创新、管理创新以及制度创新等，以此培育和提升企业的核心竞争力。

(1) 知识创新的含义

知识创新是指通过企业的知识管理，在知识获取、处理、共享的基础上不断追求新的发展、探索新的规律、创立新的学说，并将知识不断地应用于新的领域过程中。

企业的知识创新是一个知识采集、选择、吸收与创造的整体过程，是通过把企业内部显性知识与隐性知识进行整合以提高企业核心竞争力的过程。在企业中，知识创新是一个连续不断的过程，而不是某一阶段、某一部门专有的活动或任务。它是存在于企业各个部门和员工中的一种行为方式。

(2) 知识创新的基本模式

企业的知识可分为显性知识和隐性知识。其中，显性知识和隐性知识并不是完全独立的，它们是相互补充、相辅相成的，存在于一个共同体内，可以相互转化。其转化主要有以下 4 种基本模式。

① 社会化：是指从隐性知识到隐性知识的转化过程。社会化是个体之间通过分享经验、经历，从而创造新的隐性知识的过程。隐性知识社会化的过程是通过观察、模仿和实践来实现的。

② 外部化：是指从隐性知识到显性知识的转化过程，即将那些不易表述，却又时时刻刻存在着的隐性知识明确地表达出来，成为大家都可以方便地共享的知识的过程。从隐性知识到显性知识的转化是知识创新过程的关键。

③ 组合化：是指从显性知识到显性知识的转化过程，即将通过外部化而产生的概念转化为企业的系统知识的过程。它实际上是对已获得的显性知识进行加工整理、重新构架产生新的知识的过程。组合化可以让人们更好地学习掌握现有知识，加强

对这些知识的理解，为知识的吸收与创新奠定良好的基础。

④ 内部化：是指从显性知识到隐性知识的转化过程，其实质是一个学习的过程，即个人的经验在社会化、外部化、组合化后，再经过拓展、延伸，重构自己的隐性知识系统，成为个人有价值的知识资本。

这4个转化过程彼此之间相互依存、相互联系，发生着动态的相互作用，是一个连续、螺旋上升的过程。

(3) 知识创新对于企业核心竞争力的作用机制

企业的核心竞争力主要包括核心运营力和核心知识力两个方面。国内外现代企业的经验都证明，知识创新是企业寻求核心竞争力的无穷源泉，其作用机制主要表现在以下4个方面。

① 知识创新是企业进行技术创新的基础。在知识创新过程中，通过知识选择、积累、运用和创造，可以提高企业的研发能力，提高管理者和员工的知识水平与工作技能，实现技术的突破或创新，形成企业与众不同的技术与知识积累，进而不断地为市场提供新的、差异化的产品或服务。

② 知识创新的内在要求是制度创新，不进行制度创新，不调整企业的组织结构、权责关系、运行规则以及管理等规章制度要素，企业的知识创新就无从谈起。

③ 知识创新推动管理创新。通过开展知识创新活动，可推动企业管理思想、理念、方法、手段等方面的创新，理清企业的各种关系，使企业各种现有的资源和能力整合起来，提高资源配置的效率和效益，形成一种系统化的、新的综合能力。

④ 知识创新带动人力资源管理的创新。通过开展知识创新活动，可以使企业员工接受新思想、掌握新技能，从而更好地履行自己的岗位职责，重新梳理自己的工作流程，提高工作效率。更重要的是，这将有利于发现、培养人才，加速人才的成长，并带动人力资源管理模式的创新。

3. 知识的反馈

知识的应用过程是知识发布者与使用者之间，以及不同使用者之间的交互过程。通过对知识使用效果的反馈，不仅可以知道知识的准确度，还能了解用户对于知识应用的满意程度，从而对整个知识管理进行微调，使得系统更加符合用户的应用要求。

实现知识的反馈，可以从两个方面入手：其一，可灵活地制定知识评价指标，开放给用户进行评价和打分；其二，提供意见反馈功能，用户可以向知识提供者反馈知识的使用情况及意见建议，自动产生消息提醒和处理结果通知。而在这个过程中，最重要的、最难以做到的就是知识管理的评估。下面我们将重点讨论一下知识管理的评估。

(1) 知识管理效果的评估标准

目前，知识管理的效果很难用单一的、量化的经济指标来评估。因为，它体现的不仅仅是企业经营利润的回报，还体现在企业文化的和谐、创新精神的发扬以及人力资源管理的公正透明等多个方面，它塑造的是企业或组织发展的软环境。

达文波特(Thomas H. Davenport)认为，对企业进行效果评估的标准如下。

① 投入知识管理的人力、物力是否持续增长。

② 系统存储的知识是否持续增长。

③ 知识管理是否获得广泛支持。主要表现在：高层的强力推动，中层的积极支持，下层的自觉遵守。

④ 是否产生可观的经济效益。这主要从利润的增长、品牌的树立、企业形象的推广等多方面进行考察。

(2) 知识管理效果的评估方法与工具

由于知识管理实施的复杂性，很难完全用定性或定量的方法来对其效果进行评估。下面介绍一些主流的知识管理评估方法。

① 一般的评估方法

一般的知识管理项目的评估方法主要包括以下 3 个方面。

- 实施效果评估：通过实施知识管理以后节省的金钱、时间以及人力情况等指标来衡量。
- 效果输出评估：包括有用性调查(即使用者认为知识管理有助于其完成任务)和使用实例(即用户以定量形式指明知识管理对项目目标实现的贡献)这两个方面的评估。
- 管理系统评估：主要是对知识管理系统的反应时间、下载数目、站点访问量、使用者在每个页面或栏目的驻留时间、可用性调查、使用频率、浏览路径分析、用户数、使用系统的用户比例等方面的评估。

② 平衡记分卡(BSC，Balanced Scorecard)

平衡记分卡(BSC)是哈佛大学教授 Robert Kaplan 与诺朗顿研究院教务长 David Norton 在 1990 年从事的“未来组织绩效衡量方法”研究计划中发明的。它常见的 4 个维度为财务、顾客、组织内部流程、学习与成长。组织也可依照本组织性质对各个维度的主轴进行调整。

其核心思想体现在“平衡”二字，即组织短期目标与长期目标之间的平衡，财务度量与非财务量度之间的平衡，落后指标与领先指标之间的平衡以及组织外部与组织内部之间的平衡。

③ MAKE 的德尔斐法

全球最卓越知识型企业(Most Admired Knowledge Enterprise，MAKE)是 1998 年

由 Teleos 发起并主办的，每年举办一次。全球 MAKE 研究是建立在德尔菲(Delphi)方法论基础上的，它利用专门讨论小组鉴别关键问题，通过3个轮次的筛选达成最后一致意见。第1轮，由专门讨论小组的成员提名可能的全球 MAKE 公司；第2轮，每个成员从被提名的组织中选出最受钦佩的3家公司，至少有10%选中的组织才能成为最后参加决赛的公司；第3轮也是最后一轮，使用相关指标作为评选标准对公司打分，每个指标最高为10分(excellent)、最低为1分(poor)。最后 Teleos 会根据专家讨论结果并结合其他指标综合分析给出最终结果。

④ 知识管理评估工具(KMAT)

知识管理评估工具(Knowledge Management Assessment Tool，KMAT)是由 Arthur Andersen 顾问公司和美国生产力与品质中心开发的一种实用知识管理评估工具，用来测量组织的知识分享与管理程度，并评估其管理效果的优劣，提醒组织负责人重视需要加强的知识管理领域。

在评估中，该工具共分为5个部分，分别为：知识管理流程、领导、文化、技术及评估，通过这几个部分，可以测量组织知识管理实施的强度。在 KMAT 的评估表中，这5个部分由24道题目构成。根据各个题目的提问，按照“1=没有表现、2=表现不佳、3=尚可、4=表现良好、5=表现优异”这5个等级进行评分，然后计算各个部分的分数总和，得出评估结果。也可在组织内部进行跨时间段的多次评估并进行比较，以审视组织本身知识管理的进展情况，或与其他相关机构的表现相比较，给出组织内知识管理的强弱分布。

⑤ 知识管理诊断工具(KMD)

知识管理诊断工具(Knowledge Management Diagnostic)是根据 Bukowitz 和 Williams(1999)合撰的《知识管理实践(*The Knowledge Management Fieldbook*)》一书研究得出的一种知识管理评估工具。这种方法从组织实施知识管理的流程出发，评估确认组织知识管理不足的领域，并找到实施流程中需要改进的步骤。

KMD 认为组织知识管理的流程由7个步骤构成，整个流程包括：信息收集→信息使用→知识学习→评估→正式确立→去除非战略性知识。在该流程中，每个部分都是相互关联的，应该得到有效的管理，以达到整合组织知识的目的，使组织的知识资产符合长期的战略性需求。KMD 的评估表包括上述7个步骤，每个步骤都由20道题目构成，共计140道题目。每道题目的评分等级分为强、中、弱3种，根据最后的得分，对组织知识管理实施作出全面的评估。

⑥ David Skyrme Associates 的知识管理评估工具

David Skyrme Associates 在他的全球最佳知识管理实践报告——《创造以知识为基础的企业(*Creating the Knowledge-based Business*)》研究的基础上，提出一套知识管理评估工具。他在报告中指出，在他所发现的最成功的知识管理实施框架中，经常有以下一些因素出现，如图12-2所示。于是，在这些因素的基础上，David Skyrme Associates提出一个包括10个部分，每个部分由5道问题组成的知识管理评估量表。这10个部分是：领导，文化环境，流程、显性知识、隐性知识、知识中心、市场效果、评估、人员和技术、科技基础设施，共计50道题目。

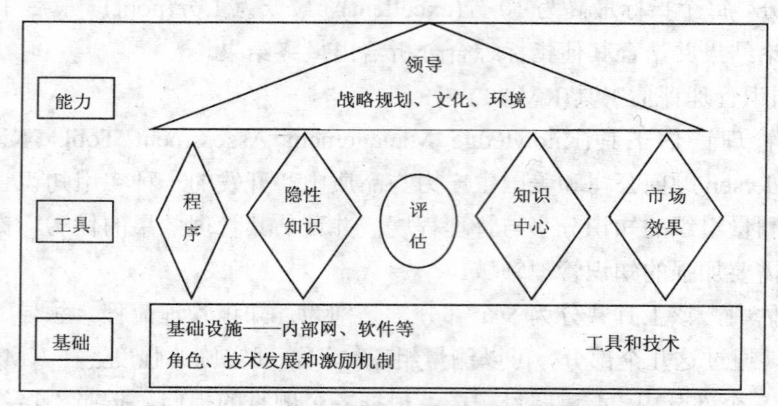

图12-2 David Skyrme Associates的知识管理实施框架

⑦ 知识受益指数(Knowledge Profit Index，KPI)

知识管理评估也可以使用知识受益指数来做具体衡量。知识受益指数是指组织实施知识管理后的有形收益与无形收益的总和，与导入知识管理的总成本的比值，可用如下公式表示。

KPI =(有形收益＋W×无形收益)/知识管理导入成本

这里的有形收益，指在实施知识管理后，组织收益中可以直接看得见的收益，如营业额、毛利率、每月赢利和新客户开发数等实质性的收益值。无形收益则是指在知识管理实施后，组织领导对知识分享、工作效率、作业流程改善、项目质量提高度、员工提案数等方面的满意程度。该满意度事先由组织领导设定评估项目，再由内部高层主管共同评分。W 指的是无形收益的加权值，其值的范围一般在20%～100%。

总结以上各种知识管理评估方法，在评估指标的选取上，既有共性的地方，也存有较大差异，不同评估方法所关注的焦点是不同的。由于一些主观性指标无法确切地量化，因此它们多为定性与定量相结合的方法。评估一般按如下流程进行：确定评估的目标→选择评估体系→确定评估方法→实施评估→编写评估报告。如同知识管理实践本身有一个发展和完善的过程一样，对知识管理进行评估也应随着其实践本身进行相应的调整。

12.6　知识管理系统技术

一般可将知识管理分为 3 个基本部分，即创造知识、发现和寻找知识、传递知识。这 3 个基本部分构成了知识管理系统(Knowledge Management System，KMS)的主要内容，它可以通过现代化的信息技术来实现，并且在通信技术上继续发展，如消息传递、工作流、复制技术的改进，同步和异步模式的协同工作等，使知识能够更好地加以利用。

12.6.1　KMS 概述

1. KMS 的概念

同知识管理概念一样，KMS 目前也尚无统一的定义。多数学者从其应具备的特点、应完成的任务等方面去阐述，大体上可分为系统观和技术与工具观两种观点。

(1) 系统观的 KMS

系统观的 KMS 是指将系统的观点引入知识管理的研究中，认为 KMS 不仅是工具、技术和软件等的集合，而且是人(知识工人)、技术(手工的或基于计算机的)和知识本身相互作用而形成的综合系统，也可称之为"广义的知识管理系统观"。

(2) 技术与工具观 KMS

技术与工具观认为，KMS 是支持各种组织知识管理实践的工具与技术或知识管理系统软件，它能把组织的事实知识、技能知识、原理知识与存在于数据库和操作中的显性知识组织起来，这种观点也被称为"狭义的知识管理系统观"。

综合上述两种观点的共同点，本书对 KMS 概念的定义如下：KMS 是以信息技术为主的各种方法辅助组织进行知识获取、存储、共享、使用和创新的，并以软件的形式把知识管理理念加以实现的计算机系统，是一种融合企业文化与企业知识管理战略、先进的信息技术与实用的知识管理功能于一体的综合系统。

2. KMS 的类型

从不同的研究角度出发，KMS 可以划分为不同的类型，对 KMS 的适当分类可以帮助我们更清楚地认识系统本身的内涵。目前 KMS 主要有以下 3 种分类方式。

(1) 从宏观和微观角度，如前所述，可将其分为基于系统观的 KMS 和基于技术和工具观的 KMS。

(2) 从企业组织的角度，可将其分为个人 KMS 和企业 KMS，即完全基于个人大脑的个人 KMS 和基于群体员工大脑和企业计算机系统的组织 KMS。

(3) 从社会组织的角度，可将其分为微观层面的 KMS 和社会层面的 KMS。这是从更高的角度来看KMS，同样也是站在系统论的角度来认识的KMS。

3. KMS对企业管理的重要意义

20世纪80—90年代，政府部门、企业和研究机构对信息管理特别热衷，各种信息管理系统纷纷出现，20世纪末21世纪初国外的一些政府部门、大型企业开始关注知识管理并着手KMS的设计。

如果说前20～30年打的是信息战，那么下一个20～30年打的将是知识战。结合近代计算机和信息技术，开发KMS就显得尤为重要，主要体现在以下几个方面。

(1) 固化企业的已有知识

企业在经营过程中会形成大量的文档，但大量文档的积累必然使人疲于查阅。IT技术的发展可以解决知识固化与检索的问题，使企业能够很容易地去存储和检索自己所需的知识，而且还能按照每个人的领域，把可能用到的知识主动送上。

(2) 加快知识的传递

KMS除了能够固化企业已有的知识外，还能够加快知识的传递，使知识具有使用价值。其主要原因如下。

① IT技术使KMS中的知识更易检索，除了能够按照关键字进行检索外，还能按领域分类，使知识便于学习。

② 基于IT技术的KMS能够记录知识的使用情况，这样便于通过系统设计激励措施，使得员工更加愿意把自己独享的知识和别人分享，从而加快知识的传递。

(3) 创造新的知识

KMS不但要储存知识，还要能够创造新的知识。它主要从两个角度来创造新的知识，即来自于人的知识(基于人的知识)和来自于数据的智能知识(基于机器的知识)。

首先，KMS能够帮助人创造知识，可以帮助使用者显性化其知识，使得使用者可以通过使用已有知识来创造新的知识。

其次，在知识管理过程中，通过数据挖掘技术直接得到的结果还只是粗糙的初步知识，这些初步知识大多不能直接用于决策支持，需要结合企业的实际情况进行筛选，通过二次挖掘才能得到真正的智能知识，这个过程即为新知识产生的过程。

12.6.2 KMS开发的几种关键技术

知识管理远不只是一门技术，但“技术知识”显然是KMS的一个重要组成部分。离开这些以知识为导向的技术，知识管理这一概念就不会有如此顽强的生命力。因为，技术不仅能对个人或集体的知识进行选取和组织，也有助于知识的整理和创造。下面将重点讨论KMS开发的几种关键技术。

(1) 面向知识管理的知识建模技术

知识建模技术是知识管理的重要技术，其基本需求如下。

① 可识别性：即通过对知识的建模识别出各种不同的知识。

② 统一性：即将显性知识和隐性知识以统一的方式进行建模，以利于在管理过程中将隐性知识转变为显性知识。

③ 开放性：即知识建模技术必须能够适应各种不同类型的企业与部门，适应企业生存条件和环境的不断变化，实现知识的动态更新。

④ 易使用性：即让知识所有者易于对知识进行建模，由他们自己对其获取或拥有的知识进行建模。

⑤ 其他要求：所建的知识模型是计算机可实现的，并独立于具体的计算机平台与应用环境。

(2) CBR 技术

CBR(Case-Based Reasoning)技术即基于案例的推理技术。该技术尝试在计算机上将叙述能力与知识整理进行结合，对有关问题的事件或案例的知识进行选取。由于案例结构能够反映人类思维的流动性，使 CBR 从认知上来讲成为一种合理的推理模式，并成为建立智能系统的一种方法。它基于常识性的前提和对人类知识的观察，可用于多项推理任务，并为每项任务提供获得更高效率和更好运作的方法。随着知识管理概念的提出和推广，CBR 技术融入到 KMS 中将极有可能取得成功，因为在 KMS 内知识的快速获取至关重要，而这正是 CBR 技术相对于其他推理技术的优势所在。

(3) CORBA 技术

CORBA (Common Object Request Broker Architecture)是一种分布式模块化系统开发技术，为面向对象技术的发展与应用提供了强大的支持。对象管理体系结构(Object Management Architecture，OMA)，为在网络化的异构系统中实现面向对象的软件模块之间的交互作用提供了一个框架。OMA 的核心对象请求代理(Object Request Broker，ORB)，根据 CORBA 标准实现了处于异构平台的对象之间的消息交换。

(4) 软件开发语言

Java 语言的发展为编写 Internet 的小型程序和真正与平台无关的应用程序提供了一种良好的开发和运行环境。

Visual C++强大的调试功能为大型复杂软件的开发提供了有效的排错手段，开发的系统具有非常高的效率和灵活性。

XML 也是网络上的一种通用语言，它能够有效地表达网络上的各种知识，为信息的交换和计算提供新的载体。

(5) 知识工程与知识处理技术

知识工程中很重要的内容是知识的存取、保存、传播与利用，这也是知识管理建模的重要基础之一。衡量建模系统的一个重要标准，就是知识处理技术的水平，即能否有效地实现知识的共享与创新。

企业知识管理的成功实施要注重建立和培养知识共享的环境，并制定相应的激励措施以提高知识型员工对创造和共享知识的责任感，调动知识型员工对知识共享的积极性。

12.6.3 基于 KMS 技术的常用工具概述

尽管 KMS 能够用来帮助企业进行知识的存储与共享，但具体的工作则是由知识管理工具来完成的。

知识管理工具是企业实施知识管理的物质基础，在知识管理中发挥着重要的作用。现有的知识管理工具包括知识获取工具、知识开发工具、知识锁定工具、知识共享工具、知识利用工具和知识评价工具等，如表 12-2 所示。

表 12-2 知识管理工具简介

KM 过程	工具	主要作用
获取知识	搜索引擎	获取 Internet 上的各种知识
	知识门户	提供强大的、不断改进的指向组织知识和信息的“道路图”
	知识地图	帮助人们在短时间内找到所需的知识资源
开发知识	数据挖掘	在零乱的数据中发现隐含的、有价值的知识
	知识合成工具	将分散的知识和创新观点整合起来
	知识创新工具	引导人们突破思维定势，辅助人们实现知识创新
锁定知识	知识仓库	隐性知识的显性化，杂乱信息和知识的有序化
共享知识	基于 Internet 的论坛	通过 Internet 进行讨论和交流
	群件	员工在虚拟平台上交流看法，协同工作
利用知识	网上培训系统	帮助员工自学，缩短知识转移的时间
	知识推送系统	将企业重要的知识主动地推送给使用者
	自学习技术与系统	智能地、自动地将隐性知识转化为显性知识
	可视化工具	将显性知识更好、更快地内化为员工的隐性知识
评价知识	知识资产管理工具	对企业拥有的专利权和版权等知识资产进行管理与比较

知识管理的实际工作常采用 3 种策略，每种策略涵盖两个重点：一是市场化策

略，其重点为知识来源的寻找与整理，其工具为知识地图(Knowledge Map)；二是系统策略，其重点为知识内容的储存与流通，其工具为知识库(Knowledge Base)；三是社会化策略，其重点为知识价值的创新与利用，其工具是知识社群(Knowledge Community)。

(1) 知识地图

知识地图，即知识分布图(又称知识黄页簿)，是指知识的库存目录，是用于帮助人们找到知识的知识管理工具，其作用在于帮助员工在短时间内找到其所需的知识资源。就像城市地图显示街名、图书馆、车站、饭店、学校、机构等各项资源的地理位置一样，知识地图是用来帮助寻找相关的人或组织有哪些知识项目及其分布的地点位置，以便员工按图索骥，找到他们需要的知识来源。知识地图所显示的知识来源，可能是部门名称、小组名称、专家名字、相关人名字、文件名称、参考书目、事件代号、专利号码或知识库索引等，但却不包含知识内容本身。它是知识的指南和向导，用以节省员工追踪知识来源的时间。有了知识地图，无论所需要的知识多么冷僻，只要有个开头，就可以通过层层的推荐一路追踪下去，直到找到知识的源头。这样的雪球效应，使员工在需要知识时，不会因为太费时间而将就于便利但不完善的知识。组织也可以利用知识地图了解哪些知识尚待补充或开发、哪些知识应当扩散及推广等。

(2) 知识库

知识库(Knowledge Base，KB)是指知识工程中结构化、易操作、易利用和全面有组织的知识集群，是针对某一(或某些)领域问题求解的需要，采用某种(或若干)知识表示方式在计算机存储器中存储、组织、管理和使用的互相联系的知识片集合。

知识库使基于知识的系统(或专家系统)具有智能性。现在许多应用程序虽也利用知识，其中有的还达到了较高水平，但是，这些应用程序可能并不是基于知识的系统，它们也不拥有知识库。一般的应用程序与基于知识的系统之间的区别在于：一般的应用程序是把问题求解的知识隐含地编码在程序中，而基于知识的系统则将应用领域的问题求解知识显式地表达，并单独地组成一个相对独立的程序实体。

(3) 知识社群

所谓知识社群是指员工自动自发(或半自动自发)组成的知识分享团体，其凝聚力量源于人与人之间的交情及信任，或是共同的兴趣，而不是正式的任务和职责。知识社群最能发挥隐性知识的传递和知识的创新，以至于员工在社群活动中自动自发地交换意见与观念，并分享外部的新知，因此，形成了组织中最宝贵的人力资产。当某人离开公司，社群中的其他人可能分别拥有他的部分知识，因而使他(或她)的完整知识得以保留。这些知识有部分是内隐性质的，无法建立在知识库中(系统化策略不奏效)，所以知识社群是唯一有效的转移方式。

12.7 知识管理系统应用实例——郑州宇通客车股份有限公司

1. 项目背景——高速发展中的宇通客车

郑州宇通客车股份有限公司(以下简称“宇通”)是1997年在上海证券交易所上市的一家股份制公司，2002年销售收入为33亿元，是亚洲目前规模最大、工艺技术最先进的客车生产基地，其大、中型客车在国内的市场占有率超过20%，企业主要经济指标连续9年平均以超过50%的速度增长，综合实力居国内同行业之首，并被世界客车联盟授予“2002年度最佳客车制造商”称号。

身处近年来中国发展最快的行业之一的汽车行业，宇通在企业获得持续快速发展的同时，敏锐地认识到抓住发展机遇、利用信息技术、走信息化带动工业化之路、提高企业核心竞争力，是企业谋求长远发展的必由之路。

2002年公司和世界著名的咨询公司合作，制定了完整的企业IT战略规划，明确地提出了尽快实施企业知识管理的战略。

2003年随着企业ERP系统的顺利上线，宇通开始在全集团实施蓝凌LKS-KOA知识管理系统。

2. 项目实施前的现状

客车行业的最大特点是完全的客户化生产。几乎每个客户都可以按照自己的要求定制自己的产品。每个订单、每辆车都可能有完全不同的配置，需要个性化的设计和制造。这使得客车的研发和生产组织完全是基于订单而进行的。为了既满足客户的个性化需求又尽量缩短订单周期，企业从研发、生产到销售，每个部门都围绕着客户订单而工作，在此过程中既需要大量的知识支持，又会产生出大量的新知识，同时还需要大量的协作工作。虽然有企业ERP、PLM等系统的支撑，但由于没有一个完整的知识管理系统(KMS)，依靠一些零散的系统进行信息传递和收集，不仅使业务过程中大量的知识流失了，还因此带来了不少管理上的问题。

(1) 基于电子邮件的信息沟通模式：大量的信息传递依靠电子邮件，使得所有的有用知识都被封闭到个人的邮箱里，并无法被共享和重复利用。

(2) 缺乏统一的制度和规范管理机制：公司各部门的工作制度、规章制度与作业规范等虽有很多，却无法加以规范和统一管理，未能让员工很方便地得到和查阅，致使员工工作行为不易规范，难以及时起到指导作用。

(3) 分散的文件管理模式：业务过程中产生的大量知识文件，如员工的个人工作经验、市场情报资料等，平时都分散地闲置在各部门文件柜，甚至个人的抽屉或电脑里，无法加以系统管理，也无法共享和被需要者方便地利用。

(4) 缺乏有效的安全机制：由于缺乏信息化、系统化的知识管理方式，企业的文件、制度和机密等知识的安全性极低，采用简单的文件共享方式常常会造成知识机密的不自觉泄漏。

(5) 企业脑库的真空：企业的竞争实质上是人才的竞争，而人才的竞争则是通过人才所掌握的知识体现出来的。对于宇通而言，在实施 KMS 之前，人才所掌握的知识都只是存在于个人脑海里的个体知识，无法转化为企业所拥有的知识，可能会随着人才的离去而流失。作为企业“脑库”的企业核心知识库实际上是真空。企业多年来积累的知识并未能得到有效的保护。

3. 知识管理带来的改变

(1) 思想观念的变化

宇通期望通过实施 KMS，引导员工树立自觉地贡献知识、分享知识、管理知识和利用知识的观念，通过知识管理平台实现知识的沉淀、积累、共享与传播，实现从员工私有知识到企业共享知识的转变，建设企业脑库。在此基础上，通过提高现有知识的重复利用率，来提高组织的业务运行效率，形成有效的知识创新氛围，创建学习型组织。

(2) 沟通协作模式的变化

配合企业已实施的 ISO/TS16949 质量管理体系，宇通通过知识管理平台，对企业业务活动的过程进行了全面的规范和记录，从而使协作变得更加有序、直观，沟通也从被动变为主动。同时，借助于安全的知识管理架构，沟通协作也从传统意义上的公司总部扩展到遍布全国的生产基地、分支机构和业务人员，信息化的规范协作使企业内部的沟通模式发生了根本变化。

(3) 应变模式的变化

由于客车行业具有客户化生产和客户化销售的特点，企业对市场和客户需求的变化必须具备迅速作出反应的能力，而快速应变的基础，正是企业长期的知识积累。在宇通 KMS 中充分体现了企业以市场为导向的思维，特别强调了销售和市场，以及为之提供支持服务的相关知识的积累与利用，期望通过知识管理使得企业的决策更加快速、更加有依据，使决策者能够做对事、做快事。通过提高决策链的效率来提高自身的应变能力，从而实现把知识转化为价值，提高公司的赢利能力。

4. 实施知识管理的效果

宇通通过实施 KOA 知识管理系统，取得了明显的效果，主要体现在以下几个方面。

(1) 工作效率的提高

由于对公司级、部门级的规范制度和文件管理进行了统一的整理与收集，消灭了政出多门的现象，规范了企业管理基础制度，使得企业多年积累的管理经验全部走到了员工面前；知识共享使得员工可以方便地分享案例，提出问题并获得答案；内部新闻系统使员工能够随时获得公司生产经营动态；各分支机构和身处异地的销售人员也可随时安全地通过系统获得产品配置、销售政策等销售资料。这一切，都是通过知识共享，极大地提高了员工的工作效率。

(2) 管理方式的流程化

配合公司推行的ISO/TS16949质量管理体系建设和绩效考核等基础管理项目，以流程化的手段实现了公司的多数管理流程，包括销售订单评审流程、生产系统的生产安排流程等在内的大多数日常管理流程都被固化并在系统中运行，使得所有业务都留下了严格的记录，体现了过程控制的管理理念，既实现了管理方式的规范化，也同时完成了业务知识的收集和积累。目前，越来越多的业务运作流程正在系统中实现。

(3) 知识管理的共鸣

实施知识管理不仅带来了工作效率的提高和管理的规范化，还导致员工获取知识方式的变化。员工从原来的被动地接受各种自己需要的或不需要的知识，到现在主动地去获取自身工作所需的知识，这无形中给员工提供了一种学习和创新的氛围。同时，在知识管理架构下，知识的获取简单了、企业的透明度提高了，也更有助于培养更为公平开放的企业文化。

对于宇通这样的传统企业来说，知识管理理念的引入，给企业和员工带来的巨大变革是不言而喻的。KMS作为宇通企业信息化的重要部分，已被员工所认同、理解和运用，且将为宇通实现更高的目标提供更强有力的保障。

资料来源：宇通客车知识管理成功案例. http://www.cbismb.com/casehtml/712.htm

思考题

1. 知识的含义是什么？知识和信息的联系和区别是什么？
2. 知识管理的含义是什么？知识管理和信息管理有什么关系？
3. 知识的收集过程包括哪几个阶段？在知识的收集过程中应注意什么问题？
4. 知识选择的含义是什么？其过程包括哪几个阶段？
5. 知识表示的含义是什么？常见的知识表示方法有几种？分别是什么？
6. 知识组织的目标任务是什么？有哪些知识组织的技术？
7. 为什么要进行知识存储？组织知识存储的主要步骤是什么？

8. 知识的转移与共享包括哪些模型？

9. 知识创新对于企业核心竞争力的作用机制主要表现在哪几个方面？

10. 知识管理效果的评估标准是什么？有哪些常见的评估工具和方法？

11. 知识管理系统的含义是什么？知识管理系统对企业管理具有什么重要意义？

12. 知识管理系统技术常见的有哪些？

13. 基于知识管理系统技术的常用工具分为哪几类？有哪几种策略？每种策略所对应的常用工具是什么？

参考文献

[1] 娄策群. 信息管理学基础[M]. 北京：科学出版社，2005.

[2] 宋克振，张凯. 信息管理导论[M]. 北京：清华大学出版社，2005.

[3] 卢泰宏. 国家信息政策[M]. 北京：科学技术文献出版社，1993.

[4] 胡昌平. 信息管理科学导论[M]. 北京：科学技术文献出版社，1995.

[5] 霍国庆. 企业战略信息管理[M]. 北京：科学出版社，2001.

[6] 李兴国，左春荣. 信息管理学(第二版)[M]. 北京：高等教育出版社，2007.

[7] 杨善林，李兴国，何建民. 信息管理学[M]. 北京：高等教育出版社，2003.

[8] 岳剑波. 信息管理基础[M]. 北京：清华大学出版社，1999.

[9] 乌家培. 经济信息与信息经济[M]. 北京：中国经济出版社，1991.

[10] Horton，Frest Woody，Jr. *Information Resource Management*[M]. Englewood Cliffs：Prentice Hall Inc.，1985.

[11] Martin，William John. *The Information Society*[M]. Lon~don：Aslib，Information House，1998.

[12] Marchand，Donald A. and Kresslein，John C. *Information Resources Management and the Public Administrator* [M]. Sel，Rabin，Jack and Jackowski，Edward M. Handbook of Information Resource Management，New York：marcel Dekker，Inc.，1988：395~455.

[13] 陈耀盛. 信息管理学概论：个体与群体生存发展的信息管理[M]，1997.

[14] 夏立荣. 信息时代的标志及基本特征[J]. 自然辩证法研究，1996，12(8)：42~45，63.

[15] 涂以平. 企业信息资源管理理论研究现状评述[J]. 现代情报，2008，(8)：170~172.

[16] 何麟生. 企业信息化管理理论的发展简述[J]. 冶金经济与管理，2001(4)：40~42.

[17] 孟广均，霍国庆，罗曼. 从科学管理到信息资源管理(IRM)——管理思想演变史的再认识[J]. 图书情报知识，1997，(2)：2~7，17.

[18] Smith，Allen N.，Medley. Donald B.，*Information Resource Management* [M]. *Ohio*：South~Western Publishing co.，1987.

[19] 谢阳群. 信息管理专业的内涵[J]. 情报资料工作. 1994(1)：37~38.

[20] 陈婧. 国内外企业信息资源管理理论研究进展[J]. 图书资料工作，2008(6)：99~101.

[21] 黄本笑，范如国. 管理科学理论与方法[M]. 武汉：武汉大学出版社，2006.

[22] 高婧. 管理科学研究方法探讨[J]. 现代商贸工业，2009(5)：22~23.

[23] 张旭明，王亚玲. 管理科学研究方法的研究[J]. 吉林工商学院学报，2008，24(1)：51~54.

[24] 宋克振，张凯. 信息管理导论[M]. 北京：清华大学出版社，2005.

[25] 孟广均，霍国庆，罗曼，等. 信息资源管理导论[M]. 北京：科学出版社，1998.

[26] 胡玉宁，詹引，金新政. 信息科学及其发展简史探讨[J]. 医学信息，2009(4)：427.

[27] 杜栋. 信息管理学教程(第三版)[M]. 北京：清华大学出版社，2007.

[28] 何金铠，高殿芳. 新编百科老年全书[M]. 北京：中国人事出版社，1993.

[29] 周鹏. 信息资源新论[J]. 内蒙古科技与经济，2009(2)：56~57.

[30] 钟义信. 信息科学原理[M]. 北京：北京邮电大学出版社，2002.

[31] 吴江. 知识创新运行论[M]. 北京：新华出版社，2000.

[32] 张文德. 信息高速公路与信息市场[M]. 武汉：湖北教育出版社，1999.

[33] 陈叶娜. 信息资源社会价值评价研究[D]. 成都理工大学，2008.

[34] 朱勤. 信息化概念和意义探讨[J]. 韶关学院学报(自然科学版)，2002，23(3)：39~44.

[35] 甘利人. 企业信息化建设与管理[M]. 北京：北京大学出版社，2001.

[36] 陈智高，刘红丽，马玲等. 管理信息系统[M]. 北京：化学工业出版社，2007.

[37] 刘晓广. 我国企业信息化建设的问题研究与对策[J]. 商场现代化，2008(17)：70~71.

[38] 倪天林. 企业信息化建设的问题与对策[J]. 中国乡镇企业会计，2008(3)：143~144.

[39] 刘红军，信息管理基础[M]. 北京：高等教育出版社，2004.

[40] 濮小金，刘文，师全民. 信息管理学[M]. 机械工业出版社，2007.

[41] 柯平，高洁. 信息管理概论[M]. 北京：科学出版社，2007.

[42] http：//zhidao. baidu. com/question/103738819. html.

[43] http：//www. hyey. com/shwzx/dzswzt/sljx/lx/200708/105732. html.

[44] 李书宁. 图书馆学研究[J]. 网络用户信息行为研究，2004(7)：82~83.

[45] 吴慰慈. 信息资源开发与利用的十个热点问题[J]. 中国图书馆学报，

2008(03)：5~9.

[46] Gary M. Pitkin. *Leadership and the Changing Role of the Information Officer*[J]. C. Annual Conference，1993(12)：7~10.

[47] R. Synnoth，H. Gruber. *Information Resource management：Opportunities strategies for the 1980's*[M]. Washington：Ioho Wiley &Son's. Inc，1981.

[48] W. R. King. *Management's Newest Star：Meet the Chief Information Officer* [J]. Business Week，1986(13)：160~172.

[49] Altersteven. *Information Systems：Management Perspective*[M]. Washington：We Educational Publishers Inc，1999.

[50] Bock. G. American. *Society of Information Science and Technology*[M]. Washington Wiley and Sons Ltd，2000.

[51] Jones ward，Pat Griffiths. *Strategic Planning for Information System*[M]. New York：JWiley&Sons，1996.

[52] Sanjeer. Dewan，Kenneth L. Kraemer. *Information Technology and Productivity Evidence from Country~Level Data*[J]. Management Science，2000(4)：9

[53] M. Burn，Colonel Szeto. *A Comparison of the View of Business and IT Management on Success Factors for Strategic Alignment*[J]. Information & Management，2002(2)：197~216.

[54] (美)斯蒂芬·哈格，梅芙·卡明斯，詹姆斯·道金斯. 信息时代的管理信息系统[M]. 严建援，译. 北京：机械工业出版社，2005.

[55] 郭东强，傅冬绵. 现代管理信息系统[M]. 北京：清华大学出版社，2006.

[56] Alexis Leon(印度). 企业资源计划[M]. 朱岩译. 北京：清华大学出版社，2002.

[57] 诺伯特·维纳. 控制论[M]. 北京：科学出版社，1963.

[58] 汤兵勇，梁晓蓓. 企业管理控制系统[M]. 北京：机械工业出版社，2007.

[59] 席酉民，王洪涛，唐方成. 管理控制与和谐管理研究[J]. 管理学报，2004，1(1)：4~9.

[60] WILLIAM G OUCHI，MARY ANN MAGUIRE. *Organizational Control：Two Functions* [J]. Administrative Science Quarterly，1975，20(10)：559~569.

[61] WILLIAM G OUCHI. *A Conceptual Framework for the Design of Organizational Control Mechanisms*[J]. Management Science，1979，25(9)：833~848.

[62] RICHARD L DAFT NORMAN B MACINTOSH. *The Nature and Use of Formal Control Systems for Management Control and Strategy Implementation*[J]. Journal of Management，1984，10(1)：43~66.

[63] SIMONS，ROBERT. *The Role of Management Control System in Creating Competitive Advance*: New Perspective[J]. Accounting，Organizations & Society，1990，15(1/2)：127~143.

[64] 沙勇忠，牛春华. 信息分析[M]. 北京：科学出版社，2009.

[65] 张海涛. 信息检索[M]. 北京：机械工业出版社，2006.

[66] 赵志坚. 网络信息资源组织和检索[M]. 北京：人民邮电出版社，2004.

[67] 仲秋雁，刘友德. 管理信息系统[M]. 大连：大连理工大学出版社，2002.

[68] 卢小宾. 信息分析[M]. 北京：科学技术文献出版社，2008.

[69] http: //www. chinavalue. net/Wiki/ShowContent. aspx?titleid=415671.

[70] 樊海云. 信息化规划与实践[M]. 北京：清华大学出版社，2008.

[71] (美) 唐纳德 ·A.马灿德. 信息管理：信息管理领域最全面的 MBA 指南[M]. 吕传俊译. 北京：中国社会科学出版社，2002.

[72] 司有和. 企业信息管理学[M]. 北京：科学出版社，2007.

[73] 党跃武. 组织信息管理中的 CIO 管理体制[J]. 四川图书馆学报，1999(3)：20~24.

[74] http：//baike. baidu. com/view/139274. htm.

[75] 丁承学. 我国首席信息执行官(CIO)的现状及未来[J]. 科技管理研究，2008(2)：228~230，237.

[76] 陈佳. 信息系统开发方法教程(第三版)[M]. 北京：清华大学出版社，2009.

[77] 王珊. 数据库系统概论(第四版)[M]. 北京：高等教育出版社，2006.

[78] 邓苏. 决策支持系统[M]. 北京：电子工业出版社，2009.

[79] 万一. 企业电子信息系统体系结构的变迁[J]. 广东科技，2007，(7)：170~171.

[80] 张道顺，白庆华. 战略联盟信息系统整合[J]. 物流技术，2002(12)：34~36.

[81] 闻丽丽. 基于结构灵活性与刚性视角的企业联盟稳定性研究[D]. 浙江大学，2007. 5.

[82] 左占平. 企业战略联盟发展特点[J]. 商场现代化，2006(24)：4.

[83] 朱廷柏. 企业联盟内的组织间学习研究[D]. 山东大学，2007.

[84] 郝金星. 网络环境下的信息交流模式初探[J]. 情报科学，2003，21(1)：57~59.

[85] 马费成，胡翠华，陈亮. 信息管理学基础[M]. 武汉：武汉大学出版社，2002.

[86] 秦鸿霞. 信息交流模式述评[J]. 情报杂志，2007，26(11)：80~82.

[87] 祁明德，糜仲春. 虚拟企业信息交流模式研究[J]. 价值工程，2004，24(2)：126~128.

[88] http：//baike. baidu. com/view/841491. html?wtp=tt.

[89] 苑清敏，王琳. 供应链战略联盟的信息共享研究——以零售业供应链为例[J]. 技术经济与管理，2009(1)：45~47.

[90] 杨晓春. 企业联盟的信息管理[J]. 中国信息导报，2005(7)：52~54.

[91] 胡小明. 信息共享策略反省[J]. 信息化建设，2004(9)：10~13.

[92] 张道顺，白庆华. 战略联盟信息系统整合[J]. 物流技术，2002(12)：34~36.

[93] 冷晓宇. 中小物流企业联盟信息系统研究[D]. 沈阳工业大学，2006. 12.

[94] 罗家德. NQ 风暴——关系管理的智慧[Ml. 北京：社会科学文献出版社，2002.

[95] Gulati，Ranjas. *Alliance and networks*[J]. Strategic Management Journal 1998(19)：293.

[96] Barney J B. *Firm resource and sustainable competitive advantage*[J]. Journal of Management，l991(17)：99~120.

[97] 马歇尔. 经济学原理[M]. 商务印书馆，1965.

[98] Penrose E T. *The Theory of the Growth of the Firms*[M]. London：Basil Balekwell，1959.

[99] Richardson，G B. *The Organization of Industry*[J]. Economic Journal，1972 (82)：883~896.

[100] Nelson R，S G Winter. *An Evolutionary Theory of Economic Change*[M]. Harvard University Press，1982.

[101] Prahalad C K，Hamel G. *The core competencies of the firm*[J]. Harvard Business Review，1990.

[102] Kogut. B. Joint Venture：*Theoretical and Empirical Perspective*[J]. Strategic Management，1988(9).

[103] (美)埃弗雷姆・班特等. 电子商务管理视觉[M]. 严建援等，译. 北京：机械工业出版社，2007.

[104] http：//tieba. baidu. com/f?kz=194213590.

[105] 熊励，陈子辰，梅益. 协同商务理论与模式[M]. 上海：上海社会科学院出版社，2006.

[106] 李朝明，刘晖铭. 基于协同商务的企业知识管理系统模型框架.[J]. 武汉理工大学学报(信息与管理工程版)，2009, 31(5): 784～787.

[107] 方玲，李朝明. 基于协同商务的企业流程重组研究[J]. 武汉理工大学学报(信息与管理工程版)，2010，32(3)：461~464.

[108] 李焕荣，林健. 企业战略网络管理模式[M]. 北京：经济管理出版社，2007:

197~198.

[109] 李再跃，周慧. 协同商务环境下的知识共享机制研究[J]. 文史博览，2006(4)：77~78.

[110] 肖勇. 企业信息管理模式的发展与演化——从数据管理到知识管理[J]. 情报理论与实践，2001(1)：19~23.

[111] (美)Kenneth C. Laudon Jane P. Laudon. 管理信息系统：管理数字化公司(第八版)[M]. 周宣光译. 北京：清华大学出版社，2005.

[112] 刘开毅. 协同商务链风险管理研究[D]. 西南财经大学，2004.

[113] (美)唐纳德 · J.鲍尔索克斯等. 供应链物流管理[M]. 机械工业出版社，2002.

[114] 路永和，罗新. 基于数据仓库逻辑的知识仓库体系结构[J]. 情报杂志，2008(11)：114~126.

[115] http：//www. topoint. com. cn/html/article/2005/07/168958_2. html.

[116] 刘晖铭. 基于协同商务的企业知识管理系统模型研究[D]. 华侨大学，2008.

[117] 赵林度，曾朝晖[美]. 供应链与物流管理教学案例集[M]. 北京：科学出版社，2007.

[118] 施先亮，李伊松. 供应链管理原理及应用[M]. 北京：清华大学出版社，2006.

[119] 邹辉霞. 供应链协同管理理论与方法[M]. 北京：北京大学出版社，2007.

[120] 陈国权. 供应链管理[J]. 中国软科学，1999(10)：101~104.

[121] 王昭凤. 供应链管理[M]. 北京：电子工业出版社，2006.

[122] 查先进. 物流与供应链管理[M]. 武汉：武汉大学出版社，2003.

[123] 朱志国，孔立平. 保险业 CRM 系统应用分析[J]. 中国金融电脑，2005(1)：33~35，39.

[124] 张忠平. 实施 CRM 向国外学什么[J]. 金融电子化，2005(3)：13.

[125] 邓永宁. 银行统计管理信息系统的设计与实现[J]. 中国金融电脑，2005(2)：46~47.

[126] 齐佳音，韩新民，李怀祖. 客户关系管理的管理学探讨[J]. 管理工程学报，2002(3)：31~34.

[127] 王战平，柯青. 客户知识管理概念研究[J]. 理论纵横，2004(1)：19~21.

[128] 郭庆，邵培基. 客户知识管理及其实施的初步分析[J]. 科学学与科学技术管理，2004(10)：52~56.

[129] Li T. Calantone R G. *The Impact of Market Knowledge Competence on New*

Product Advantage: Conceptualization and Empirical Examination[J]. Journal of Marketing，1998(1)：77~92.

[130] Geberth，Geibm，Kolbel. Towards Customer Knowledge Management: Integrating Customer Relationship Management and Knowledge Management Concepts[A]. The Second International Conference on Electronic Business[C]. Taipei：NationalChiao Tung University Press，2002.

[131] Michael Gibbert. *Five Styles of Customer Knowledge Management，and How Smart Companies Use Them To Create Value*[J]. European Management Journal，2002，20(5)：12~25.

[132] Alexandra J Campbell. *Creating Customer Knowledge Competence : Managing Customer Relationship Management Programs Strategically* [J].Industrial Marketing Management，2003(32)

[133] Adrian Bueren，et a1 Customer Knowledge Management—hnproving Performance of Customer Relationship Management with Knowledge Management[A]. Proceedings of the 37th Hawaii Internatlonal Conference Oil System Seiences，2004.

[134] MADHOK A. Cost，Value，and Foreign Market Entry Mode：the Transaction and the Firm[J]. Strategic Management Journal，1997(18)：39~61.

[135] 齐佳音，李怀祖. 客户关系管理(CRM)的体系框架分析[J]. 工业工程，2002，5(1)：42~45.

[136] 王建康. 网络时代的客户关系管理价值链[J]. 中国软科学，2001(11)：72~75.

[137] 杨林，黄立平. 面向客户关系管理(CRM)的综合决策支持框架探讨[J]. 管理现代化，2001，107(2)：28~30.

[138] 张国安，孙忠. 客户关系管理与企业文化[J]. 科技进步与对策，2001(1)：98~100.

[139] 齐佳音，韩新民，李怀祖. 客户关系管理是我国企业战略研究的当务之急[J]. 软科学，2001，15(4)：37~40，44.

[140] 何枫，冯宗宪，陈金贤. CRM 的发展趋势及其对提高金融企业竞争力的启示[J]. 决策借鉴，2001，14(2)：47~51.

[141] 张润彤. 知识管理导论[M]. 北京：高等教育出版社，2005.

[142] 顾基发，张玲玲. 知识管理[M]. 北京：科学出版社，2009.

[143] 朱淑枝. 业务知识管理实务[M]. 北京：清华大学出版社，2009.

[144] 刘晶晶，邢宝君. 知识创新提升企业核心竞争力的机制分析[J]. 现代管理科学，2006(9)：18~19.

[145] 徐宝祥，叶培华. 知识表示的方法研究[J]. 情报科学，2007，25(5)：690~694

[146] 丁冰. 我国知识组织研究综述[J]. 科技情报开发与经济，2006，16(7)：24~25.

[147] 乌家培. 正确认识信息与知识及其相互关系[J]. 重庆大学学报(社会科学版)，1999(1)：15~18.

[148] 王卓，谢呈华. 信息·情报·知识定义辨析[J]. 情报杂志，1999，18(3)：14~15.

[149] 王雪瑞，刘文煌. 知识管理系统中的 CBR 技术研究[J]. 计算机工程与应用，2002，(2)：181~183.

[150] 丁蔚. 从信息管理到知识管理[J]. 情报学报，2004(4)：124~129.

[151] 李思经. 从信息管理到知识管理的发展[J]. 情报学报，2001(12)：744~749.

[152] 黄立军. 基于神经网络的知识选择[J]. 情报科学，2002(5)：497~499，505.

[153] 陈美亚. 图书馆工作的实质：知识的收集、组织与服务[J]. 情报科学，2001(9)：906~907.

[154] 屠立，屠航. 知识管理系统的框架及技术研究[J]. 情报科学，2005，(1)：111~113.

[155] 张建华. KM 中的知识存储策略[J]. 情报杂志，2008，(3)：37~39.

[156] 张晶，陈福生. 知识管理中的基于 XML 的知识存储[J]. 计算机应用研究，2006 (1)：69~71.

[157] KMPR，知识管理评估，http：//www. kmpro. cn/html/glss/ceping/20061130/173. html.

[158] KMPR，知识管理评估方法综述，http：//www. kmpro. cn/html/glss/ceping/20061130/176. html.

[159] KMPR，知识管理系统常见需求(9)知识反馈，http：//www. kmpro. cn/html/glss/jieduan/20091230/10168. html.

[160] MBAlib 智库百科，知识创新，http：//wiki. mbalib. com/wiki/%E7%9F%A5%E8%AF%86%E5%88%9B%E6%96%B0.

[161] 致信网，管理信息化管理网，http：//www. mie168. com/read. aspx.

[162] KMPR，知识管理效果评估标准，http：//www. kmpro. cn/html/glss/ceping/20061105/114. html.

[163] MBAlib 智库百科，知识管理，http：//wiki. mbalib. com/wiki/%E7%9F%A5%E8%AF%86%E7%AE%A1%E7%90%86.

[164] MBAlib 智库百科，知识管理，http：//zh. wikipedia. org/wiki/%E7%9F%A5%E8%AF%86%E7%AE%A1%E7%90%86.

[165] 百度百科，知识管理系统，http：//baike. baidu. com/view/858842. htm.

[166] 查尔斯·德普雷，等. 丰田汽车公司：知识创造与应用的动态业务系统，知识管理的现在与未来[M]. 刘庆林，译. 北京：人民邮电出版社，2004：129~136.

[167] Turbo CRM 实施中图图书部 CRM 案例分析。http://www.yesky.com/solution/ 217303101541974016/20050317/1923373.shtml

[168] 李朝明．论信息环境保护建设[J]. 情报科学，2004，22(6)：664~667.

[169] 李朝明，刘晖铭．基于数据仓库和知识仓库的 DSS 体系结构研究[J]．沈阳大学学报，2007，19(4)：5~8.

[170] 黄利萍，李朝明． 企业协同知识创新中知识共享的演化博弈分析[J]．科技进步与对策，2010，27(18)：115~118.

[171] 李朝明，黄利萍．动态能力、协同知识创新和企业持续竞争力关系研究[J]．科技进步与对策，2010，27(21)：17~20.

[172] 李朝明，陈夏生．企业协同知识创新模型研究[J]．武汉理工大学学报：信息与管理工程版，2009，31(1)：109~112..

[173] 杜宝苍，李朝明．知识管理与组织学习的互动关系研究[J]．科技管理研究，2010，30(9)：172~175.

[174] 谭观音．信息时代的供应链企业信息共享[J]. 合作经济与科技，2010(5):44~45.

[175] 黄钧铭，谭观音．基于熵理论的供应链企业知识创新研究[J]．技术经济与管理，2009(2)：36~38.

[176] 谭观音，郭东强等．协同商务链中成员信任的解析与描述[J]. 东亚评论(日本)，2009(3)：15~22.